多媒体光盘使用说明

本书所配光盘是专业、大容量、高品质的交互式多媒体学习光盘，讲解流畅，配音标准，画面清晰，界面美观大方。本光盘操作简单，即使是没有任何电脑使用经验的人也都可以轻松掌握。

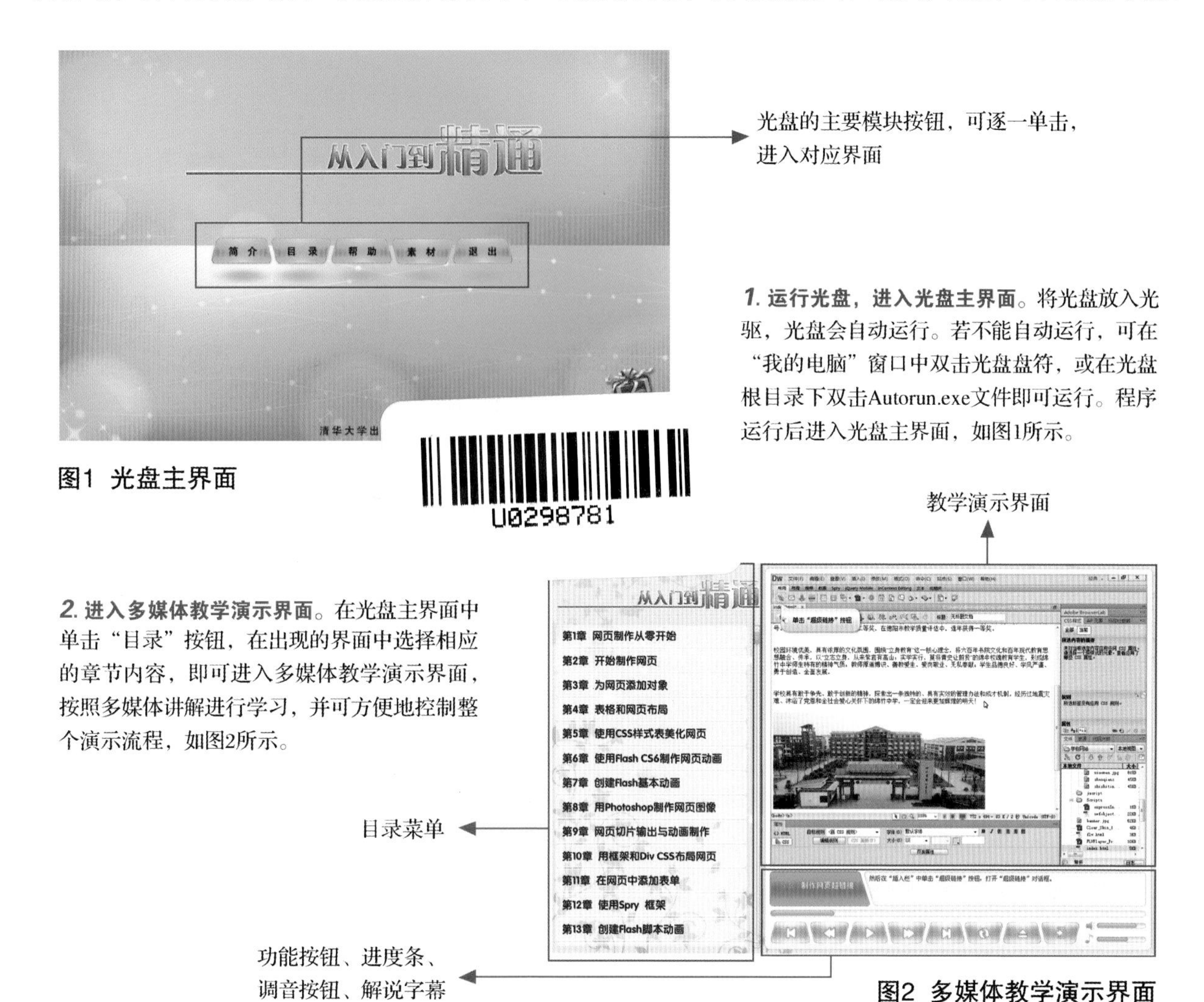

图1 光盘主界面

1. **运行光盘，进入光盘主界面**。将光盘放入光驱，光盘会自动运行。若不能自动运行，可在“我的电脑”窗口中双击光盘盘符，或在光盘根目录下双击Autorun.exe文件即可运行。程序运行后进入光盘主界面，如图1所示。

2. **进入多媒体教学演示界面**。在光盘主界面中单击“目录”按钮，在出现的界面中选择相应的章节内容，即可进入多媒体教学演示界面，按照多媒体讲解进行学习，并可方便地控制整个演示流程，如图2所示。

图2 多媒体教学演示界面

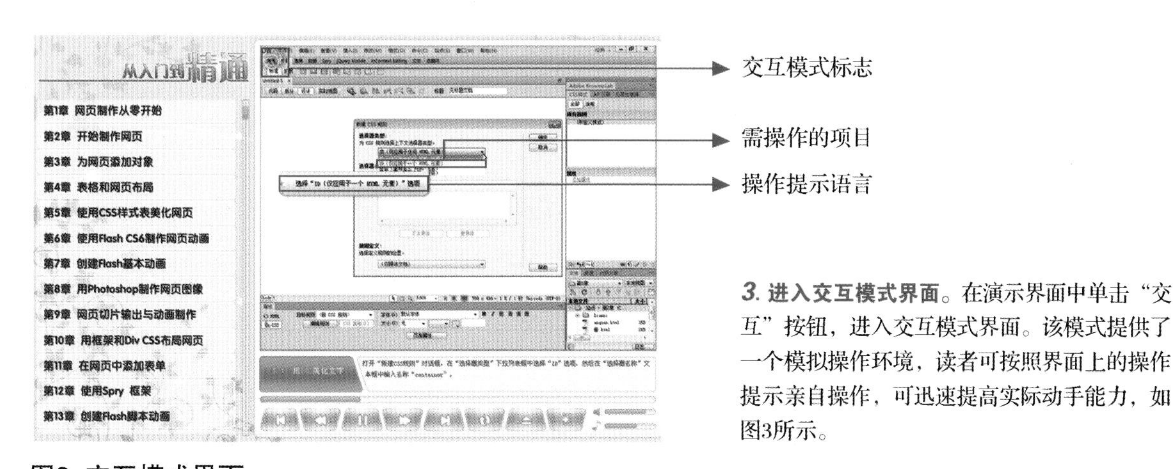

3. **进入交互模式界面**。在演示界面中单击“交互”按钮，进入交互模式界面。该模式提供了一个模拟操作环境，读者可按照界面上的操作提示亲自操作，可迅速提高实际动手能力，如图3所示。

图3 交互模式界面

多媒体光盘使用说明

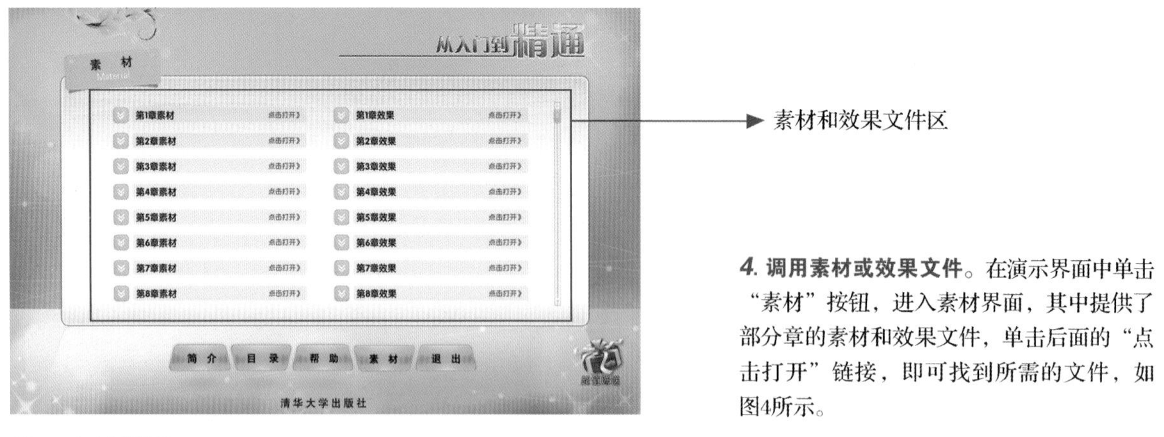

4. 调用素材或效果文件。在演示界面中单击“素材”按钮，进入素材界面，其中提供了部分章的素材和效果文件，单击后面的“点击打开”链接，即可找到所需的文件，如图4所示。

图4 素材界面

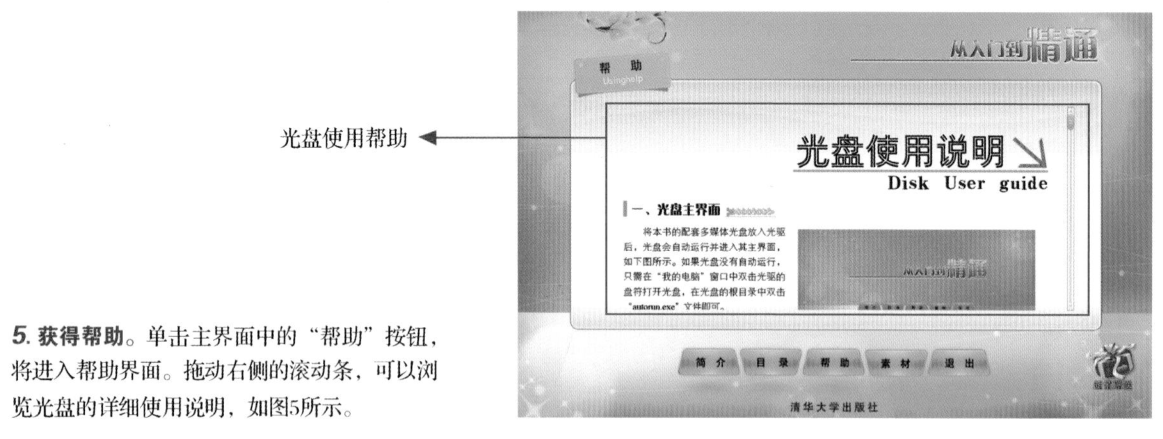

5. 获得帮助。单击主界面中的“帮助”按钮，将进入帮助界面。拖动右侧的滚动条，可以浏览光盘的详细使用说明，如图5所示。

图5 帮助界面

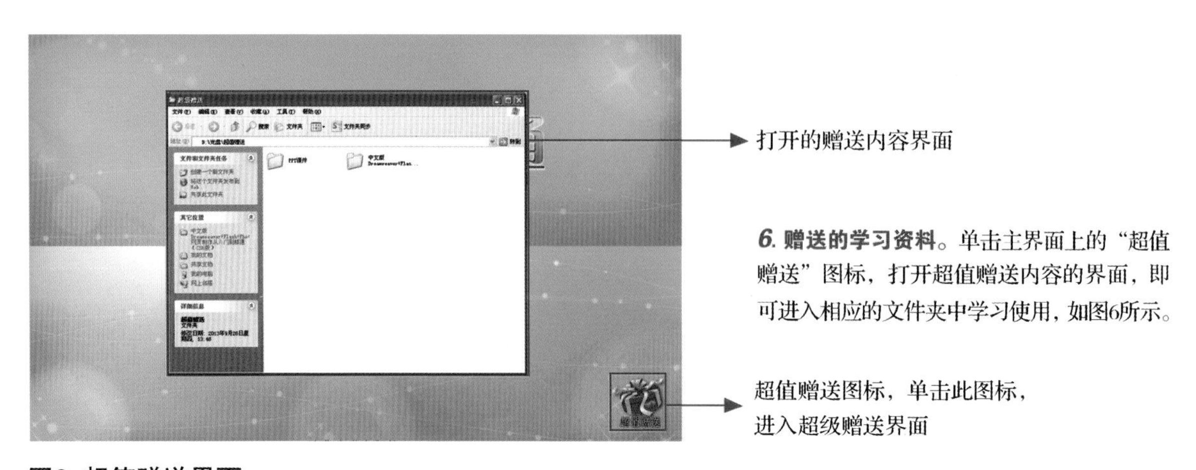

6. 赠送的学习资料。单击主界面上的“超值赠送”图标，打开超值赠送内容的界面，即可进入相应的文件夹中学习使用，如图6所示。

图6 超值赠送界面

学电脑从入门到精通

中文版Flash CS6动画制作从入门到精通

九州书源
任亚炫 余 洪 编著

清华大学出版社
北 京

内 容 简 介

本书以目前流行的Flash CS6版本为例，深入浅出地讲解了Flash动画制作的相关知识。全书分为4篇，以初学Flash开始，一步步讲解Flash CS6的基本操作、绘制和编辑图形的方法、时间轴以及库的使用、基本动画的制作、高级动画的制作、骨骼运动和3D动画、Flash特效制作、声音和视频的处理、ActionScript 3.0 语句的使用和发布Flash动画等知识。本书实例丰富，包含了Flash应用的方方面面，如广告、课件、各类特效制作、MTV和电子贺卡等，可帮助读者快速上手，并将其应用到实际工作领域。

本书案例丰富、实用，且简单明了，可作为广大初、中级用户自学Flash的参考用书。同时本书知识全面、安排合理，也可作为大中专院校相关专业及Flash动画设计培训班的教材。

图书在版编目（CIP）数据

中文版Flash CS6动画制作从入门到精通/九州书源编著. —北京：清华大学出版社，2014（2020.7重印）
（学电脑从入门到精通）
ISBN 978-7-302-33748-5

I. ①中… II. ①九… III. ①动画制作软件 IV. ①TP391.41

中国版本图书馆CIP数据核字（2013）第204479号

责任编辑：朱英彪
封面设计：刘 超
版式设计：文森时代
责任校对：王 云
责任印制：刘祎淼

出版发行：清华大学出版社
网 址：http://www.tup.com.cn，http://www.wqbook.com
地 址：北京清华大学学研大厦A座 **邮 编**：100084
社 总 机：010-62770175 **邮 购**：010-62786544
投稿与读者服务：010-62776969，c-service@tup.tsinghua.edu.cn
质量反馈：010-62772015，zhiliang@tup.tsinghua.edu.cn
印 装 者：清华大学印刷厂
经 销：全国新华书店
开 本：190mm×260mm **印 张**：24 **字 数**：584千字
（附DVD光盘1张）
版 次：2014年1月第1版 **印 次**：2020年7月第11次印刷
定 价：49.80元

产品编号：049528-01

前言
PREFACE

本套书的故事和特点

“学电脑从入门到精通”系列丛书从2008年第1版问世，到2010年跟进，共两个版本30余种图书，涵盖了电脑软、硬件各个领域，由于其知识丰富，讲解清晰，被广大读者口口相传，成为大家首选的电脑入门与提高类图书，并得到了广大读者的一致好评。

为了使更多的读者受益，成为这个信息化社会中的一员，为自己的工作和生活带来方便，我们对“学电脑从入门到精通”系列图书进行了第3次改版。改版后的图书将继承前两版图书的优势，并将不足之处进行更改和优化，将软件的版本进行更新，使其以一种全新的面貌呈现在大家面前。总体来说，新版的“学电脑从入门到精通”系列丛书有如下特点。

◆ 结构科学，自学、教学两不误

本套书均采用分篇的方式写作，全书分为入门篇、提高篇、精通篇和实战篇，每一篇的结构和要求均有所不同，其中，入门篇和提高篇重在知识的讲解，精通篇重在技巧的学习和灵活运用，实战篇主要讲解该知识在实际工作和生活中的综合应用。除了实战篇外，每一章的最后都安排了实例和练习，以教会读者综合应用本章的知识制作实例并且进行自我练习，所以本书不管是用于自学，还是用于教学，都可获得不错的效果。

◆ 知识丰富，达到“精通”

本书的知识丰富、全面，将一个“高手”应掌握的知识有序地放在各篇中，在每一页的下方都添加了与本页相关的知识和技巧，与正文相呼应，对知识进行补充与提升。同时，在入门篇和提高篇的每一章最后都添加了“知识问答”和“知识关联”版块，将与本章相关的疑难点再次提问、理解，并将一些特殊的技巧教予大家，从而最大限度地提高本书的知识含量，让读者达到“精通”的程度。

◆ 大量实例，更易上手

学习电脑的人都知道，实例更利于学习和掌握。本书实例丰富，对于经常使用的操作均以实例的形式给出，并将实例以标题的形式列出，方便读者快速查阅。

◆ 行业分析，让您与现实工作更贴近

本书中大型综合实例除了讲解该实例的制作方法以外，还讲解了与该实例相关的行业知识，例如在14.3节讲解“制作网站首页”时，则在“行业分析”中将讲解网站首页的制作意义、排版方法，不同受众应选用不同的颜色搭配等，从而让读者真正明白这个实例“背后的故事”，增加知识面，缩小书本知识与实际工作的差距。

本书有哪些内容

本书内容分为4篇，共19章，主要内容介绍如下。

- **入门篇（第1~7章，Flash CS6基础操作）**：主要讲解Flash CS6的基础知识和操作。包括Flash CS6基础知识、对象的选择、基本图像的绘制、时间轴面板的使用方法、素材和元件的巧用和动画速成方法等知识。
- **提高篇（第8~12章，Flash CS6进阶应用）**：主要讲解Flash CS6中的高级运用知识与操作。包括特效动画制作、3D特效和骨骼动画的制作、添加多媒体的方法、ActionScript 3.0在动画中的应用和输出与发布动画等知识。
- **精通篇（第13~16章，Flash CS6的高级应用）**：主要讲解Flash CS6中文字的使用、按钮和导航条的制作、如何制作交互式动画，以及制作动画特效等知识。
- **实战篇（第17~19章，Flash CS6的案例应用）**：主要讲解Flash CS6在案例中的实际应用。包括制作Flash游戏、制作Flash导航动画和制作宣传广告等知识。

光盘有哪些内容

本书配备的多媒体教学光盘，容量大，内容丰富，主要包含如下内容。

- **素材和效果文件**：光盘中包含了本书中所有实例使用的素材，以及进行操作后完成的效果文件，使读者可以根据这些效果文件轻松制作出与本书实例相同的效果。
- **实例和练习的视频演示**：将本书所有实例和课后练习的内容，以视频文件形式提供出来，使读者更加形象地学会其制作方法。
- **PPT教学课件**：以章为单位精心制作了本书对应的PPT教学课件，课件的结构与书本讲解的内容相同，有助于老师教学。

如何快速解决学习的疑惑

本书由九州书源组织编写，为保证每个知识点都能让读者学有所用，参与本书编写的人员在电脑书籍的编写方面都有较高的造诣。他们是任亚炫、余洪、杨学林、李星、丛威、范晶晶、常开忠、唐青、羊清忠、董娟娟、彭小霞、何晓琴、陈晓颖、赵云、张良瑜、张良军、宋玉霞、牟俊、李洪、贺丽娟、曾福全、汪科、宋晓均、张春梅、廖宵、杨明宇、刘可、李显进、付琦、刘成林、简超、林涛、张娟、程云飞、杨强、刘凡馨、向萍、杨颖、朱非、蒲涛、林科炯、阿木古堵。如果您在学习的过程中遇到什么困难或疑惑，可以联系我们，我们会尽快为您解答。联系方式是网址：http://www.jzbooks.com，QQ群：122144955、120241301。

目录

CONTENTS

入门篇

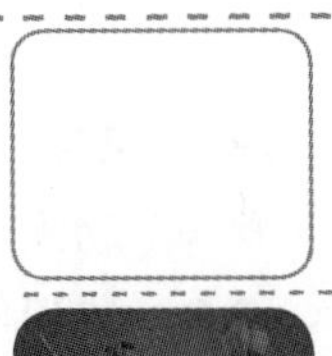

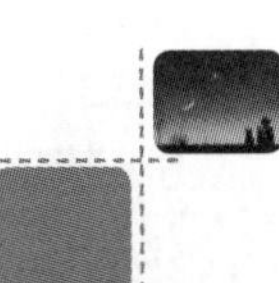

第1章 走进动画的梦工厂......2
1.1 Flash的历史及特点......3
1.1.1 发展历史......3
1.1.2 Flash动画的特点......4
1.2 动画的制作和应用......4
1.2.1 Flash动画的应用领域......4
1.2.2 动画制作的流程......7
1.3 认识Flash软件......8
1.3.1 欢迎界面......8
1.3.2 工作界面......9
1.3.3 Adobe Flash Player......10
1.3.4 常用术语......10
1.4 常用的面板......12
1.4.1 "工具"面板......12
1.4.2 "属性"面板......13
1.4.3 "时间轴"面板......13
1.4.4 "变形"面板......14
1.4.5 "对齐"面板......14
1.4.6 "颜色"面板与"样本"面板......14
1.4.7 "动作"面板......15
1.5 位图与矢量图......15
1.5.1 位图......15
1.5.2 矢量图......16
1.6 知识问答......16

第2章 Flash CS6全接触......18
2.1 使用Flash CS6的前期准备......19
2.1.1 Flash CS6的安装......19
实例2-1 使用安装程序安装Flash CS6......19
2.1.2 启动和退出Flash CS6......20
2.2 文档的基础操作......21
2.2.1 新建文档......21
2.2.2 打开文档......22
2.2.3 保存文档......23
2.2.4 关闭文档......23
2.3 设置工作环境......24
2.3.1 设置舞台属性......24
实例2-2 设置舞台的大小和颜色......24
2.3.2 场景的显示......25
2.3.3 面板的调整......25
2.3.4 新建工作区......26
实例2-3 调整面板并新建工作区......27

2.4 辅助工具的使用 28
2.4.1 标尺 28
2.4.2 网格 29
2.4.3 辅助线 29
2.5 基础实例——打开动画与设置场景 31
2.5.1 行业分析 31
2.5.2 操作思路 32
2.5.3 操作步骤 32
2.6 基础练习 34
2.6.1 打开并修改文档 34
2.6.2 删除辅助线并设置文档大小 35
2.7 知识问答 36
第3章 随心所欲操控对象 38
3.1 选择对象 39
3.1.1 选择单个对象 39
3.1.2 选择多个对象 40
3.1.3 不规则选择 40
实例3-1 精确地选出公主图像 41
实例3-2 使用多边形模式选择图像 42
3.2 笔触和填充 43
3.2.1 认识笔触和填充 43
3.2.2 简单编辑笔触和填充 43
实例3-3 修改文档中的笔触和填充 44
3.3 对象的基础操作 45
3.3.1 移动对象的位置 45
3.3.2 复制对象 45
3.3.3 删除对象 46
3.3.4 群组和分离对象 46
3.4 对象的调整 47
3.4.1 控制变形点 47
3.4.2 多种变换模式 47
实例3-4 使用“变形”面板调整对象 49
3.5 排列和对齐对象 50
3.5.1 对象的上下级排列 51
实例3-5 排列蝴蝶的位置 51
3.5.2 对齐对象 51
3.6 基础实例——制作童趣森林动画 52
3.6.1 行业分析 52
3.6.2 操作思路 52
3.6.3 操作步骤 53
3.7 基础练习——编辑天线屋顶动画 54
3.8 知识问答 55
第4章 基本图像的绘制 56
4.1 快速绘制基本图形 57
4.1.1 线条工具 57
实例4-1 绘制房屋 58
4.1.2 铅笔工具 59
实例4-2 绘制小人 59
4.1.3 钢笔工具 60
实例4-3 绘制卡通人物 62
4.1.4 刷子工具 63
4.1.5 喷涂刷工具 64
4.2 几何图形的绘制 65
4.2.1 矩形工具和基本矩形工具 65
4.2.2 椭圆工具和基本椭圆工具 66
4.2.3 多角星形工具 66
实例4-4 绘制星空 67
4.3 Deco工具的图形填充 68
4.3.1 选择填充样式 68
4.3.2 使用Deco绘制图形 69
实例4-5 使用Deco工具组合图形 69
4.4 色彩的填充 71
4.4.1 颜料桶工具 71
4.4.2 对图形进行纯色填充 71
实例4-6 对小人填充颜色 71

入门、提高、精通、实战，步步精要，
知识、实践、拓展、技能，样样在行。

4.4.3 滴管工具 72
4.4.4 渐变填充 73
实例4-7 为图像的背景填充渐变颜色 74
4.5 文字的输入 76
4.5.1 文本的属性设置 76
4.5.2 文本的输入 77
4.6 基础实例——绘制占卜师 77
4.6.1 行业分析 78
4.6.2 操作思路 78
4.6.3 操作步骤 79
4.7 基础练习 82
4.7.1 绘制动感线条 83
4.7.2 绘制Q版卡通小人 84
4.8 知识问答 85
第5章 “时间轴”面板 86
5.1 认识“时间轴”面板 87
5.1.1 “时间轴”面板的简介 87
5.1.2 时间轴的外观 87
5.2 认识图层 88
5.2.1 图层的类型 88
5.2.2 图层的显示状态 89
5.3 管理图层 90
5.3.1 图层的操作 91
5.3.2 组织图层 93
5.3.3 图层属性 94
5.4 帧 95
5.4.1 帧的基本类型 95
5.4.2 帧的控制按钮 96
5.5 帧的编辑 97
5.5.1 帧的基本操作 97
5.5.2 帧的属性设置 99
5.6 基础实例——制作森林中的猫 100
5.6.1 行业分析 101
5.6.2 操作思路 101
5.6.3 操作步骤 102
5.7 基础练习 104
5.7.1 翻转机械臂 104
5.7.2 编辑“城堡”文档 105
5.8 知识问答 106
第6章 巧用素材和元件 108
6.1 认识并导入素材 109
6.1.1 认识素材 109
6.1.2 图片素材的导入 109
6.1.3 文档素材的导入 110
6.2 元件 112
6.2.1 认识元件 112
6.2.2 元件的类型 112
6.2.3 元件的实例 113
6.3 元件的创建与修改 113
6.3.1 新建元件 113
实例6-1 新建包含图片的影片剪辑元件 113
6.3.2 通过转换创建元件 115
6.3.3 修改元件类型 116
6.4 元件的编辑操作 116
6.4.1 编辑元件 116
6.4.2 交换元件 117
6.4.3 设置元件的色彩效果 117
实例6-2 设置元件实例的色彩 117
6.4.4 设置混合模式 118
6.5 滤镜 120
6.5.1 什么是滤镜 120
6.5.2 多种滤镜效果 120
6.5.3 滤镜的使用 121
实例6-3 为元件添加多种滤镜 121
6.6 集中管理素材和元件的库 122
6.6.1 认识“库”面板 122
6.6.2 使用库中的项目 123
6.6.3 库的文件夹 124
6.6.4 外部库和公用库 124

6.7 基础实例——制作度假村海报 125
6.7.1 行业分析 126
6.7.2 操作思路 126
6.7.3 操作步骤 126
6.8 基础练习——组合素材构成美丽小镇 129
6.9 知识问答 130
第7章 动画速成方法 132
7.1 逐帧动画的制作 133
7.1.1 逐帧动画的制作技巧 133
7.1.2 制作逐帧动画 134
实例7-1 使用外部图像生成动画 134
实例7-2 制作手写效果 136
7.2 形状补间动画的制作 137
7.2.1 形状补间动画的特点 137
7.2.2 制作形状补间动画 138
实例7-3 制作银幕数字变形效果 138
7.3 传统补间动画的制作 139
7.3.1 传统补间动画的特点 139
7.3.2 制作传统补间动画 140
实例7-4 制作流云飘动效果 140
7.4 补间动画的制作 141
7.4.1 补间动画的特点 141
7.4.2 制作补间动画 142
实例7-5 制作飞机飞行动画 142
7.5 使用动画预设 143
7.5.1 了解动画预设 143
7.5.2 应用和编辑动画预设 144
实例7-6 通过预设编辑下雨场景 144
7.6 “动画编辑器”面板的使用 145
7.6.1 认识“动画编辑器”面板 145
7.6.2 使用“动画编辑器”面板 146
实例7-7 编辑飞机飞行动画 146
7.7 基础实例——制作迷路的小孩 147
7.7.1 行业分析 147
7.7.2 操作思路 148
7.7.3 操作步骤 148
7.8 基础练习——制作“新品上市”动画 151
7.9 知识问答 152

提高篇

第8章 特效动画制作 156
8.1 了解引导动画 157
8.1.1 什么是引导动画 157
8.1.2 引导层的分类 157
8.1.3 引导动画的“属性”面板 158
8.2 制作引导动画 158

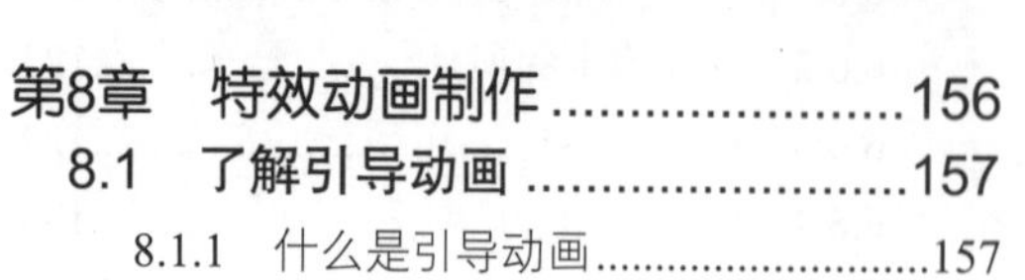

入门、提高、精通、实战，步步精要，
知识、实践、拓展、技能，样样在行。

8.2.1 创建普通引导动画......158

实例8-1 制作太阳移动动画......158

8.2.2 制作多层引导动画......161

实例8-2 制作“蝴蝶飞飞”动画......161

8.3 了解遮罩动画......164

8.3.1 什么是遮罩动画......164

8.3.2 制作遮罩动画的技巧......164

8.4 制作遮罩动画......165

8.4.1 创建简单遮罩动画......165

实例8-3 制作镜头移动动画......165

8.4.2 制作多层遮罩动画......167

实例8-4 编辑相机文档......167

8.5 提高实例——制作“百叶窗”动画......168

8.5.1 行业分析......168

8.5.2 操作思路......169

8.5.3 操作步骤......169

8.6 提高练习......170

8.6.1 制作“水波涟漪”遮罩动画......171

8.6.2 制作“拖拉机”引导动画......172

8.7 知识问答......173

第9章 3D特效和骨骼动画......174

9.1 3D工具......175

9.1.1 3D旋转工具......175

实例9-1 旋转元件实例......175

9.1.2 3D平移工具......177

9.1.3 消失点和透视点......178

9.2 IK反向运动......178

9.2.1 为什么IK是反向运动......178

9.2.2 为形状添加骨骼......179

实例9-2 剪影动画......179

9.2.3 为实例添加骨骼......181

实例9-3 跑步动画......181

9.3 骨骼的编辑......183

9.3.1 选择骨骼......183

9.3.2 删除骨骼......184

9.3.3 形态的绑定......184

9.3.4 定位骨骼的节点......185

9.3.5 移动元件......185

9.4 提高实例——制作皮影戏动画......185

9.4.1 行业分析......186

9.4.2 操作思路......186

9.4.3 操作步骤......187

9.5 提高练习......189

9.5.1 制作机器人部队......189

9.5.2 制作3D旋转相册......190

9.6 知识问答......191

第10章 添加多媒体......192

10.1 认识声音文件......193

10.1.1 声音文件的类型......193

10.1.2 声音的比特率......193

10.1.3 声音的位深......194

10.1.4 声道......194

10.2 为动画添加声音......194

10.2.1 声音的导入......195

实例10-1 将声音导入到库中......195

10.2.2 使用声音......195

实例10-2 将“库”中的声音添加到时间轴上......195

实例10-3 导入音乐并将其添加到按钮上......196

10.2.3 修改和删除声音......197

10.3 声音的后期处理......197

10.3.1 声音效果的选择......197

10.3.2 设置声音重复的次数......198

实例10-4 为“散步的小狗”动画设置循环播放音乐......198

10.3.3 同步方式......199

10.4 “编辑封套”对话框......199

10.4.1 剪辑声音 200
实例10-5 对声音文件中不需要的部分进行剪辑 200
10.4.2 调整音量 201
实例10-6 降低声音的左右声道音量 201
10.4.3 压缩声音 201

10.5 视频的导入 203
10.5.1 视频的格式和编解码器 203
10.5.2 嵌入视频文件 204
实例10-7 为Flash动画导入视频 204
10.5.3 载入外部视频文件 205
实例10-8 通过组件载入视频文件 205

10.6 提高实例——制作运动视频动画 206
10.6.1 行业分析 206
10.6.2 操作思路 207
10.6.3 操作步骤 207

10.7 提高练习——制作圣诞节贺卡 209

10.8 知识问答 211

第11章 ActionScript 3.0在动画中的应用 212

11.1 ActionScript 3.0语句入门 213
11.1.1 认识ActionScript 213
11.1.2 ActionScript 3.0的特性 213

11.2 编程的基础 213
11.2.1 ActionScript语句的基本语法 214
11.2.2 变量和常量 215
11.2.3 对象（Object） 218
11.2.4 数组（Array） 218
11.2.5 运算符和表达式 219
11.2.6 函数 220

11.3 在Flash中插入ActionScript 222
11.3.1 认识“动作”面板 222
11.3.2 使用“代码片段”面板 224
实例11-1 在动画中添加代码片段 224
11.3.3 对关键帧添加ActionScript代码 225

11.4 ActionScript的流程控制 226
11.4.1 条件语句 226
实例11-2 使用条件语句制作漫天花瓣飞舞效果 227
11.4.2 循环语句的使用 230
实例11-3 使用for语句制作烟花效果 230

11.5 常用的类 233
11.5.1 使用类创建实例 233
11.5.2 使用类编辑实例 234
实例11-4 使用类制作按钮 234

11.6 提高实例——制作游戏人物介绍界面 235
11.6.1 行业分析 236
11.6.2 操作思路 236
11.6.3 操作步骤 237

11.7 提高练习——制作“蒲公英”动画 239

11.8 知识问答 241

第12章 输出与发布 242

12.1 优化动画 243
12.1.1 优化动画文件 243
12.1.2 优化动画元素 243
12.1.3 优化文本 243

12.2 测试动画 244
12.2.1 测试文档 244
12.2.2 查看“宽带设置”面板 244
12.2.3 测试下载性能 245

12.3 导出Flash动画 246
12.3.1 导出动画文件 246

12.3.2 导出图像 246

实例12-1 将动画中的第一帧导出为图像........................246

12.4 发布Flash动画 247

12.4.1 设置动画发布格式......................247

12.4.2 发布预览 251

实例12-2 对动画进行发布前的预览 252

12.4.3 发布动画 252

12.5 提高实例——发布“迷路的小孩”动画 252

12.5.1 行业分析 253

12.5.2 操作思路 253

12.5.3 操作步骤 254

12.6 提高练习——将“散步的小狗”发布为网页动画 255

12.7 知识问答................................256

精通篇

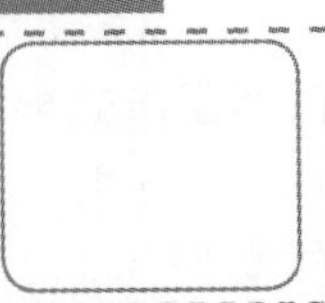

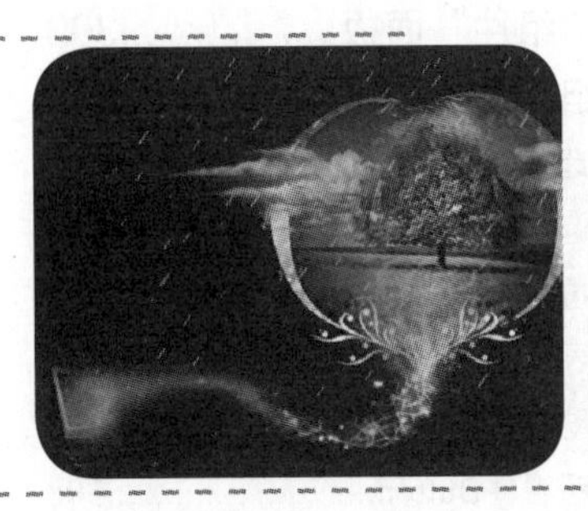

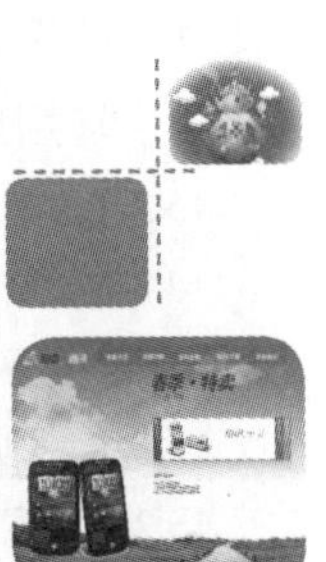

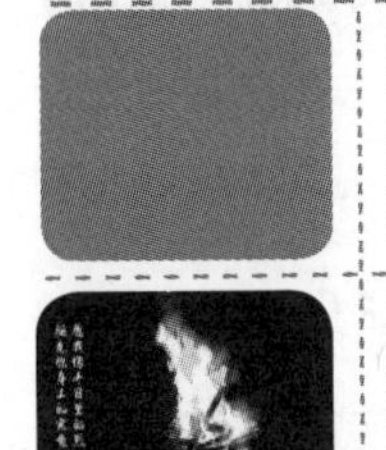

第13章 不一样的文字 260

13.1 特殊的TLF文本样式 261

13.1.1 什么是TLF文本...........................261

13.1.2 设置字符属性..............................261

实例13-1 为动画添加并设置字符 261

13.1.3 容量和流属性..............................262

实例13-2 为动画编辑文本..............262

13.2 特殊的文本样式....................264

13.2.1 竖排文本样式..............................264

13.2.2 分栏文本样式..............................264

实例13-3 为动画中的文本分栏 264

13.2.3 制作可编辑输入的文字 265

13.2.4 分离传统文本..............................265

实例13-4 制作载入动画..................266

13.3 多种文字特效 268

13.3.1 射灯字 268

实例13-5 制作射灯字效果..............268

13.3.2 激光字 270

实例13-6 制作激光字效果..............270

13.4 精通实例——制作服装品牌介绍页面..................................274

13.4.1 行业分析 274

13.4.2 操作思路 275

13.4.3 操作步骤 275

13.5 精通练习................................277

13.5.1 制作变色字效果..........................277

13.5.2 制作淡入效果..............................278

第14章 制作按钮和导航条 280

14.1 不同类型的按钮....................281

14.1.1 制作动画按钮..............................281

14.1.2 制作加载图像按钮......................284

14.2 制作导航条 286

入门、提高、精通、实战，步步精要，
知识、实践、拓展、技能，样样在行。

14.2.1 竖排导航条 287
14.2.2 横排导航条 292
14.3 精通实例——制作网站首页 294
14.3.1 行业分析 295
14.3.2 操作思路 295
14.3.3 操作步骤 296
14.4 精通练习——制作按钮动画 299

第15章 制作交互式动画 302
15.1 认识“组件”面板 303
15.2 常用组件 303
15.2.1 单选按钮组件RadioButton 303
15.2.2 复选框组件CheckBox 304
15.2.3 下拉列表框组件ComboBox 305
15.2.4 列表框组件List 306
15.2.5 滚动条组件ScrollPane 307
15.2.6 按钮组件Button 308
15.3 文本组件 309
15.3.1 文本标签组件 309
15.3.2 文本域组件 309
15.4 组件检查器 309
15.5 精通实例——制作游戏调查表单 310
15.5.1 行业分析 311
15.5.2 操作思路 311
15.5.3 操作步骤 311
15.6 精通练习——制作留言板 315

第16章 制作动画特效 318
16.1 制作常用动画效果 319
16.1.1 动画载入效果 319
16.1.2 极光效果 320
16.2 制作自然现象效果 322
16.2.1 无限星空效果 322
16.2.2 下雨效果 325
16.3 精通实例——制作炉火动画 326
16.3.1 行业分析 327
16.3.2 操作思路 327
16.3.3 操作步骤 328
16.4 精通练习——制作火球动画 331

实战篇

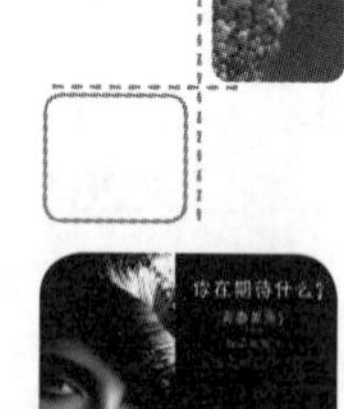

第17章 制作Flash游戏 334
17.1 实例说明 335
17.2 行业分析 335
17.3 操作思路 336
17.4 操作步骤 336
17.4.1 制作元件 336

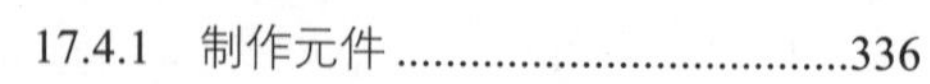

17.4.2 布局场景 339
17.4.3 添加语句 340
17.5 拓展练习——制作“打老虎”游戏 345
第18章 制作Flash导航动画 346
18.1 实例说明 347
18.2 行业分析 347
18.3 操作思路 348
18.4 操作步骤 348
18.4.1 制作汽车动画部分 348
18.4.2 制作导航条部分 352
18.4.3 制作文字部分 355
18.4.4 制作载入动画部分 358
18.5 拓展练习——制作玩具网站首页 358
第19章 制作宣传广告 360
19.1 实例说明 361
19.2 行业分析 361
19.3 操作思路 362
19.4 操作步骤 362
19.4.1 创建、编辑图形元件 362
19.4.2 创建、编辑字体元件 366
19.4.3 合成动画效果 368
19.5 拓展练习——制作化妆品广告 369

入门篇

在日常生活、工作中很多网页美工、动画设计师和平面设计师等都需要使用Flash制作动画，制作动画并非一件困难的事。在学习使用Flash制作动画前，还需要掌握Flash的各种基础知识，例如，认识操作界面、图像的绘制、如何使用素材和元件制作简单的动画等。本篇将对这些知识进行详细介绍，为后面深入学习Flash奠定坚实的基础。

<<<RUDIMENT

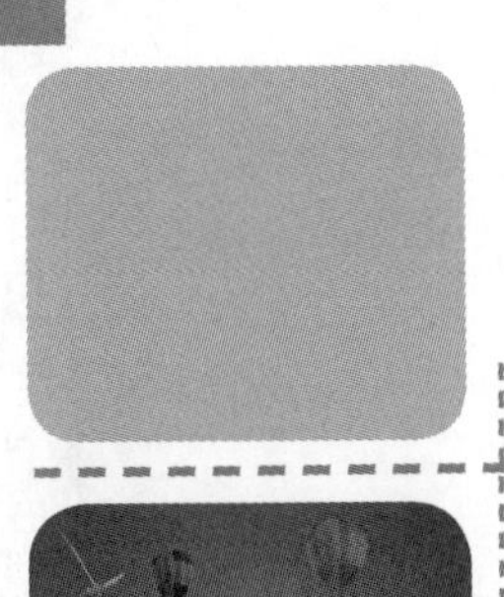

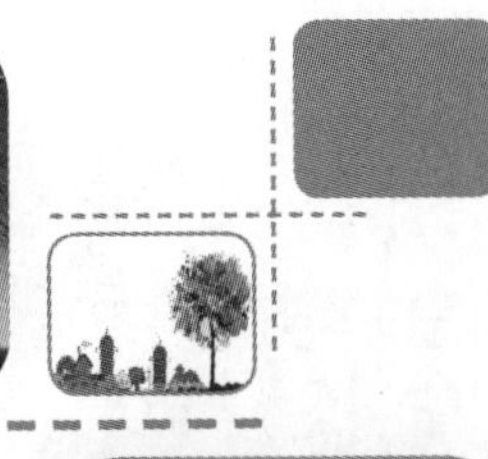

入门篇

第1章　走进动画的梦工厂 2

第2章　Flash CS6全接触 18

第3章　随心所欲操控对象 38

第4章　基本图像的绘制..............................56

第5章　“时间轴”面板..............................86

第6章　巧用素材和元件..............................108

第7章　动画速成方法 132

第 1 章

走进动画的梦工厂

Flash发展历史

Flash 的特点

动画制作的流程

欢迎界面和工作界面

常用的面板

认识位图与矢量图的关系

本章导读

Flash 是一款已经发展了多年的动画制作软件，由于它可以制作广告、短片、MV 和游戏等各式各样的 Flash 动画，使得 Flash 软件受到广大用户的喜爱。在本章中，将带领读者了解 Flash 的历史及特点，并学习有关动画制作的流程和 Flash 中一些常用的概念，以及常用的面板和工具，对 Flash CS6 软件进行一个全方位的认识。

1.1 Flash的历史及特点

在第一次接触 Flash 软件时，首先需要对其进行一定的了解，经过多年的发展，Flash CS6 发展出了一套独特的动画制作方法，也有许多其他软件没有的特点。下面分别介绍 Flash 的发展历史和动画的制作特点。

1.1.1 发展历史

Flash是一款交互式矢量图和Web动画的设计软件，其前身是Future Wave公司的Future Splash，是世界上第一款商用的二维矢量动画软件，用于设计和编辑 Flash 文档。1996 年 11 月，美国 Macromedia 公司收购了 Future Wave，并将其改名为 Flash，之后又被 Adobe 公司收购，再经过 Adobe 公司多年的发展，便有了今天的 Flash 版本。

最初于 1996 年诞生的 Flash 1.0 和 1997 年推出的 Flash 2.0 并没有引起太多的重视，直到 1998 年 Flash 3.0 的推出，Flash 才逐渐被人们关注。

2000 年，Macromedia 公司推出了具有里程碑意义的 Flash 5.0，在该版本中首次加入了完整的脚本语言——ActionScript 1.0，这意味着 Flash 进入了面向对象的开发领域。2006 年，Macromedia 公司被 Adobe 公司收购，并于次年推出了全新的 Flash CS3，除增加了许多全新的功能外，还添加了对 Photoshop 和 Illustrator 文件的支持，并整合了 ActionScript 3.0 脚本语言的开发，这使得在 Flash 中使用脚本进行开发变得更加容易，可维护性也更高。

时至今日，Adobe 推出了全新的 Flash CS6 版本，除增加了如 HTML 的新支持、生成 Sprite 表单、高级绘制工具和新的文本引擎功能外，还对一些比较流行的软件提供了支持，使得 Flash 逐步走入人们的生活。如图 1-1 所示为 Adobe 公司的商标，如图 1-2 所示为 Flash CS6 的启动界面。

图 1-1 Adobe 公司的商标

图 1-2 Flash CS6 的启动界面

Flash 并不是电脑自带的一款软件，需要手动进行安装，安装的具体过程将会在后面的章节中详细介绍。

1.1.2 Flash 动画的特点

Flash 作为一款优秀的动画设计软件，其应用领域比较广泛，受到许多用户的喜爱，成为目前使用最广泛的一款动画制作软件。Flash 动画的特点介绍如下。

- **多使用矢量图：**Flash 动画一般都是用矢量图制作的，无论把它放大多少倍都不会失真，保证了在不同平台以及不同大小的播放器上播放都能达到最佳的体验效果。
- **文件小、质量高：**现在网络上有许多使用 Flash 制作的动画、游戏、网站和广告等，这些使用 Flash 制作出来的文件一般都非常小，并且在保证文件较小的情况下，依然有很高的质量，非常有利于网络传输。
- **ActionScript 语句：**Flash 可利用 ActionScript 语句为动画制作交互效果，如 Flash 游戏、Flash 市场调查和 Flash 情感测试等。用户可以通过单击、选择等操作，决定动画的运行过程和结果，这一点是传统动画无法比拟的。
- **成本低：**Flash 动画制作的成本非常低，使用 Flash 制作的动画能够降低人力、物力资源的消耗，节省制作时间。
- **流式播放：**Flash 动画采用当今先进的“流”式播放技术，即用户可以边下载边观看，完全适应了当今网络的带宽，使用户观看动画时也不用再等待。
- **兼容性好：**Flash 支持多样的文件导入与导出，不仅可以输出.FLA 动画格式，还可以后缀名为.avi、.gif、.html、.mov、.smil 和.exe 等的多种文件格式输出。
- **优良的制作环境：**Flash 采用图层和帧的制作方式，并提供了强大的绘图工具和编辑工具，简化了制作过程。
- **视觉效果更具特色：**凭借 Flash 交互功能强等独特的优点，Flash 动画有更新颖的视觉效果，相比传统动画更容易吸引观众。

1.2 动画的制作和应用

要顺利地制作一个 Flash 动画，除了需要明确动画的应用领域外，还需要了解动画制作的过程，只有知道了 Flash 动画的作用，明确了制作的流程后，才能顺利地制作出令人满意的 Flash 动画。

1.2.1 Flash 动画的应用领域

Flash 的应用领域非常广泛，几乎所有的网站都使用 Flash 元素，不仅如此，Flash 甚至可以用于手机、平板电脑等设备上。

1. 娱乐短片

当前国内最火爆、也是广大 Flash 爱好者最热衷应用的一个领域，就是利用 Flash 制作

除了传统的领域外，部分用 Flash 制作的内容还可以移植到手机等移动设备上使用，这也大大扩展了 Flash 的应用范围。

动画短片，以供大家娱乐。它是一个发展潜力很大的领域，也是一个 Flash 爱好者展现自我的平台。如图 1-3 所示为用 Flash 制作的娱乐短片。

2. MTV

MTV 也是 Flash 中应用比较广泛的形式，如图 1-4 所示。在一些 Flash 制作网站上，几乎每周都有新的 MTV 作品产生。在国内，用 Flash 制作 MTV 也开始有了商业用途。

图 1-3 娱乐短片

图 1-4 MTV

3. 游戏

现在有很多网站都提供了在线游戏，这种运行在网页上的游戏基本都是使用 Flash 开发制作的，由于其操作简单、画面美观，越来越受到众多用户的喜爱。如图 1-5 所示为游戏的截图。

4. 导航条

导航条是网页设计中不可缺少的部分，它是指通过一定的技术手段，为网站的访问者提供相应的途径，使其可以方便地访问到指定的内容，使人们浏览网站时可以快速从一个页面跳转到另一个页面。使用 Flash 制作出来的导航条功能非常强大，是制作菜单的首选。如图 1-6 所示为网站的导航条。

图 1-5 Flash 小游戏

图 1-6 Flash 导航条

在网上有很多 Flash 动画，可以通过浏览这些动画来对 Flash 动画进行认识和了解。

5. 片头

片头一般用于介绍企业形象，起到吸引浏览者的作用。在许多网站中都使用一段简单精美的片头动画作为过渡页面。精美的片头动画，可以在短时间内把企业的整体信息传递给访问者，并且一个优秀的片头动画也能够加深印象。如图 1-7 所示为网站的片头动画效果图。

6. 广告

现在网络上各种页面广告大多也是使用 Flash 制作的。使用 Flash 制作广告不仅利于网络传输，还能满足多平台播放，如果将其导出为视频格式，还能将其在传统的电视媒体上播放。如图 1-8 所示为某广告的效果图。

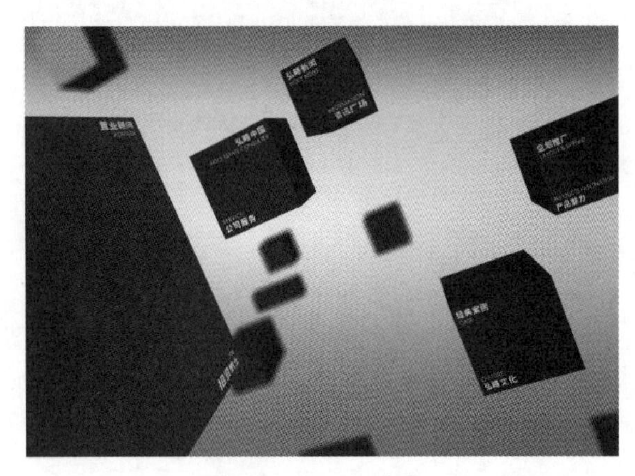

图 1-7　Flash 片头

图 1-8　Flash 广告

7. Flash 网站

网站是一种宣传企业形象、扩展企业业务的重要途径，使用 Flash 软件除了可以制作网站的片头外，还能制作一个完整的网站，并且通过 Flash 制作的网站，其交互性以及视觉效果相比一般的网站更好，更具有冲击力。如图 1-9 所示为某网站的效果图。

8. 产品展示

由于 Flash 拥有强大的交互功能，所以现在很多公司都会使用 Flash 来制作产品展示，观看者可以直接通过鼠标或键盘，选择观看产品功能、外观等，通过这种互动性的交互式体验，可以使观看者对产品的各方面进行全面的了解，比传统的展示更胜一筹，如图 1-10 所示。

在网络上有很多不同类型的 Flash 动画，这些动画的效果和风格各不相同，当遇见漂亮的 Flash 动画时，可以将其下载，用于之后的学习和参考。

图 1-9　Flash 网站

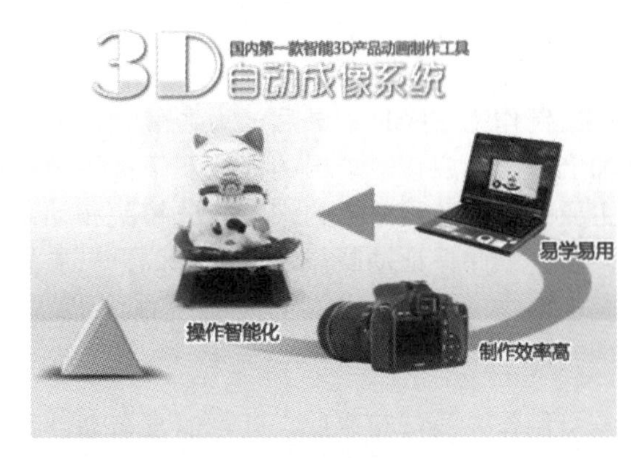

图 1-10　产品展示

1.2.2　动画制作的流程

俗话说“兵马未动，粮草先行”，想要制作一个优秀的 Flash 动画，少不了前期的准备过程，在制作前就应该对该动画的每一个过程进行精心策划，然后按照策划步骤一步一步完成，这样才能在制作的过程中有条不紊，从而顺利地制作出预期的效果。

1．动画的策划

一个完美的动画必定有一个完美的策划，在制作动画之前，应首先明确制作动画的目的、所要针对的观众和动画的风格、色调等。明确了这些以后，再根据顾客的需求制作一套完整的设计方案，并且要对动画中出现的人物、背景、音乐及动画剧情的设计等要素作具体的安排，以方便素材的收集。

2．动画的素材

收集素材是制作 Flash 动画时非常重要的一步，如果在这个过程中能收集到比较完整的素材，不仅可以大大提高 Flash 动画的制作速度，还能提升 Flash 动画的质量。收集动画素材的途径有网络收集、手动绘制和在日常生活中获取 3 种方法。

3．动画的制作

当前期的准备工作完成以后，就可以制作动画了。动画制作的步骤一般是先创建动画文档，然后导入或绘制动画中需要的素材、创建动画中需要多次使用的元件，再制作相应的动画效果，如逐帧动画、补间动画、引导动画和遮罩动画等。动画的制作是创建 Flash 作品中最重要的一步，动画部分的制作效果将直接决定 Flash 作品的成功与否，在制作动画的过程中要及时预览制作的动画效果，及时对动画的不足之处进行修改，使动画效果更加完美。

收集素材时，可以使用百度、谷歌等搜索引擎进行搜索，如果有相机，还可以直接对身边的事物进行拍摄，然后将其作为素材使用。

4. 动画的测试

制作完 Flash 动画后，为了使其他人能观看到同样的效果，并使上传的动画播放得更加流畅，就应该对动画的播放及下载等进行测试，以根据情况对动画进行调试。调试动画主要是针对动画对象的细节、分镜头和动画片段的衔接、声音与动画播放是否同步等进行调整，以此保证动画作品的最终效果与质量。

5. 动画的发布

制作并测试完成后，就可以发布动画了。发布动画是制作 Flash 动画的最后一步，在进行发布设置时，应根据动画的用途、使用环境等方面进行设置。例如，用于发布到网络的动画，可以将其质量设置得低一点，不要一味地追求较高的画面质量、声音品质，以免增加文件大小以及影响传输速度。

1.3 认识 Flash 软件

为了适应动画的制作，在 Flash CS6 软件中添加了许多工具、面板等，且与大部分软件不同，所以，在使用之前就需要先认识该软件各个部分的功能及作用。

1.3.1 欢迎界面

启动 Flash CS6 后，会打开一个欢迎界面，该界面主要用于快速新建或打开文档，以及提供一些学习链接，如图 1-11 所示。

图 1-11　欢迎界面

一个动画的制作流程可繁可简，并不是所有的动画都是使用一套制作流程，初学者在最初制作时，除了可以根据自身的需要进行调整外，也可以参考他人制作动画的流程。

在欢迎界面中主要包括从模板创建、打开最近的项目、新建、扩展和学习等版块，其作用分别介绍如下。

- **从模板创建**：在该栏中可以选择一个已经保存的动画文档模板，通过替换模板中的素材，快速制作相同效果的动画。除了能提高动画制作效率外，还能作为初学者学习的范例。
- **打开最近的项目**：包含最近打开过的文档，方便快速打开文档。
- **新建**：该栏中包含多个按钮，单击不同的按钮可以快速新建不同类型的文档。
- **扩展**：选择该选项，将通过网页浏览器打开 Flash Exchange 页面，在该页面中提供了 Adobe 触屏的软件、扩展程序、脚本和模板等资源。
- **学习**：选择该栏中相应的选项，可在打开的网页浏览器中查看由 Adobe 提供的 Flash 学习课程。
- **其他链接**：Flash 在此提供了“快速入门”、“新增功能”、“开发人员”和“设计人员”的网页链接，通过这些链接，可以进一步了解 Flash。
- ☑ 不再显示 **复选框**：选中该复选框，将不再显示欢迎界面。

1.3.2 工作界面

在新建或打开一个文档后，就会进入 Flash CS6 的工作界面，虽然 Flash CS6 的工作界面看起来比较复杂，却并不难上手。默认情况下，Flash CS6 的工作界面主要由菜单栏、包含舞台和粘贴板的场景以及一些功能各不相同的面板组成，如图 1-12 所示。

图 1-12 工作界面

下面对标题栏、菜单栏和面板进行介绍。

选中 ☑ 不再显示 复选框后，下次启动 Flash 时将不再打开欢迎界面，如果需要再次显示该界面，可选择【编辑】/【首选参数】命令，在打开的“首选参数”对话框的“常规”选项卡中进行设置。

- **标题栏**：单击 基本功能 ▾ 按钮，在弹出的下拉列表中可选择不同的工作区，用于多种风格的动画制作。
- **菜单栏**：菜单栏位于标题栏的下方，菜单栏中包括文件、编辑、视图、插入、修改、文本、命令、控制、调试、窗口和帮助等菜单项，其使用方法和一般软件的菜单栏的使用方法相同。
- **面板**：Flash CS6 包含的面板非常多，在 Flash 中所进行的操作几乎都会涉及面板的操作，每个面板都有各自的作用，默认情况下会显示“时间轴”、“属性”和“工具”等面板。其中，“时间轴”面板是让 Flash 动画可以动起来的关键设置场所；“属性”面板用于查看和修改舞台或对象的属性；“工具”面板中提供了编辑 Flash 动画的各类工具。

1.3.3 Adobe Flash Player

Flash Player 可以视作一个独立的程序，在 Flash 安装完成后，将会自动在电脑中安装一个名为“Adobe Flash Player”的播放器软件。该软件不能打开 Flash 的文档，但是可以打开并查看发布成 SWF 格式后的 Flash 动画，也是在制作 Flash 动画的过程中随时查看动画效果的常用软件。直接双击需要查看的 SWF 文件即可使用该程序打开 Flash 动画，如图 1-13 所示。

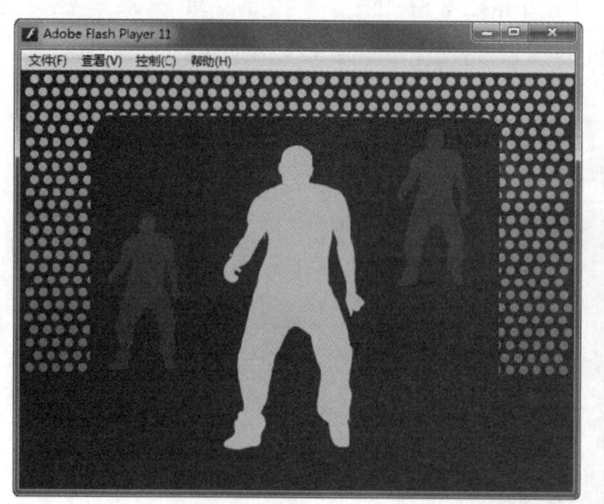

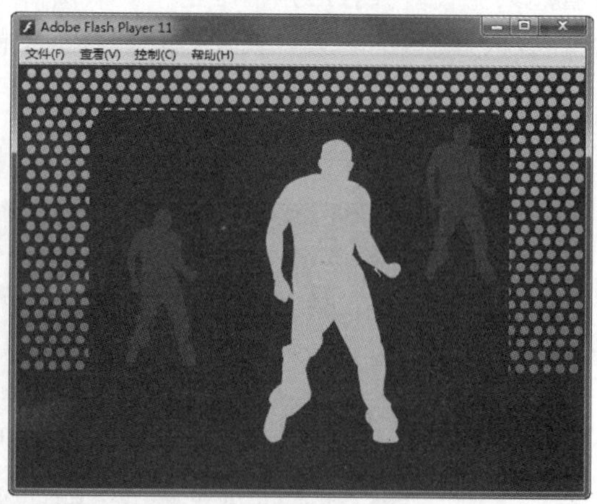

图 1-13　查看 Flash 动画

1.3.4 常用术语

作为一个专业的动画制作软件，在 Flash 动画中有许多常用的术语，在使用之前，首先应该对这些术语有所了解，下面分别进行介绍。

在 Flash 中还包括一种名为“Adobe Flash Player For IE”的插件，这是一个网络浏览器插件，如果不安装此插件，将不能在网络上观看 Flash 作品，大多数的网络视频也不能观看。

1．场景

场景就好比是一个工作台，动画中的所有要素都是通过场景制作的。场景由“舞台”和“粘贴板”组成。其中，“舞台”是指中间白色的区域，而“粘贴板”是指“舞台”四周的灰色区域。“舞台”相当于现实中用于表演的舞台，只有在舞台中的内容，才会呈现在最后的效果中，才会被观众看见，若将舞台中的内容移动至旁边灰色的“粘贴板”区域，则将不会显示出来，另外，若需要设置场景的缩放比例，可以单击右上角的下拉按钮▾，在弹出的下拉列表中进行设置，如图 1-14 所示。

2．图层和帧

图层和帧是制作 Flash 动画的关键，没有图层和帧，将不能制作出完整的 Flash 动画。图层和帧都位于“时间轴”面板中，其中，帧是图层中的基本单位，每个图层都包含多个帧，一帧就是一幅静止的画面，连续的帧就形成动画。如图 1-15 所示为图层和帧。

图 1-14　场景

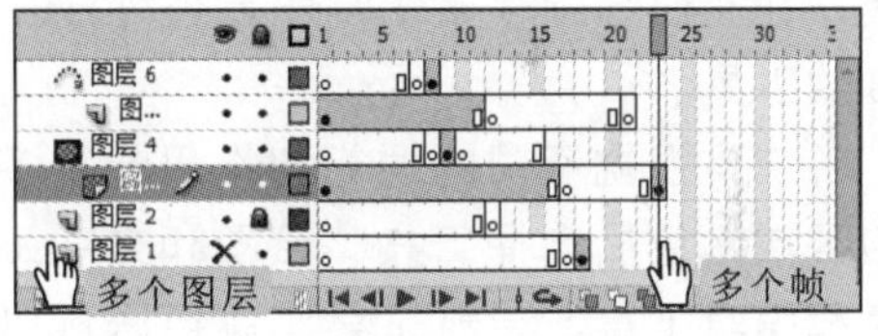

图 1-15　图层和帧

3．元件

元件是可反复取出使用的图形、按钮或一段小动画，每个元件都有一个单独的时间轴、舞台和图层，元件中的小动画可以独立于主动画进行播放，每个元件可由多个独立的元素组合而成。元件相当于一个可重复使用的模板，通过使用该模板，可快速地在场景中创建多个实例。使用元件的好处是可重复利用，缩小文件的存储空间。Flash 中的元件主要有图形元件、按钮元件和影片剪辑元件 3 种。

4．库

Flash 中的库就好比存储物品的仓库，用于存放动画中的所有元素，如元件、图片、声

在 Flash 文档中，舞台的大小是可以随意进行调整的，也可以通过新建场景的操作，使一个 Flash 文档中包含多个场景。

音和视频等文件。当需要使用库中的元素时，只需将其从“库”面板中拖动到指定位置即可。从库中拖动元素到场景中以后，拖入的元素本身还是在“库”面板中，而拖入到指定位置的元素只是库中的一个镜像文件，就如同在操作系统中为某个应用软件创建了快捷方式图标一样。

5. 帧速率

帧速率也称为 FPS，是指每秒钟刷新的次数，对于 Flash 动画而言，帧速率表示 Flash 动画的播放速度。要生成平滑连贯的动画效果，帧速率一般不能小于 8FPS，即 8 帧/秒，默认情况下帧速率为 24FPS。对于动态的动画而言，帧速率越高，每秒用来显示系列图像的帧数就越多，从而使得动画播放更加流畅。

1.4 常用的面板

Flash 中包含了功能各不相同的多个面板，通过这些面板，才使得一个完整的 Flash 动画得以呈现。下面将介绍在 Flash CS6 中比较常用的一些面板。

1.4.1 “工具”面板

“工具”面板是所有面板中最常用的一个面板，在此面板中提供了用于制作 Flash 动画的多款工具。

各工具根据不同的功能和作用分为多个不同的区域，包括选择工具、绘图和文字工具、着色和编辑工具、导航工具、颜色区域以及选项区域等。其中每个不同的区域又包含了多个不同的工具，例如，在绘图工具中还包括了钢笔工具、线条工具和铅笔工具等。

在“工具”面板中，部分工具的右下角有一个小三角形图标，表示该工具下面隐藏了多个工具，将鼠标指针移动到包含小三角的工具上，按住鼠标左键不放，将会打开隐藏的工具。要使用“工具”面板中的工具，只需选择相应的工具选项即可。“工具”面板中各个工具区域的名称以及隐藏的工具如图 1-16 所示。

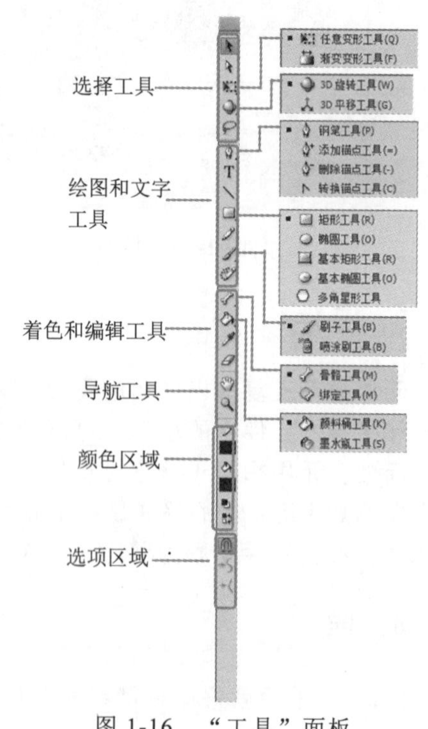

图 1-16 “工具”面板

在“工具”面板中，选项区域中的工具是随工具的变化而变化的，其主要的作用是对所选工具的功能进行扩展。

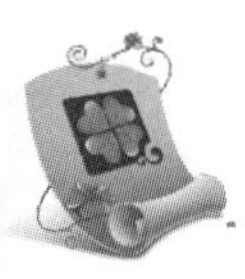

1.4.2 “属性”面板

“属性”面板是 Flash 中最基本的面板之一，主要用于快速查看并修改文档或对象的属性，选择的内容不同，“属性”面板中显示的内容和操作都会随之发生改变。

默认情况下，“属性”面板会一直显示在工作界面中，如图 1-17 所示为未选择任何对象时所显示的文档属性，可以用于修改发布设置、舞台的大小和颜色等。若选择舞台中的某一个对象，则“属性”面板中将显示该对象的属性，如图 1-18 所示为某个元件的属性，可在该面板中修改其实例名称、位置和大小、色彩效果及滤镜等。

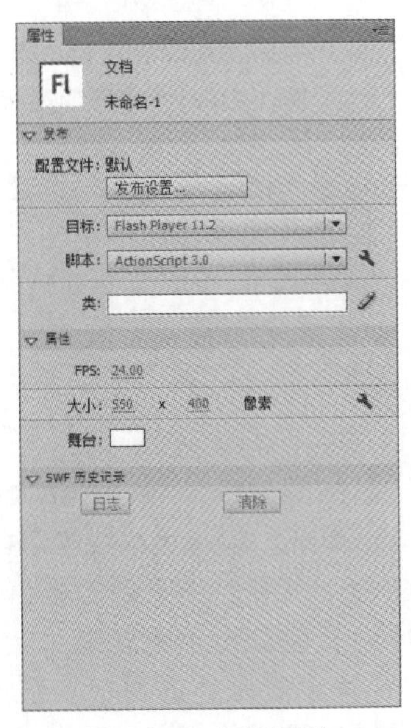

图 1-17 文档属性

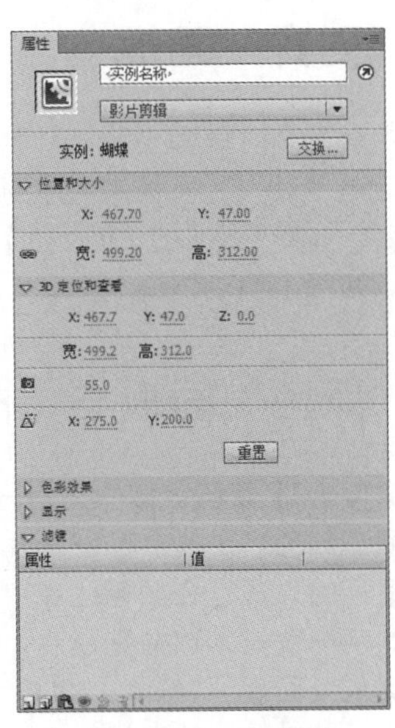

图 1-18 元件属性

1.4.3 “时间轴”面板

“时间轴”面板通常位于场景的上侧或下侧，与“属性”面板一样，同样是默认显示在工作界面中的面板。该面板主要用于放置帧中的内容和播放帧，主要由图层区、帧控制区、帧和时间轴标尺等组成，如图 1-19 所示。“时间轴”面板是制作 Flash 动画的关键面板，通过在“时间轴”面板中不同的帧上添加不同对象，从而让 Flash 动画动起来。

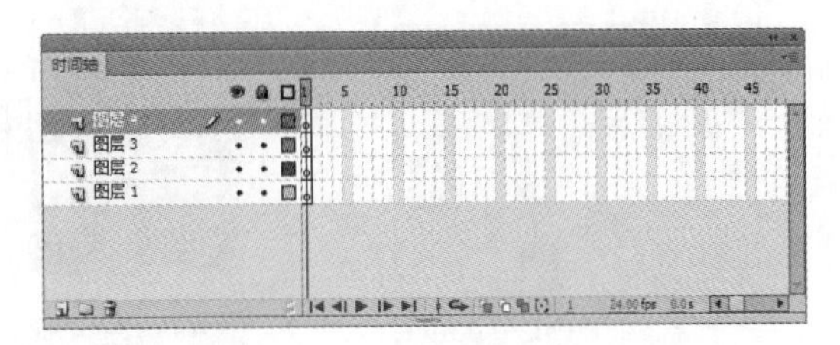

图 1-19 “时间轴”面板

默认情况下，Flash 只会打开几个常用的面板，要打开更多的面板，可选择“窗口”命令，然后在弹出的菜单中选择相应的命令即可。

1.4.4　“变形”面板

“变形”面板的主要作用是对场景中的对象进行大小、倾斜角度等进行处理。选择文档中的对象，在Flash中按“Ctrl+T”快捷键，打开“变形”面板，即可在该面板中对所选择对象的大小、角度等进行调整，如图1-20所示。

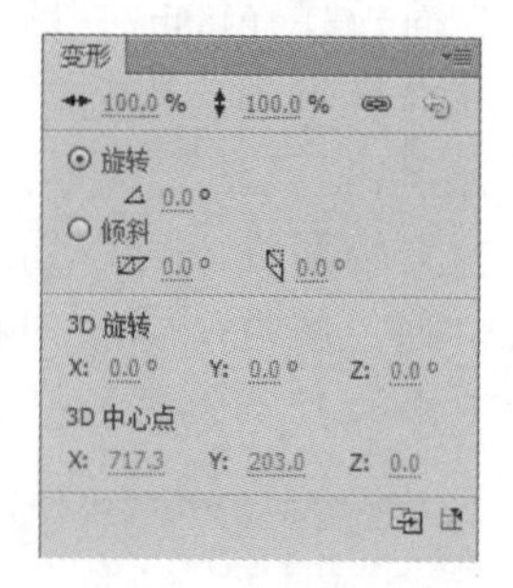

图 1-20　“变形”面板

1.4.5　“对齐”面板

当场景中有多个对象需要按某种特定的方式排列时，可用“对齐”面板来对齐对象。对齐对象的方法比较简单，只需选择要对齐的图形或图片后，选择【窗口】/【对齐】命令，打开“对齐”面板，然后单击该面板中相应的按钮即可，如图 1-21 所示。

1.4.6　“颜色”面板与“样本”面板

选择【窗口】/【颜色】命令，打开如图 1-22 所示的“颜色”面板，该面板主要用于设置图形的填充颜色，在其中可以设置多种颜色的填充模式，如纯色、线性等。在“颜色”面板中选择颜色的方法是在颜色区域中单击需要的颜色，也可以在下面的数值框中直接输入所需颜色的精确数值，选择完成后，即可将所选择的颜色应用于图形中。

除了“颜色”面板，“样本”面板同样也是用于快速设置颜色的面板。选择【窗口】/【样本】命令，即可打开该面板。在“样本”面板中提供了一些标准颜色色块，单击色块即可选取并使用颜色，这在快速设置颜色时经常使用，如图 1-23 所示。

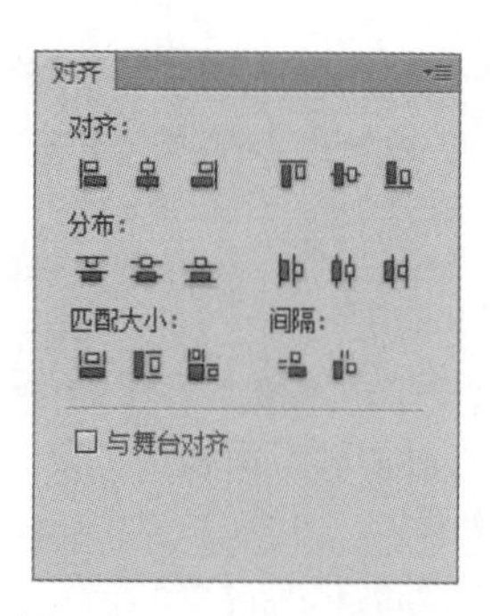

图 1-21　“对齐”面板

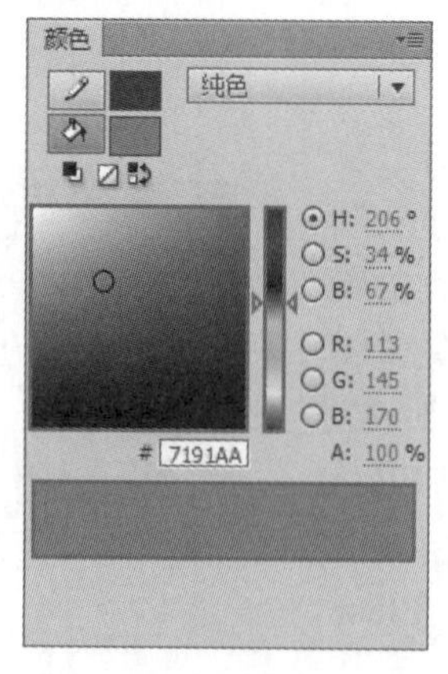

图 1-22　“颜色”面板

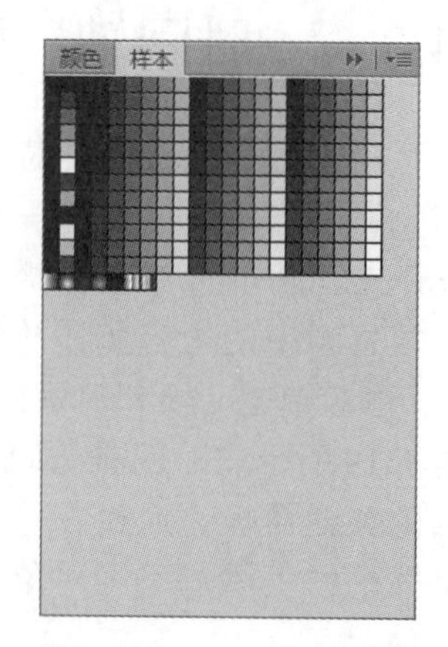

图 1-23　“样本”面板

在 Flash 工作界面中，按“Shift+Alt+F9”组合键可打开“颜色”面板；按“Ctrl+F9”快捷键可打开“样本”面板；按“Ctrl+K”快捷键可打开“对齐”面板。

1.4.7 “动作”面板

Flash 支持 ActionScript 3.0 这种面向对象的脚本语言，“动作”面板便是用于输入这种脚本语言的面板。选择【窗口】/【动作】命令，即可打开该面板。通常 ActionScript 3.0 脚本语言是添加在“时间轴”面板的关键帧中的，选择关键帧后按“F9”键也可以打开“动作”面板。在“动作”面板左侧的工具箱中列出了 Flash 中的所有命令和当前选择对象的具体信息，如名称、位置等，右侧的“编辑”框就是供用户输入命令的编辑窗口，如图 1-24 所示。

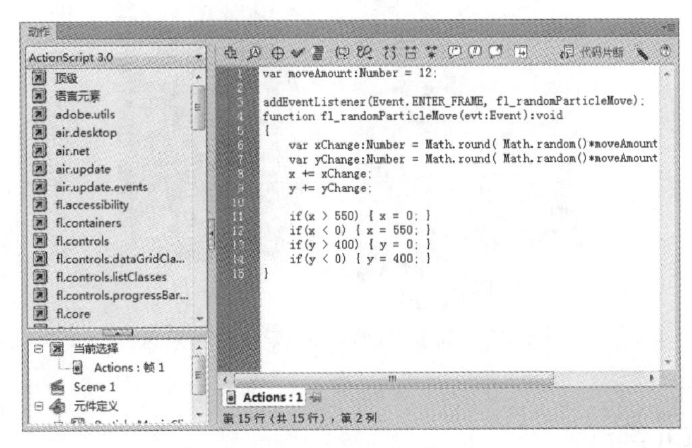

图 1-24 “动作”面板

1.5 位图与矢量图

动画的制作自然少不了图像的参与，在 Flash CS6 中，图像主要分为位图和矢量图两种，这两种不同的图像类型的性质完全不同。下面分别进行介绍。

1.5.1 位图

位图亦称为点阵图像，是由称作像素的单个点组成的，这些点可以进行不同的排列和染色以构成图形。位图色彩丰富，可以完美地表现复杂的图像，例如，平常见到的各种照片等都是使用位图来表现的。当放大位图时，图像将会失真，影响显示效果，同时可以看见构成整个图像的无数个单个方块。如图 1-25 所示为一张位图的局部经过放大后失真的效果。

图 1-25 位图照片局部放大的效果

位图常见的格式有 JPG、GIF、PNG 和 BMP 等。

1.5.2 矢量图

矢量图是根据几何特性来绘制的图形，矢量可以是一个点或一条线，矢量图只能靠软件生成，文件占用空间较小。矢量图的颜色没有位图丰富，光影变化也较弱，在表现复杂的场景时，效果不及位图，但放大后图像不会失真，文件占用空间也较小，适用于图形设计、文字设计和一些标志设计、版式设计等，如图 1-26 所示为某矢量图局部放大后的效果。

图 1-26　矢量图形局部放大后的效果

1.6 知识问答

学习本章的目的主要是初步认识和了解 Flash，为之后的学习过程奠定基础，以免之后的学习混乱而盲目。下面介绍认识过程中遇到的问题以及解决方案。

问：在有关图像的问题中，像素以及分辨率是指什么呢？

答：像素是用来计算数码照片的一种单位。若把位图放大数倍，会发现位图其实是由许多色彩相近的小方块组成的，这些小方块就是构成影像的最小单位——像素。而分辨率分为很多种，如表现显示精度的显示分辨率、表现打印精度的打印分辨率、表现拍摄质量的数码相机分辨率和表现图像质量的图像分辨率等。其中，图像分辨率是指图像中存储的信息量，通常是以每英寸的像素数或每厘米的像素数来进行衡量的。

问：在 Flash 中所使用的文件包括哪些类型，分别有什么作用？

答：在 Flash 中主要包括 FLA、SWF、AS、SWC、ASC 和 JSFL 等文件格式，这些格式的含义都不相同，FLA 格式是指 Flash 动画的原始文档；SWF 格式是指 FLA 的压缩版本，可用于网络传播；AS 格式是指 ActionScript 文件，可以将部分或全部的代码保存到该文件中，有助于代码的管理；SWC 格式是指可重新使用的 Flash 组件；ASC 格式用于存储将运行 Flash Communication Server 的电脑上执行的 ActionScript 文件；JSFL 格式用于向 Flash

在 Flash 中，位图和矢量图是可以互相转换的，但是这种转换会让图像的品质降低。

创作工具中添加新的功能。

问：经过了解，大致掌握了 Flash 的应用范围，在实际使用过程中，使用 Flash 进行动画设计的原则是什么？

答：声音在 Flash 动画的创作过程中的作用是很大的，有图像没声音的作品，难免显得单调，而有声音却没图像的作品却又显得空洞，这两者相互衬托，才能形成一个优秀的动画。但需要注意的是，在具体的 Flash 动画设计过程中，图像是 Flash 最重要的表现手段，这是最应该注意的，一个优秀的 Flash 动画作品不能只靠情节或音乐来烘托气氛。

Flash 的行业前景

Flash 动画设计师是一个新型职业，因为 Flash 简便易学，已经由最初零散地承接一些制作项目，到如今开始冲击整个动画市场，成为中低端动画产品的主要提供者。

目前国内 Flash 动画设计人才严重缺乏，严重阻碍着我国动画产业的发展，专门针对 Flash 动画设计专业人才培训的机构很少，而且还是一些不够专业的小机构。Flash 日益成为网络行业的一大卖点，手机技术也为 Flash 的传播提供了技术保障，Flash 动画利用自身的亲和力和传播速度等优势，将会为许多产业带来巨大的商业空间。选择 Flash 行业是个不错的选择，它不仅是一门技术，也是一只潜力股，会给你的生活和人生带来许多变化。就 Flash 动画设计本身而言，目前国内正在大力提倡原创动画产业的发展。

在最初接触 Flash 时，可以对其中的各个面板以及工具进行操作，快速熟悉其作用，才能使之后的学习更顺利。

第2章

Flash CS6 全接触

安装与启动Flash软件

文档的相关操作

面板的调整

辅助工具的使用

工作环境

本章导读

在最初接触一款软件时，首先应该进行的不是学习如何使用软件来达到什么目的，而是熟悉软件的基本操作，对于Flash CS6这样的设计软件更是如此，所以在开始学习如何编辑或制作Flash动画之前首先应该熟悉软件的基本操作。本章将介绍如何正确地安装Flash CS6，并在安装完成后讲解Flash CS6相关的基础操作，包括软件的启动与退出、文档的基础操作以及工作界面的调整等内容。

2.1 使用 Flash CS6 的前期准备

Flash CS6 并不是系统自带的一款软件，也不是在使用电脑过程中必须安装的一款软件，所以，在正式使用之前，需要先将其正确地安装到电脑中。下面将介绍安装、启动和退出 Flash 软件的方法。

2.1.1 Flash CS6 的安装

要想获得 Flash CS6 的安装程序，可以通过购买安装光盘、去官网购买并下载安装程序等多种方法获得。安装 Flash 软件的过程并不复杂，只需要在安装过程中按照提示操作，便能轻易地将其安装到电脑中。

实例 2-1 使用安装程序安装 Flash CS6

1 双击 Flash 安装包中的“Setup.exe”应用程序，启动安装程序，打开“欢迎”对话框，选择“安装”选项，如图 2-1 所示。

2 打开“Adobe 软件许可协议”界面，在认真阅读许可协议后单击 接受 按钮，接受许可协议，如图 2-2 所示。

图 2-1 欢迎对话框

图 2-2 接受许可协议

3 打开“序列号”界面，如图 2-3 所示。在该界面中输入该产品的序列号，然后单击 下一步 按钮。

4 打开“选项”界面，在“语言”栏的下拉列表框中选择“简体中文”选项，再单击“位置”栏后面的 按钮，在打开的对话框中选择安装位置，然后单击 安装 按钮，如图 2-4 所示。

在“欢迎”对话框中选择“试用”选项，在安装过程中将不会要求输入序列号，而且安装完成后，只能试用该软件 30 天，试用期一过，软件将不能继续使用。

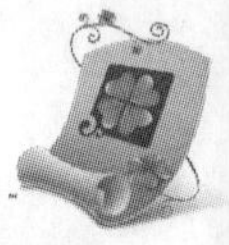

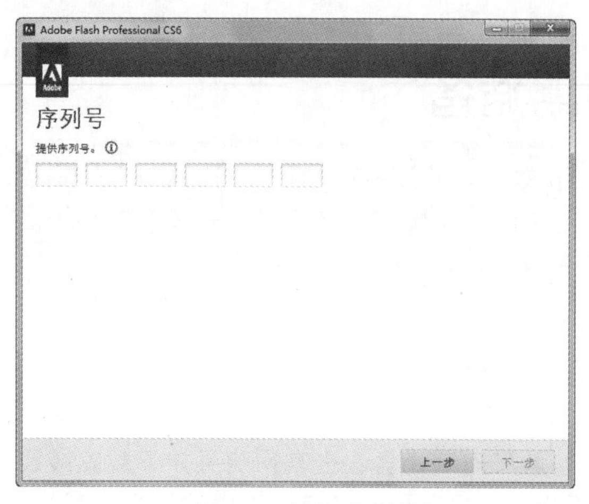

图 2-3 输入序列号

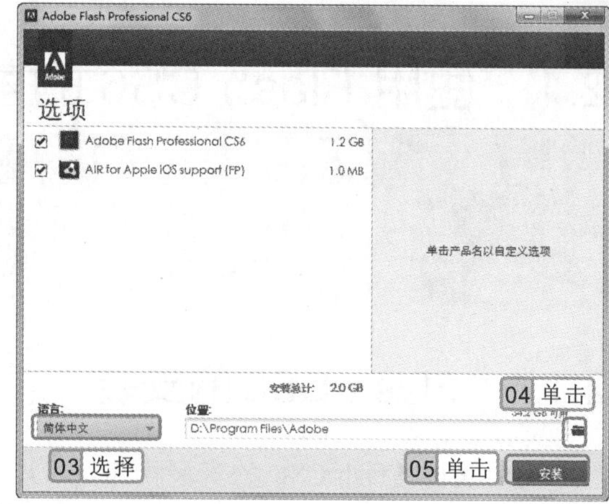

图 2-4 安装选项

5 打开“安装”界面，并在其中显示软件的安装进度和剩余安装时间，如图 2-5 所示。

6 安装完成后，打开“安装完成”界面，即表示 Flash CS6 已经成功地安装到电脑中，单击关闭按钮，关闭安装程序，如图 2-6 所示。

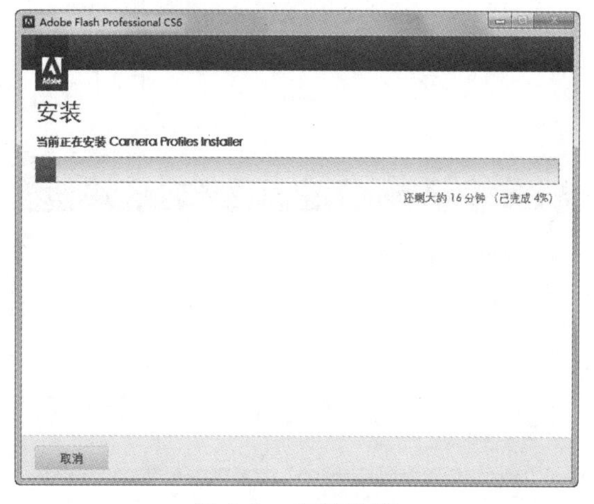

图 2-5 安装进度

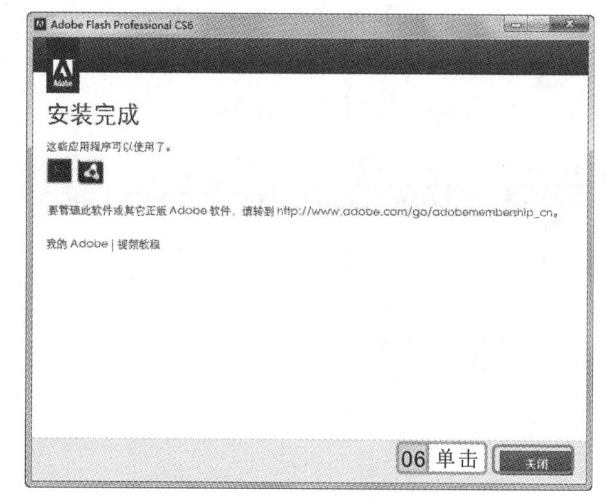

图 2-6 安装完成

2.1.2 启动和退出 Flash CS6

启动和退出程序是对程序进行操作的第一步，一般在完成安装后，首先应该启动程序，以验证程序是否正确安装，同时也能熟悉软件的操作环境。当不再使用该软件时，可退出程序，以便能更好地对电脑进行操作。

1. 启动 Flash CS6

安装好 Flash CS6 后，即可使用该软件，启动该软件的方法主要有以下几种：

序列号必须通过购买才能获得，如果是购买的安装光盘，其序列号可以在产品的包装上获得，如果是通过官方网站购买的，则可以在购买时所提供的电子邮箱中获得。

- 单击桌面左下角的“开始”按钮，在弹出的菜单中选择【所有程序】/【Adobe】/【Adobe Flash Professional CS6】命令，即可启动程序，如图 2-7 所示。
- 双击建立在桌面中的 Flash CS6 快捷方式图标即可。
- 通过打开一个 Flash CS6 动画文档启动。

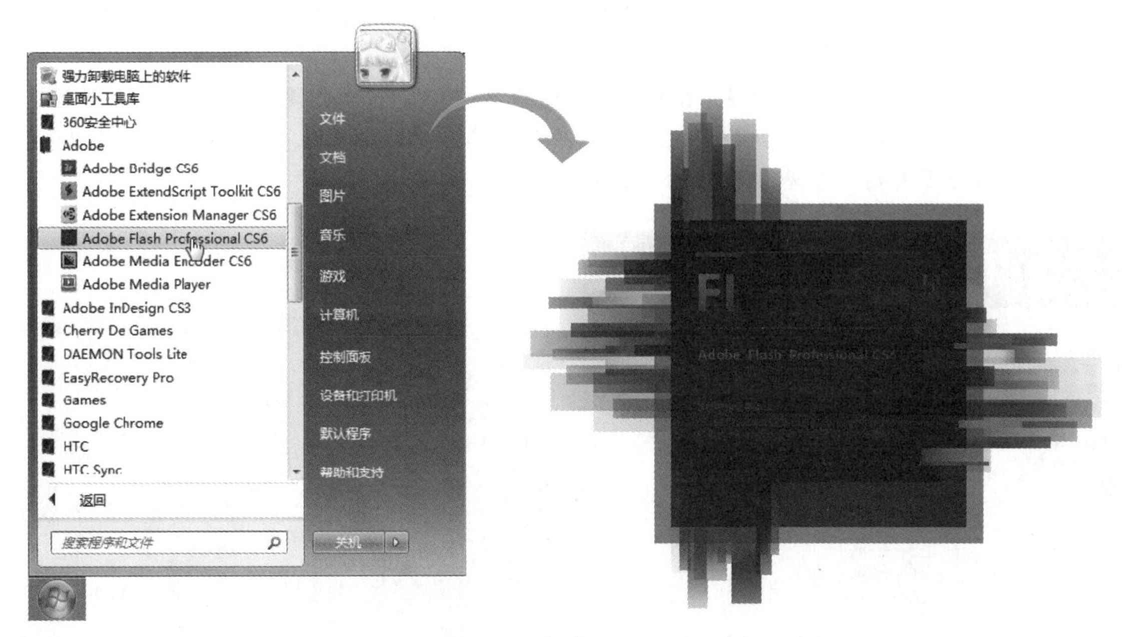

图 2-7 启动 Flash CS6

2. 退出 Flash CS6

退出 Flash CS6 的方法同样有多种，其中常用的几种方法分别介绍如下：

- 在 Flash CS6 工作界面中，选择【文件】/【退出】命令。
- 在 Flash CS6 工作界面中按“Ctrl+Q”快捷键。
- 单击 Flash CS6 工作界面右上角的“关闭”按钮。

2.2 文档的基础操作

当启动 Flash CS6 之后，并不能直接制作 Flash 动画，还需要新建文档，然后才能继续操作。下面将对 Flash 文档的基础操作进行讲解，包括文档的新建、打开、保存和关闭等操作。

2.2.1 新建文档

默认情况下，启动 Flash CS6 之后，并不会自动新建文档，需要手动进行操作。新建

启动 Flash CS6 的方法虽然有很多种，但在具体操作时，用户可根据实际情况选择合适的启动方式。

文档的方法有多种，分别介绍如下：

- 启动 Flash CS6 后，出现如图 2-8 所示的欢迎界面，单击其中相应的按钮即可新建 Flash 文档，如单击 ActionScript 3.0 按钮，即可新建 ActionScript 3.0 的空白文档。
- 在菜单栏中选择【文件】/【新建】命令，或按“Ctrl+N”快捷键，在打开的“新建文档”对话框的“类型”列表框中选择新建动画文档的类型，单击 确定 按钮可新建一个 Flash 文档，如图 2-9 所示。
- 在菜单栏中选择【文件】/【新建】命令或按“Ctrl+N”快捷键，在打开的“新建文档”对话框中选择“模板”选项卡，在其中选择相应的模板文档，最后单击 确定 按钮即可新建一个基于模板的 Flash 文档。

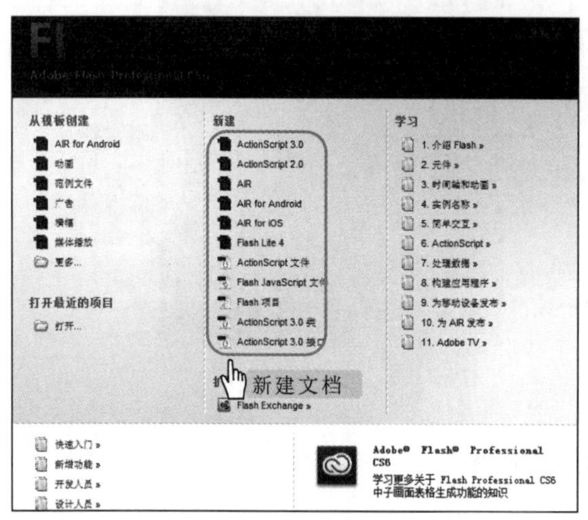
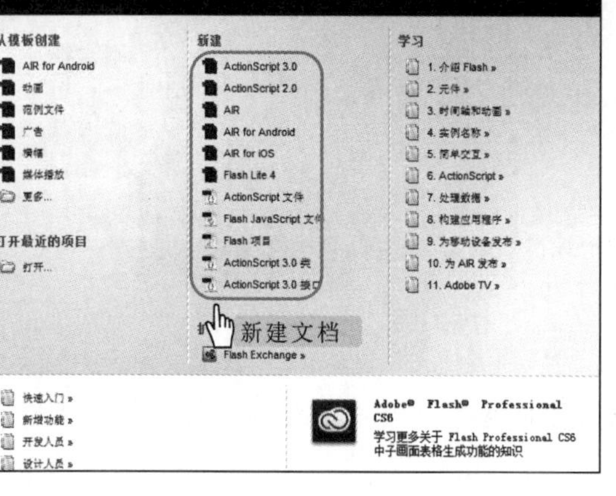

图 2-8　欢迎界面

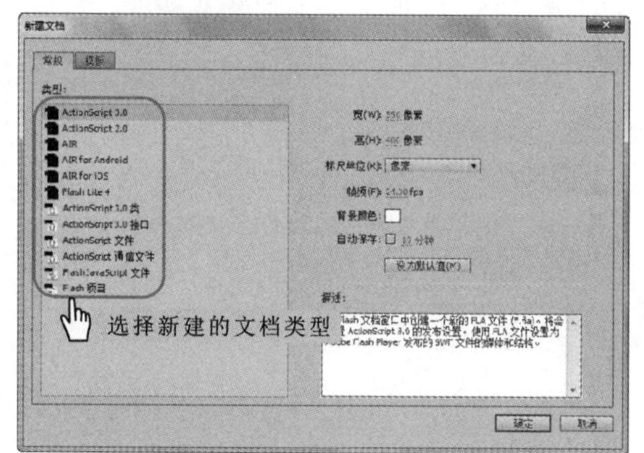

图 2-9　“新建文档”对话框

2.2.2　打开文档

如果需要查看或编辑电脑中已有的动画文档，可直接将其打开，常用的打开文档的方法有如下几种：

- 选择【文件】/【打开】命令，在打开的“打开”对话框中选择需要打开的 Flash 文档，然后单击 打开(O) 按钮，即可打开所选择的 Flash 文档，如图 2-10 所示。
- 启动 Flash 后，按“Ctrl+O”快捷键，在打开的“打开”对话框中选择需要打开的 Flash 文档，然后单击 打开(O) 按钮，即可打开所选择的 Flash 文档。
- 找到需要打开的 Flash 文档，直接在该文档上双击，即可将其打开。
- 在使用 Flash 打开过一些 Flash 文档后，即可在 Flash 的欢迎界面中出现最近打开过的项目，在该区域中直接单击即可快速地打开最近打开过的文档，另外单击该区域中的 打开... 按钮，如图 2-11 所示，同样可以打开“打开”对话框。

Flash 中有两种文件格式：一种是 FLA 源文件格式，另一种是 SWF 动画格式。其中，只有 FLA 格式的文件才可以进行编辑。

图 2-10　打开文档

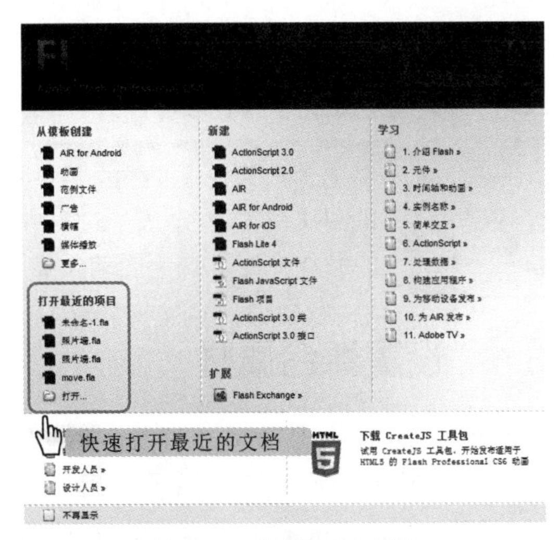

图 2-11　快速打开文档

2.2.3　保存文档

在制作动画时要及时保存制作的动画效果，以避免突发事故导致制作的文件丢失。与新建和打开文档类似，保存文档也有几种不同的方式，下面分别进行介绍。

- 选择【文件】/【另存为】命令，或按"Shift+Ctrl+S"组合键，将会打开"另存为"对话框，在其中选择需要保存 Flash 文档的位置并设置保存的名称，然后单击 保存(S) 按钮即可。
- 选择【文件】/【保存】命令，即可对 Flash 文档进行保存，如果是第一次保存文档，则会打开"另存为"对话框，在设置了保存位置后即可保存。
- 按"Ctrl+S"快捷键，即可对 Flash 文档进行保存，与选择"保存"命令类似，使用该操作第一次保存文档同样会打开"另存为"对话框。

2.2.4　关闭文档

在 Flash 中可同时打开并编辑多个动画文档，当编辑完成某个文档后，为了减轻电脑的负荷，可将其关闭。下面对关闭文档的方法进行介绍。

- 在动画文档的标题栏右侧单击 × 按钮，可关闭该标题所对应的文档，如果单击 Flash 窗口右上角的"关闭"按钮 × ，则会在关闭所有 Flash 文档后，退出 Flash 程序。
- 选择【文件】/【关闭】命令，可关闭当前编辑的动画文档；选择【文件】/【全部关闭】命令，可关闭 Flash 中所有打开的动画文档。
- 按"Ctrl+W"快捷键可以关闭当前编辑的文档；按"Ctrl+Alt+W"组合键，可关闭 Flash 中所有打开的动画文档；按"Alt+F4"快捷键，则会在关闭所有 Flash 文档后，退出 Flash 程序。

在关闭文档时，如果文档已经被保存，则会直接关闭文档，如果被关闭的文档没有被保存过，则会打开一个对话框，询问是否保存文档。若需要保存，则单击 是 按钮，若不需要保存，则单击 否 按钮。

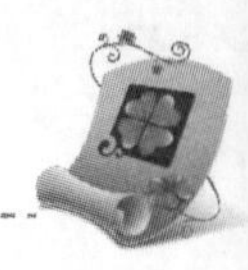

2.3　设置工作环境

安装并启动 Flash CS6 后就可以使用该软件制作动画了，但是在实际使用 Flash CS6 制作动画的过程中，为了能更好地制作出动画，通常会根据实际的制作需要设置不同的工作环境。

2.3.1　设置舞台属性

新建的 Flash 文档，其默认的舞台颜色为白色，大小为 550×400 像素，而通常制作的 Flash 动画，根据不同的需求都会有各自不同的大小和背景颜色。

实例 2-2　设置舞台的大小和颜色

下面将新建一个空白文档，然后将舞台的大小修改为 800×600 像素，背景颜色修改为黄色。

1. 启动 Flash CS6，打开欢迎界面，在“新建”栏中单击 ActionScript 3.0 按钮，新建一个动画文档。
2. 在“属性”面板中单击“属性”栏中的“大小”数值框，当该数值框为可编辑状态时，输入需要的大小“800×600”，如图 2-12 所示。
3. 设置完大小后，继续单击“属性”面板中“舞台”后面的色块，此时鼠标指针将变为形状，并在弹出的颜色列表中选择“黄色（#CCFF00）”选项，如图 2-13 所示，即可完成对场景的大小和颜色的修改。

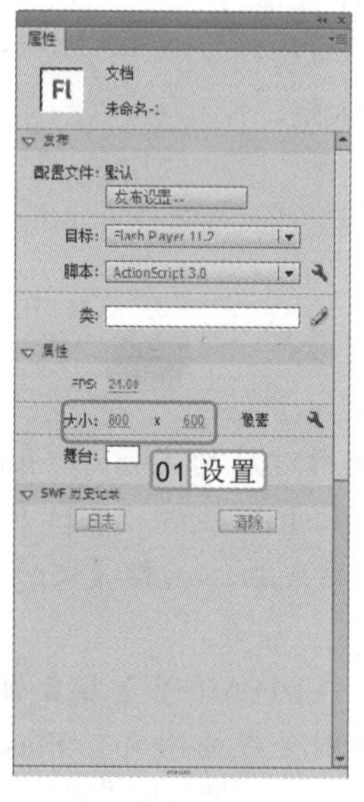

图 2-12　设置大小

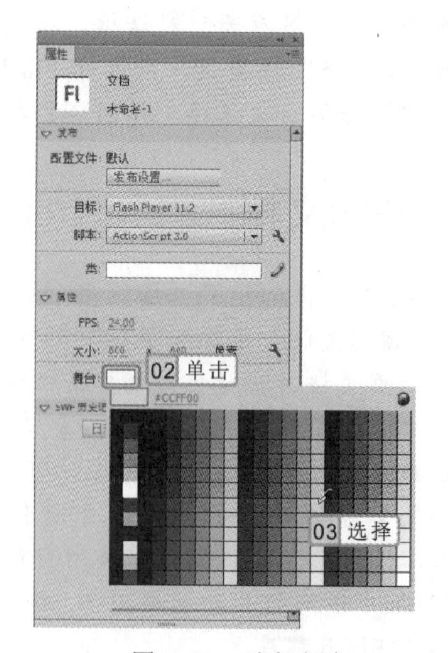

图 2-13　选择颜色

文档的大小虽可自由设置，但除特殊需要外，通常不对文档的大小进行设置，因为较大的文档会导致在电脑中不能完整地观看制作出的动画。

2.3.2 场景的显示

场景是制作 Flash 动画的场所，所以在制作过程中，为了能更方便地对场景中的元素进行操作，需要不停地对场景进行移动、放大和缩小等操作。在 Flash CS6 中对场景显示进行操作的方法分别介绍如下。

- 在工作界面中单击场景右上角的 100% 下拉列表框右侧的▼按钮，在弹出的下拉列表中选择相应的显示比例，窗口即可按选择的比例显示，如图 2-14 所示为选择“200%”选项后的效果。
- 在工具箱中选择“缩放工具”，将鼠标指针移动到场景中，单击即可将场景放大。在工具箱下方的选项区域中单击“缩小”图标，将鼠标指针移动到场景中，单击即可缩小场景的显示状态。
- 在制作动画的过程中，如果需要将图形的某个部分放大编辑，可在工具箱中选择“缩放工具”，将鼠标指针移动到需要放大的图形上方，按住鼠标左键不放，在场景中拖动框选需要放大的图形部分，然后释放鼠标即可。
- 当场景被放大后，如果需要编辑的图形部分在显示窗口中无法查看，可在工具箱中选择“手形工具”，将鼠标指针移动到场景中，当鼠标指针变为形状时，按住鼠标左键不放并拖动，即可移动场景，如图 2-15 所示。
- 将鼠标指针移动至场景中，按住键盘中的空格键不放，鼠标指针将变为形状，此时拖动鼠标也可移动场景。

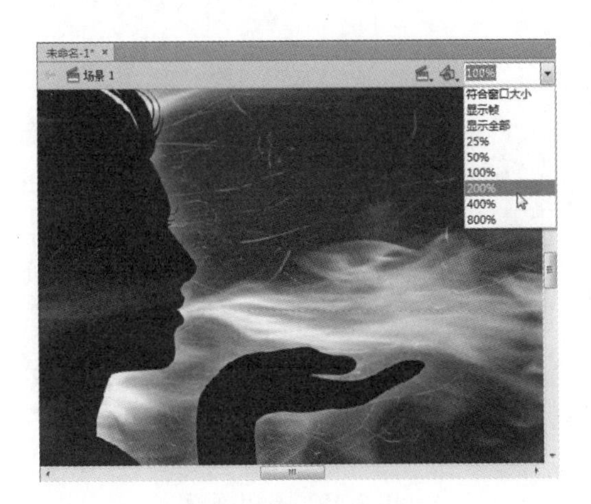

图 2-14 调整显示比例

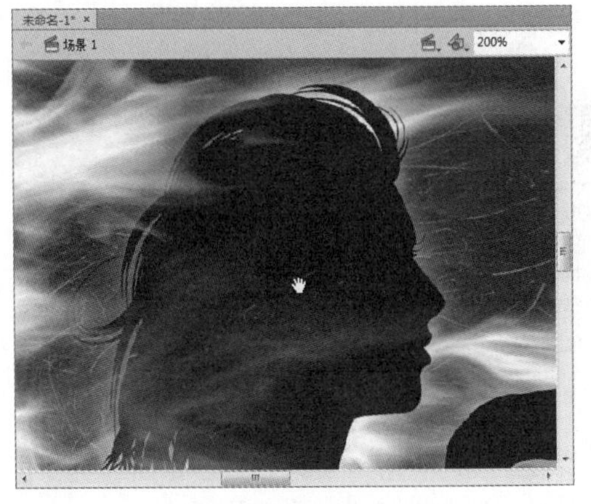

图 2-15 调整显示位置

2.3.3 面板的调整

在 Flash 动画的制作过程中，经常会使用到不同的面板。在使用这些面板的过程中，可能会因为打开的面板太多而影响动画的制作，此时就可以对面板的位置进行调整。

将鼠标指针移动至场景中，按住“Shift+Ctrl”快捷键不放，然后滑动鼠标滚轮，即可放大或缩小场景。

1. 展开和折叠面板

默认情况下，Flash 的很多面板都呈折叠状态，如果需要把折叠的面板全部展示出来，可单击面板右上方的“展开面板”按钮◀◀，即可展开面板，如图 2-16 所示。当面板展开后，该按钮将变为“折叠为图标”按钮▶▶，单击即可折叠面板，如图 2-17 所示。

图 2-16　展开面板

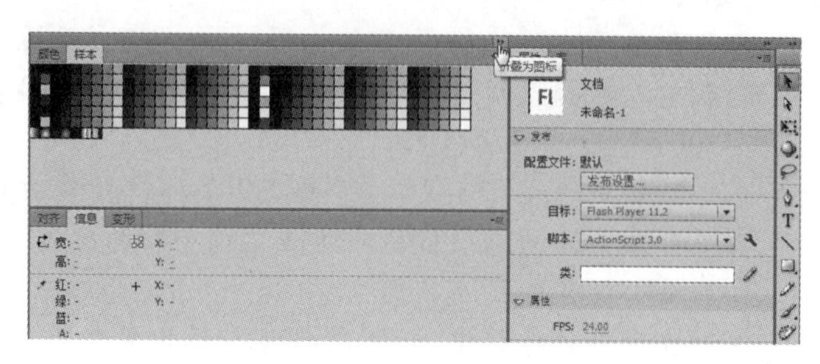

图 2-17　折叠为图标

2. 移动面板

Flash 中的面板不仅可以进行展开和折叠操作，还能随意移动面板的位置，其方法是：移动鼠标指针至面板的名称上，再按住鼠标左键不放并拖动鼠标，即可移动该面板，如图 2-18 所示，并且面板将随意停放在任意位置上。如果将面板拖动至其他面板的边缘，当该边缘出现蓝色框线时，再释放鼠标，该面板即可吸附在其他面板的旁边，如图 2-19 所示。

图 2-18　移动面板

图 2-19　吸附面板

2.3.4　新建工作区

新建工作区即是根据不同的需要或个人的使用习惯，对工作区进行调整，然后对调整后的工作区进行保存，作为新建的工作区，以便用户能更方便地进行操作。

单击面板组右侧的按钮，在弹出的快捷菜单中选择“关闭”命令，将会关闭当前选中的面板，若选择“关闭组”命令，将会关闭该组中的所有面板。

实例 2-3 调整面板并新建工作区

下面将对 Flash 的面板位置进行调整，并显示其他一些面板，完成后将其保存为新的工作区。

1. 任意打开或新建一个文档，然后选择“窗口”命令，在弹出的快捷菜单中选择需要显示的面板。
2. 分别对面板进行移动操作，使面板的位置更符合需求，如图 2-20 所示。
3. 单击标题栏右侧的 基本功能 按钮，在弹出的下拉列表框中选择“新建工作区”选项，如图 2-21 所示。

图 2-20　调整面板位置

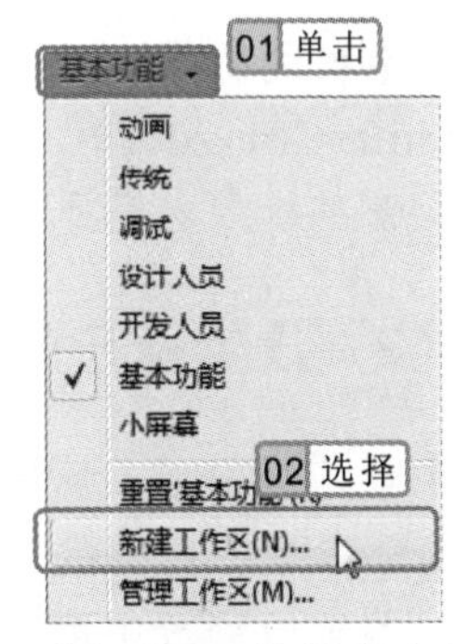

图 2-21　选择命令

4. 此时将打开“新建工作区”对话框，在“名称”文本框中输入需要的名称，然后单击 确定 按钮，如图 2-22 所示。
5. 完成后，该工作区即被保存，此时再单击标题栏右侧的 我的工作区 按钮，在弹出的下拉列表框中即可看见新建的工作区，如图 2-23 所示。

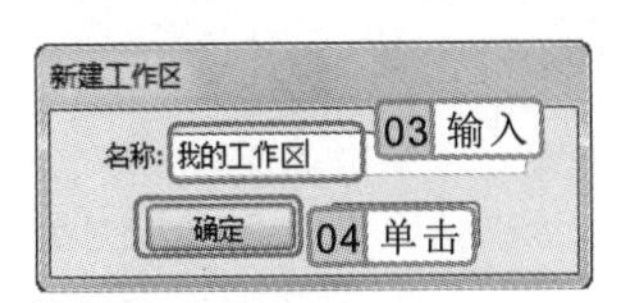

图 2-22　新建工作区

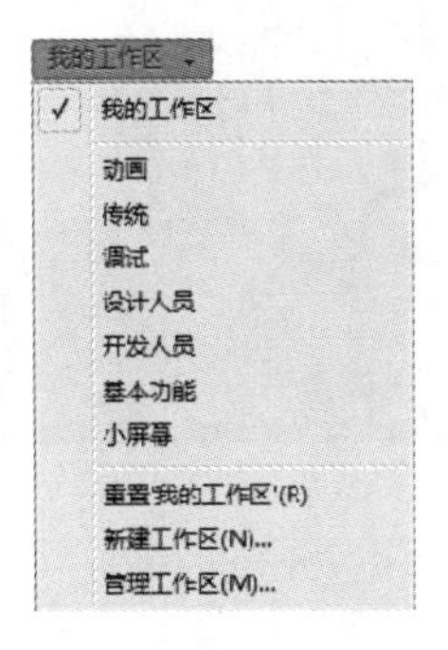

图 2-23　新建的工作区

新建工作区后，可以继续调整其他面板的位置，若在调整后对面板位置不满意，可以在“我的工作区”下拉列表框中选择“重置'我的工作区'”选项，即可将工作区重置为保存前的状态。

2.4　辅助工具的使用

在制作 Flash 动画的过程中，场景中的元素都可以随意地摆放在场景中的任意位置上，如何将场景中不同的元素进行定位呢？ Flash 专门提供了一些辅助工具，以方便定位。下面分别对这些辅助工具进行介绍。

2.4.1　标尺

默认情况下标尺是关闭的，启用后，标尺会显示在场景的左侧和上侧，分别用于标识场景中指定元素的高度和宽度。

1．显示标尺

要使用标尺，首先需要将其显示出来，其方法是：选择【视图】/【标尺】命令，或按“Shift+Ctrl+Alt+R”组合键。当标尺被显示出来后，此时选择场景中的元素，即可在左侧和上侧的标尺上分别出现两条线，用于标识元素的高度和宽度，如图 2-24 所示。

2．设置标尺的度量单位

默认情况下，标尺的度量单位为像素，若需要修改度量单位，则可选择【修改】/【文档】命令，在打开的“文档设置”对话框中单击“标尺单位”右侧的 像素 按钮，在弹出的下拉列表中选择需要的度量单位选项即可，然后单击 确定 按钮，如图 2-25 所示。

图 2-24　显示标尺

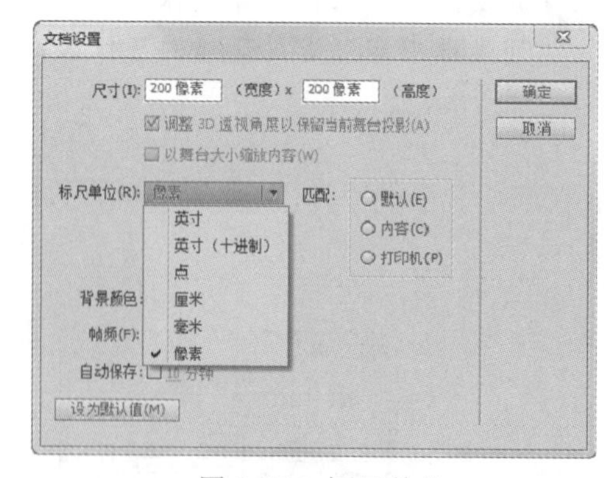

图 2-25　标尺单位

标尺线不能标识鼠标指针的位置，只会在选择某元素后出现，如果拖动元素，标尺线也会随之发生改变。

2.4.2　网格

网格指舞台上横竖交错的网状图案，在设计动画中各个元素时，网格也是一个非常有用的辅助工具。

1．显示网格

选择【视图】/【网格】/【显示网格】命令，或按“Ctrl+’”快捷键，即可显示网格，如图 2-26 所示。

2．设置网格

默认情况下，网格是间隔 10 像素的灰色线条，用户可根据需要进行设置。其方法是：选择【视图】/【网格】/【编辑网格】命令，在打开的“网格”对话框中即可设置网格的颜色、显示状态和间距等，如图 2-27 所示。

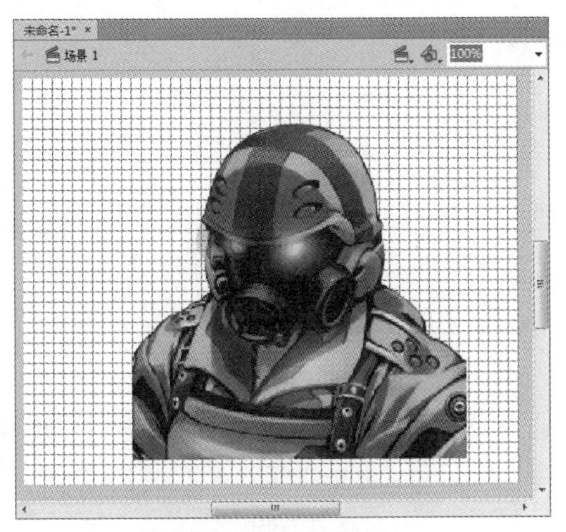

图 2-26　显示网格

图 2-27　设置网格

2.4.3　辅助线

辅助线与网格类似，是一种横竖交错的线条，用于在文档中辅助定位元素的位置，但与网格相比，辅助线是一种很人性化的辅助工具，因为运用辅助线可以根据需要设置显示的数量以及位置。

1．添加辅助线

要显示辅助线，首先需要将标尺打开，然后移动鼠标指针至标尺上，按住鼠标左键不

在使用网格的过程中，若选中“网格”对话框中的☑贴紧至网格(T)复选框，然后再移动场景中的元素，此时该元素的边缘将会自动吸附在最近的网格线条上。

放并拖动鼠标，即可添加一条辅助线，辅助线可停放在场景中的任意位置，如图 2-28 所示。

2．显示/隐藏辅助线

选择【视图】/【辅助线】/【显示辅助线】命令，或按“Ctrl+;”快捷键，即可显示或隐藏辅助线。

3．锁定辅助线

辅助线可随意地拖动，在创建好辅助线后，为了避免因不小心移动辅助线，则可将其锁定，其方法是：选择【视图】/【辅助线】/【锁定辅助线】命令。

4．编辑辅助线

默认情况下，辅助线是淡蓝色的线条，若需要设置辅助线的颜色，则可选择【视图】/【辅助线】/【编辑辅助线】命令，在打开的“辅助线”对话框中单击“颜色”色块，即可设置辅助线的颜色，如图 2-29 所示。

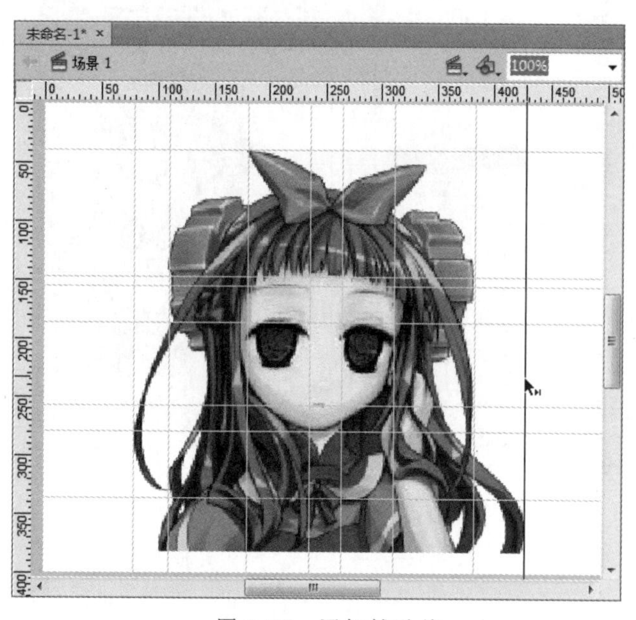

图 2-28　添加辅助线

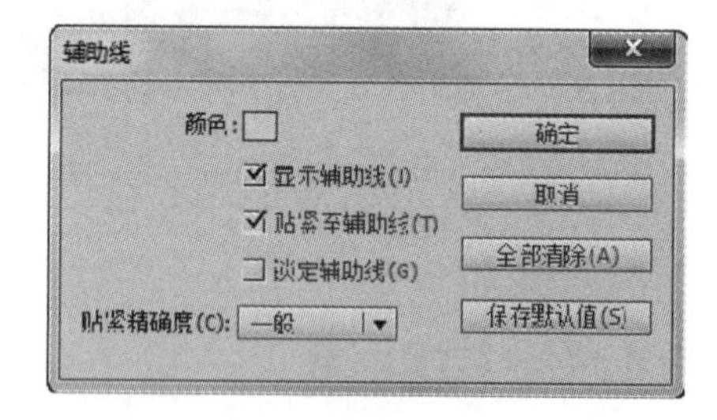

图 2-29　“辅助线”对话框

5．删除和清除辅助线

当不再需要某一条辅助线时，将辅助线拖动至场景外，便能将该辅助线删除。除了直接拖动至场景外，还可以选择【视图】/【辅助线】/【清除辅助线】命令，一次性地删除所有辅助线。

在 Flash 动画制作完成后，无论是否显示标尺和辅助线，这些横竖交错的线条都不会出现在最终的动画效果中。

2.5　基础实例——打开动画与设置场景

本章讲解了 Flash 的各个操作基础，在本章的实例中将进行 Flash 动画文档的打开、场景的设置等操作，让用户进一步掌握使用 Flash 软件的基础操作。

本例将首先打开“蝴蝶”动画文档，然后根据个人的使用习惯，对面板进行设置，最后再对场景进行设置，完成后的最终效果如图 2-30 所示。

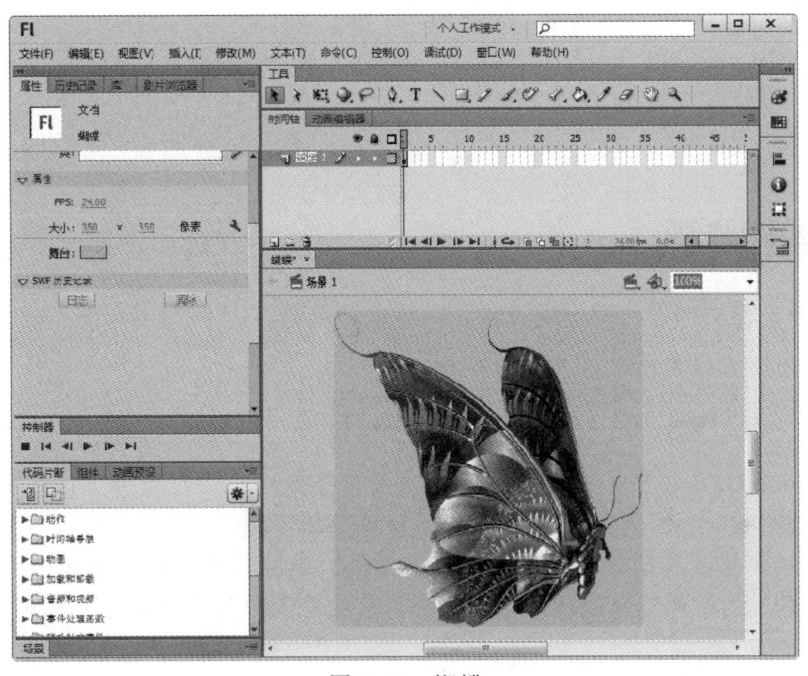

图 2-30　蝴蝶

2.5.1　行业分析

在设置场景时，可以选择软件自带的几种模式，如选择“动画”模式，会自动打开并排列在制作动画的过程中经常使用的“属性”、“时间轴”、“颜色”和“对齐”等面板，而选择“开发人员”模式，则会打开“项目”、“输出”等与开发相关的面板。

在对场景进行设置的过程中，需要注意的是，场景的设置并不是简单地排列几个面板而已，这通常意味着对这款软件的理解程度。不同的人在使用软件的过程中，即便是制作相同内容的作品，其创作过程中也可能会使用到不同的面板。所以，场景的设置没有固定的模式，可以根据需要或习惯随时进行调整，这样才能在动画的制作过程中更加得心应手。

在 Flash 中，默认显示的模式为“基本功能”，在该模式中显示的面板较少，但却是最常用的模式之一。

2.5.2 操作思路

为更快完成本例的制作，并且尽可能运用本章讲解的知识，本例的操作思路如下。

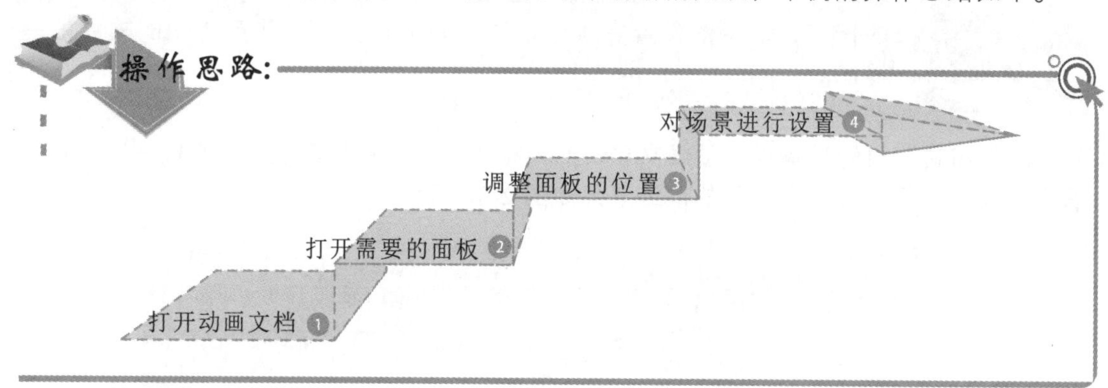

2.5.3 操作步骤

下面将对动画文档进行相应的操作，其操作步骤如下：

光盘\素材\第 2 章\蝴蝶.fla
光盘\效果\第 2 章\蝴蝶.fla
光盘\实例演示\第 2 章\打开动画与设置场景

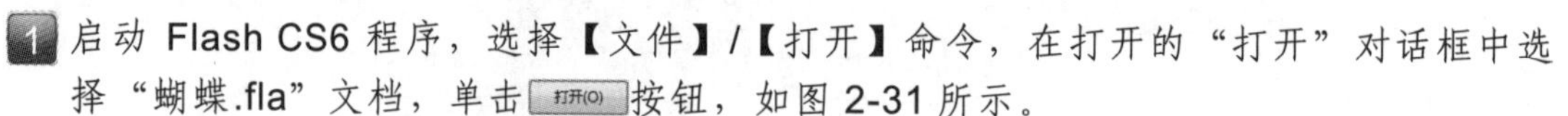

1 启动 Flash CS6 程序，选择【文件】/【打开】命令，在打开的“打开”对话框中选择“蝴蝶.fla”文档，单击 打开(O) 按钮，如图 2-31 所示。

2 打开动画文档，选择“窗口”命令，在弹出的下拉菜单中分别选择“控制器”、“影片浏览器”、“组件”和“场景”等命令，将这些面板显示到工作界面中，如图 2-32 所示。

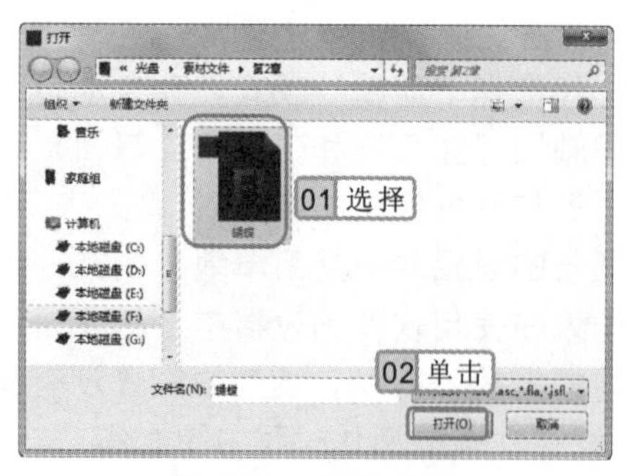

图 2-31 打开文档

图 2-32 显示面板

面板并不是显示得越多越好，因为过多的面板势必会导致屏幕中显示场景的空间变小，所以只需要显示出常用的面板即可。

3 将面板显示完成后，分别对各个面板进行移动，使移动后的位置符合操作习惯，以利于后期的动画制作，如图 2-33 所示。

4 面板的位置调整完成后，选择【窗口】/【工作区】/【新建工作区】命令，在打开的“新建工作区”对话框的“名称”文本框中输入新工作区的名称“个人工作模式”，单击 确定 按钮，如图 2-34 所示。

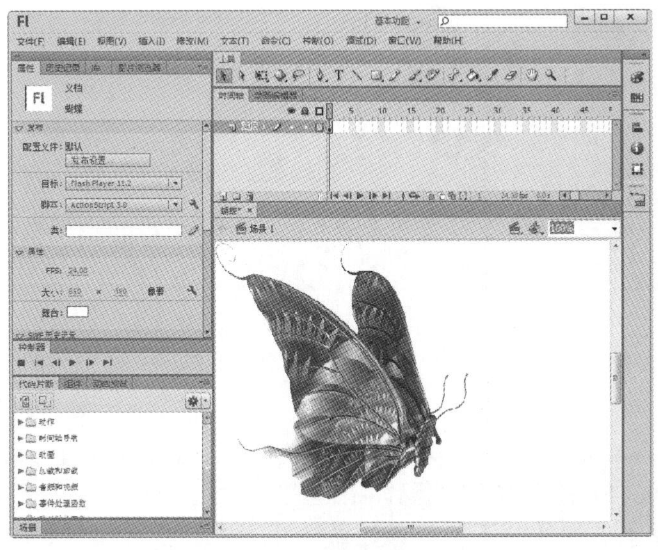

图 2-33　调整面板位置

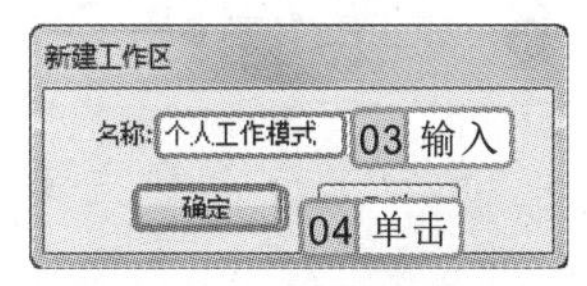

图 2-34　新建工作区

5 选择“属性”面板，单击“属性”栏中的“舞台”色块，并在打开的颜色列表框中选择“淡蓝色（#00FFFF）”选项，如图 2-35 所示。

6 选择【修改】/【文档】命令，在打开的“文档设置”对话框的“尺寸”栏中分别将“宽度”和“高度”的值都设置为“350 像素”，使舞台的大小和场景中的蝴蝶刚好匹配，最后单击 确定 按钮，如图 2-36 所示。

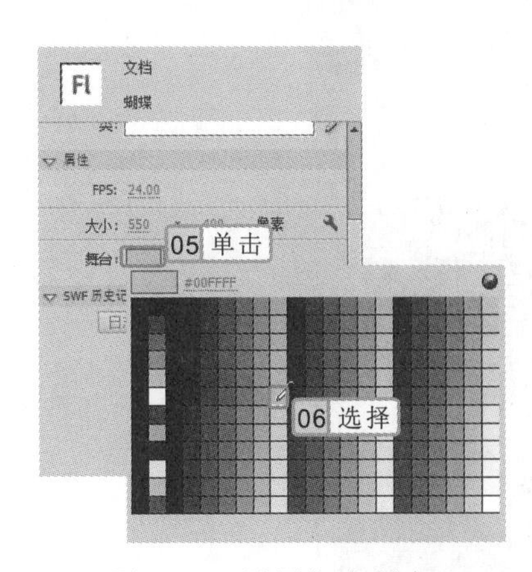

图 2-35　设置舞台颜色

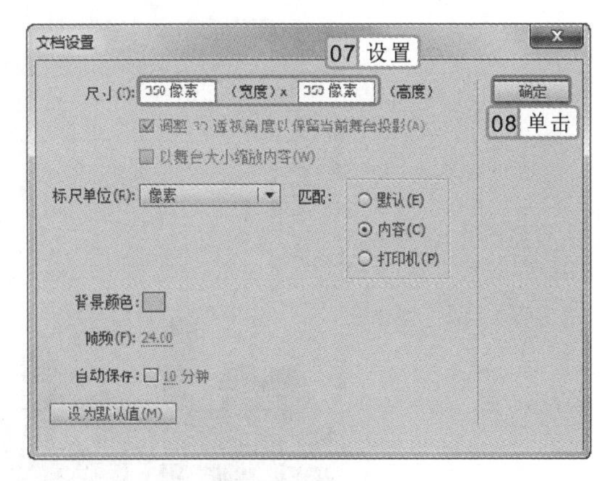

图 2-36　设置场景大小

7 返回工作界面，即可在场景中查看设置的效果，如图 2-37 所示。

在“属性”面板中，单击“属性”栏中的“编辑文档属性”按钮，可直接打开“文档设置”对话框。

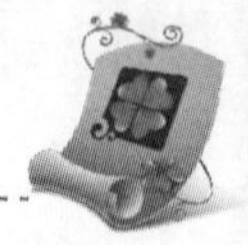

8 选择【文件】/【另存为】命令，在打开的对话框中选择保存位置，然后单击 保存(S) 按钮进行保存，如图 2-38 所示。

图 2-37　设置后的效果

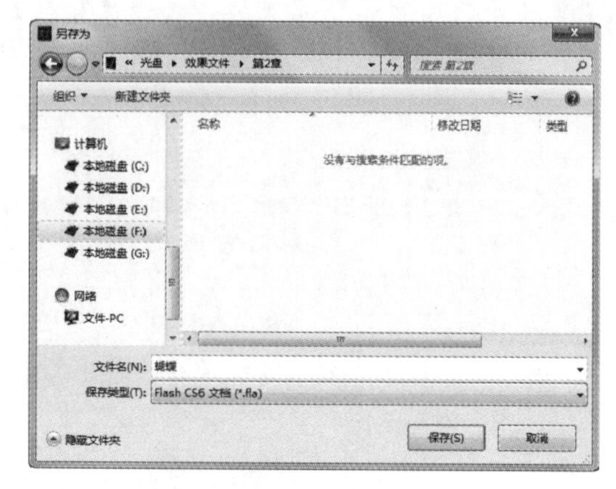

图 2-38　另存文档

2.6　基础练习

本章主要介绍 Flash CS6 的一些基本操作，这些都是之后制作 Flash 动画的过程中会经常使用到的操作。下面将通过两个练习进一步巩固本章的知识，使制作 Flash 动画时更能流畅地使用 Flash CS6 软件。

2.6.1　打开并修改文档

本次练习将打开"小镇.fla"文档，然后将该文档的舞台设置为"淡黄色（#FFFF99）"，最后再将其另存为"我的家乡.fla"，其效果如图 2-39 所示。

图 2-39　我的家乡

在"另存为"对话框的"保存类型"下拉列表框中可选择较早的 Flash 版本的类型，以便于在其他较早的 Flash 版本中进行编辑。

参见光盘
光盘\素材\第 2 章\小镇.fla
光盘\效果\第 2 章\我的家乡.fla
光盘\实例演示\第 2 章\打开并修改

该练习的操作思路与关键提示如下。

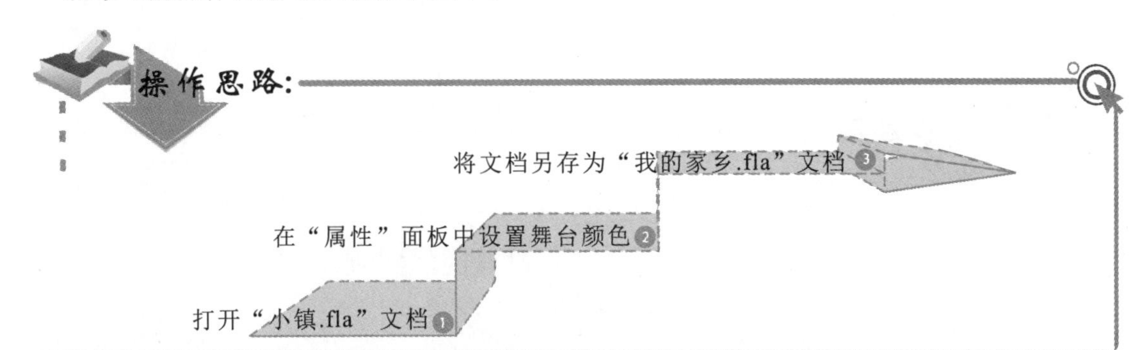

关键提示:

颜色的设置:

在设置颜色时，直接输入颜色代码便能准确地得到所需要的颜色。

2.6.2 删除辅助线并设置文档大小

本次练习将打开“苹果.fla”文档，在该文档制作过程中，为了能绘制出一个完美的苹果图形，添加了多条辅助线，这里将其全部删除，最后将文档的大小设置为 335×335 像素，最终效果如图 2-40 所示。

图 2-40 “苹果.fla”文档

在设置颜色时，如“红色（#CC0000）”，括号内输入的是一个十六进制代码，该代码表示所设置颜色的参数。

光盘\素材\第 2 章\苹果.fla
光盘\效果\第 2 章\苹果.fla
光盘\实例演示\第 2 章\删除辅助线并设置文档的大小

该练习的操作思路如下。

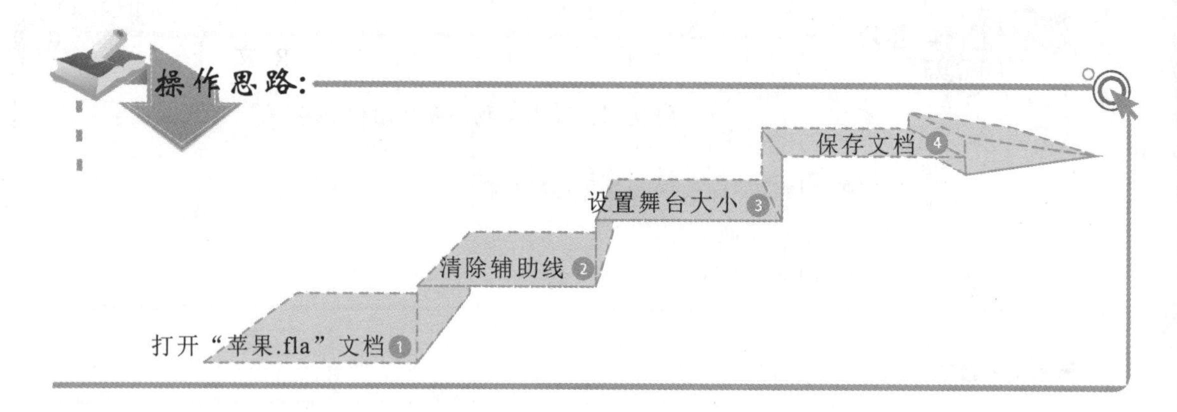

2.7 知识问答

Flash 软件的操作虽然简单，但在最初使用软件的过程中难免会遇到一些难题，遇到这些问题时，就需要更仔细地学习软件的使用方法。下面对常遇到的问题及解决方法进行讲解。

问：Flash CS6 安装完成后，若发现该软件被安装在其他位置了，此时应该怎么办呢？

答：虽然 Flash CS6 可以安装在电脑的任意文件夹中，但因为该软件较大，通常不安装在系统盘中，若发现安装位置有误，则可将其卸载后重新安装。卸载该软件的方法是：选择【开始】/【控制面板】命令，在打开的“控制面板”窗口中单击“卸载程序”超级链接，然后在打开的“程序和功能”窗口中选择“Adobe Flash Professional CS6”选项，并右击，在弹出的快捷菜单中选择“卸载”命令，最后根据提示操作即可卸载该软件，重新安装到正确位置即可。

问：Flash 的网格和辅助线等辅助工具在最后不会显示在 Flash 动画中，那么设置的舞台颜色会不会显示在最后的 Flash 动画中呢？

答：会的，因此许多需要纯色背景的 Flash 动画都是直接设置的舞台颜色，这样不仅方便，而且也有利于减小 Flash 动画的文件大小。

在场景中的空白位置上右击，在弹出的快捷菜单中可快速地设置辅助工具以及文档的一些设置操作。

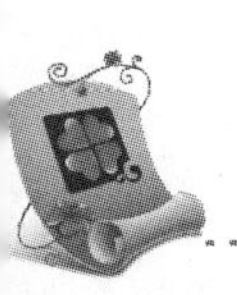

知识关联 新建不同的文档

通常在使用 Flash 的过程中，新建的文档大多是 ActionScript 3.0 文档，这是一种以 ActionScript 3.0 为脚本语言对动画进行编辑的文档，若选择 ActionScript 2.0，则是一种以 ActionScript 2.0 为脚本语言的文档。

除了脚本语言的不同，还包括其他多种类型的文档，如 AIR 文档是用于开发 AIR 的桌面应用程序、AIR for Android 文档是用于在安卓手机上开发应用程序、AIR for iOS 文档适用于在 iPhone 和 iPad 上开发应用程序、Flash Lite 4 文档是用于开发在 Flash Lite 4 平台上可播放的 Flash。这些不同的文档都有各自不同的作用，可以根据需要进行选择。

操作提示

在需要打开某一个 Flash 文档时，可以直接在该文档上按住鼠标左键不放，将其拖动至 Flash CS6 的工作界面中，再释放鼠标即可打开该文档。

第3章 随心所欲操控对象

选择场景中的对象

认识笔触和填充

移动对象的位置

对象的调整

排列和对齐对象

群组和分离对象

本章导读

在制作动画的过程中，将会频繁地对动画所需要的各种对象进行操作，这就需要熟悉 Flash CS6 有关对象的各种操作。只有掌握了操作 Flash 中对象的方法，才能在后期的编辑处理中获得理想的效果，从而得到满意的 Flash 动画。在本章中将从基本的选择操作入手，依次讲解如何选择场景中的各种对象，笔触和填充的区别，以及对对象进行移动、复制、变形和排列等多种操作方法。

3.1　选择对象

对象的选择，往往是对对象进行编辑的第一步。在使用 Flash CS6 制作动画的过程中，如果不事先选择制定的对象，将不能顺利地制作出动画，所以在进行动画制作之前，首先需要熟悉如何在 Flash CS6 中选择对象。

3.1.1　选择单个对象

选择单个对象，通常是使用“选择工具”进行选择。如需要改变线条或对象的形状，还可以使用“部分选取工具”来进行选择。

1. 位图、元件和组合图形的选择

在制作 Flash CS6 动画时，会经常使用到位图、元件以及组合图形等对象，这些对象都是一个整体，因此，只要使用“选择工具”在对象上方的任意位置单击，当对象的四周出现蓝色的边框时，便表示已经选择了该对象，如图 3-1 所示。

2. 矢量图的选择

与位图、元件以及组合图形不同，矢量图并不是统一的整体，它是由笔触和填充组成的。笔触和填充被选择后会以像素点的形式呈现，在选择这些对象时，不能像选择位图、元件以及组合图形那样在对象上的任意位置单击，下面介绍矢量图的选择方法。

- **选择笔触**：矢量图中包含了多条笔触，在选择时，必须在需要选择的笔触上依次单击，而不能一次选择全部笔触。如图 3-2 所示，单击苹果图像右边的笔触，只能选择右边的笔触，而不能选择左边的笔触。
- **选择填充**：填充的选择与笔触类似，但相比笔触比较随意，只要在需要选择的填充上单击，当被单击的填充变为像素点形式时，便表示该填充已经被选择。

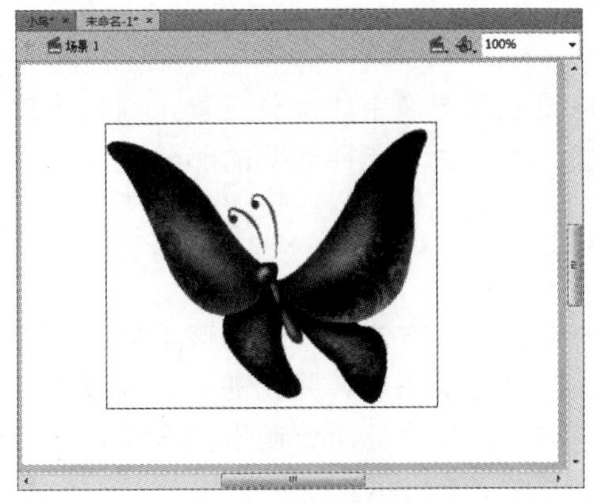

图 3-1　选择位图

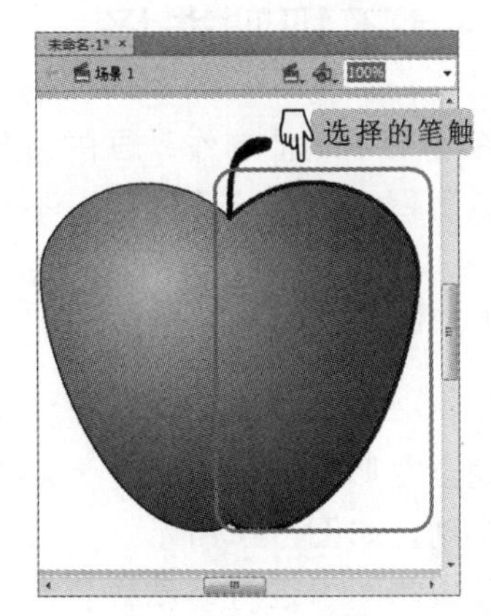

图 3-2　选择笔触

如果一幅图形中包含了多条笔触，在选择时，如果双击一条笔触，则将选择与该笔触相连接的所有笔触。

3.1.2 选择多个对象

使用“选择工具”单击一次只能选择一个图形，如需对多个图形进行编辑时，就需要选择多个图形，选择多个图形的方法分别介绍如下。

- **框选**：使用“选择工具”在场景中框选是最常用的多选方式之一，其方法是选择“选择工具”后，在场景中按住鼠标左键不放并拖动鼠标，即可框选多个图形，如图 3-3 所示。
- **选择不连续的图形**：若需要选择的图形在不同的位置，直接框选将会选择到多余的图形，此时就可以按住“Shift”键，然后使用“选择工具”依次单击需要选择的图形，即可选择不同位置的图形，如图 3-4 所示。
- **全选**：直接按“Ctrl+A”快捷键，或选择【编辑】/【全选】命令，即可选择场景中的所有图形。

图 3-3 框选

图 3-4 选择不连续的图形

3.1.3 不规则选择

在使用 Flash 制作动画的过程中，如果需要截取图像中的部分元素，则可以使用“套索工具”，使用该工具可以不受图像的约束，能自由地选择需要的部分。

1. 使用套索工具

使用“套索工具”可以选择任意形状的图像，其方法是：选择该工具后，将鼠标指针移动至图形上方，当其变为形状时，按住鼠标左键不放，并在需要被选择图形的四周进行拖动，如图 3-5 所示。完成后释放鼠标，即可选择鼠标所绘制出的区域，此时可对所选择区域的图像进行移动或复制等多种操作，如图 3-6 所示。

在本节中所涉及的关于位图、元件、组合、笔触和填充等术语，都是 Flash 中经常涉及的概念，将会在之后的学习中详细地对其进行介绍。

图 3-5　拖动鼠标

图 3-6　移动被选择的区域

2. 使用魔术棒模式

使用“套索工具”选择图像时，因为是手工拖动的缘故，所以精度不会太高，为了能精确地选择出所需要的图像，可以使用该工具的魔术棒模式。在该模式下，可以自动识别图像的边缘，以达到精确选择的目的。

实例 3-1　精确地选出公主图像

下面将打开“公主.fla”文档，然后使用“套索工具”的魔术棒模式，精确地选出该图像中的背景部分，最后按“Delete”键将背景删除。

参见光盘
光盘\素材\第 3 章\公主.fla
光盘\效果\第 3 章\公主.fla

1. 打开“公主.fla”文档，选择“工具”面板中的“套索工具”，然后在该工具的选项区域中选择“魔术棒设置”工具。
2. 在打开的“魔术棒设置”对话框中将“阈值”设置为“15”，然后单击  按钮，如图 3-7 所示。
3. 再单击选项区域中的“魔术棒”工具，将鼠标指针移动至图像的背景上，当指针变为形状时，单击即可对图像中颜色相近的区域进行选择。
4. 使用相同的方法，连续在背景的不同颜色的区域上单击，同时选择多个不同颜色的区域，直到选择整个背景，如图 3-8 所示。
5. 选择完成后，按“Delete”键，将所选择的背景删除，此时，在场景中将会只留下公主的图像，如图 3-9 所示。

操作提示

由于位图、元件和组合图形等是一个整体，因此，不能使用“套索工具”对其进行任意形状的选择，只能选择矢量图形或被分离的图形。

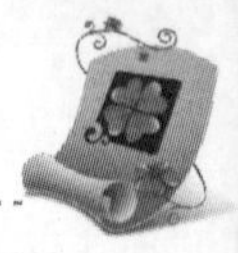

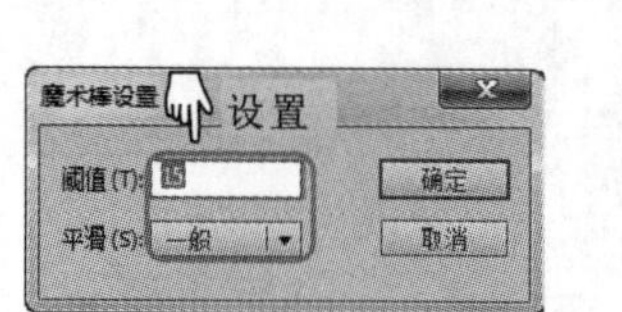

图 3-7　“魔术棒设置”对话框

图 3-8　选择背景

图 3-9　删除背景

3. 使用多边形模式

除了魔术棒模式外，套索工具中还包括一个“多边形模式”工具，该模式是一种以直线形式进行选择的，常用于机械、建筑和汽车等有明显的直线边缘图像的选择。

实例 3-2　使用多边形模式选择图像

下面将打开“小树.fla”文档，使用“套索工具”的多边形模式选择图像。

光盘\素材\第 3 章\小树.fla

1. 打开“小树.fla”文档，选择“套索工具”在该选项区域中选择“多边形模式”工具，在图像中需要选择的图像边缘单击并移动鼠标，此时将会出现一条直线跟随鼠标移动，将鼠标移动至图像的另一个地方再单击，即可在这两个点之间绘制一条选择线，如图 3-10 所示。
2. 继续移动鼠标，并依次在图像的其他地方单击，围绕图像四周进行选择，最后在起始点上单击，完成对图像的选择，如图 3-11 所示。

图 3-10　拖动鼠标

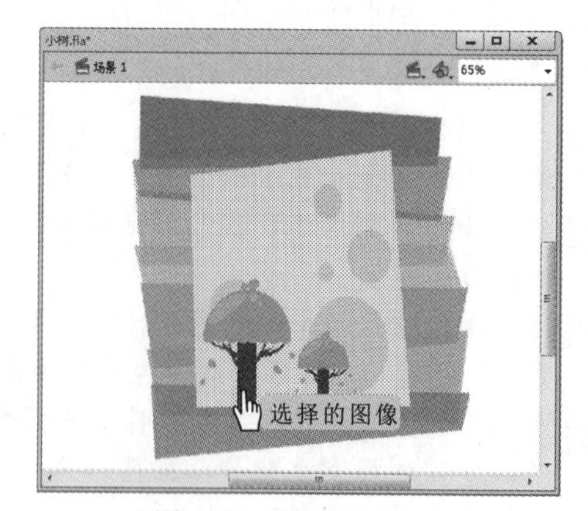

图 3-11　完成选择

在“魔术棒设置”对话框中对“阈值”的值进行设置是为了调整魔术棒的选择范围，该值设置得越大，则在选择过程中的取值范围将会越大。

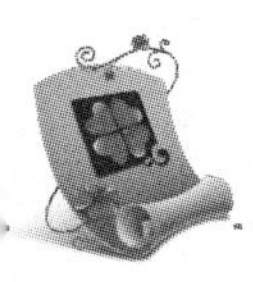

3.2 笔触和填充

Flash CS6 作为一款动画编辑软件，自然包括了图像绘制的功能。在 Flash CS6 中绘制图像需要注意的是，其绘制出的图像包括笔触和填充两部分，下面分别对笔触和填充进行介绍。

3.2.1 认识笔触和填充

使用 Flash CS6 绘制图形，需要了解笔触和填充的概念，这是 Flash CS6 与其他编辑软件的不同之处。笔触和填充是 Flash CS6 中组成图形的两个部分，分别用于绘制形状的轮廓线和形状的填充。

1. 什么是笔触和填充

笔触和填充是独立的两个部分，可以随意地修改或删除其中一部分，而不会影响另外一部分。如将笔触设置为“橙色（#FF6600）”，将填充设置为“淡蓝色（#33FFFF）”，然后再在场景中绘制一个矩形，则会得到一个边为橙色，内部为淡蓝色的矩形，如图 3-12 所示。此时可以分别选择笔触或填充对其编辑，如选择笔触并将其删除，然后再选择填充，将其设置为彩虹色，则会得到一个无笔触彩虹填充的矩形，如图 3-13 所示。

2. 区分笔触和填充

要区分笔触和填充的方法很简单，在选择了图像的某一部分后，若“属性”面板的填充或笔触为不可编辑的▨样式时，表示选择的图像为笔触，如图 3-14 所示。若为可编辑状态，则表示选择的图像为填充。

图 3-12　设置笔触和填充

图 3-13　无笔触彩虹填充

图 3-14　不可编辑状态

3.2.2 简单编辑笔触和填充

在使用 Flash CS6 制作动画的过程中，经常需要对笔触和填充进行编辑操作。下面就通过实例来介绍如何修改笔触和填充的颜色以及设置笔触的样式和大小。

在取色器中选择笔触或填充的颜色时，若单击右上角的▨按钮，则表示不使用笔触或填充，若同时单击了笔触和填充取色器中的▨按钮，则在之后的绘制中不会出现图像。

实例 3-3 修改文档中的笔触和填充

下面将打开“小鸟.fla”文档，将图像的笔触修改为大小为“5.00”的虚线样式，然后再分别修改笔触和填充的颜色。

参见光盘　光盘\素材\第 3 章\小鸟.fla
光盘\效果\第 3 章\小鸟.fla

1. 打开“小鸟.fla”文档，如图 3-15 所示，按“Ctrl+A”快捷键，全选场景中的图像。
2. 打开“属性”面板，单击“填充和笔触”栏中的“笔触颜色”色块，并在弹出的取色器左下角选择彩虹渐变颜色，如图 3-16 所示。

图 3-15　打开文档

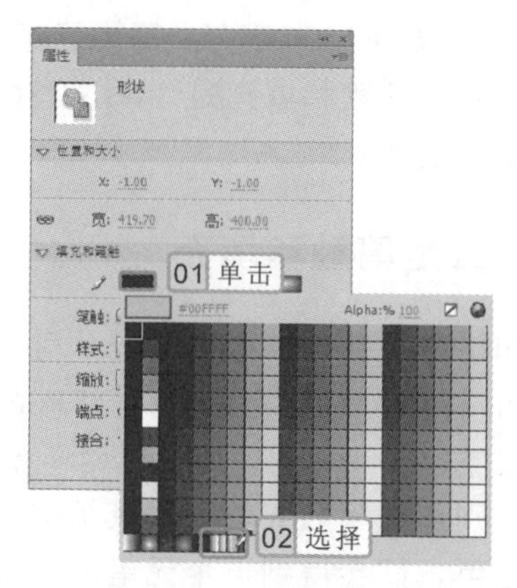

图 3-16　设置笔触颜色

3. 使用同样的方法，单击“填充和笔触”栏中的“填充颜色”色块，并在弹出的取色器左下角选择黑白渐变颜色，如图 3-17 所示。
4. 将“填充和笔触”区域中的“笔触”数值框的值设置为“5.00”，单击“笔触样式”下拉列表框，并在弹出的下拉列表中选择“虚线”样式，如图 3-18 所示。
5. 完成以上操作后，保存文档，完成对笔触和填充的修改，效果如图 3-19 所示。

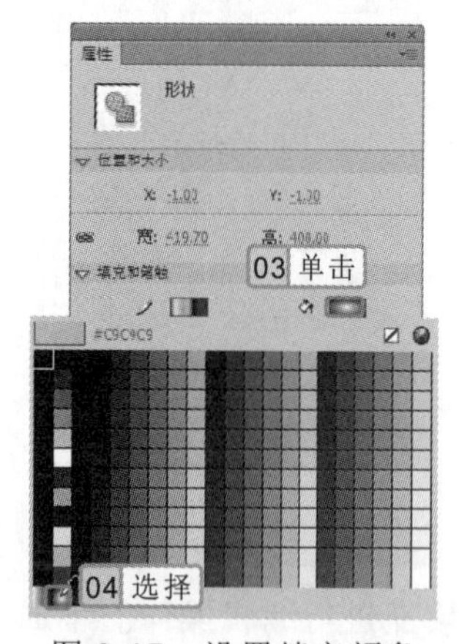

图 3-17　设置填充颜色

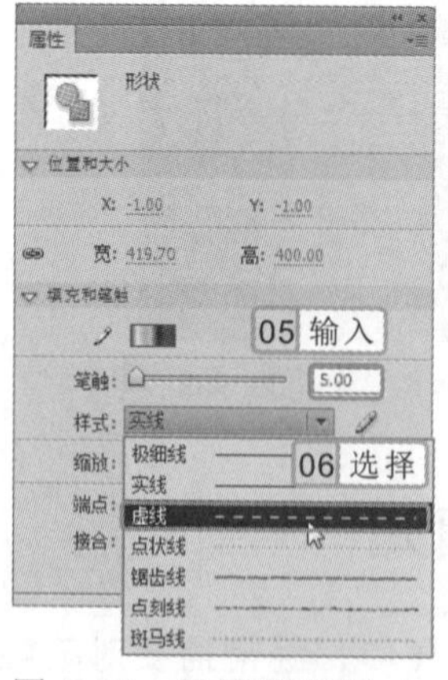

图 3-18　设置笔触样式

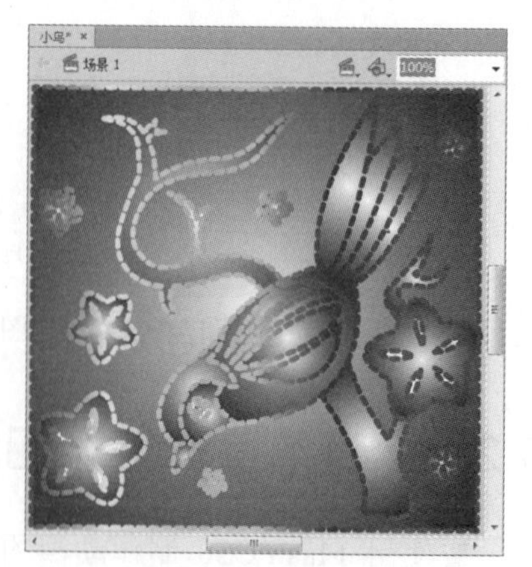

图 3-19　最终效果

行家提醒

在制作较有民族风的图像时，经常会使用到笔触样式。

3.3 对象的基础操作

在选择对象后，用户就可以对图像进行如移动对象、复制对象和删除对象等基础操作。下面就将讲解在 Flash 中移动对象、复制对象和删除对象的方法。

3.3.1 移动对象的位置

对象的移动操作是最基本的操作之一。在移动对象前需要先选择对象，移动对象并释放鼠标之前，将会在对象原本的地方显示一个半透明的图像，如果被移动的对象与其他对象在水平或垂直方向对齐时，将会显示出一条虚线，如图 3-20 所示。在 Flash 中移动图形的方法如下。

- **使用选择工具**：移动对象的操作比较简单，只需要在“工具”面板中选择“选择工具”，然后选择对象，按住鼠标左键不放的同时拖动鼠标至合适位置释放鼠标即可移动对象。
- **利用方向键**：选择对象后，按键盘上的方向键，将会使对象以像素为单位进行移动。
- **利用属性面板**：选择对象后，在“属性”面板的“位置和大小”栏中更改“X”和“Y”数值框的值，也能移动对象，如图 3-21 所示。

图 3-20　移动图形

图 3-21　修改坐标

3.3.2 复制对象

在编辑动画文档的过程中，如果某个对象需在当前图形中多次使用，那么可将该对象复制多个。在 Flash 中复制对象的方法如下。

- **利用快捷键复制对象**：选择对象后，按“Ctrl+C”快捷键复制对象，然后再按“Ctrl+V”快捷键粘贴对象即可。

在移动对象时，如果按住“Shift”键不放，则可以进行水平、垂直或 45° 角方向的移动，如果在按住“Shift”键的同时按方向键进行移动，将会使对象以 10 个像素为单位进行移动。

- **利用选择工具复制对象**：选择对象，按住“Alt”键，再按住鼠标左键并拖动鼠标，将对象拖动到需要复制的位置后，释放“Alt”键和鼠标即可将对象复制到该位置。
- **利用菜单复制对象**：将鼠标指针移动到对象上并右击，在弹出的快捷菜单中选择“复制”命令，然后在目标位置右击，在弹出的快捷菜单中选择“粘贴”命令即可。

3.3.3 删除对象

在 Flash CS6 中关于对象的删除的操作有多种方法，其常用的方法主要有如下几种。

- **利用键盘删除**：选择对象后，按键盘上的“Delete”或“Backspace”键即可。
- **利用“清除”命令删除**：选择对象后，选择【编辑】/【清除】命令即可。
- **通过“剪切”删除**：选择对象后，按“Ctrl+X”快捷键或选择【编辑】/【剪切】命令，将对象剪切至粘贴板，也可删除对象。

3.3.4 群组和分离对象

当用户在编辑制作动画的过程中，如果需要对当前舞台中的多个对象进行编辑，可将这些对象进行群组，当用户需要对群组中的单个对象进行编辑时，则可将群组的对象分离，而且在分离对象时，还可将对象分离为像素点。

1. 群组

群组可以将多个对象进行组合，从而形成一个对象，群组的方法是：先用选择工具选择需要群组的多个对象，然后选择【修改】/【组合】命令，或按“Ctrl+G”快捷键，即可将多个对象组合成一个整体。

2. 分离对象

将对象进行群组后，还可以将其分离，其方法是：选择【修改】/【分离】命令，或按“Ctrl+B”快捷键。将群组的对象进行分离，若再依次进行分离操作，则会将这些对象分离成与矢量图类似的像素点的形式。

3. 分离文字

在场景中输入的文字，也可以看作是由每一个文字所构成的群组图形，选择输入文本的容器，然后选择【修改】/【分离】命令，或按“Ctrl+B”快捷键，同样也可将其分离，分离后的文字是独立的，可以单独移动，若再选择【修改】/【分离】命令，还可将文字分离成像素点的图形，此时，该文字将不能再使用文本工具进行编辑。

在编辑图像时，经常需要对图像进行分离操作，如在本章介绍选择图像的实例中，所使用的素材文件都是事先经过分离处理的。

3.4 对象的调整

为了使相同的素材在一个动画中呈现多种效果，可以对对象进行调整处理。在制作 Flash 动画的过程中，会对一个对象进行各方面的调整，其中，大小、倾斜和旋转等是最基本的调整处理。

3.4.1 控制变形点

变形点默认在对象的中心位置，是对对象进行旋转、倾斜等变化操作时的变化中心点，如在旋转对象时，对象将会以该点为中心进行旋转。所以在调整对象之前，首先应该了解并根据需要对变形点进行控制。

要移动变形点的位置比较简单，只需要在“工具”面板中选择“任意变形工具”，然后选择对象，此时，对象的中心将会出现一个白色的小圆圈，该圆圈便是变形点，如图 3-22 所示。移动鼠标指针至变形点上，当其变为形状时，按住鼠标左键不放并拖动鼠标，即可移动变形点，如图 3-23 所示。

图 3-22 变形点

图 3-23 移动变形点

3.4.2 多种变换模式

在 Flash CS6 中，有多种方法可以对对象进行修改，根据不同的情况，可以分别使用不同的方法，以达到最佳效果。

1. 使用任意变形工具

在“工具”面板中提供的“任意变形工具”是一个用于控制对象变形的工具，该工具最大的好处是在调整对象时，能直观地看到对象变化的效果，用它可以对选择的图形进行旋转、倾斜、缩放、翻转、扭曲和封套等操作，分别介绍如下。

使用“任意变形工具”对对象进行旋转操作时，按住“Shift”键，将约束旋转的角度为 45°角的倍数，如果在缩放对象时按住“Shift”键，将约束缩放的比例为等比例缩放。

- **旋转**：使用“任意变形工具”选择图形，将鼠标指针移动到图形四周的控制点上，当其变为形状时，按住鼠标左键并拖动即可旋转图形，如图 3-24 所示。
- **倾斜**：使用“任意变形工具”选择图形，将鼠标指针移动到要倾斜图形的水平或垂直边缘上，当其变为⇌或‖形状时，按住鼠标左键并拖动即可使图像倾斜，如图 3-25 所示。

图 3-24　旋转图形

图 3-25　倾斜图形

- **缩放**：使用“任意变形工具”选择图形，将鼠标指针移动到要缩放图形四角的任意一个控制点上，当其变为↘形状时，按住鼠标左键并拖动鼠标即可，如图 3-26 所示。
- **翻转**：使用“任意变形工具”选择图形，将鼠标指针移动到图形水平或垂直平面的任意控制点上，当其变为↔或↕形状时，按住鼠标左键拖动鼠标至另一侧即可，如图 3-27 所示。

图 3-26　缩放图形

图 3-27　翻转图形

- **扭曲**：要扭曲图形，则该图形不能是位图或群组的图形，只能是分离后的图形或矢量图，以矢量图为例，使用“任意变形工具”选择要扭曲的图形，然后在“工具”面板的选项区域中选择“扭曲工具”，然后将鼠标指针移动到图形四周的任意一个控制点上，当其变为▷形状时，按住鼠标左键并拖动即可扭曲图形，如图 3-28 所示。
- **封套**：封套图形只能用于分离的图形或矢量图。同样以矢量图为例，使用“任意变形工具”选择要封套的图形，在“工具”面板的选项区域中选择“封套工具”，此时，图像四周将出现更多的控制点，将鼠标指针移动到图形的任意一个控制点上，

一个对象的变形并不一定要在对象的内部，也可以在对象的外部，在拖动变形点时，可以随意拖动到场景的任意位置。

当其变为▷形状时，按住鼠标左键不放并拖动鼠标即可，使用“封套工具”可以任意扭曲图形的形状，如图 3-29 所示。

图 3-28　扭曲图形

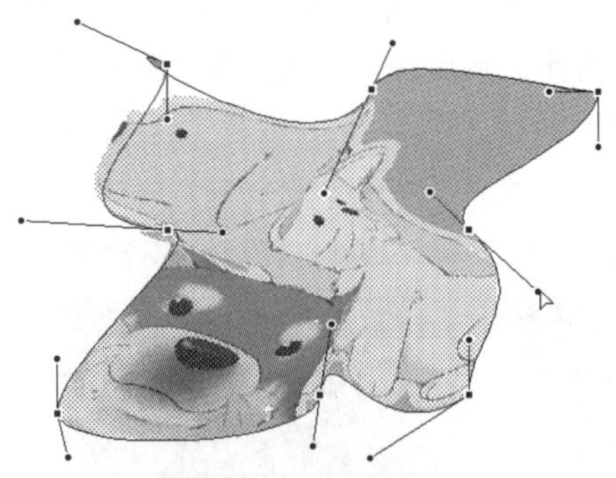

图 3-29　封套图形

2. 使用选择工具

使用“选择工具”除了可以选择对象外，还能对笔触进行调整，其调整的方法是：选择“选择工具”后，将鼠标指针移动至笔触的边上，当其变为形状时，拖动鼠标即可改变笔触。如图 3-30 所示为通过拖动笔触改变五角星的形状后得到的花朵效果。

在笔触的转折处、两头或笔触相交处，都会有一个锚点，选择“选择工具”后，将鼠标指针移动至锚点上，当其变为形状时，拖动鼠标即可移动锚点，同时移动与该锚点相连接的笔触，如图 3-31 所示为通过拖动锚点改变五角星的形状而得到的效果。

图 3-30　拖动调整笔触

图 3-31　拖动锚点

3. 使用“变形”面板

“变形”面板是一个用于调整对象形状的面板，其主要作用是调整对象的大小、旋转角度、倾斜角度和 3D 旋转等。

实例 3-4　使用“变形”面板调整对象

下面将使用“变形”面板对“看日出.fla”文档中的图像进行大小、旋转等调整处理。

参见光盘

光盘\素材\第 3 章\看日出.fla
光盘\效果\第 3 章\看日出.fla

操作提示

打开“属性”面板，对“位置和大小”栏中的“宽”和“高”数值框的数值进行调整，同样可以调整对象的大小。

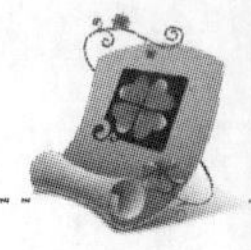

1 打开“看日出.fla”文档，选择【窗口】/【变形】命令，打开“变形”面板，如图 3-32 所示。

2 单击“变形”面板中的“约束”按钮，使其变为形状，表示不再对其高宽比进行约束，然后在“缩放宽度”数值框中输入“60”，在“缩放高度”数值框中输入“50”。

3 选中⊙旋转单选按钮，在其下方的数值框中输入“15”，使对象旋转的角度顺时针旋转 15°，如图 3-33 所示。

图 3-32 打开文档

图 3-33 设置旋转角度

4 单击“变形”面板下方的“重置选区和变形”按钮，使图像继续以之前设置的大小和旋转角度变形，对象的大小和倾斜角度继续变化，如图 3-34 所示。

5 连续单击 4 次“重置选区和变形”按钮，完成变形，效果如图 3-35 所示。

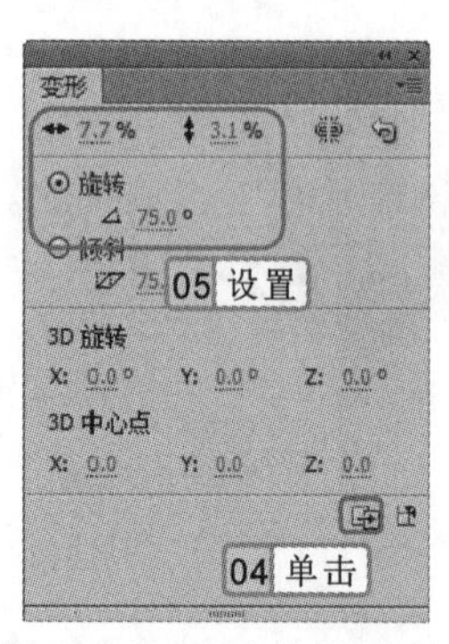

图 3-34 继续设置旋转

图 3-35 最终效果

3.5 排列和对齐对象

没有规矩不成方圆，在 Flash 的场景中，随意排列的对象，很难呈现出理想的效果，在对对象进行排列时，除了注意对象的位置外，还需要注意对象的上下级关系。

行家提醒

对图形进行变形后，若想取消变形效果，可单击“变形”面板下方的“取消变形”按钮，若对图形进行了多次变形，则需多次单击该按钮才能取消。

3.5.1 对象的上下级排列

当场景中存在两个或两个以上的对象时，就会出现上下级关系，通过调整，才能使其看起来合理、美观。

实例 3-5 排列蝴蝶的位置

下面将打开“花丛.fla”文档，然后对其上下级进行重新排列，使“蝴蝶”图像显示在树藤前面。

参见光盘 光盘\素材\第 3 章\花丛.fla
光盘\效果\第 3 章\花丛.fla

1. 打开“花丛.fla”文档，可以看见在场景中“蝴蝶”图像位于树藤的后方，部分被遮挡，如图 3-36 所示。
2. 使用“选择工具”选择位于前面的树藤，然后选择【修改】/【排列】/【下移一层】命令，将其向下移动一层，使蝴蝶不再被遮挡。
3. 在“变形”面板中选中 旋转 单选按钮，在其下方的数值框中输入“45”，使对象旋转的角度为顺时针旋转 45°，效果如图 3-37 所示。

图 3-36 打开文档

图 3-37 设置旋转角度

3.5.2 对齐对象

在移动多个对象时，往往需要对齐这些对象。对象的对齐可通过“对齐”面板中对应的按钮进行调整，如图 3-38 所示。也能通过选择【修改】/【对齐】命令，在弹出的子菜单中选择相应的命令进行调整，如图 3-39 所示。

使用“对齐”面板或“对齐”子菜单对齐对象时，都只需要在选择对象后，单击“对齐”面板中相应的按钮或选择“对齐”子菜单中相应的命令即可。

操作提示

选择对象后右击，在弹出的快捷菜单中选择【排列】/【下移一层】命令同样可以将对象向下移动一层。除了“下移一层”外，还可以选择“移至顶层”、“上移一层”或“移至底层”等命令。

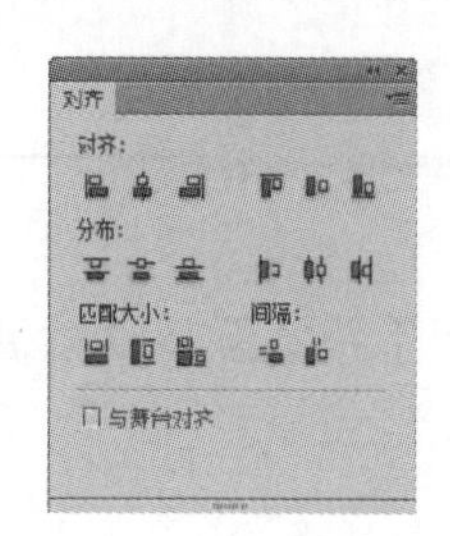

图 3-38 “对齐”面板

左对齐(L)	Ctrl+Alt+1
水平居中(C)	Ctrl+Alt+2
右对齐(R)	Ctrl+Alt+3
顶对齐(T)	Ctrl+Alt+4
垂直居中(V)	Ctrl+Alt+5
底对齐(B)	Ctrl+Alt+6
按宽度均匀分布(D)	Ctrl+Alt+7
按高度均匀分布(H)	Ctrl+Alt+9
设为相同宽度(M)	Ctrl+Alt+Shift+7
设为相同高度(S)	Ctrl+Alt+Shift+9
与舞台对齐(G)	Ctrl+Alt+8

图 3-39 “对齐”子菜单

3.6 基础实例——制作童趣森林动画

本章的基础实例将制作童趣森林动画，在制作时需运用到新建文档、导入图像、变形图像和添加文字等操作。通过为动画添加“小孩”图像，使动画画面更加丰满，最终效果如图 3-40 所示。

图 3-40 童趣森林

3.6.1 行业分析

本例制作的童趣森林动画侧重于讲解为动画布局，在动画制作中为动画布局非常重要，它直接影响动画画面的美观程度。

对于大型动画来说，为动画布局一般分为两步。首先构思，在纸张上先将物体放置的大致位置绘制出来制作脚本，然后制作各物体，再根据脚本布局动画。

3.6.2 操作思路

为更快完成本例的制作，并且尽可能运用本章讲解的知识，本例的操作思路如下。

一般会选择比较有动画制作经验的人为动画进行布局，他们能保证动画的布局最为合理。

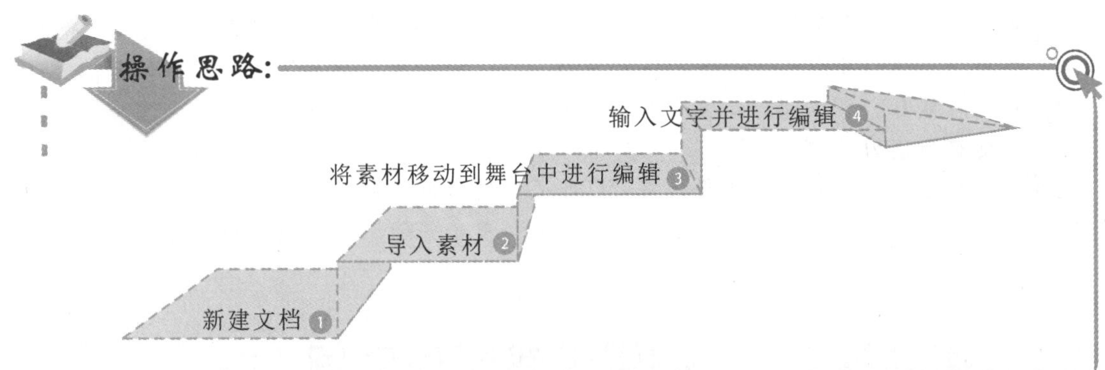

3.6.3 操作步骤

下面介绍制作童趣森林动画的方法，其操作步骤如下：

光盘\素材\第3章\童趣
光盘\效果\第3章\童趣森林.fla
光盘\实例演示\第3章\制作童趣森林动画

1. 选择【文件】/【新建】命令，在打开的“新建文档”对话框中设置“宽”和“高”的值分别为“800”和“500”，单击确定按钮。
2. 选择【文件】/【导入】/【导入到库】命令，在打开的“导入到库”对话框中选择“童趣”文件夹中的所有文件，单击打开(O)按钮。
3. 按“Ctrl+L”快捷键，打开“库”面板，再选择“背景”图像并将其拖动到舞台上，如图3-41所示。
4. 在“库”面板中将“儿童1”图像移动到舞台上。在“工具”面板中选择“任意变形工具”，选择舞台上的“儿童1”图像。将鼠标指针移动到图像左上角，当其变为↖形状时，按住“Shift”键向下拖动鼠标，将图像缩小，如图3-42所示。

图3-41　添加背景

图3-42　缩小图像

5. 使用相同的方法将“儿童2”~“儿童4”图像移动到舞台上，并缩放其大小，将其移动到地面和树叶上。

在工作界面中选择【窗口】/【库】命令，也可打开“库”面板。

6. 将“儿童 5”图像移动到舞台上方，缩小图像。按“Ctrl+T”快捷键，打开“变形”面板，选择“儿童 5”图像，在“变形”面板中设置“旋转”值为“155.8”。
7. 将“儿童 6”~“儿童 8”图像移动到舞台上，缩小图像。最后设置“儿童 8”图像的“旋转”值为“-121.7”。
8. 选择舞台中的所有儿童图像，按“Ctrl+G”快捷键，群组图像。在“工具”面板中选择“文本工具” T，使用该工具在舞台中间单击并输入“童趣森林”文本，完成本例的制作。

3.7 基础练习——编辑天线屋顶动画

本章主要介绍选择对象、对象的编辑以及排列和对齐的方法，下面将通过一个练习进一步巩固本章学习的知识，掌握 Flash 中最基础也是最常见的一些操作。

本次练习将打开“天线屋顶”文档，在其中使用任意变形工具对背景的矩形进行变形，再使用“变形”面板的重置选区和变形功能将变形的矩形复制并旋转 3 次，并设置不同的颜色，最后选择并分离文字，将部分笔画填充为白色，效果如图 3-43 所示。

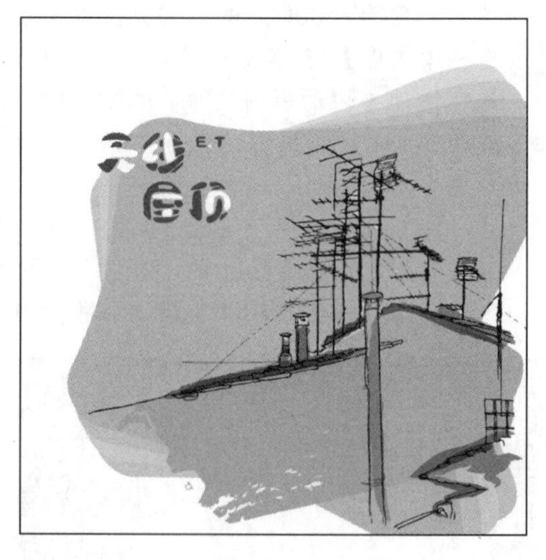

图 3-43　编辑天线屋顶动画

参见光盘
光盘\素材\第 3 章\天线屋顶.fla
光盘\效果\第 3 章\天线屋顶.fla
光盘\实例演示\第 3 章\编辑天线屋顶动画

该练习的操作思路如下。

行家提醒

为了使画面看起来更加有活力，可以使更多的人物在树叶和树干上奔跑。

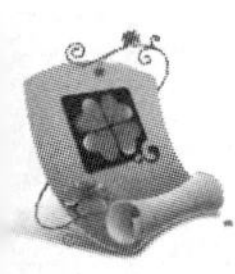

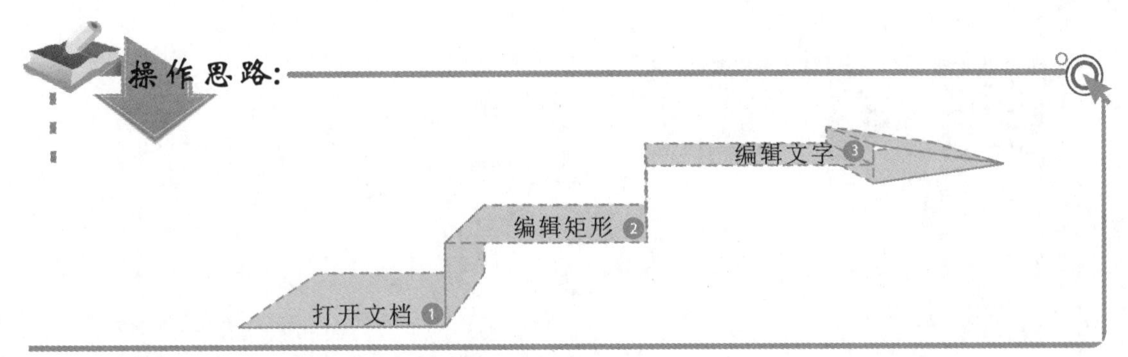

3.8 知识问答

在选择、编辑对象的过程中，难免会遇到一些难题，如取消群组、精确缩放图像大小应用何方法等。下面将介绍编辑对象过程中常见的问题及解决方案。

问：在编辑对象时，如果想对已经群组的对象再次单独进行编辑，应该怎么办？

答：只需要执行取消群组的操作，其方法是：选择已经群组的对象，按“Shift+Ctrl+G”组合键，或选择【修改】/【取消群组】命令即可。

问：想将多个对象缩放成一样的大小，但使用任意变形工具进行缩放不太精确，用什么方法可以解决？

答：用户只需打开“变形”面板，再选择要缩小的图像，然后对“变形”面板的“缩放高度”和“缩放宽度”值进行设置即可。

知识关联　分镜的使用

在制作大型动画时，为了动画前后的连贯性，动画策划者一般都会自己做，或让有大量动画制作经验的人员绘制分镜。所谓分镜就是将一些重要的画面以简笔画的方式在纸上绘制出来，再由动画制作师对分镜中间没有绘制的动画一帧一帧地制作出来。

绘制分镜的好处在于，动画监督者可以更快更好地把握动画的节奏、结构等情况，合理地安排人员对于动画进行制作。

在编辑文字时，需要按两次“Ctrl+B”快捷键分离文字。

第 4 章

基本图像的绘制

快速绘制
基本图形

几何图形的绘制

矩形 椭圆 星形

Deco工具的图形填充

色彩的填充

文字的输入

本章导读

通过之前的介绍可以了解到图像对于Flash动画的重要性，合理地使用各种不同的图像，便能轻松地获得不错的效果。在Flash中使用的图像有两种获取途径，一种是从外部导入图片，另一种是直接使用Flash提供的各种工具在场景中进行绘制。本章将介绍Flash所提供的多款绘图工具，并通过实例以及描述的方式，详细讲解这些工具的使用方法。

4.1 快速绘制基本图形

在“工具”面板的“绘图工具”区域中，提供了线条工具、铅笔工具和钢笔工具等多款不同的工具，使用这些工具可快速地绘制出一些基本的图形。下面将分别讲解这些工具的使用方法。

4.1.1 线条工具

“线条工具”是一个用于在场景中绘制直线的工具，使用线条工具可以绘制许多图形，尤其是要绘制机械等大部分由直线所组成的图形时，使用该工具可以很轻松地绘制出图形的线条轮廓。

1. 属性的设置

使用“线条工具”绘制出的线条全都是笔触线条，所以对线条工具的属性进行设置也是对笔触线条的属性设置。

除了可设置笔触大小、颜色和样式外，在“属性”面板中还可以设置端点、接合等笔触样式，并且还能对笔触的样式进行编辑。其中，端点是指线条两头的样式，而接合是指线条转角处的接合部分，如图 4-1 所示的上半部分端点为“圆角”，接合为“斜角”，而下半部分的端点为“无”，接合为“圆角”的样式。

在“属性”面板中单击“样式”下拉列表框后面的“编辑笔触样式”按钮，可以打开“笔触样式”对话框，通过该对话框可以对笔触的样式进行设置，如图 4-2 所示。

图 4-1 端点和接合样式

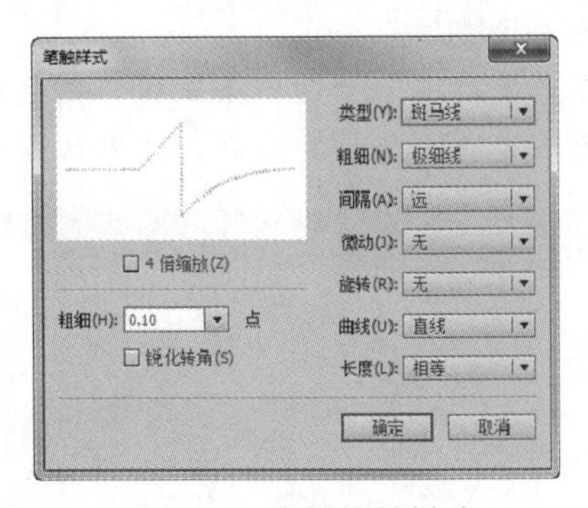

图 4-2 编辑笔触样式

2. 绘制图形

使用直线工具绘制图形的方法比较简单，只需要选择“线条工具”，然后移动鼠标指针至舞台中合适的位置，当其变为十形状时，按住鼠标左键不放，并拖动鼠标至另一位置释放鼠标即可。

在绘制的过程中，如果按住“Shift”键不放，即可约束线条的方向为水平、垂直或45°角，这种方法在绘制过程中经常使用。

实例 4-1 绘制房屋

下面将使用“线条工具”在场景中绘制一个简单的房屋图像。

参见光盘 光盘\效果\第 4 章\小房子.fla

1. 启动 Flash CS6，在打开的欢迎界面的“新建”栏中单击 ActionScript 3.0 按钮，新建一个空白文档。
2. 在“工具”面板中选择“线条工具”，在“属性”面板中将笔触的粗细设置为“1.00”，将颜色设置为“黑色（#000000）”，并设置样式为实线，如图 4-3 所示。
3. 移动鼠标指针至舞台中合适的位置，当其变为十形状时，按住鼠标左键不放，并拖动鼠标至另一位置后释放鼠标，绘制第一条直线，如图 4-4 所示。

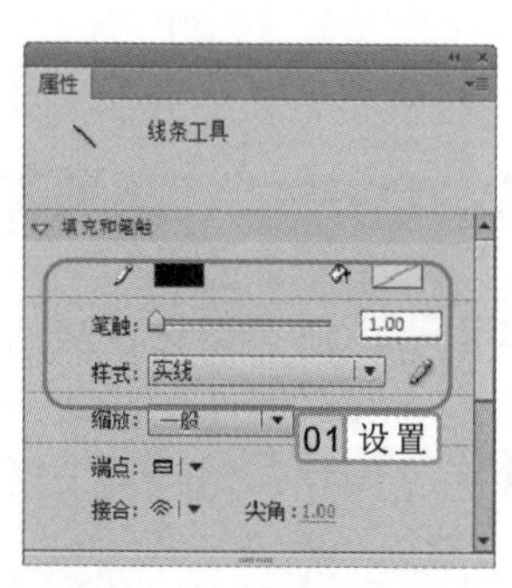

图 4-3 设置线条属性

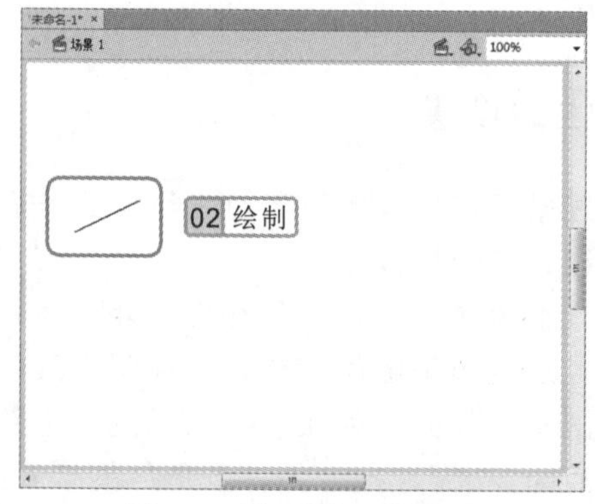

图 4-4 绘制第一条直线

4. 使用类似的方法，在场景中继续绘制其他的直线，使其组合起来形成房子的形状，如图 4-5 所示。
5. 在房屋的门上绘制一条直线，然后使用“选择工具”将其拖动成弧线，使其弯曲，最后完成小房子的绘制，效果如图 4-6 所示。

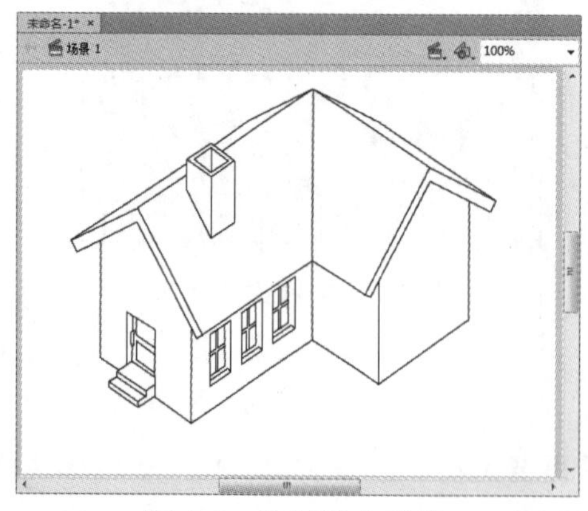

图 4-5 绘制基本形状

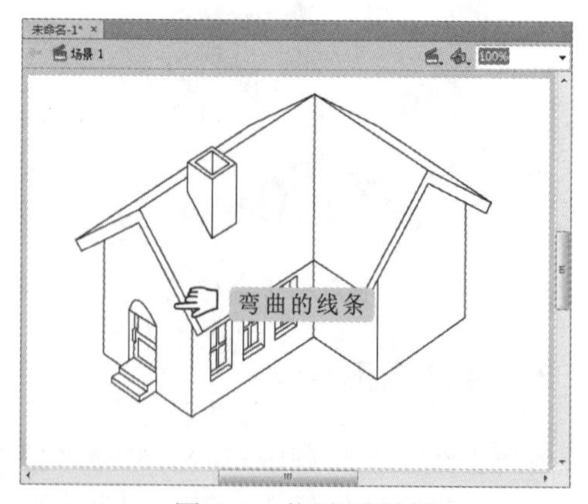

图 4-6 拖动出弧形

行家提醒

使用“部分选取工具”也可将直线拖动成弧线。

4.1.2 铅笔工具

与线条工具一样，使用“铅笔工具”绘制出的线条也是笔触线条，不同的是使用“铅笔工具”可以随意地绘制出任意形状的线条，其自由度相比“线条工具”较高，所以能绘制出各式各样的图形。

实例 4-2 绘制小人

下面将使用“铅笔工具”在场景中绘制一个简单的小人轮廓，然后设置不同的笔触大小，完成细节和颜色填充。

参见光盘 光盘\效果\第 4 章\小人.fla

1. 新建一个舞台大小为 290×400 像素的空白文档，选择“铅笔工具”，在“属性”面板中将“笔触”的大小设置为“4.00”像素，笔触颜色为“黑色（#000000）”。
2. 移动鼠标指针至舞台中合适的位置，当其变为形状时，按住鼠标左键不放，并拖动鼠标，在鼠标经过的地方将绘制出一条线条，如图 4-7 所示。
3. 使用相同的方法，继续在场景中绘制其他的线条，初步完成小人的轮廓，如图 4-8 所示。

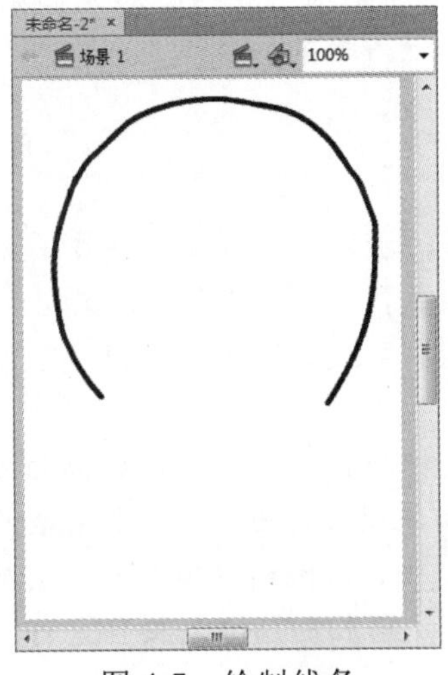

图 4-7　绘制线条

图 4-8　绘制轮廓

4. 在“属性”面板中将“笔触”的大小设置为“1.00”，继续使用“铅笔工具”在场景中绘制小人的细节和衣服上的图案，完成后的效果如图 4-9 所示。
5. 在“属性”面板中将“笔触”大小设置为“6.00”，绘制出小人的刘海，然后再设置不同的笔触大小，在小人的头发和鞋子上绘制，使黑色笔触线条完全覆盖空白的区域，完成图像的绘制，效果如图 4-10 所示。

选择“铅笔工具”后，打开“属性”面板，在“平滑”栏中设置“平滑”值，将该值的数值设置得越高，绘制出的线条就越平滑。

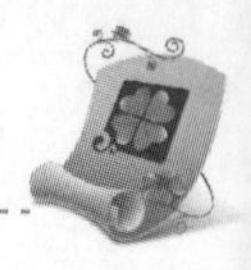

图 4-9　填补细节

图 4-10　完成绘制

4.1.3　钢笔工具

"钢笔工具"虽然与"线条工具"和"铅笔工具"一样都是笔触，但"钢笔工具"是一种以贝塞尔曲线的方式进行绘制的工具，与前两种工具相比，要流畅地使用"钢笔工具"虽有一定难度，但却可以精确地绘制出平滑流畅的曲线。

1. 钢笔工具的基本绘制操作

使用"钢笔工具"可以随意地绘制直线或曲线，若需要绘制直线，则只需要将鼠标指针定位在直线段的起始点并单击，以定义第一个锚点，然后再在结束点单击，定义另一个锚点，即可在两个锚点之间绘制一条直线。除了绘制直线，钢笔工具常用于绘制曲线，下面分别介绍几种绘制曲线的方法。

- **绘制一条曲线**：选择"钢笔工具"后，将鼠标指针定位在曲线的起始点，按住鼠标左键不放，并将鼠标向需要线条弯曲的方向拖动，将出现一个锚点控制手柄，用于设置要创建曲线段的斜率，若拖动的距离越长，曲线的斜率越大。然后松开鼠标左键，将鼠标指针移动到结束点，单击或继续使用相同的方法按住鼠标不放进行拖动，即可得到一条曲线，如图 4-11 所示。
- **绘制连续曲线**：绘制连续曲线的方法与绘制一条曲线的方法类似，只需要在绘制一条曲线的基础上继续绘制即可，如图 4-12 所示。另外，在绘制的过程中需要注意的是，单击定义一个锚点后，并不是一定要拖动，只有当需要与锚点连接的线条呈现为曲线时，才需要拖动。

使用"钢笔工具"绘制出的线条也是笔触线条，所以编辑"钢笔工具"绘制的线条的方法同样适用于"线条工具"和"铅笔工具"绘制的线条。

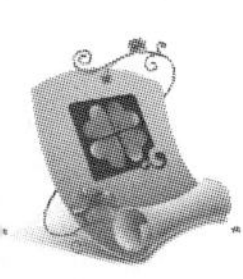

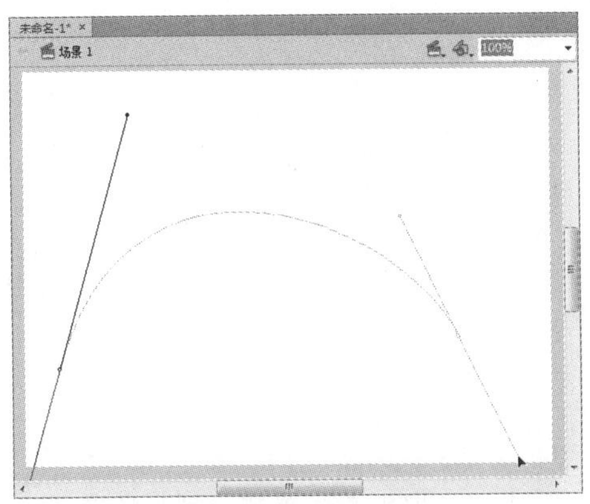

图 4-11 绘制一条曲线

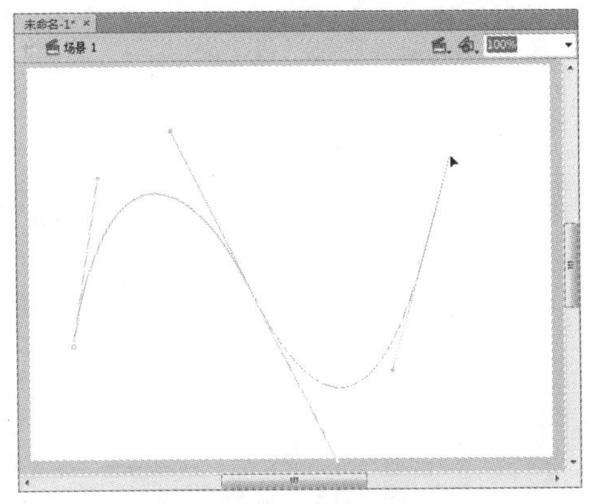

图 4-12 绘制连续的曲线

- **转换路径上的锚点**：创建完成后的锚点还可以根据需求进行改变，其方法是：在锚点上按住鼠标左键不放，在弹出的面板中选择“转换锚点工具”，使用该工具选择路径上的锚点，并进行拖动，即可改变该锚点，如图 4-13 所示。
- **绘制转角**：在使用“钢笔工具”绘制连续曲线的过程中，如果不希望下一条曲线受上一条曲线斜率的影响，则可移动鼠标指针至上一条曲线最后的锚点上，当其变为形状时单击，将回缩贝塞尔曲线的控制手柄，使得穿过锚点的弯曲路径恢复为直线段，如图 4-14 所示。

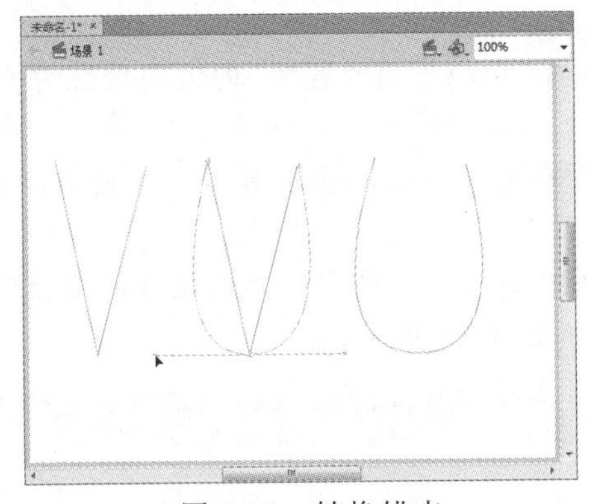

图 4-13 转换锚点

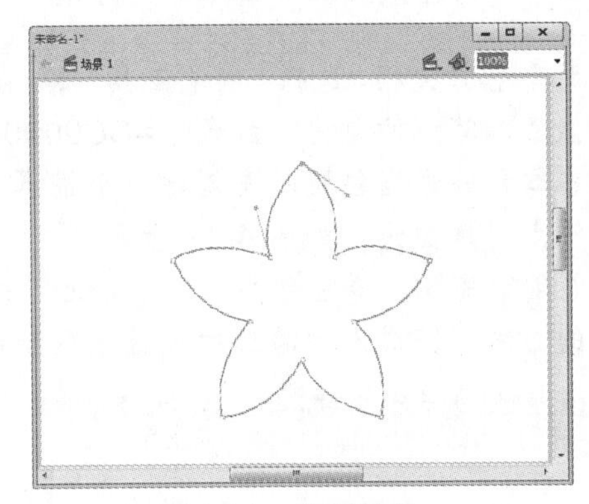

图 4-14 绘制转角

- **调整路径**：曲线绘制完成后，若需要进行调整，则可选择“工具”面板中的“部分选取工具”，在已经绘制完成后的路径的锚点上按住鼠标左键不放并拖动即可调整该锚点的位置。当选择锚点后，会出现锚点的控制手柄，拖动控制手柄即可调整锚点的斜率，如图 4-15 所示。
- **取消绘制模式**：在使用“钢笔工具”绘制的过程中，单击所得到的锚点之间都会自动添加一段笔触线条，而在需要绘制多条曲线时，为了避免因自动添加多余的线条，可以在绘制完第一条线条后，按“Esc”键取消绘制模式，这样就能在不受第一条曲线的影响下绘制第二条曲线，如图 4-16 所示。

选择曲线上的锚点，再使用“转换锚点工具”单击该锚点，可使该锚点的控制手柄全部收回，变为普通锚点，同时与该锚点连接的曲线线条也会变为直线线条。

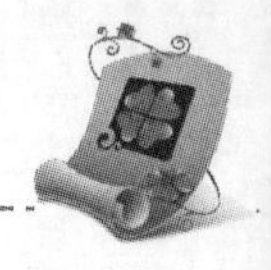

图 4-15　调整路径

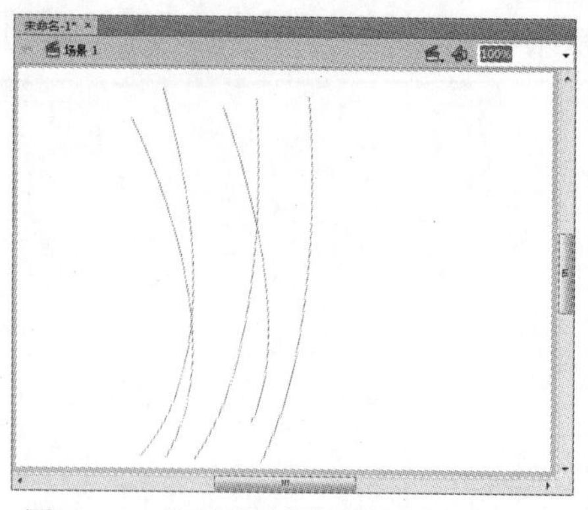

图 4-16　取消绘制模式绘制多条曲线

2. 绘制卡通人物

通常在使用“钢笔工具” 绘制图形的过中，需要多种模式配合使用，才能得到一幅完整且满意的图像。

实例 4-3　绘制卡通人物

参见光盘　光盘\效果\第 4 章\卡通人物.fla

1. 新建空白文档，选择“钢笔工具” ，在“属性”面板中将“笔触”的大小设置为“1.00”像素，笔触颜色为“红色（#CC0000）”。
2. 在舞台的适当位置单击创建一个锚点，然后在另一位置单击创建另一个锚点，并拖动锚点创建曲线，如图 4-17 所示。
3. 在创建完第一条曲线后，按“Esc”键取消绘制模式，然后在其他位置继续绘制更多的曲线，完成人物脸部的大致图形绘制，如图 4-18 所示。

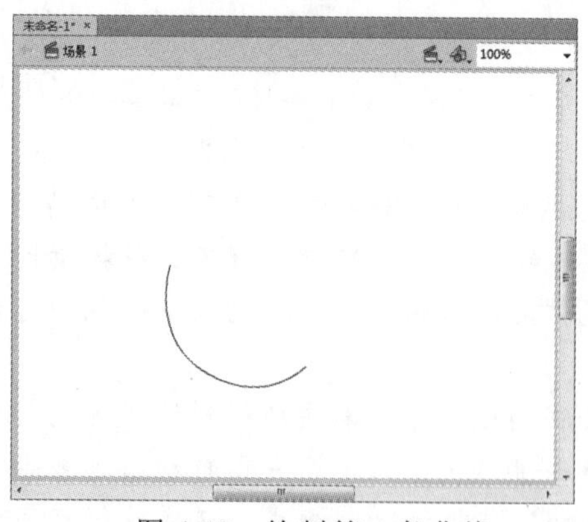

图 4-17　绘制第一条曲线

图 4-18　绘制脸部图案

4. 使用相同的方法在脸的下方继续绘制其他的曲线，绘制出人物的身体部分，如图 4-19 所示。

行家提醒

使用“钢笔工具” 绘制曲线的过程中，除了可使用几种不同的绘图模式绘制外，还可适当地使用“选择工具” 对曲线的斜率进行调整。

5 脸部和身体都绘制完成后，再对头发进行绘制，在绘制的过程中，随意地绘制不同长度的多条曲线，再组合这些曲线，即可完成头发的绘制，如图 4-20 所示。

图 4-19 绘制身体

图 4-20 绘制头发

6 继续使用“钢笔工具” 在头上绘制装饰，但是在绘制十字和发带上的装饰时，不用拖动锚点使其变为曲线，直接单击绘制直线即可，如图 4-21 所示。

7 使用“选择工具” 选择十字装饰里面多余的线条，并按“Delete”键将其删除，完成绘制，效果如图 4-22 所示。

图 4-21 绘制装饰

图 4-22 完成绘制

4.1.4 刷子工具

“刷子工具” 的使用方法与“铅笔工具” 有些类似，都可以自由地在场景中绘制想要的图案，所不同的是“刷子工具” 绘制得到的并非笔触，而是填充。

虽然使用“刷子工具” 绘制图形的方法与“铅笔工具” 类似，但绘制出的结果却有所不同。在选择“刷子工具” 后，可以在“工具”面板的选项区域设置其大小和形状，其中，刷子形状包括圆形、矩形、正方形和斜线等多种形状。除了可以设置大小和形状外，在选项区域中还可以设置刷子绘制模式，如图 4-23 所示。

使用“钢笔工具” 绘制的曲线，往往不能一步到位，在绘制的过程中，可配合使用“部分选取工具” 对绘制的曲线进行调整。

不同的绘制模式，其结果都有所不同，如图 4-24 所示分别为标准绘画、颜料填充、后面绘画、颜料选择和内部绘画模式绘制得到的结果，各模式的含义如下。

- **标准绘画：** 绘制的图形会直接覆盖下面图形的笔触和填充。
- **颜料填充：** 绘制的图形将只覆盖填充，而不会覆盖笔触。
- **后面绘画：** 绘制的图形将会呈现在其他图形的后方。
- **颜料选择：** 只能在选择了填充后，才能在选择的填充内部进行绘制，而不能在笔触和外部绘制。
- **内部绘画：** 要求绘制色块在封闭图形的内部，若在开放的外部，将不能成功地绘制图形。

图 4-23　刷子绘制模式

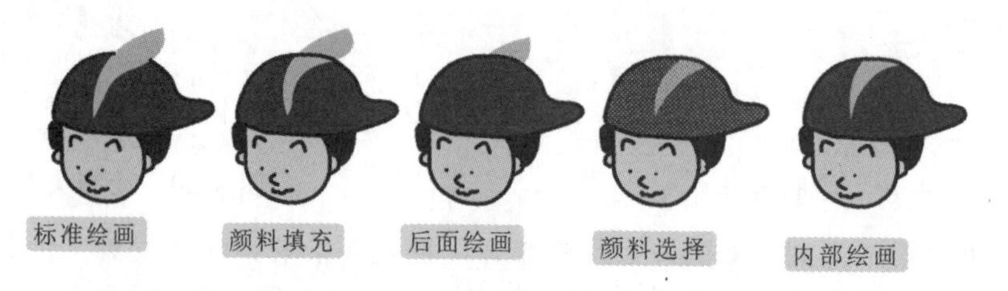

图 4-24　不同的绘制模式效果

4.1.5　喷涂刷工具

在“刷子工具”面板中，还有一个“喷涂刷工具”，使用该工具可以在场景中以随机排列的方式喷涂一些点或图形。

默认情况是随机喷涂一些点，若在“属性”面板中单击“元件”栏中的 编辑... 按钮，在打开的对话框中选择元件后，如图 4-25 所示，将会按照元件的图形进行喷涂，如图 4-26 所示。

图 4-25　选择元件

图 4-26　喷涂的星星

行家提醒

根据需要，可以将任意的图形设置为元件，然后再将其设置为“喷涂刷工具”的喷涂样式，例如，设置雪花作为元件，便能轻松地绘制下雪的场景。

4.2 几何图形的绘制

矩形和圆形不管是在生活中，还是在各类作品中，都是最基本的图形，在 Flash CS6 中提供了几款几何工具，用于快速地绘制矩形、圆形、多边形以及部分特殊形状。

4.2.1 矩形工具和基本矩形工具

在 Flash 中，可以绘制矩形的工具有两种，分别是“矩形工具”和“基本矩形工具”。下面分别对其进行介绍。

1. 矩形工具

使用“矩形工具”在场景中绘制矩形的方法是：选择该工具后，在“工具”面板或“属性”面板中分别设置笔触和填充的颜色后，直接在场景中拖动鼠标即可得到矩形。“矩形工具”的“属性”面板如图 4-27 所示。在进行属性设置时，主要分为两部分，分别介绍如下。

- **“填充和笔触”栏**：该栏中的设置项目与直线工具等类似，所不同的是“矩形工具”同时包括笔触和填充，所以在设置颜色时需要注意颜色的设置。
- **“矩形选项”栏**：该栏主要用于设置绘制矩形图形的边角半径，当数值框中的值为正时，可得到圆角矩形效果，当数值框中的值为负时，可得到内圆角矩形效果。如图 4-28 所示为从上至下分别是当值为 0、正数以及负数时，所得到的不同效果。

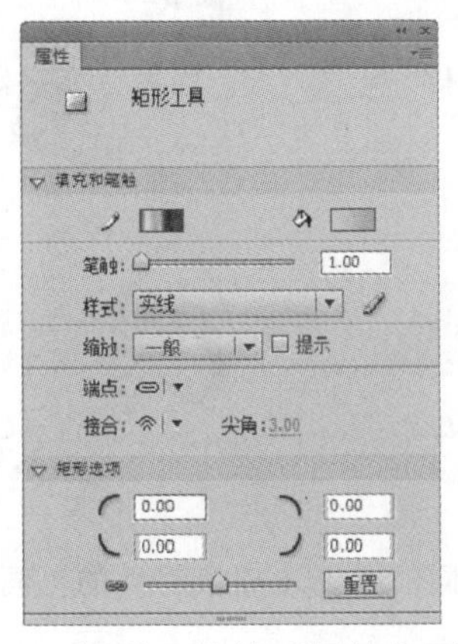

图 4-27　矩形工具的“属性”面板

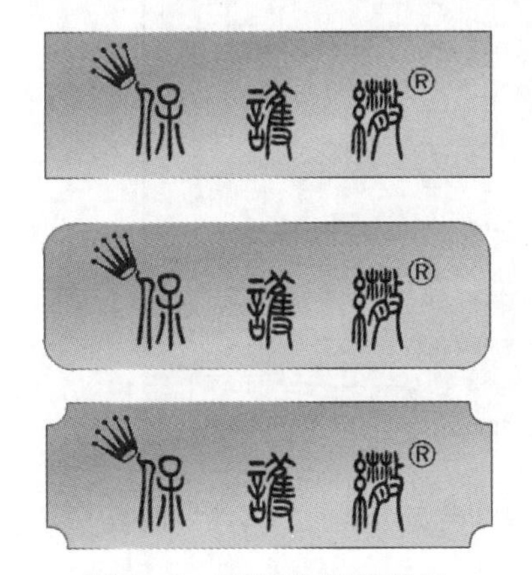

图 4-28　不同的矩形效果

2. 基本矩形工具

在“矩形工具”面板中，还包括一个“基本矩形工具”，该工具虽然也是绘制矩形

在使用“矩形工具”或“椭圆工具”等几何工具时，按住“Shift”键不放，再进行绘制，即可得到正方形或圆形。

的工具，但不同的是，使用该工具绘制的矩形，可以看作是一个独立的矩形对象。使用“矩形工具”绘制矩形后，便不能再调整“矩形选项”中的值，而使用“基本矩形工具”绘制得到的矩形，在之后还能设置该选项的值，方便后期的调整。

4.2.2 椭圆工具和基本椭圆工具

在“矩形工具”面板中，还有两个用于绘制圆形的工具，分别是“椭圆工具”和“基本椭圆工具”，这两款工具的作用与“矩形工具”和“基本矩形工具”类似。

椭圆工具和基本椭圆工具的使用方法相同。选择“椭圆工具”后，其“属性”面板如图 4-29 所示。除设置填充和笔触的选项外，还可以在“椭圆选项”栏中设置开始角度、结束角度和内径 3 个选项，这些选项的含义分别如下。

- **起始角度**：设置该选项的值，将会在圆形中出现相同度数的缺口，如图 4-30 左上角所示图形为当“起始角度”值为 90° 时所出现的图形。
- **结束角度**：与开始角度相反，设置该选项，将会在圆形中出现相同度数的扇形图案，如图 4-30 右上角所示图形为当“结束角度”值为 90° 时所出现的图形。
- **内径**：在该数值框中输入数值，绘制椭圆的中心将出现相应的空心圆，如图 4-30 左下角所示图形为当“起始角度”为 90°、“内径”为 20 时所出现的图形。
- ☑闭合路径**复选框**：默认该复选框为选中状态，在对圆形设置了起始和结束角度后，当取消选中该复选框时，圆形将不会被填充，如图 4-30 右下角图形所示。

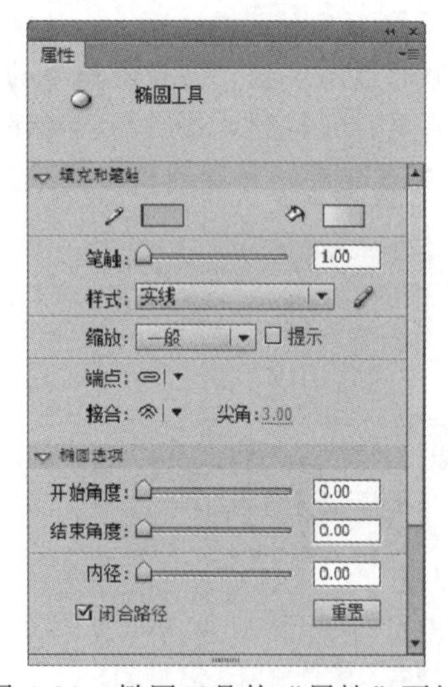

图 4-29 椭圆工具的“属性”面板

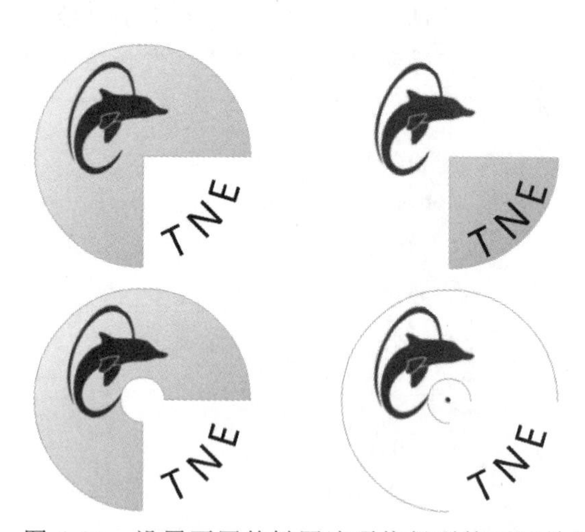

图 4-30 设置不同的椭圆选项值得到的不同效果

4.2.3 多角星形工具

“多角星形工具”是一个用于快速绘制多边形或者星形的工具，通过在“属性”栏

使用“基本矩形工具”和“基本椭圆工具”绘制得到的几何图形都可以在后期选中图形后按“Ctrl+B”快捷键将其分离，使其转换为普通的几何图形。

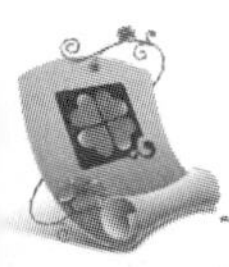

中打开的“工具设置”对话框，可对边数和星形顶点大小的值进行设置。

实例 4-4 绘制星空

下面将打开“星空.fla”文档，然后使用“多角星形工具”在文档的星空背景图左侧区域、中间区域以及右侧区域分别绘制多个五角星形、七边形以及七角星形，完成星空图像的绘制。

参见光盘 光盘\素材\第 4 章\星空.fla
光盘\效果\第 4 章\星空.fla

1. 打开“星空.fla”文档，选择“多角星形工具”，单击“属性”面板中的 选项... 按钮，在打开的“工具设置”对话框中单击“样式”下拉按钮，选择“星形”选项，将“边数”的值设置为“5”，将“星形顶点大小”设置为“0.50”，如图 4-31 所示。
2. 单击 确定 按钮，返回“属性”面板，在“填充和笔触”栏中将“笔触”设置为“白色（#FFFFFF）”，将“填充”设置为“黄色（#FFFF00）”，最后移动鼠标指针至场景中，当其变为十形状时，按住鼠标左键不放并拖动鼠标绘制一个星形，如图 4-32 所示。

图 4-31 工具设置

图 4-32 绘制星形

3. 在绘制了第一个星形后，继续在场景的其他位置拖动鼠标绘制更多的星形，然后再打开“工具设置”对话框，分别将“边数”和“星形顶点大小”的值设置为“7”和“0.30”，单击 确定 按钮，如图 4-33 所示。
4. 继续在场景的右侧区域中进行绘制，得到多个顶点为“0.30”的七角星形。
5. 绘制完成后，再次打开“工具设置”对话框，单击“样式”下拉按钮，选择“多边形”选项，将“边数”的值设置为“7”，使用相同的方法，在场景中绘制出多个七边形的图形，如图 4-34 所示。

“多角星形工具”的边数不能设置为任意大小，其值必须在大于 3 且小于 32 的范围内，而星形顶点大小的值也只能是在 0.00～1.00 之间。

图 4-33　绘制七角星

图 4-34　绘制七边形

4.3　Deco 工具的图形填充

Deco 工具是一个比较特殊的工具，可以把 Deco 工具看作是 Flash 提供的一些图形模板，使用该工具可以快速地在场景中填充花草、数目和藤蔓等多种相对比较复杂的图形。

4.3.1　选择填充样式

Deco 工具的主要功能是快速完成大量相同元素的绘制，也可以应用它制作出很多复杂的动画效果。Deco 工具提供了 13 种不同类型的刷子，如图 4-35 所示。

Deco 工具的设置相比前几款工具较复杂，并且根据所选的刷子不同，也会出现不同的设置选项。如图 4-36 所示为“火焰动画”的选项，如图 4-37 所示为“花刷子”的选项。

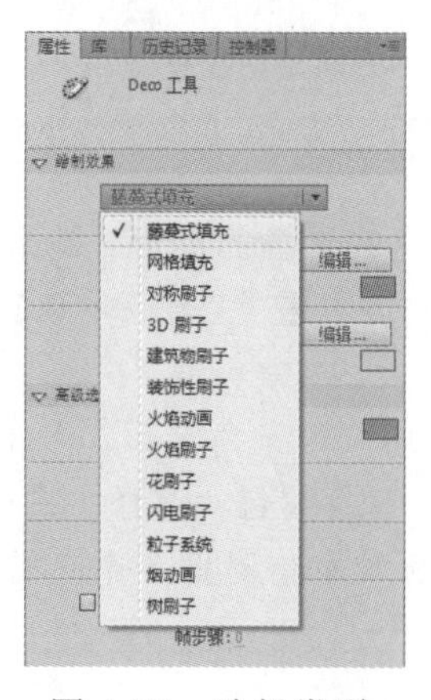

图 4-35　选择类型

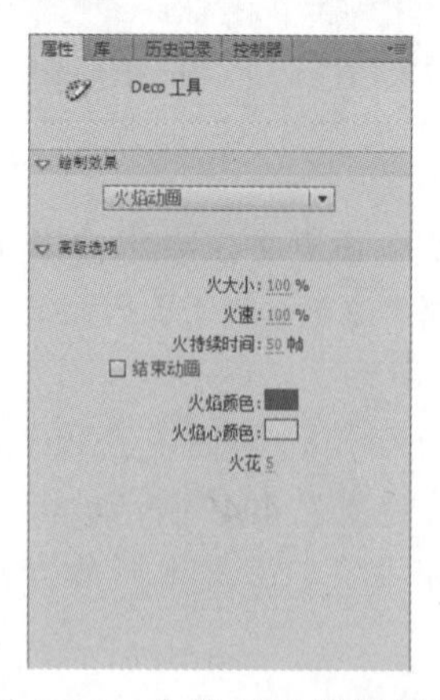

图 4-36　火焰动画设置面板

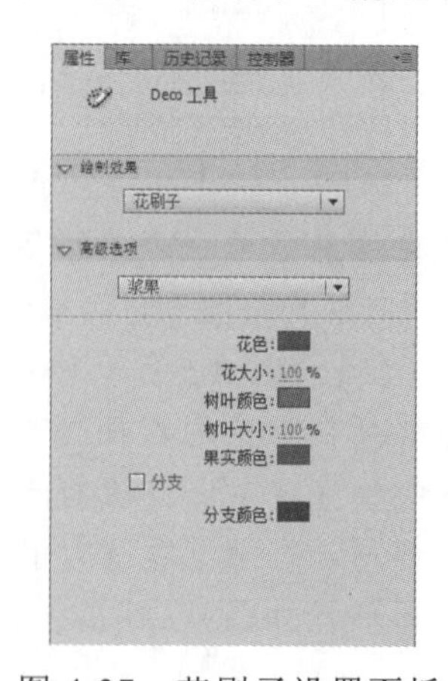

图 4-37　花刷子设置面板

不同刷子的设置选项都不相同，但其设置的方法类似，主要都是设置不同的颜色或大小，部分刷子还可以选择元件作为刷子的样式。

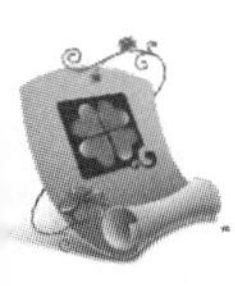

4.3.2 使用 Deco 绘制图形

在一个场景中可以多次使用多款 Deco 工具的刷子，使用这些效果各不相同的刷子，便能组合出一些比较复杂的图形效果。

实例 4-5 使用 Deco 工具组合图形

下面将仅用 Deco 工具的多款不同刷子，在场景中填充多个不同的元素，完成一幅完整的图像。

参见光盘 光盘\效果\第 4 章\Deco 图像.fla

1. 新建一个空白文档，选择“工具”面板中的“Deco 工具”，在“属性”面板的“绘制效果”栏中，将填充效果设置为“藤蔓式填充”，如图 4-38 所示。
2. 移动鼠标指针至舞台中，当其变为形状时单击，Deco 工具将自动在舞台上填充藤蔓效果，如图 4-39 所示。

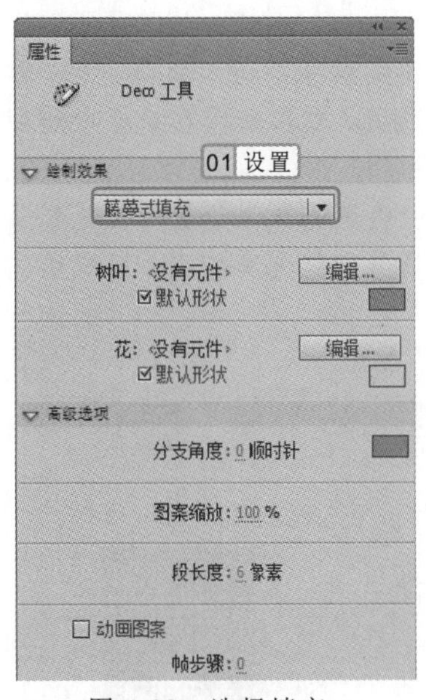

图 4-38 选择填充

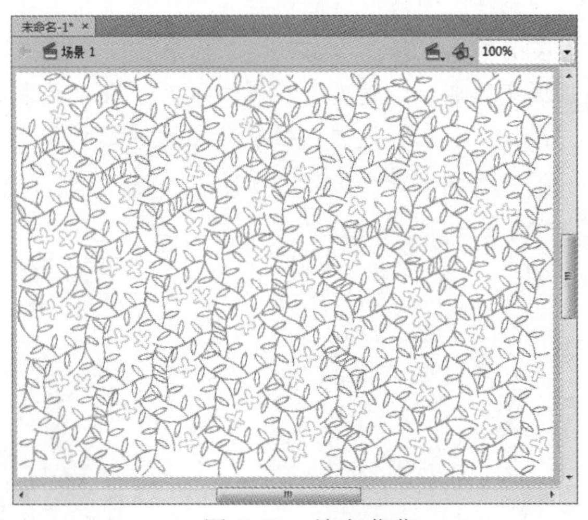

图 4-39 填充藤蔓

3. 返回“属性”面板，在“绘制效果”栏将填充效果设置为“建筑物刷子”，在“高级选项”栏中单击下拉按钮，在弹出的下拉列表中选择“摩天大楼 3”选项，最后将“建筑物大小”的值设置为“10”，如图 4-40 所示。
4. 移动鼠标指针至舞台右侧的底部，当其变为形状时，按住鼠标左键不放并向上拖动，Deco 工具将会自动在鼠标拖动的轨迹上填充建筑物的图形，当鼠标拖动至舞台顶部时，释放鼠标，完成建筑物的添加，如图 4-41 所示。

操作提示

使用“藤蔓式填充”时，可以在场景或一个封闭空间中的任意位置单击，便能自动填充藤蔓，如果在第一次填充后还有部分空白，可继续在空白处单击，填充藤蔓。

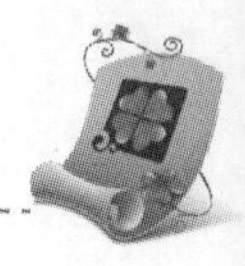

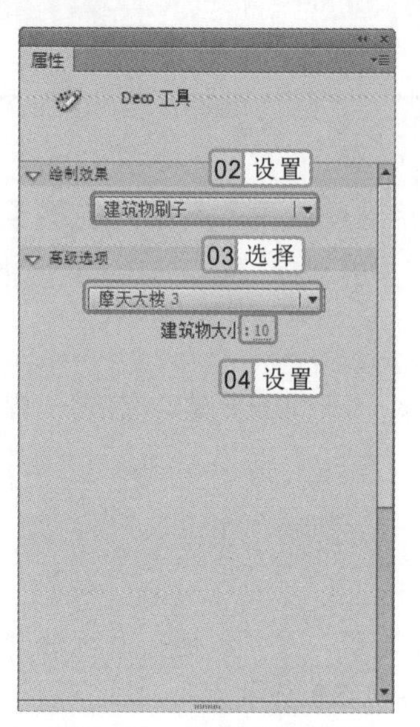

图 4-40　设置填充效果

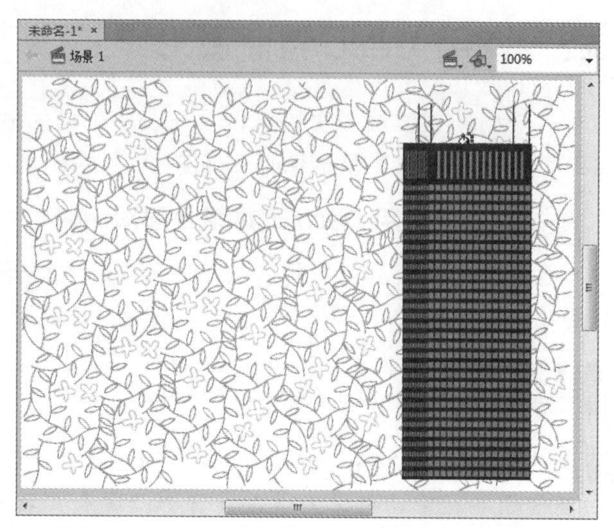

图 4-41　填充建筑物

5 返回“属性”面板，在“绘制效果”栏中将填充效果设置为“树刷子”，在“高级选项”栏中单击下拉按钮，在弹出的下拉列表中选择“白杨树”选项，如图 4-42 所示。

6 使用与填充建筑物相同的方法，在场景中填充树木。完成第一个树木的填充后，再在“属性”面板的“高级选项”栏中选择其他不同的树选项，然后继续在场景中绘制更多的树木。

7 填充完成后，返回“属性”面板，在“绘制效果”栏中将填充效果设置为“花刷子”，然后在“高级选项”栏中分别选择不同的花选项，在场景中填充花图案，完成图像的绘制，如图 4-43 所示。

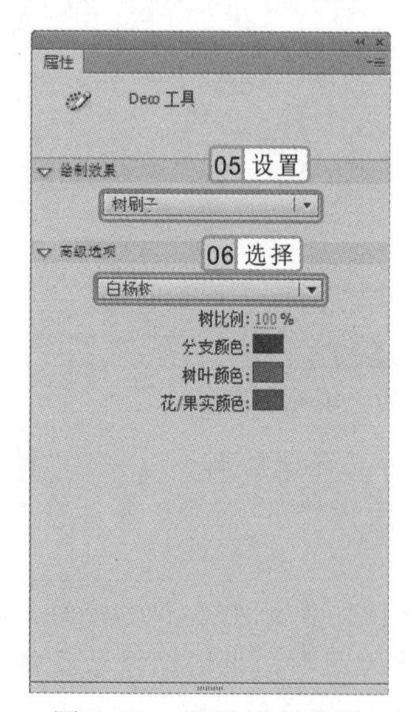

图 4-42　设置填充效果

图 4-43　填充的图像效果

“树刷子”和“花刷子”等刷子，其绘制出的图像都是随机的，因此相同的设置也会得到不同的样式，在绘制的过程中，如果第一次绘制的效果并不好，可以删除后重新绘制。

4.4 色彩的填充

一幅只有线条的图像是不完整的，需要为其填充合适的色彩。为图像填充不同的色彩，既能使图像更丰富，也能在整体的视觉效果上带来更强的视觉冲击力，相比单一的线条，彩色图像总能得到更多人的喜爱。

4.4.1 颜料桶工具

"颜料桶工具"是最常用的上色工具，其用法比较简单，只需要在选择颜色和该工具后，直接在需要填充颜色的区域单击即可。但需要注意的是，该工具只能在封闭的区域使用，例如，使用笔触或填充绘制的一个圆形区域中间的空白处。

在 Flash 中用"钢笔工具"、"铅笔工具"等工具绘制时，容易出现首尾不相接的情况，即所绘制的区域不是封闭的，这样在填充颜色时，则可能失败。为了解决这个问题，可以在"颜料桶工具"的选项区域中选择不同的填充模式，其模式分别介绍如下。

- **不封闭空隙**：选择该模式后，在使用"颜料桶工具"填充颜色时，只有完全封闭的区域才能被填充颜色。
- **封闭小空隙**：在使用"颜料桶工具"填充颜色时，如果所填充区域不是完全封闭的，但是空隙很小，Flash 会将其判断为完全封闭而进行填充。
- **封闭中等空隙**：选择该模式后，在使用"颜料桶工具"填充颜色时，可以忽略比上一种模式大一些的空隙，并对其进行颜色填充。
- **封闭大空隙**：选择该模式后，即使线条之间还有一段距离，用"颜料桶工具"也可以填充线条内部的区域。

4.4.2 对图形进行纯色填充

在"颜色"面板或"工具"面板的"颜色区域"中设置颜色后，便能直接使用"颜料桶工具"对场景中的封闭区域填充颜色。

实例 4-6 对小人填充颜色

下面将打开在实例 4-2 中绘制的"小人.fla"文档，并对小人不同的区域分别填充不同的颜色。

光盘\素材\第 4 章\小人.fla
光盘\效果\第 4 章\彩色的小人.fla

1. 打开"小人.fla"文档，选择"颜料桶工具"，打开"颜色"面板，并在该面板中选择"黄色（#F2D1AE）"，如图 4-44 所示。
2. 在"颜料桶工具"的选项区域中选择"封闭大空隙"模式，然后分别移动鼠标指

如果要检测所绘制的区域是否封闭，可使用"颜料桶工具"，其方法是：选择"颜料桶工具"后再选择"不封闭空隙"模式，然后再对指定的区域进行填充，如果填充失败，则表示该区域并非封闭的。

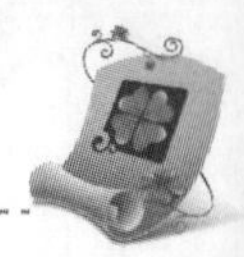

针至小人的脸上、手臂上和腿上，并单击鼠标，填充皮肤的颜色，如图 4-45 所示。

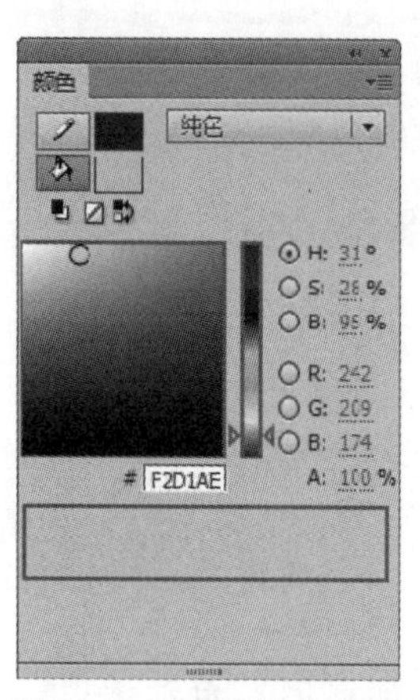

图 4-44　设置填充颜色

图 4-45　填充皮肤

3 重新在“颜色”面板中选择“紫色（#7710DB）”，然后在场景中将人物的衣服填充为紫色，如图 4-46 所示。

4 再使用相同的方法，继续在“颜色”面板中分别选择“红色（#C40018）”和“褐色（#4D413F）”，最后分别对人物衣服上的星星和裙子填充颜色，完成图像颜色的填充，如图 4-47 所示。

图 4-46　填充衣服

图 4-47　完成填充

4.4.3　滴管工具

如果需要一个指定的颜色，但却不知道该颜色的代码，此时就可以使用“滴管工具”直接吸取目标颜色，这样就能得到完全相同的色彩，如图 4-48 所示。

使用“颜料桶工具”时，并不是一定要在空白的区域中进行填充，也可以在原本已经有颜色的区域上填充颜色。

图 4-48　使用滴管工具填充颜色

4.4.4　渐变填充

渐变填充是一种不同的填充模式，通过在“颜色”面板中设置颜色选项，然后使用“颜料桶工具”便能在指定的区域中填充渐变的色彩。

1. 设置渐变

在选择“线性渐变”或“径向渐变”后，“颜色”面板下方的预览区将会出现多个色块，每个色块代表一种颜色，如果要添加色块，则将鼠标指针移动至没有色块的地方，当其变为形状时，单击即可添加色块。如图 4-49 所示为设置了 7 个不同色块的预览区，分别选择线性渐变和径向渐变将其填充至矩形区域中，其效果如图 4-50 所示。

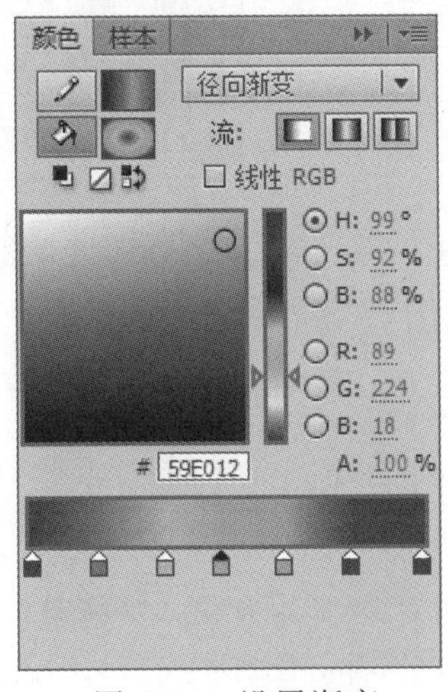

图 4-49　设置渐变

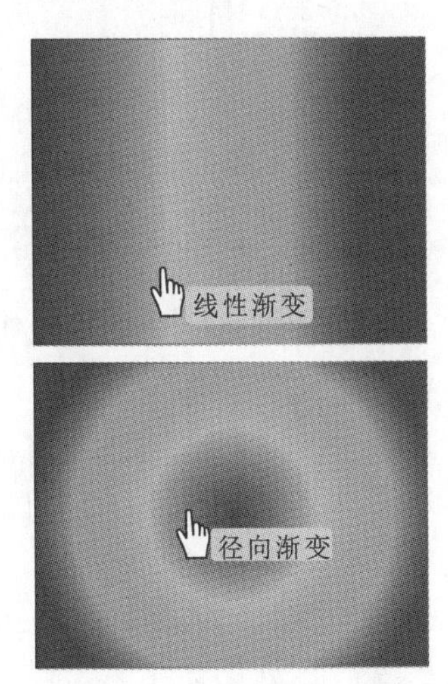

图 4-50　渐变填充效果

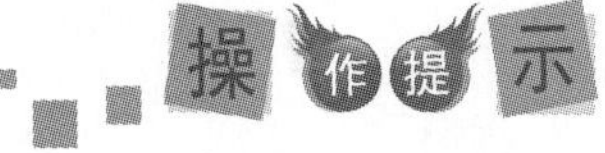

设置渐变时，其色块都是可以移动的，其方法是：将鼠标指针移动到色块上，然后按住鼠标左键不放并拖动鼠标，即可移动色块。

2. 渐变填充

设置渐变的颜色后，即可直接使用“颜料桶工具”在场景中填充渐变的颜色，使图像更加美观。

实例 4-7　为图像的背景填充渐变颜色

下面在场景中对图像的背景进行渐变填充，使天空呈现出由蓝到白的渐变。

参见光盘　光盘\素材\第 4 章\花丛.fla
光盘\效果\第 4 章\花丛.fla

1. 打开“花丛.fla”文档，打开“颜色”面板，在颜色模式区中选择“填充颜色”，在“颜色类型”下拉按钮中选择“线性渐变”选项。
2. 因为“颜料桶工具”不能在开放的区域中填充，所以选择“矩形工具”，在“属性”面板中将笔触的颜色设置为“黑色（#000000）”，将填充设置为无，然后在场景中绘制一个舞台大小的矩形，如图 4-51 所示。
3. 设置该渐变的两个色块的颜色分别为“浅蓝色（#78B0EE）”和“白色（#FFFFFF）”，如图 4-52 所示。

图 4-51　绘制矩形外框

图 4-52　设置渐变色块

4. 设置完成后，选择“工具”面板中的“颜料桶工具”，然后在选项区域中单击“锁定填充工具”按钮，取消颜料桶的锁定模式。
5. 移动鼠标指针至场景空白的背景上，当其变为形状时，按住鼠标左键不放，并向上拖动鼠标，如图 4-53 所示。
6. 在拖动鼠标时，鼠标后面将出现一条直线，该直线表示渐变的方向，当拖动到一定的长度后，释放鼠标左键，即可完成渐变填充，效果如图 4-54 所示。

行家提醒

选择了线性渐变或径向渐变后，会在“颜色类型”下拉按钮下方增加一个“流”栏，其中包括了 3 个按钮，分别是“扩展颜色”按钮、“反射”按钮和“重复颜色”按钮，其主要的作用是确定如果填充的区域超过所设置的填充大小，将如何显示超出部分的渐变样式。

图 4-53 拖动鼠标

图 4-54 渐变填充效果

3. 渐变填充的调整

通常，在不同的图像中，渐变的方向以及渐变的距离都是有一定要求的，这样才能使渐变效果看起来更真实，直接使用“颜料桶工具”填充的渐变，其渐变的方向以及渐变的距离往往不能达到要求，这就需要后期对渐变进行调整处理。

在“工具”面板中，提供了一个专门用于修改渐变的工具——“渐变变形工具”，使用该工具可以轻松地改变渐变的样式。如图 4-55 所示的苹果图形中，其苹果上是直接使用径向填充的白色到红色渐变，而叶子上则使用的白色到淡绿色的线性填充。

使用“渐变变形工具”选择苹果上的渐变，此时将出现一个圆形的编辑手柄，移动鼠标指针至圆形的中心点上，然后按住鼠标左键不放，可以移动渐变的中心；将鼠标指针移动至圆圈上的图标上，按住鼠标左键不放并拖动鼠标，可调整渐变的大小，如图 4-56 所示。

使用“渐变变形工具”选择叶子上的渐变，将会出现矩形控制手柄，其操作方式与圆形控制手柄类似。如图 4-57 所示为调整大小和方向后的效果。

图 4-55 苹果图形

图 4-56 调整径向渐变

图 4-57 调整线性渐变

默认情况下，“锁定填充工具”按钮为锁定状态，此时使用“颜料桶工具”在场景中填充时，渐变的方向只能是从左至右的方式，而不能通过拖动来改变渐变的方向。

4.5　文字的输入

文本的输入虽然不属于图像绘制范围，却可以以最简单且直观的方式传达所需要表达的意思，同时，在一幅图像的合理位置输入相关的文字，不仅可以为图像增添色彩，而且能使图像所表达的内容更丰富。

4.5.1　文本的属性设置

文本的属性设置有多个方面，主要包括文本类型、位置和大小、字符以及段落等多方面的设置。下面分别对文本的设置进行介绍。

1．文本类型和文本方向

选择“文本工具”T，最先设置的选项是文本的类型和文本的方向，如图 4-58 所示。

文本的类型包括“静态文本”、“动态文本”和“输入文本”3 种，其中，“静态文本”显示不能动态更新字符的文本；“动态文本”显示如日期、时间或天气报告等可动态更新的文本；“输入文本”则会创建一个表单，并允许使用者将文本输入到表单或调查表中。

文本的方向也包括“水平”、“垂直”和“垂直，从左向右”3 种类型，其中，“水平”是指平常的从左至右的方式；“垂直”和“垂直，从左向右”都是以垂直的方向显示，不同的是如果出现多段文字，则“垂直”是从右至左排列段落，而“垂直，从左向右”则相反。

2．位置和大小

使用“文本工具”T选择或输入文字后，才会出现位置和大小的属性设置，其设置方法与图片等对象的设置方法相同，主要用于控制文字在场景中的位置和大小，如图 4-59 所示。

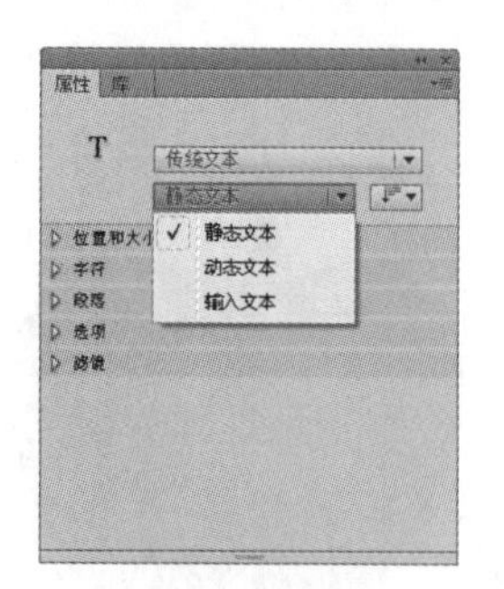

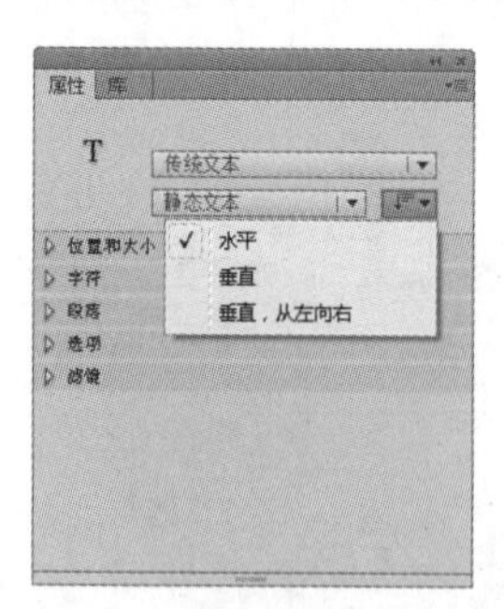

图 4-58　文本的类型和方向

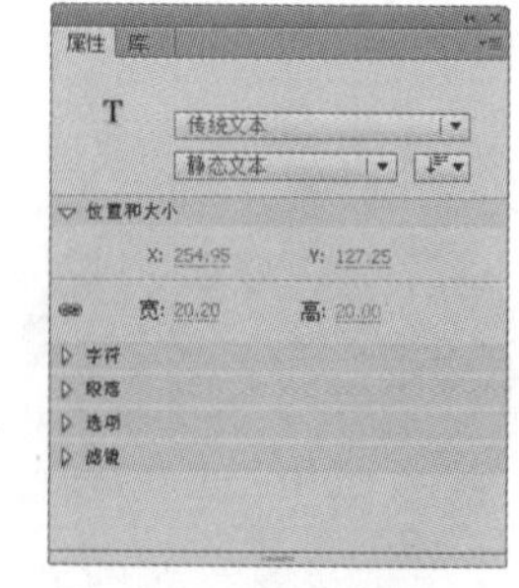

图 4-59　位置和大小

3．字符样式

字符样式设置主要包括设置文本的字体、样式、大小、间距、颜色和锯齿的消除方式

文本的输入并不一定要先设置属性，然后再输入文本，也可以在输入文本后，选择需要修改的文本，然后再在“属性”面板中对其进行设置。

等，如图 4-60 所示。

设置字体的选项是单击“系列”下拉按钮，在弹出的下拉列表中选择相应的字体即可。若单击“样式”下拉按钮，在弹出的下拉列表中可设置相应的样式选项，包括 Regular（正常样式）、“Italic”（斜体）、Bold（仿粗体）和 Bold Italic（仿斜体）4 种样式。

4. 段落样式

段落样式主要包括对齐方式、间距和边距等样式，其中，对齐方式主要包括常见的左对齐、居中对齐、右对齐和两端对齐等，如图 4-61 所示。

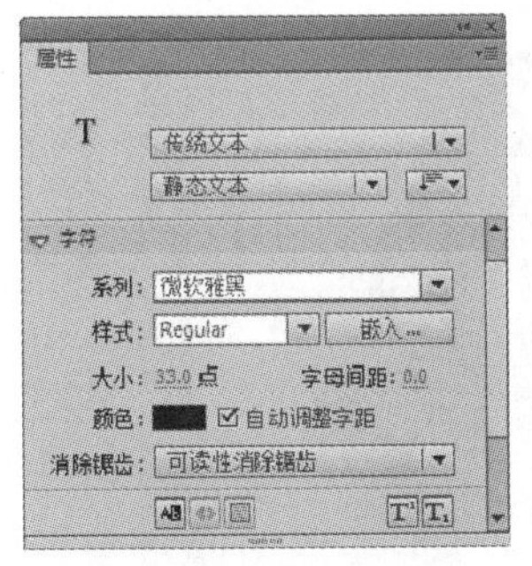

图 4-60 字符样式

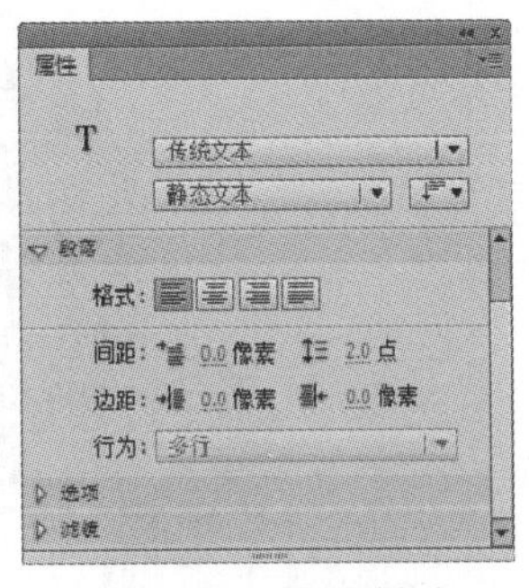

图 4-61 段落样式

4.5.2 文本的输入

选择“文本工具”T并在设置好文本的属性后，便能在场景中输入相应的文字了。通常文本的输入一共有两种方式，一种是直接输入，另一种是限制范围的输入方式。下面分别进行介绍。

- **直接输入：**选择“文本工具”T并设置好文本的属性，将鼠标指针移动至场景中的合适位置，当其变为⊹形状时单击，然后再输入需要的文字，此时，文本将自动按照设置的方向依次排列开，直到按“Enter”键后才自动换行。
- **限制范围的输入：**选择“文本工具”T并设置好文本的属性，将鼠标指针移动至场景中的合适位置，当其变为⊹形状时，按住鼠标左键不放，并拖动鼠标至所需要的宽度或高度，然后再输入文本，当文本的长度超过其宽度或高度时，便会自动换行。

4.6 基础实例——绘制占卜师

本章的基础实例中将使用本章所学的知识，在场景中绘制一个完整的图像，通过钢笔工具、椭圆工具和 Deco 工具等多款工具的配合使用，绘制复杂且完整的图像，让用户进一步掌握图像绘制的方法。

当文本输入完成后，可以使用“选择工具”选择文本框，然后将鼠标指针移动至文本框四周的控制手柄上，当其变为↔或↕形状时，再按住鼠标左键不放并拖动鼠标，可重新调整文本框的宽度或高度，以限制文本的输入范围。

一幅完整而复杂的图像，通常是配合使用多个工具绘制出来的，本例将配合使用“椭圆工具”和“Deco 工具”绘制出占卜师的水晶球，然后再使用“钢笔工具”绘制出占卜师，最后通过“颜料桶工具”添加颜色，最终效果如图 4-62 所示。

图 4-62　绘制的占卜师效果图

4.6.1　行业分析

图像对于 Flash 来说很重要，而在绘制 Flash 图像的过程中，除了需要熟练地掌握各个绘图工具外，在对绘制的图形填充颜色时，也需要谨慎地选择。不同的颜色所表达的意思可能有所不同，而不同颜色组合，也能对一幅图像所表达的意境产生影响。色彩的构成、情感和性格等所带来的影响分别如下。

- **色彩的构成**：即色彩的相互作用，是指利用色彩在空间、量与质上的可变幻性，按照一定的规律组合各构成之间的相互关系，再创造出新的色彩效果的过程。
- **色彩的情感**：不同的色彩可以表现不同的心理情感，最常见的如冷色和暖色所传达的冷暖感、不同明度所传达的轻重感以及红橙黄等色彩所传达的兴奋感等。
- **色彩的性格**：各种色彩都具有其独特的性格，简称色性，与人类的色彩生理、心理体验相联系，从而使客观存在的色彩仿佛有了复杂的性格。如常见的红色历来为我国传统的喜庆色、橙色是最温暖响亮的色彩、黄色使人感觉平和温柔等。

4.6.2　操作思路

为更快完成本例的制作，并且尽可能运用本章讲解的知识，本例的操作思路如下。

色彩学上根据心理感受，把颜色分为暖色调（红、橙、黄）、冷色调（青、蓝）和中性色调（紫、绿、黑、灰、白）。其中暖色调可以给人亲密、温暖的感觉，而冷色调则给人带来距离、凉爽之感。

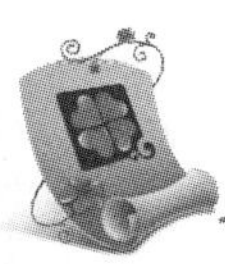

操作思路：

使用椭圆工具绘制圆形 1

为水晶球添加花纹以及高光和暗部 2

绘制出占卜师的轮廓 3

选择不同的颜色填充色彩 4

4.6.3 操作步骤

下面将绘制出占卜师图像的所有内容，其操作步骤如下：

参见光盘 光盘\效果\第 4 章\占卜师.fla
光盘\实例演示\第 4 章\绘制占卜师

1. 绘制水晶球

水晶球的绘制主要是利用“椭圆工具”和“Deco 工具”，为了使水晶球具有立体的效果，将会使用多种不同的渐变。

1 新建一个空白的 Flash 文档，打开“颜色”面板，在“颜色类型”下拉列表中选择“线性渐变”选项，在预览区中将第一个色块的颜色设置为“淡蓝色（#5B76F3）”，将第二个色块设置为“深蓝色（#071656）”，如图 4-63 所示。

2 选择“椭圆工具”，在“属性”面板中将笔触设置为无，在场景中的合适位置按住“Shift”键不放绘制出一个标准的圆形。

3 使用“渐变变形工具”选择圆形中的渐变填充，然后通过拖动控制手柄上的图标，调整渐变填充的方向，如图 4-64 所示。

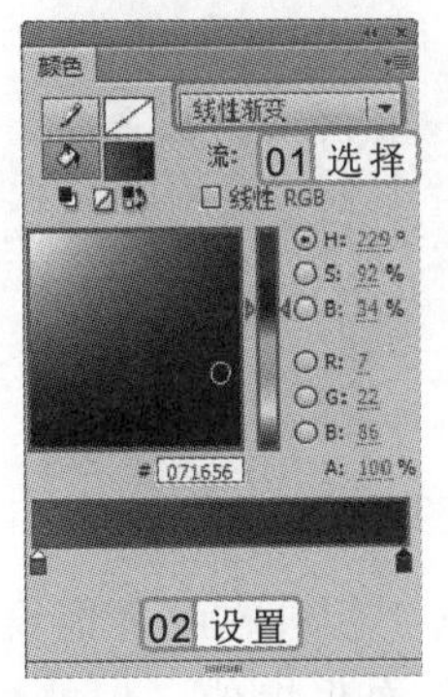

图 4-63　设置颜色

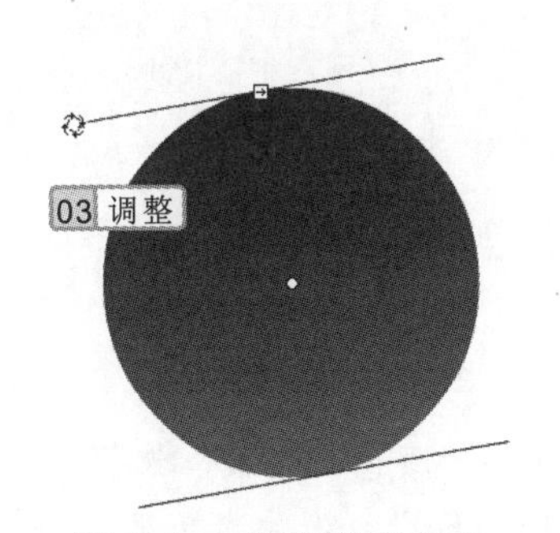

图 4-64　调整渐变方向

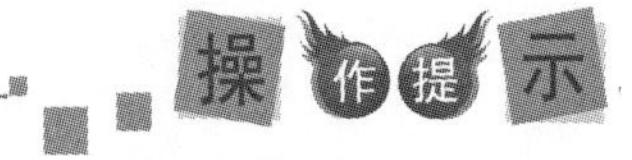

操作提示

在设置渐变颜色时，双击色块，可在色块下方弹出一个色板，用于快速选择色彩。

4 选择所绘制的圆形，按“F8”键，打开如图 4-65 所示的“转换为元件”对话框，直接单击确定按钮，将绘制的圆形转换为元件。

5 打开“属性”面板，展开“滤镜”栏，单击下方的“添加滤镜”按钮，在弹出的下拉列表中选择“发光”选项，将发光滤镜的模糊值设置为“45”、品质为“高”、颜色为“蓝色（#0033CC）”，如图 4-66 所示，完成后其效果如图 4-67 所示。

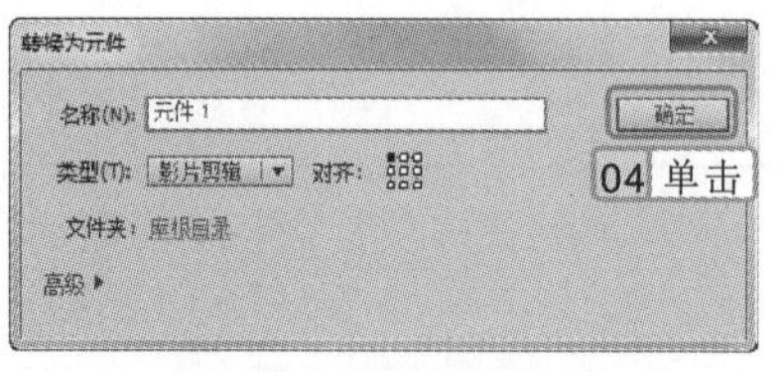

图 4-65　转换为元件

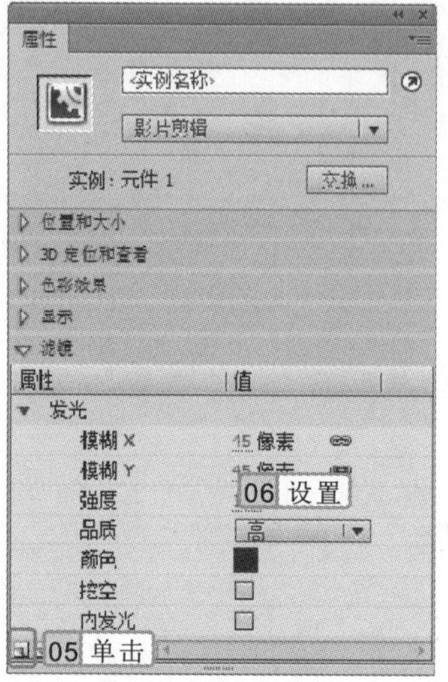

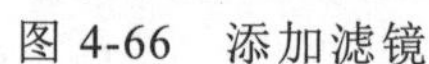

图 4-66　添加滤镜

图 4-67　发光效果

6 选择“Deco 工具”，打开“属性”面板，选择“藤蔓式填充”选项，并将树叶和花的颜色都设置为白色，如图 4-68 所示。

7 将鼠标指针移动到圆形内部并单击，在圆形内部填充藤蔓，效果如图 4-69 所示。

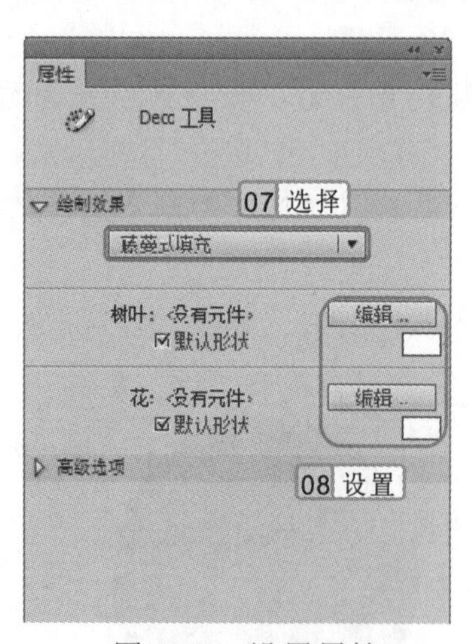

图 4-68　设置属性

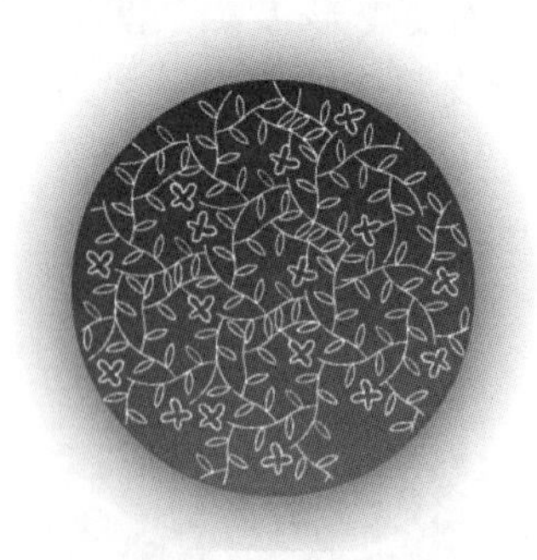

图 4-69　填充藤蔓

8 再次打开“颜色”面板，选择“径向渐变”选项，将两个色块的颜色都设置为“蓝色（#03217B）”，然后选择第一个色块，再选择“颜色”面板中的“Alpha”数值框，将其设置为“70%”，并将色块向右拖动至靠后的位置，使第一个色块变为半透明，

Alpha 值是指透明度，当该值为 100%时，表示完全不透明；当该值为 0%时，表示完全透明。

如图 4-70 所示。

9 选择“椭圆工具”，选择“工具”面板选项区域中的“对象绘制工具”，使用对象绘制的模式，在场景中绘制一个刚好覆盖前一个圆形的圆形，如图 4-71 所示。

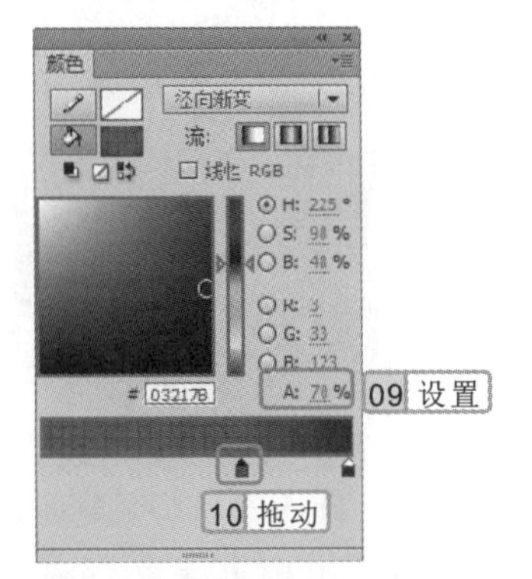

图 4-70 设置渐变

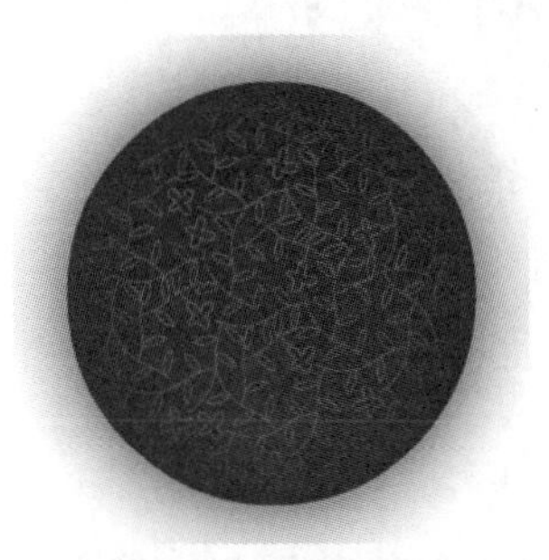

图 4-71 覆盖圆形

10 使用“渐变变形工具”选择圆形中的径向渐变，将渐变的中心稍微向上移动，然后通过拖动控制手柄上的和图标，调整渐变的宽度和大小，如图 4-72 所示。

11 再次打开“颜色”面板，选择“径向渐变”选项，将第一个色块拖动至中间靠后的位置，然后将两个色块的颜色都设置为“白色”，最后将第一个色块的“Alpha”值设置为“20%”，将第二个色块的“Alpha”值设置为“0%”，如图 4-73 所示。

12 继续使用对象模式的“椭圆工具”，在水晶球的上半部分绘制一个椭圆，然后使用“渐变变形工具”调整其中的渐变填充，如图 4-74 所示。

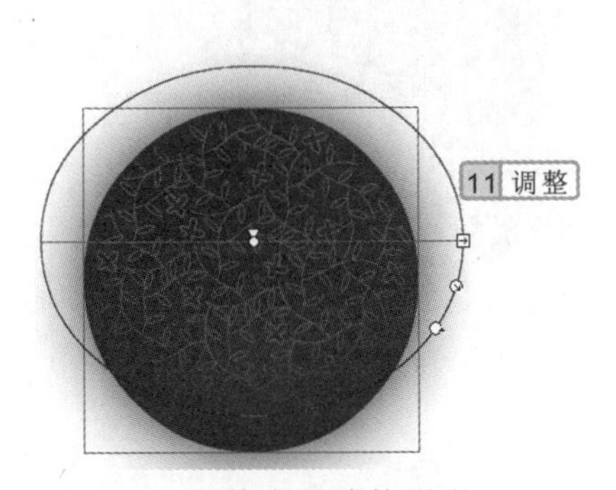

图 4-72 调整水晶球的阴影

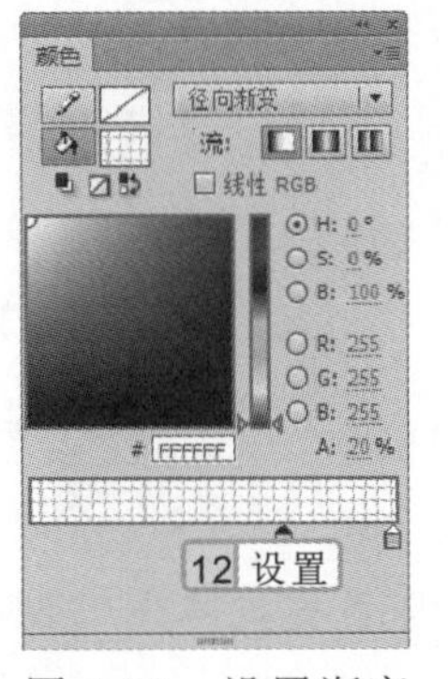

图 4-73 设置渐变

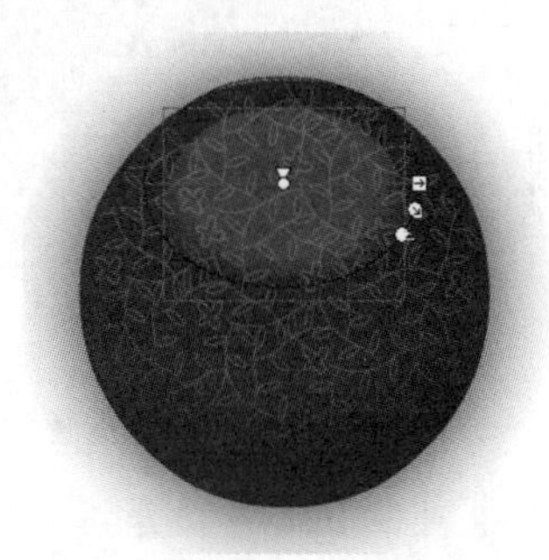

图 4-74 调整水晶球的高光

2. 绘制占卜师

完成水晶球的绘制之后，接下来便是占卜师的绘制。

1 绘制占卜师的轮廓。选择“钢笔工具”，在场景中勾勒一顶帽子的形状，效果如图 4-75 所示。

2 在帽子绘制完成后，继续在帽子中绘制人物的脸部，在绘制脸部的过程中尤其要注意线条的走向，使人物的表情看起来合理自然，效果如图 4-76 所示。

使用“渐变变形工具”调整渐变的过程中，如果调整过度，可以双击中心点，将该填充重置，以便重新调整。

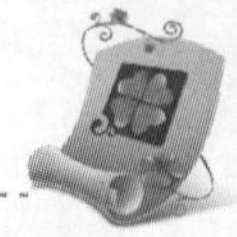

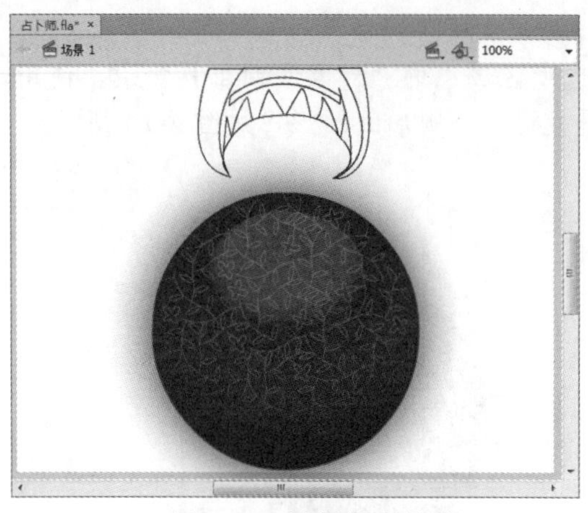

图 4-75　绘制帽子轮廓

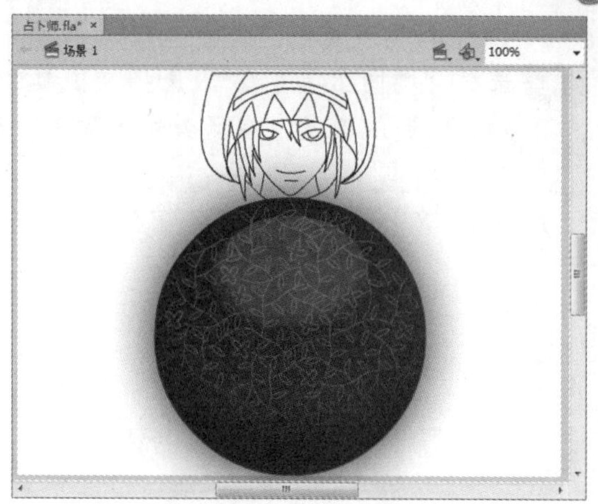

图 4-76　绘制脸部

3 继续绘制人物的外套和手的部分，这里可以不用像绘制脸部时那么精细，绘制完成后效果如图 4-77 所示。

4 选择“颜料桶工具”，并分别设置多种不同的色彩，在占卜师的各个部位分别进行填充，如图 4-78 所示。

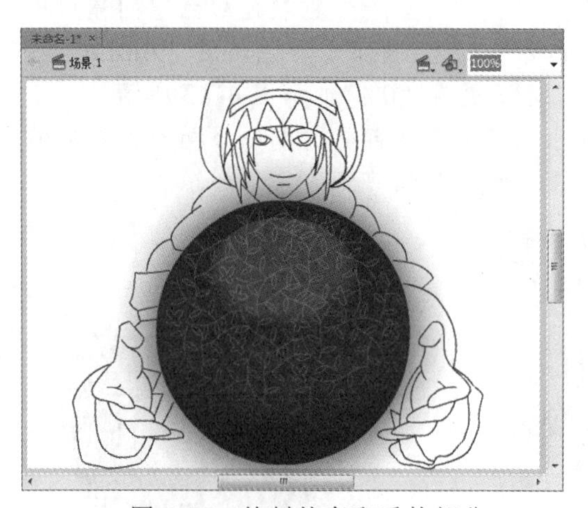

图 4-77　绘制外套和手的部分

图 4-78　填充颜色

5 对占卜师各部分填充完成后，即可完成本例的制作。

4.7　基础练习

本章主要讲解了在 Flash 中绘制图像的方法，虽然在本章节中所介绍的都是比较简单的方法，但是合理地使用，加上独特的构思，同样可以绘制出精美复杂的图形。

在对绘制的图形进行上色时，并没有统一的标准来要求一定要使用什么颜色，只要在上色的过程中能合理地调整颜色或使用喜欢的颜色进行组合即可。

4.7.1 绘制动感线条

本次练习将使用“线条工具”在场景中绘制许多线条作为背景，然后在背景的基础上再绘制几条彩带，并分别为线条和彩带填充不同的渐变色彩，最后输入文字，最终效果如图 4-79 所示。

图 4-79　动感线条

参见光盘　光盘\效果\第 4 章\动感线条.fla
光盘\实例演示\第 4 章\绘制动感线条

该练习的操作思路与关键提示如下。

操作思路:

使用线条工具绘制背景线条 ①

选择所有的线条并设置渐变颜色 ②

输入文字 ③

关键提示:

背景线条的绘制:

背景线条的绘制虽然简单，但较为繁琐，为了节约时间，可在绘制一条线条后，将变形点拖动至线条的一端，然后再使用“变形”面板中的“重置选区和变形”功能。

在绘制类似“动感线条”实例中的彩带时，为了方便后期修改颜色，也可以在对象模式下进行绘制。

4.7.2 绘制 Q 版卡通小人

本次练习将主要使用“钢笔工具”绘制一个 Q 版的卡通小人，并在绘制完成后，分别在其不同的部位上色，最后再使用径向渐变制作一个背景，最终效果如图 4-80 所示。

图 4-80　Q 版卡通小人

光盘\效果\第 4 章\Q 版卡通小人.fla
光盘\实例演示\第 4 章\绘制 Q 版卡通小人

该练习的操作思路与关键提示如下。

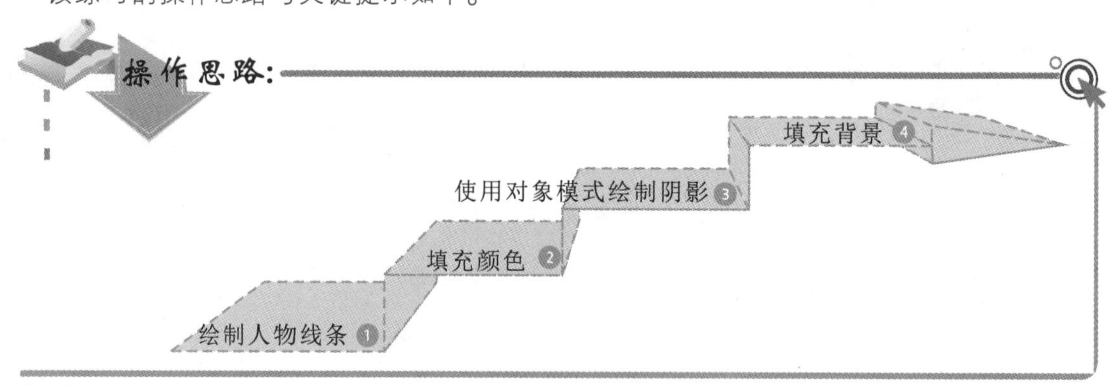

关键提示:

阴影的绘制：

本例中的阴影是透明度为 30%的黑色填充，为了使这些填充不影响人物原本的填充和线条，在绘制阴影时，需要将绘图模式设置为“对象模式”。

在衣服上合理地绘制阴影能让人物变得更有立体感。

4.8 知识问答

使用 Flash 提供的这几款基本工具，通过构思，再加上独特的创意，可以绘制出各种丰富多彩的图像，但在初学时，难免会遇到一些难题。下面将介绍使用工具绘制图形过程中常见的问题及解决方案。

问：使用 Deco 工具时，其每一款刷子工具的样式都是固定的吗？

答： 不是。部分 Deco 工具的刷子，可以通过选择不同的元件来修改刷子的样式，例如，选择“藤蔓式填充”，然后单击“树叶”或“花”后面的 编辑... 按钮，在打开的“选择元件”对话框中选择事先设置好的元件即可。

问：使用“滴管工具”，为什么不能吸取位图上面的颜色？

答： 使用“滴管工具”是不能直接吸取位图上面的颜色的，要吸取位图上面的颜色只能将其转换为矢量图后再吸取。如果将位图分离，也可以吸取，但此时是吸取的整张位图，若在其他区域中填充，将会填充位图本身，而不是填充的纯色。

问：“颜料桶工具”面板中的“墨水瓶工具”的具体作用是什么？

答： “墨水瓶工具”可以更改一个或多个线条的笔触颜色、宽度和样式。如需要修改一个正方形四周的笔触颜色，则选择“墨水瓶工具”并设置笔触颜色后，单击笔触或正方形内部，都可以快速地修改笔触的颜色。

橡皮擦工具的多种模式

在绘图过程中，可以使用“橡皮擦工具”将错误的图像擦除。而在“橡皮擦工具”的选项栏中，也有 5 种不同的模式可供选择，不同的模式分别代表着不同的使用效果。

“标准擦除”模式可擦除同一层上的笔触和填充；“擦除填色”模式可只擦除填充，不影响笔触；“擦除线条”模式可只擦除笔触，不影响填充；“擦除所选填充”模式可只擦除当前选定的填充，不影响笔触；“内部擦除”模式可只擦除橡皮擦笔触开始处的填充，如果从空白点开始擦除，则不会擦除任何内容，以这种模式使用橡皮擦并不影响笔触。

在“橡皮擦工具”的选项区域中还包括一个“水龙头工具”，选择该工具后，再使用“橡皮擦工具”单击场景中的笔触或填充，可快速地删除填充或笔触。

为了适应图像，使用“橡皮擦工具”时，可以在选项区域中单击“橡皮擦工具”形状按钮，并在弹出的菜单中选择合适的形状，以便能精确地擦除图像中多余的部分。

第5章

“时间轴”面板

时间轴简介

认识图层

图层的类型

图层的操作和组织

认识帧的基本类型

帧的编辑

本章导读

Flash 并不是制作和编辑静止图像的软件，而是被称为动画制作软件，这是因为通过 Flash 可以制作出各式各样的动画。而在 Flash 中制作动态的动画，其关键的步骤是对“时间轴”面板的编辑操作。“时间轴”面板是 Flash 中最常用的面板之一，通过该面板可以在不同的帧或图层中添加不同的图像和内容，最后通过播放不同帧的内容，使动画成为可能。本章将介绍和使用“时间轴”面板中的图层和帧，为之后制作复杂的 Flash 动画奠定基础。

5.1 认识"时间轴"面板

Flash 动画之所以会动，与"时间轴"面板有着密不可分的关系，使用"时间轴"面板是制作 Flash 动画的基础，也是在学习制作 Flash 动画之前所必须掌握的知识。

5.1.1 "时间轴"面板的简介

"时间轴"面板是 Flash 的一大特点，在以往的动画制作中，为了实现动画的效果，通常需要制作出每一帧的图像，然后通过快速播放各帧图像来达到动画的效果，而在 Flash 的"时间轴"面板中，除了可以通过使用关键帧技术对时间轴上的关键帧进行制作，Flash 会自动生成运动中的动画帧，并且可以通过添加 ActionScript 语句制作多种不同的动画，提高了动画制作的效率。

Flash 的"时间轴"面板主要包括"图层"和"帧"两个部分，"帧"是时间轴中最小的单位，不同的帧可以分别包含不同的内容，而一个图层由多个帧组成，并且在"时间轴"面板中可以创建多个图层。图层和帧的关系，可以将图层看作电影的胶片，每一个帧就是胶片中的每一幅画面，连续的画面便组成了一部完整的电影，而这个电影的载体便是这个胶片。

5.1.2 时间轴的外观

"时间轴"面板是制作动画的关键面板，所以在制作动画之前，应该认识该面板，并对该面板的各个组成部分有一定的了解。"时间轴"面板除了主要的图层和帧外，还包括图层控制按钮以及帧控制按钮，如图 5-1 所示。

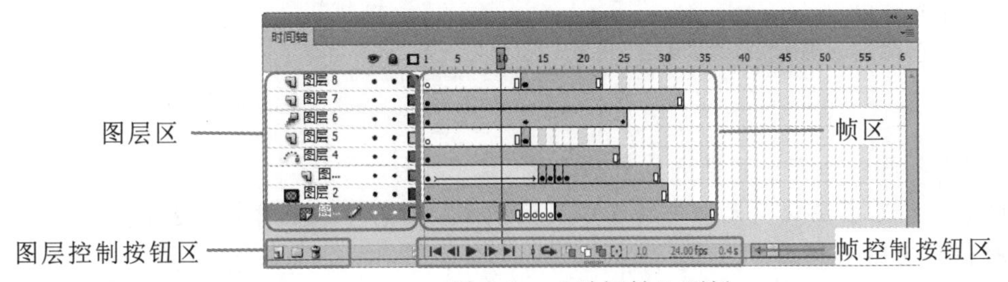

图 5-1 "时间轴"面板

其中各部分的功能和作用分别如下。

- **图层区**：为了方便动画的制作，在 Flash 中除了可以创建多个图层外，还能对图层的属性进行特殊的调整，以便创建引导层、遮罩层等特殊的图层，这些图层都是在该区域中进行管理操作。

单击"时间轴"面板右上角的按钮，在弹出的下拉列表中可选择帧的显示方式，默认为"标准"显示，除此之外还有"很小"、"小"、"中"和"大"等多种显示方式。

- **图层控制按钮区**：该区域主要包括“新建图层”按钮、“新建文件夹”按钮和“删除”按钮3个按钮，用于对图层的控制。
- **帧区**：帧是“时间轴”面板中最小的单位，为了方便动画的制作，“帧”也有普通帧、关键帧和空白帧等多种不同类型的帧，这些帧都是在该区域中进行管理操作的。
- **帧控制按钮区**：该区域中包括多个按钮，分别包括用于控制播放、外观显示、帧速率等的按钮，但是不包括“新建帧”、“删除帧”等按钮。

5.2　认识图层

每一个 Flash 动画的文档都至少包含一个图层，通常一个完整的动画都不止一个图层，并且为了达到一些特殊的动画效果，还需要多种不同图层的配合使用。下面对图层的类型和显示状态进行介绍。

5.2.1　图层的类型

在一个 Flash 文档中，至少包含一个图层，图层有助于在文档中组织各个元素。当一个 Flash 文档中出现多个图层时，上面的图层的内容会覆盖在下面图层的上方，可以把图层看作堆叠在彼此上面的多个透明玻璃，而每个玻璃包含不同的内容，所以可以在一个图层上绘制编辑一个对象，而完全不会影响到其他图层中的内容。

在 Flash 中，图层有多种类型，如普通图层、遮罩层和引导层等，不同的图层在“时间轴”面板中的样式也有所不同，如图 5-2 所示。

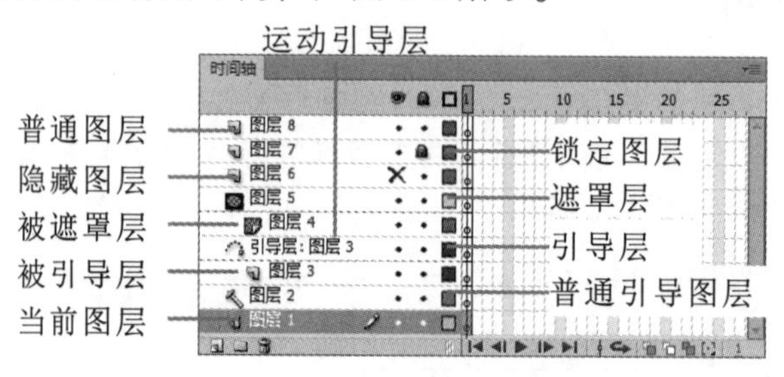

图 5-2　图层

每种图层都有不同的作用，下面分别进行介绍。

- **普通图层**：普通图层就是无任何特殊效果的图层，只用于放置对象，也是直接新建图层所得到的图层样式。
- **锁定图层**：为了避免在对元素的操作过程中发生失误而将图层锁定，当锁定后，该图层成为不可编辑状态，且锁定的图层后面将会有一个图标。
- **隐藏图层**：被隐藏的图层其中所包含的内容也将被隐藏，不会显示在场景中，但是不会影响发布后的 Flash 动画效果。
- **遮罩层**：遮罩层主要用于设定部分显示，创建遮罩层后，浏览动画效果时，被遮罩

当图层被锁定后，并不影响图层本身，此时，对图层进行重命名、移动和复制等操作将不受影响，将图层锁定是锁定该图层中的元素，所以该图层中的元素键将不能被选择，也不能被编辑。

图层中的对象遮盖的部分将显示出来。

- **被遮罩层**：将普通图层变为遮罩图层后，该图层下方的图层将自动变为被遮罩图层。被遮罩层中的对象只有被遮罩图层中的对象遮盖时才会显示出来。
- **运动引导层**：用于绘制运动轨迹的图层，在该图层中绘制的对象将作为被引导层中对象的移动轨迹。
- **被引导层**：在该图层中的对象的运动轨迹将会被引导层中创建的运动轨迹映像，如创建四处飞舞的蝴蝶时，就需要使用引导层创建一个不规则的运动轨迹来引导被引导层中蝴蝶飞舞的轨迹。
- **普通引导层**：没有被引导图层的引导层，其作用和引导层类似，如果将其他的图层移动到该图层下面，移动的图层则会变为被引导层，而该图层则变为引导层。
- **当前图层**：如果需要编辑一个图层，首先需要将其选中，被选择的图层会以蓝色背景显示，如果此时图层是未锁定状态，即可对该图层中的内容进行编辑操作。

5.2.2 图层的显示状态

不管什么类型的图层，在后方都包括3个图标，分别是"显示或隐藏图层"、"锁定或解除锁定图层"和"显示图层轮廓"，这些分别代表了图层的不同显示状态。

1. 显示或隐藏图层

显示或隐藏图层是最常用的图层显示状态，尤其是在制作一个包含多个图层的 Flash 动画时，就经常需要隐藏部分图层，以便编辑不同图层中的各个元素。显示或隐藏图层通常有以下几种方法。

- **隐藏所有图层**：在图层区中单击"显示或隐藏所有图层"图标，此时图层区域中所有图层后面的第一个小黑点将会变为✕状态，表示图层区中的所有图层都被隐藏，如图5-3所示。
- **隐藏部分图层**：如果只需要部分图层被隐藏，则可以直接单击需要被隐藏图层后面的第一个小黑点，当其变为✕状态时，则表示该图层被隐藏，如图5-4所示。

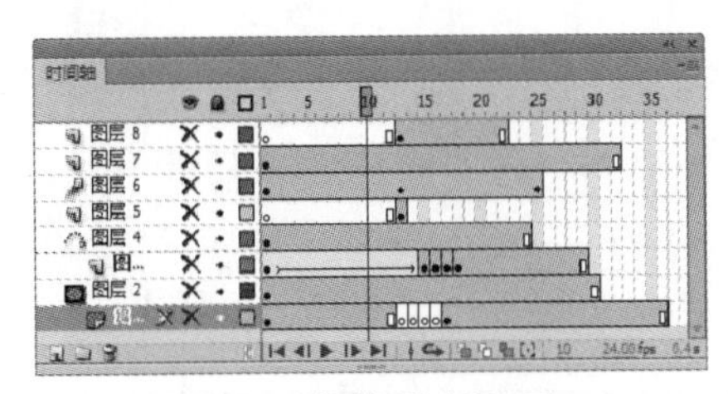

图 5-3 隐藏所有图层

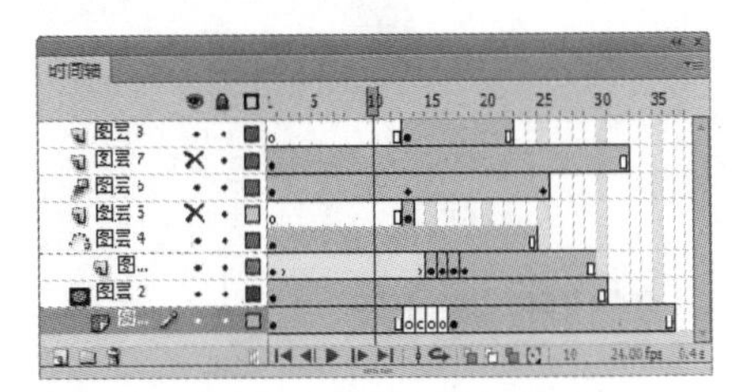

图 5-4 隐藏部分图层

- **显示图层**：隐藏图层的操作很简单，只需要再次单击"显示或隐藏所有图层"图标或图层后面的✕图标即可。

在图层上右击，在弹出的快捷菜单中可选择"锁定其他图层"或"隐藏其他图层"两个命令，分别用于快速锁定和隐藏其他图层。

2. 锁定或解锁图层

图层的锁定或解锁与显示或隐藏图层的操作类似，分别是单击图层区中的“锁定或解锁所有图层”图标，如图 5-5 所示，以及分别单击图层后方的第二个小黑点，如图 5-6 所示。需要注意的是，锁定图层后，不能编辑图层中的内容，但依然可以对图层本身进行编辑，如移动、删除和重命名图层等。

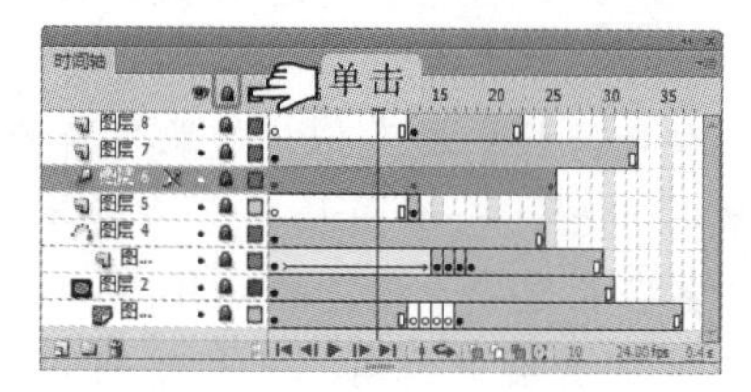

图 5-5　锁定所有图层

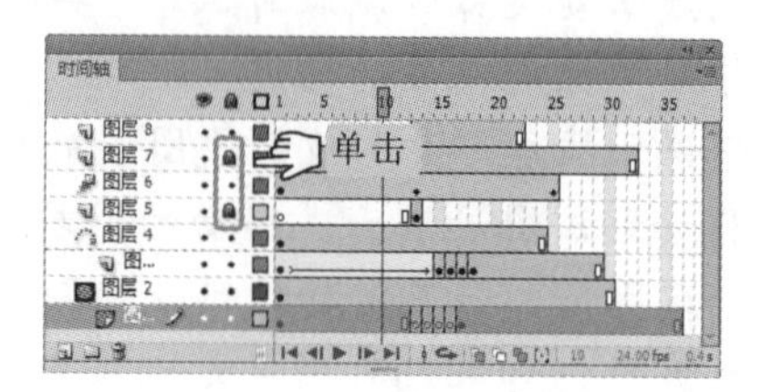

图 5-6　锁定部分图层

3. 显示图层轮廓

显示图层轮廓是指将场景中的对象以轮廓线的形式查看，通过这种查看形式，可以在场景中元素较多时，轻松地分辨不同的元素。让场景中的对象以轮廓线显示的方法是：单击图层区中的“将所有图层显示为轮廓”图标，或单击图层后面对应的图标。如图 5-7 所示为正常显示状态，如图 5-8 所示为轮廓线显示。

图 5-7　正常显示

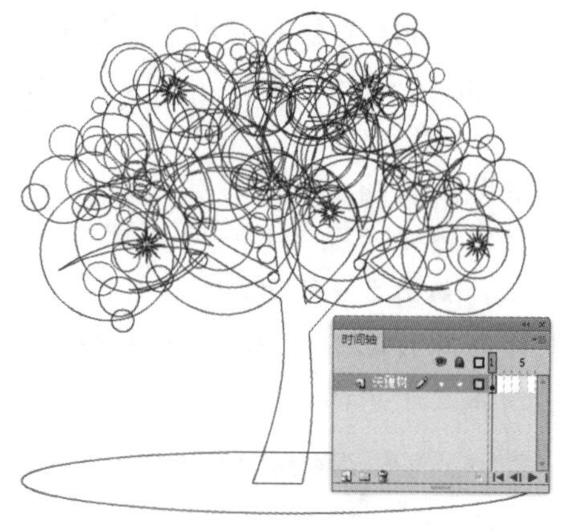

图 5-8　轮廓线显示

5.3 管理图层

图层是编辑动画的一个重要载体，要制作一个完整的 Flash 动画，不仅需要熟练地对图层进行多方面的操作，同时还需要对图层的属性进行相关的设置。

图层后面的显示轮廓图标有多种不同的颜色，这些颜色表示将图层中的元素以轮廓的方式显示时该轮廓的颜色，这些轮廓颜色可以在图层的属性中进行修改。

5.3.1 图层的操作

图层的基本操作主要包括新建图层、选择图层、重命名图层、移动图层、复制图层和删除图层等，这些操作都不算复杂，但却是制作 Flash 动画时至关重要的操作。

1. 新建图层

Flash 的文档至少包含一个图层，新建的 Flash 文档将会自动创建一个名为"图层 1"的空白图层，若需要更多的图层，可以直接新建图层，新建图层的方法如下：

- 单击"新建图层"按钮即可，新建的图层将自动以"图层"加序号组成，如"图层 2"、"图层 3"等。
- 将鼠标指针移动到需要创建图层的上方并右击，在弹出的快捷菜单中选择"插入图层"命令即可插入新的图层。
- 在菜单栏中选择【插入】/【时间轴】/【图层】命令，即可新建一个图层。

2. 选择图层

要编辑图层或图层中的内容，首先需要选择该图层。一个完整的动画一般是由多个图层构成的，有些复杂的动画甚至包含几十个图层，对这些 Flash 动画进行编辑操作时，尤其需要注意图层的选择，在 Flash CS6 中选择图层的方法主要有 3 种，分别介绍如下。

- **选择单个图层：**直接用鼠标选择需要的图层。
- **选择不连续图层：**按住"Ctrl"键的同时，单击图层可选择多个不连续的图层，如图 5-9 所示。
- **选择连续图层：**先选择一个图层，再在按住"Shift"键的同时单击另一个图层，即可选择这两个图层之间的所有图层，如图 5-10 所示。

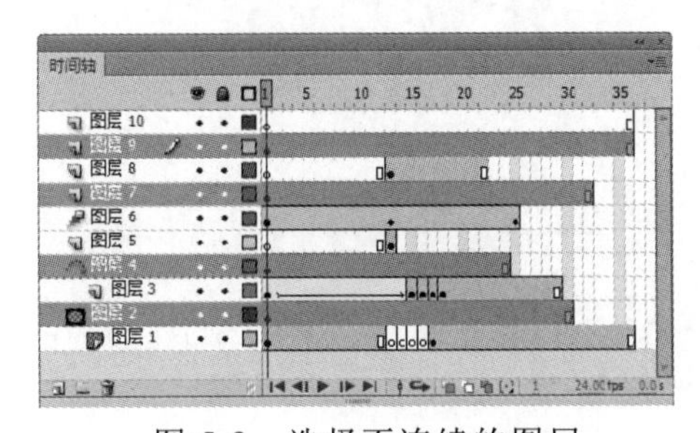

图 5-9 选择不连续的图层

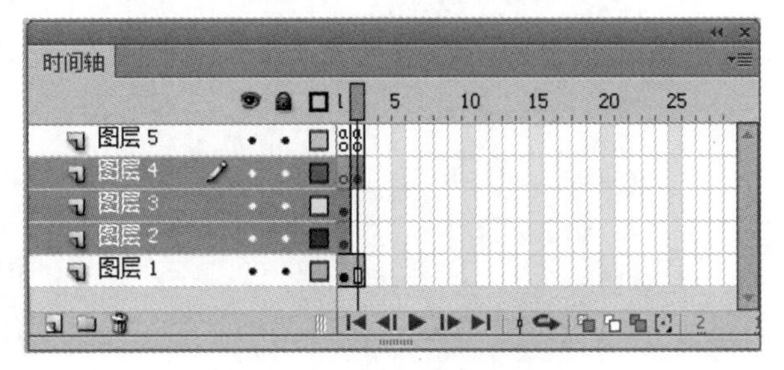

图 5-10 选择连续的图层

3. 重命名图层

默认情况下，在 Flash 中新建的图层将以"图层 1"、"图层 2"和"图层 3"的序列依次自动重命名，在图层较少时不影响操作，但是如果图层过多，则需要适当地对图层进行

操作提示

当图层过多，不清楚场景中的某个元素属于哪个图层时，可以直接在场景中选择该对象，此时，该对象所对应的图层则自动变为当前编辑图层。

重命名，以便在制作 Flash 动画的过程中，能清楚地了解每个图层中所包含的内容。

重命名图层的方法是：将鼠标指针移动到需要修改图层名的图层的名称上方，双击进入编辑状态，如图 5-11 所示，然后输入图层的新名称，按“Enter”键确认输入，完成图层的重命名，如图 5-12 所示。

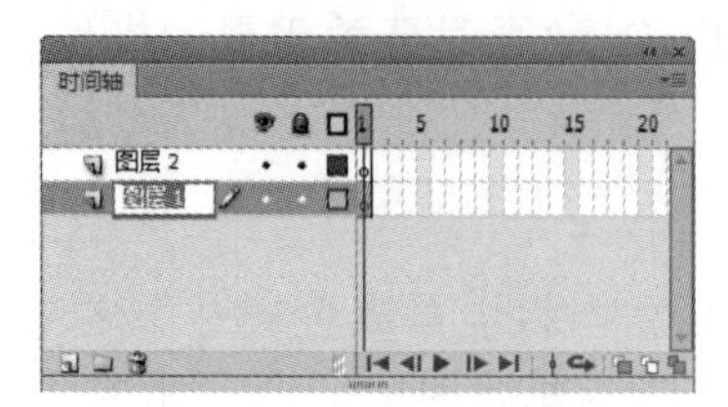

图 5-11　进入编辑状态

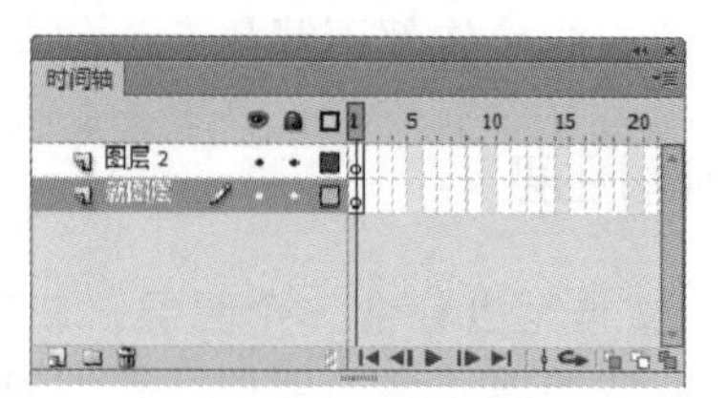

图 5-12　重命名图层

4. 移动图层

图层的移动，主要是修改不同图层中各个元素的上下级关系，因为上面图层中的内容会显示在下面图层内容的上方，所以图层的位置不同，其显示的结果也可能不同。

这与修改元素的上下级关系类似，如果将之前修改上下级关系的文档中的元素分别放置到两个图层中，如图 5-13 所示，此时，只需要将“蝴蝶”图层拖动到“花丛”图层的上方即可，如图 5-14 所示。

图 5-13　两个图层

图 5-14　移动图层

5. 复制图层

如果需要复制一个图层中所有的内容，也可以直接复制图层，这样将会把图层中所包含的内容也一同复制。复制图层主要有以下几种方法：

行家提醒

选择图层后直接按“Ctrl+C”快捷键并不能复制图层，该操作是复制的内容，也就是复制该图层帧中包含的元素。

- 选择需要复制的图层，并在该图层上右击，在弹出的快捷菜单中选择"拷贝图层"命令，然后再在需要粘贴的位置右击，在弹出的快捷菜单中选择"粘贴图层"命令。
- 选择需要复制的图层，在该图层上右击，在弹出的快捷菜单中选择"复制图层"命令，此时将会直接把该图层复制到图层区中，而不用再执行粘贴的操作。
- 选择需要复制的图层，然后将其拖动到"新建图层"按钮上，再释放鼠标即可。

6. 删除图层

在制作动画的过程中，如果发现某个图层在动画中无任何意义，那么可将该图层删除，删除图层的方法主要有如下3种：

- 选择一个或多个不需要的图层，单击图层区域中的"删除"按钮即可删除图层。
- 选择需要删除的图层并右击，在弹出的快捷菜单中选择"删除图层"命令，即可删除选择的图层。
- 选择需要删除的图层，将其拖动到"删除"按钮上，再释放鼠标即可。

5.3.2 组织图层

将不同的元素分别放置于不同的图层中，有利于各个元素的管理，而将这些图层有规律地放入到图层文件夹中，可以使图层的组织更加有序。以一个卡通角色为例，可以将其身体的每一个部分分别置于不同的图层中，然后将不同的身体部分组合到一个新的图层文件夹中，如图5-15所示。如果有多个角色，还可以创建多个文件夹分别管理，如图5-16所示。

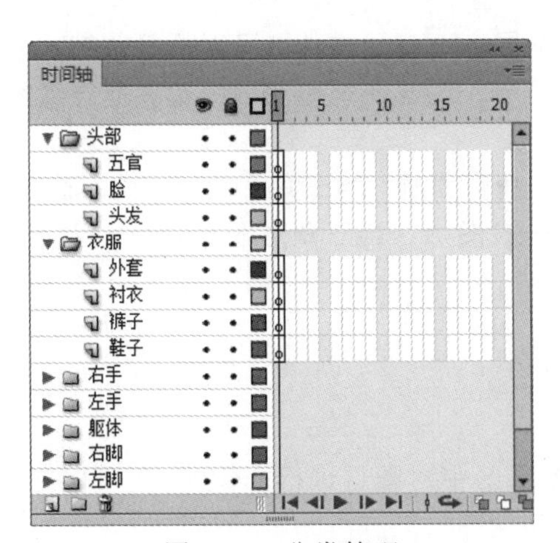

图5-15 分类管理

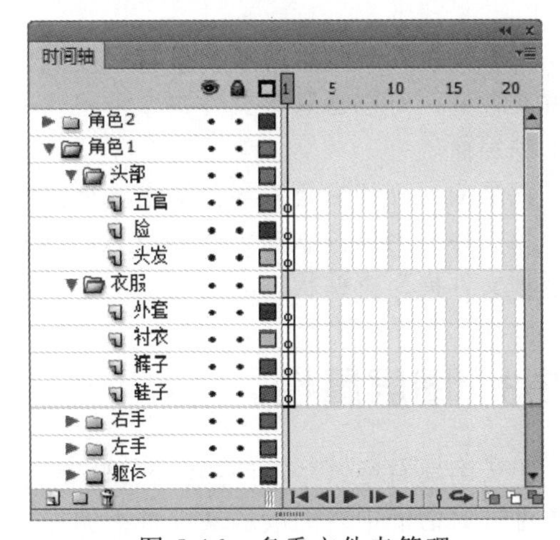

图5-16 多重文件夹管理

1. 新建文件夹

新建文件夹的操作与新建图层类似，主要有以下3种方法：

- 单击控制按钮区"图层"中的"插入文件夹"按钮，新文件夹将出现在所选图层

选择图层后，直接按"Delete"键，不能删除图层，该操作删除的是该图层帧中所包含的元素，而非图层本身。

的上方。

- 在图层上右击，在弹出的快捷菜单中选择“插入文件夹”命令，新文件夹将出现在所选图层的上方。
- 选择【插入】/【时间轴】/【插入文件夹】命令，新文件夹将出现在当前编辑图层的上方。

2. 让文件夹包含图层

直接新建的文件夹只会出现于所选图层的上方，而不会包含任何图层，如图 5-17 所示。要想使文件夹包含图层，就需要选择图层，然后将其拖动到该文件夹的下方，如图 5-18 所示，释放鼠标后，这些图层才会被文件夹所包含，如图 5-19 所示。

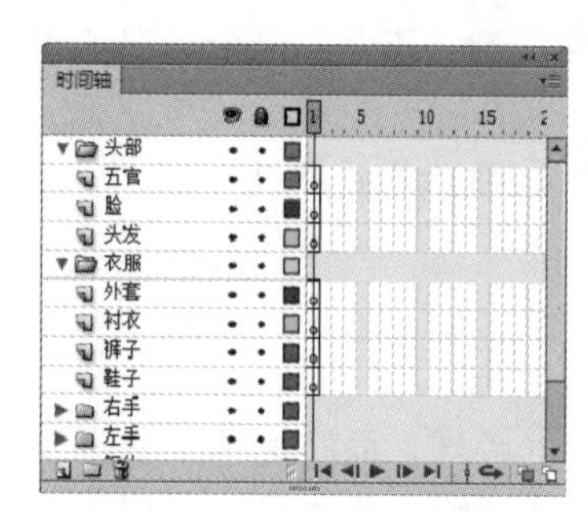

图 5-17　未包含图层

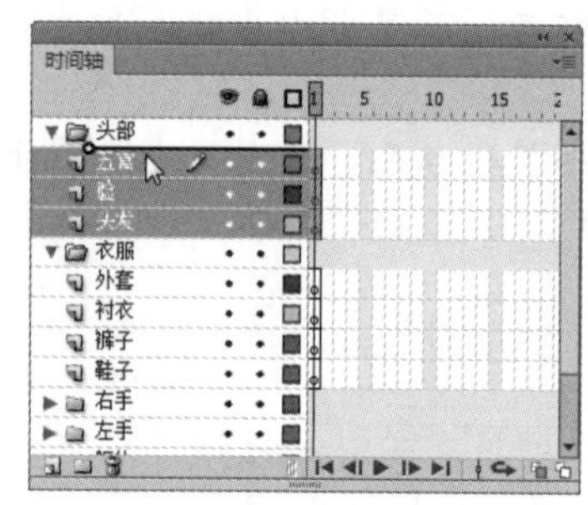

图 5-18　拖动图层

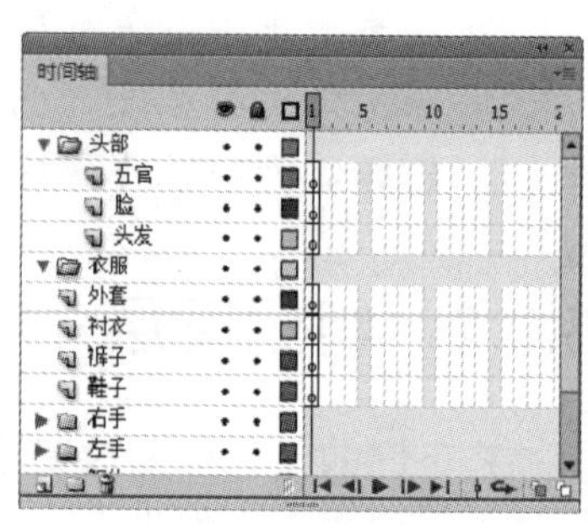

图 5-19　包含图层

3. 展开和折叠文件夹

文件夹最便利的地方不在于其可以包含多少图层，而在于文件夹可以折叠收缩，通过折叠文件夹，可以隐藏该文件夹中所包含的所有图层，这样便能避免因图过多而导致图层混乱的局面。

图层的展开和折叠都需要单击文件夹前面的三角形图标，当三角形图标变为▼形状时，表示该文件夹为展开状态，也是默认的状态，单击该图标，当三角形图标变为▶形状时，表示该文件夹为折叠状态。

5.3.3　图层属性

因为图层有很多种不同的状态，除了直接在图层区中对图层进行操作外，还可以在“图层属性”对话框中对图层的属性进行编辑。

打开“图层属性”对话框的方法有 3 种，分别是在需要修改属性的图层上右击，在弹出的快捷菜单中选择“属性”命令；选择图层后，选择【修改】/【时间轴】/【图层属性】命令；双击图层中的“显示为轮廓”图标□，都可以打开“图层属性”对话框，如图 5-20 所示。

行家提醒

将图层拖动至文件夹下方，可以让文件夹包含图层，同样地，也可以将文件夹中的图层拖动至图层外，使图层不被文件夹包含。

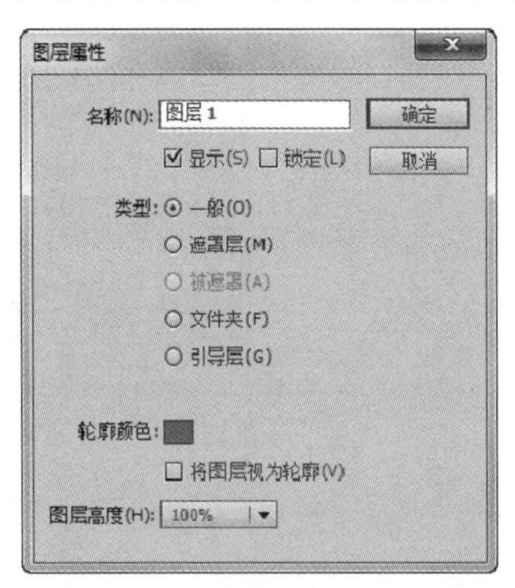

图 5-20 "图层属性"对话框

在"图层属性"对话框中可设置图层的所有属性，其中各项含义如下。

- **"名称"文本框**：直接在该文本框中输入名称，即可修改图层的名称。
- ☑显示(S)**复选框**：选中该复选框，表示该图层为显示状态，取消选中该复选框，则为隐藏状态。
- ☐锁定(L)**复选框**：取消选中该复选框，则表示图层为可编辑状态，若为选中状态，则图层为锁定状态。
- **"类型"栏**：在该栏中包括⊙一般(O)、⊙遮罩层(M)、⊙被遮罩(A)、⊙文件夹(F)和⊙引导层(G)单选按钮，分别选中这些单选按钮可以将图层修改为不同的类型。
- **"轮廓颜色"色块**：用于设置图层的轮廓颜色，单击该色块，可在弹出的取色器中选择线框颜色。
- ☑将图层视为轮廓(V)**复选框**：选中该复选框，可以将图层中的内容以轮廓的形式显示在场景中，轮廓的颜色为"轮廓颜色"色块中设置的颜色。
- **"图层高度"下拉列表框**：用于设置图层的高度，包括100%、200%和300% 3种高度。

5.4 帧

在图层的右侧有很多小方块，这些方块便是帧，每一个方块代表一个帧，在同一个图层中也可能包含多种类型的帧，了解并掌握这些不同类型的帧，是制作 Flash 动画所必备的知识。

5.4.1 帧的基本类型

不同的帧可以存储不同的内容，这些内容虽然都是静止的，但如果将连贯的画面依次放置到帧中，再按照顺序依次播放这些帧，便形成了最基本的 Flash 动画。不同的动画类型，可能会使用多种不同的帧，如图 5-21 所示。

被引导层不能通过"属性"对话框设置，要将图层转换为被引导层，只能通过将图层设置为引导层后，再把其他的图层通过拖动的方式移动到引导层下方，才能将其转换为被引导层。

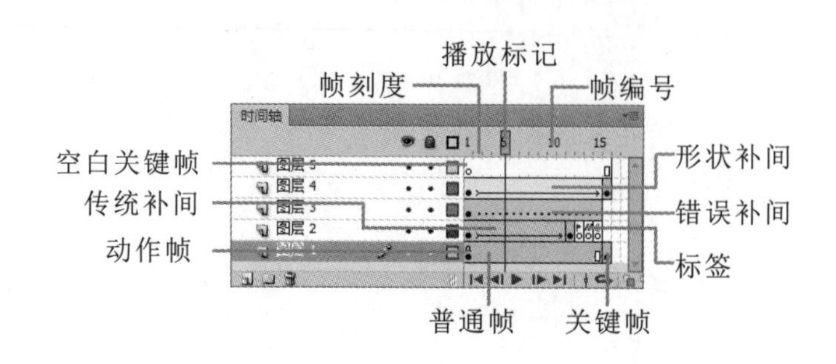

图 5-21　不同的帧

在同一个“时间轴”面板中包含了多个选项，下面分别介绍。

- **帧刻度**：每一个刻度代表一个帧。
- **播放标记**：该标记有一条红色的指示线，主要有两个作用，一是浏览动画，当播放场景中的动画或拖动该标记时，随着该标记位置的变化，场景中的内容也会发生变化；二是选择指定的帧，场景中显示的内容，为该播放标记停留的位置。
- **帧编号**：用于提示当前是第几帧，每 5 帧显示一个编号。
- **空白关键帧**：空白关键帧中没有任何对象，主要用于在关键帧与关键帧之间形成间隔。空白关键帧在时间轴中以空心的小圆表示，若在空白关键帧中添加内容，将会变为关键帧，按“F7”键可以创建空白关键帧。
- **动作帧**：在关键帧或空白关键帧上，添加了特定语句的帧，通常这些帧中的语句是用于控制 Flash 动画的播放或交互。
- **补间**：是 Flash 中一种基本的动画类型，补间的类型有 3 种，分为补间、形状补间和传统补间，补间为淡蓝色背景、带箭头的绿色底纹表示形状补间、带箭头的蓝色底纹表示传统补间，若为虚线则表示是错误的补间。
- **标签**：选择帧后，在“属性”面板中可对帧设置名称，当设置名称后，就可以对该帧的标签类型进行设置，当帧为状态时，表示标签类型为名称；当帧为状态时，表示标签类型为注释；当帧为状态时，表示标签类型为锚记。
- **普通帧**：普通帧就是不起关键作用的帧，在时间轴中以灰色方块来表示，起着过滤和延长内容显示的功能，动画中普通帧越多，关键帧与关键帧之间的过渡就越缓慢。在制作动画的过程中，按“F5”键即可创建普通帧。
- **关键帧**：所谓关键帧就是指在动画播放过程中，定义了动画关键变化环节的帧。Flash 中关键帧以实心的小黑圆点表示，按“F6”键即可在动画文档中添加关键帧。

5.4.2　帧的控制按钮

由于帧有多种类型，而且在时间轴中比较细小，为了能准确地控制每一帧，在帧区的下方提供了一些帧的控制按钮，如图 5-22 所示。使用这些按钮可对帧进行选择、设置外观以及设置帧频等。

默认情况下，通过“属性”面板不能直接选中 ⊙被遮罩(A) 单选按钮，这是因为没有遮罩层的缘故，要选中 ⊙被遮罩(A) 单选按钮，必须是对遮罩层图层下面的图层进行属性设置。

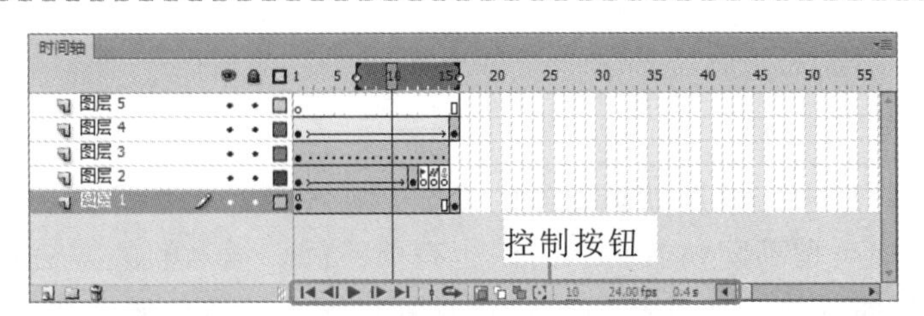

图 5-22 控制按钮

下面分别介绍各控制按钮的作用。

- **“帧位置”按钮区**：包括多个按钮，分别是将播放标记转到第一帧的“转到第一帧”按钮、用于把播放标记转到上一帧的“后退一帧”按钮、用于在时间轴中预览Flash动画效果的“播放”按钮、用于把播放标记转到下一帧的“前进一帧”按钮和用于把播放标记转到最后一帧的“转到最后一帧”按钮。
- **“帧居中”按钮**：单击该按钮，可以将播放标记所处的帧置于“时间轴”中心，主要用于在较长的时间轴上快速定位当前帧。
- **“循环”按钮**：单击该按钮，再设置帧标记，可以循环播放所标记的帧。
- **“绘图纸”按钮区**：包括多个按钮，分别是用于同时显示几个帧的“绘图纸外观”按钮、用于同时显示几个帧的轮廓的“绘图纸外轮廓”按钮以及能编辑绘图纸外观所标记的每个帧的“编辑多个帧”按钮。
- **“修改标记”按钮**：用于在刻度上标记帧的范围，范围的大小可以根据动画长度的需要，使用鼠标拖动调整。
- **“当前帧”数值框**：用于显示当前帧的位置，也可以修改该数值，用于快速且准确地定位当前帧的位置。
- **“帧速率”数值框**：用于显示当前Flash的播放速度，例如，24fps表示每秒钟播放24个帧，单击可修改播放速度。
- **“运行时间”数值框**：用于显示当前Flash动画可以播放的时间长度，该值的大小和时间轴的长度以及帧速率有关。

5.5 帧的编辑

帧的类型多，但并不代表帧的操作繁琐，为了提高动画制作的效率，绝大部分操作都可以使用鼠标来完成，操作也十分人性化。

5.5.1 帧的基本操作

在制作Flash动画的过程中，经常会对帧进行各类操作，主要包括插入帧、选择帧、移动帧、复制帧、翻转帧、清除帧和删除帧等。

当图层太多，以至于不方便观察时，可以将鼠标指针移至“时间轴”面板的下方，当其变为形状时，按住鼠标左键不放并拖动“时间轴”面板，可以将其拉宽，以便观察。

1. 插入帧

在编辑动画的过程中，根据动画制作的需要，在很多时候都需要在已有帧的基础上插入新的帧。插入帧的类型不同，其插入方法也有所不同，插入帧的方法介绍如下。

- **用菜单命名插入帧**：将鼠标指针定位在需要插入帧的位置，选择【插入】/【时间轴】命令，在弹出的子菜单中选择相应命令即可插入相应帧。
- **用快捷菜单插入帧**：将鼠标指针定位在需要插入帧的上方并右击，在弹出的快捷菜单中选择需要插入帧的类型即可插入相应帧。
- **按快捷键插入帧**：将鼠标指针定位在需要插入普通帧的上方，按“F5”键可插入普通帧；按“F6”键可插入关键帧；按“F7”键可插入空白关键帧。

2. 选择帧

不同的帧，其中包含的内容也不相同，所以在编辑帧之前，必须先选择需要编辑的帧，选择帧的方法与选择图层的方法类似，在 Flash 中选择帧的方法主要有以下几种。

- **直接选择帧**：将鼠标指针移动到需要选择帧的上方，单击即可选择该帧。
- **选择不相邻的帧**：按住“Ctrl”键的同时单击要选择的帧即可选择不连续的多个帧。
- **选择连续的帧**：选择一帧后，按住“Shift”键的同时单击要选择连续帧的最后帧，即可选择两帧之间的所有帧。
- **选择所有帧**：在帧上右击，在弹出的快捷菜单中选择“选择所有帧”命令，即可选择所有帧。

3. 复制、粘贴和移动帧

选择帧后，直接按“Ctrl+C”或者“Ctrl+X”快捷键所复制或剪切的不是帧本身，而是帧中所包含的内容，即场景中的内容，且选择多帧后，也只能复制或剪切最后选择的一帧。下面对复制、粘贴和移动帧的方法分别介绍如下。

- **复制帧**：选择需要复制的帧，选择【编辑】/【时间轴】/【复制帧】命令，或右击，在弹出的快捷菜单中选择“复制帧”命令将其复制。
- **粘贴帧**：选择目标帧，选择【编辑】/【时间轴】/【粘贴帧】命令，或右击，在弹出的快捷菜单中选择“粘贴帧”命令。
- **移动帧**：移动帧可以通过编辑菜单或快捷菜单中的“剪切帧”命令将其剪切后再进行粘贴操作，除此之外，在选择帧后按住鼠标左键不放，直接拖动帧也可以移动帧。

4. 删除与清除帧

清除帧与删除帧不同，删除帧是删除帧本身，同时删除该帧中的内容，而清除帧则只会删除该帧中所包含的内容，并不会删除帧本身。如果对关键帧执行清除帧操作，就是删除帧中的内容，则关键帧将变为空白关键帧，其中删除与清除的方法如下。

若在使用鼠标拖动帧的过程中按住“Alt”键不放，则可复制帧。

- **删除帧**：选择不需要的帧，在其上方右击，在弹出的快捷菜单中选择"删除帧"命令，或选择【编辑】/【时间轴】/【删除帧】命令。
- **清除帧**：常用的方法有 3 种，除了使用快捷菜单和"编辑"菜单中的"清除帧"命令外，还可以在选择帧后，直接按"Delete"键。

5. 翻转帧

翻转帧就是将在"时间轴"面板中的帧的位置进行左右翻转交换，如选择第 1 帧～第 10 帧，然后将其翻转，则原本在第 1 帧中的内容会移动至第 10 帧，而第 10 帧中的内容会移动到第 1 帧。如制作循环动作的动画时，应用此命令可以减少很多重复步骤的制作。

翻转帧的方法是：选择一个或多个图层中的多个帧，再选择【修改】/【时间轴】/【翻转帧】命令，或右击，在弹出的快捷菜单中选择"翻转帧"命令。

5.5.2　帧的属性设置

除了对帧本身进行操作外，一些属性的设置也是必不可少的操作。设置的内容主要包括标签、帧频和外观等，下面分别进行介绍。

1. 标签的设置

选择"时间轴"中的关键帧后，可在"属性"面板"标签"栏中的"名称"文本框中为其添加名称。任何类型的关键帧，都可以添加名称标签，用于标记该帧的名字。

在输入了名称后，可以单击"类型"下拉列表框，在弹出的下拉列表中修改标签的类型，标签的类型一共有 3 种，分别是名称、注释和锚记，如图 5-23 所示，当对关键帧设置了标签后，在"时间轴"面板中的显示效果如图 5-24 所示。

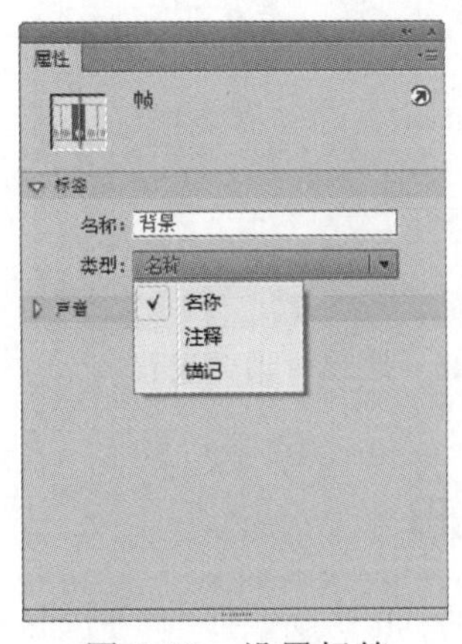

图 5-23　设置标签

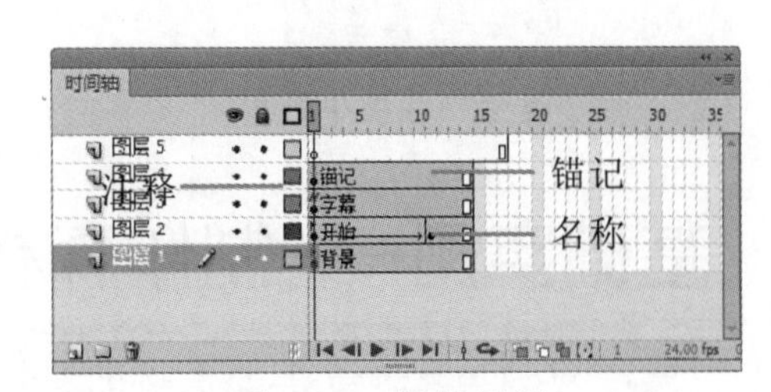

图 5-24　标签效果

下面分别介绍其作用。

- **名称**：标识时间轴中的关键帧的名称，通常用于包含 ActionScript 代码的动画中。

操作提示

输入名称时，直接在"名称"文本框中输入"//"符号，类型将会自动变为"注释"。如果设置了锚记后再修改名称，其类型将自动转换为名称。

如动画中包括跳转到第 8 帧的动作，则需要输入“gotoAndPlay(8)”语句。此时，在第 8 帧之前添加新的帧，则通过代码跳转的帧将是新的第 8 帧，而不是之前的第 8 帧。为了避免这种情况，通常会为该帧添加名称标签，然后在代码中输入名称标签，如“gotoAndPlay(开始)”，之后无论怎么添加帧都会跳转到该帧。

- **注释**：只对所选择的关键帧加以注释和说明，文件发布为 Flash 影片时，不包含帧注释的标识信息，不会增大导出 SWF 文件的大小。
- **锚记**：可以像“前进”按钮和“后退”按钮一样控制帧或场景的跳转，从而使 Flash 动画的导航变得更简单，将文档发布为 SWF 文件时，文件内部会包括帧名称和帧锚记的标识信息，文件的体积也会相应地增大。

2. 帧频的设置

帧频即动画在播放时，每秒钟播放的帧数，将帧频设置得越高，播放速度越快，通常在一个连贯的动画需要至少每秒 12 帧，而标准的运动图像速率为 24 帧/秒，也是在新建 Flash 文档时默认的帧频。

设置帧频通常有 3 种方法，下面分别介绍。

- **通过“时间轴”面板设置**：在“时间轴”面板中，直接单击“帧速率”数值框，然后输入需要的帧频即可。
- **通过“属性”面板设置**：选择场景，打开“属性”面板，在“属性”栏中单击“FPS”数值框，然后输入需要的帧频即可，如图 5-25 所示。
- **通过“文档设置”对话框设置**：选择【修改】/【文档】命令，打开“文档设置”对话框，在“帧频”数值框中输入需要的帧频即可，如图 5-26 所示。

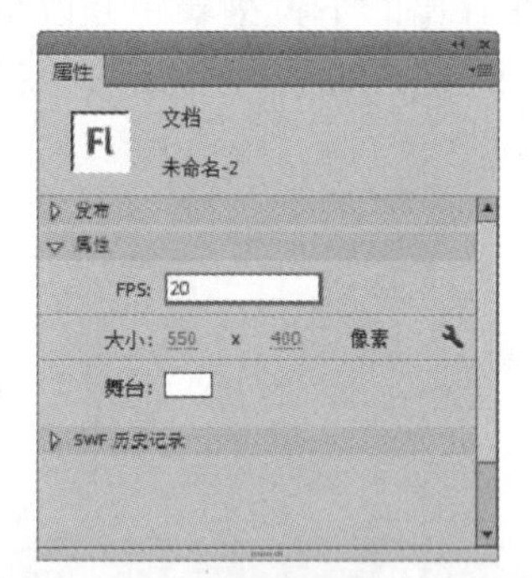

图 5-25　在“属性”面板中设置

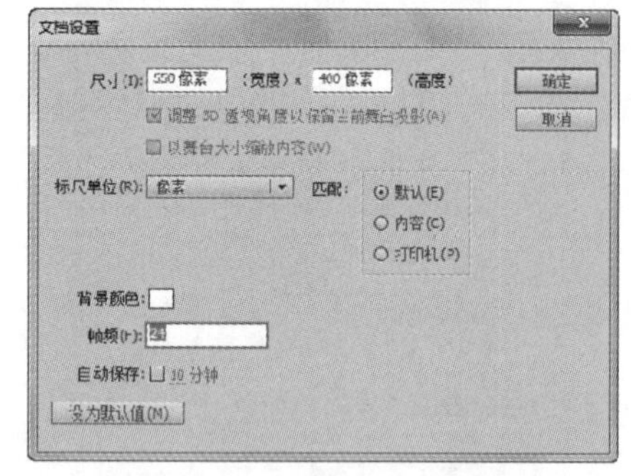

图 5-26　通过对话框设置

5.6　基础实例——制作森林中的猫

对时间轴的使用，最直接的便是制作一个 Flash 动画，在制作 Flash 动画时，需要使用到图层和帧相关的操作。下面就在 Flash 中制作一个简单的动画，通过实例操作熟悉图层和帧的操作。

虽然帧数越多动画越连贯，但帧数过多，并不会太影响动画效果，反而会因为帧太多，而出现跳帧的情况。

一个完整的 Flash 动画是由多个帧共同组成的，在不同的帧中放置不同的图像，然后再依次播放这些图像，便能形成一个完整的 Flash 动画。本例将通过对一个文档中不同帧中的内容进行编辑，使其达成一个连贯的动画效果，其最终效果如图 5-27 所示。

图 5-27　森林中的猫

5.6.1　行业分析

本例制作的“森林中的猫”动画属于逐帧动画，这是 Flash 中一个基本的动画类型，也是学习 Flash 过程中所必须掌握的一个动画类型。

根据不同的要求和不同的制作效果，在 Flash 中有多种动画制作的方法，并且许多相同效果的动画，可以有很多种不同的制作方法。以本例所制作的效果为例，除了直接调整每一帧的内容，还可以通过配合元件和补间的方式制作。

5.6.2　操作思路

为更快完成本例的制作，并且尽可能运用本章讲解的知识，本例的操作思路如下。

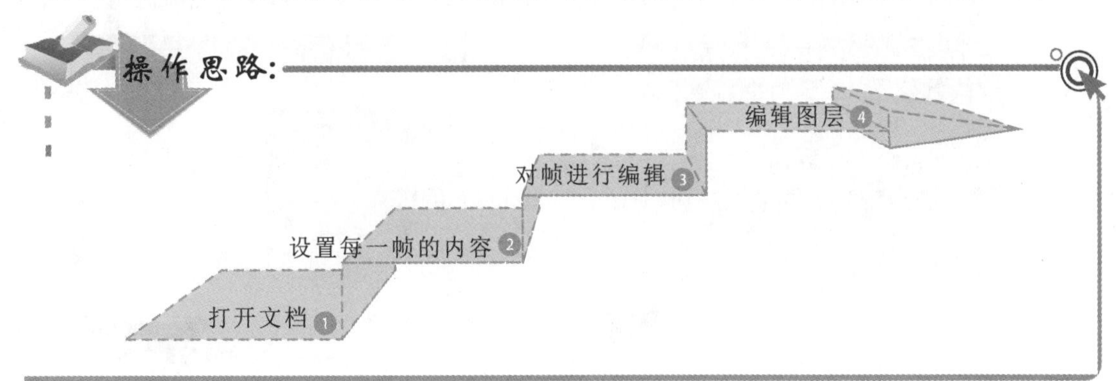

图 5-27 中所示的效果是使用 Flash Player 软件观察的最终效果，制作完成的 Flash 动画只有在该软件中才能完整地查看。快速使用该软件查看制作的动画的方法是按“Ctrl+Enter”快捷键。

5.6.3 操作步骤

下面根据操作思路，一步一步地完成动画的制作，其操作步骤如下：

参见光盘

光盘\素材\第 5 章\森林中的猫.fla
光盘\效果\第 5 章\森林中的猫.fla
光盘\实例演示\第 5 章\制作森林中的猫

1 启动 Flash CS6，选择【文件】/【打开】命令，打开“森林中的猫.fla”，在该文档中包含了多个图层和多个帧，如图 5-28 所示。

2 选择“图层 4”中的第 1 帧，选择该帧场景中的猫图像，打开“变形”面板，将大小修改为“50%”，再打开“属性”面板，将“X”和“Y”的值分别设置为“480”和“300”，修改猫的大小和位置，如图 5-29 所示。

图 5-28　打开文档

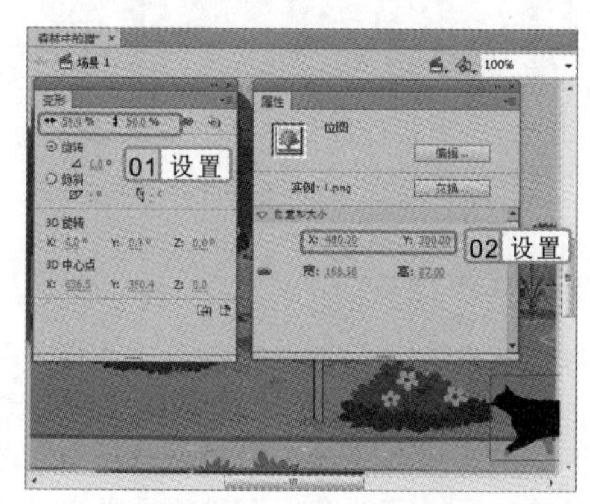

图 5-29　设置大小和属性

3 使用相同的方法，选择“图层 4”中的第 2 帧，将场景中的猫的大小修改为“50%”，再打开“属性”面板，将“X”和“Y”的值分别设置为“470”和“300”，修改猫的大小和位置，如图 5-30 所示。

4 继续选择之后的帧，并将其中猫的大小都修改为“50%”，并依次将“X”的值减小 10，每一帧中的猫的位置都有所不同，如图 5-31 所示为第 11 帧中猫的位置和大小。

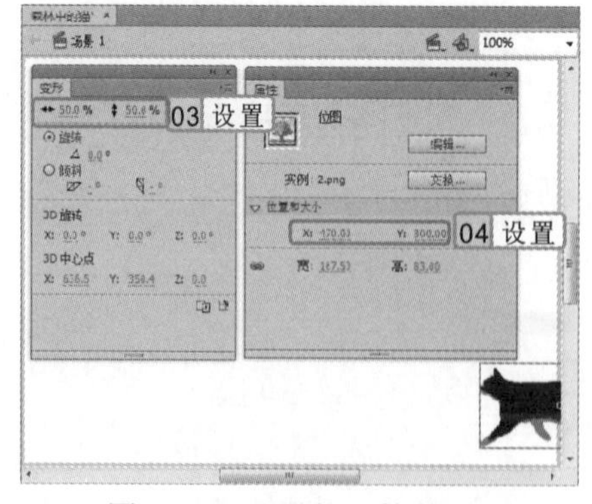

图 5-30　设置第 2 帧的猫

图 5-31　依次设置其他帧

行家提醒

在本例中，设置的猫的大小和“X”与“Y”的值都只是一个参考，如果需要将猫移动的速度加快，可以将“X”的值每次减少 20。

5 选择“图层 4”中的第 1～11 帧并右击，在弹出的快捷菜单中选择“复制帧”命令，如图 5-32 所示。

6 新建一个“图层 5”图层，选择该图层的第 12 帧并右击，在弹出的快捷菜单中选择“粘贴帧”命令，将复制的帧粘贴至“图层 5”中，如图 5-33 所示。

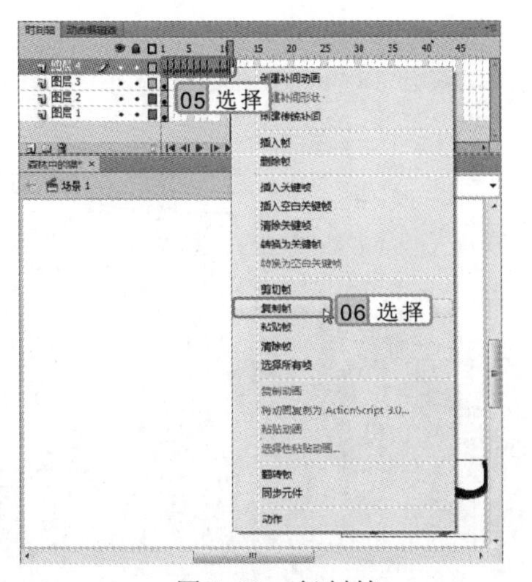

图 5-32 复制帧

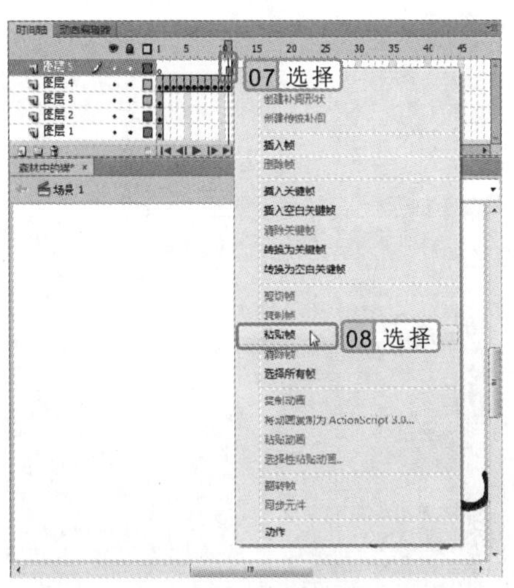

图 5-33 粘贴帧

7 依次选择“图层 5”每一帧中的猫，并分别将“X”的值依次减小 10，使每一帧中猫的位置都有所变化。如图 5-34 所示为“图层 5”中第 22 帧猫的位置。

8 继续新建“图层 6”、“图层 7”和“图层 8”，并依次将复制的帧粘贴至新图层中，然后再使用相同的方法，依次对每一帧中猫的“X”的值进行修改。如图 5-35 所示为“图层 8”的第 55 帧中猫的位置。

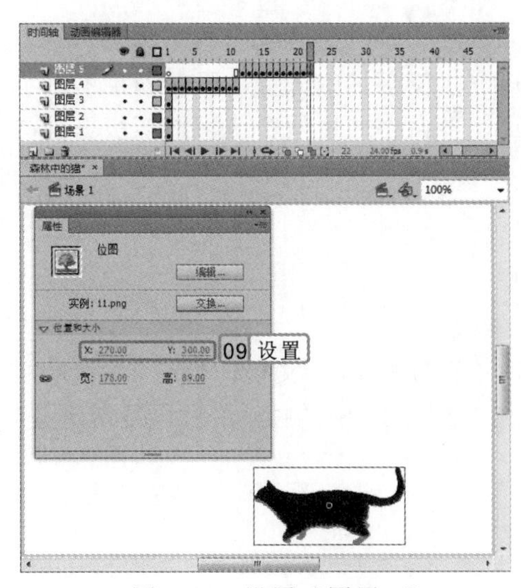

图 5-34 设置“图层 5”

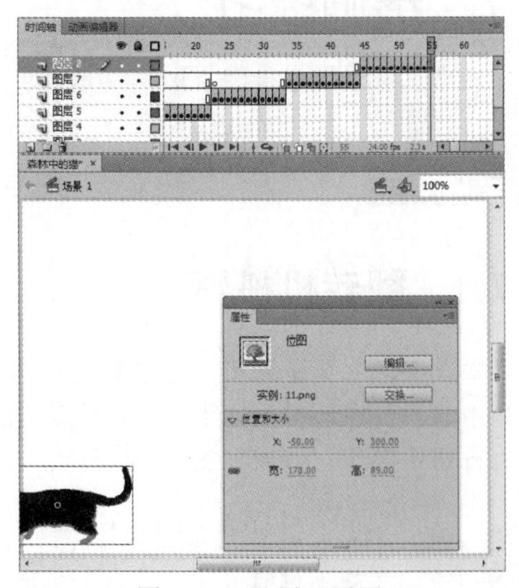

图 5-35 设置“图层 8”

9 同时选择“图层 1”～“图层 3”中的第 55 帧，按“F5”键，添加空白帧，使“图

在本例中复制和粘贴帧的操作过程中，可以不需要新建图层，将所有的帧粘贴至同一个图层中，其最终效果也是相同的。

层 1”～“图层 3”中的图像延伸至第 55 帧，如图 5-36 所示。

10 将“图层 1”的名称修改为“树木”、将“图层 2”的名称修改为“花丛”、将“图层 3”的名称修改为“背景”，然后选择“树木”和“花丛”图层，并将其移动至“图层 8”的上方，使树木和花丛在背景和猫的上方。如图 5-37 所示为第 30 帧中树木和花丛在猫上方的样式。

图 5-36　插入帧

图 5-37　重命名并移动帧

5.7　基础练习

本章主要介绍了图层和帧相关的知识以及相关的操作，同时利用图层和帧相关的知识制作了一个基本的动画，下面将通过两个练习进一步巩固本章所学的知识。

5.7.1　翻转机械臂

本次练习主要是熟悉图层的相关操作，将打开“机械臂.fla”文档，如图 5-38 所示。将其中的图层重新排列，然后分别移动“图层 2”和“图层 3”中的帧，最后再复制这些帧，并执行翻转操作，效果如图 5-39 所示。

参见光盘

光盘\素材\第 5 章\机械臂.fla
光盘\效果\第 5 章\机械臂.fla
光盘\实例演示\第 5 章\翻转机械臂

行家提醒

因为“图层 1”～“图层 3”原本只有 1 帧，所以其中包含的背景和树木无法在其他帧中显示，所以需要在第 55 帧中插入帧，使这些图层中的内容扩展至第 55 帧处。

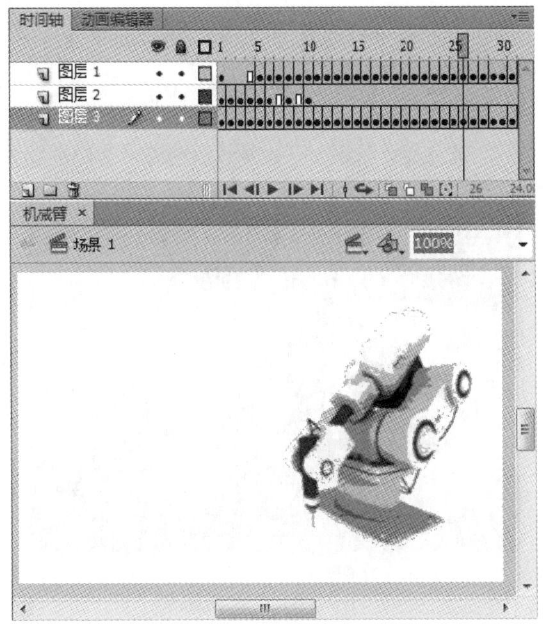

图 5-38 打开文档

图 5-39 完成编辑

该练习的操作思路如下。

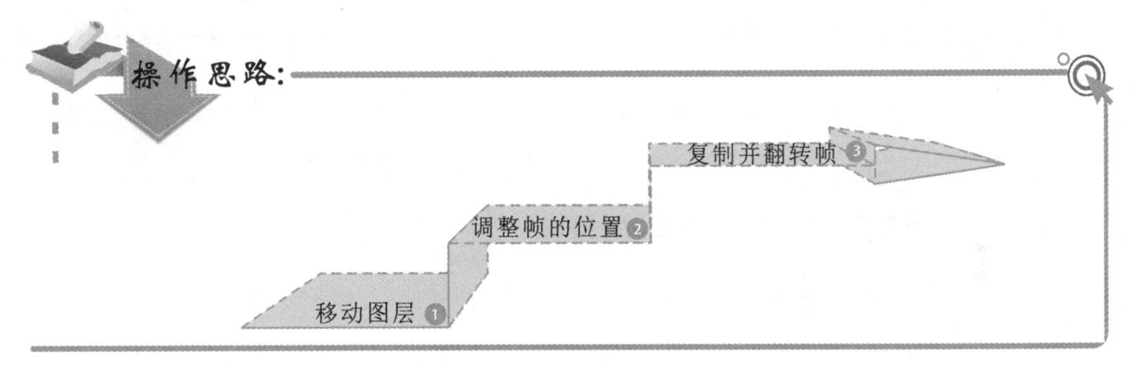

5.7.2 编辑"城堡"文档

本次练习主要是对文档中的图层进行编辑操作，打开"城堡.fla"文档，如图 5-40 所示，然后通过对图层进行删除、重命名和移动等操作，使文档的内容以正确的方式呈现在场景中，如图 5-41 所示。

光盘\素材\第 5 章\城堡.fla
光盘\效果\第 5 章\城堡.fla
光盘\实例演示\第 5 章\编辑"城堡"文档

在执行了"翻转帧"的操作后，如果需要场景中所有的图像也翻转，可以分别选择每一帧场景中的图形，然后选择【修改】/【变形】/【水平翻转】命令。例如，对"森林中的猫"执行这样的操作，将会得到一个猫连续地左右移动的动画效果。

图 5-40　打开文档

图 5-41　完成编辑

该练习的操作思路如下。

操作思路：

打开文档 ①

删除“图层 3”～“图层 5”图层 ②

将“图层 2”移动至“图层 1”下方 ③

重命名“图层 1”和“图层 2” ④

5.8　知识问答

图层和帧相关的知识和操作是学习 Flash 所必须掌握的内容，在最开始学习的过程中，难免会遇到一些难题，下面将介绍在使用图层和帧时常见的问题及解决方案。

问：在“时间轴”面板中可以新建多个文件夹，当不需要这些文件夹时，应该如何删除这些文件夹？

答：删除图层文件夹的操作和删除图层相同，都是在选择后通过快捷菜单命令或单击“删除”按钮实现的。

行家提醒

将多余的图层删除并不会影响最终的效果，只是为了方便后期对该动画进行修改。

在删除的过程中需要注意的是，如果在文件夹中包含了多个图层，则在删除文件夹的同时，将会删除文件夹中所包含的所有图层，如果只需要删除文件夹本身，而不需要删除图层，则需要事先将其中的图层移动至文件夹外。

问：在设置帧频时，为什么需要将其设置为12帧或24帧？

答：将帧频设置为12帧或24帧只是因为一个连贯的动画需要至少每秒12帧，而标准的运动图像速率为24帧/秒。帧频的设置并不是一定要将其设置为多少，可以根据需求设置，如制作一个相册的动画，则可以设置帧频为"1"，这样将会得到一个每秒钟播放一张照片的效果。

分散到图层

在制作Flash动画的过程中，如果在一个图层的同一帧中放置了多个对象，在之后制作Flash动画的过程中，将可能会带来很多不利之处。

要将同一个图层中的多个对象分别移动至不同的图层中，可以分别选择不同的对象，然后剪切至其他图层中，也可以选择"分散到图层"命令，将不同的对象分别分布到不同的图层中。其方法是：在场景中选择对象并右击，在弹出的快捷菜单中选择"分散到图层"命令，即可将该图层中的对象分散到其他新的图层中。

同时选择不同图层中相同的帧，如同时选择"图层1"～"图层5"中的第1帧，然后按"Ctrl+C"快捷键，可以同时复制这5个图层中的内容，然后再在其他帧中执行"粘贴"命令，可以将这5个图层中的对象都粘贴至同一个帧中，这也是"分散到图层"的逆操作。

第6章 巧用素材和元件

素材的使用

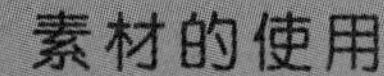

认识元件

编辑元件

元件的颜色和混合模式

滤镜的特殊效果

素材和元件的集中管理

本章导读

使用 Flash 制作动画，不管是制作什么样内容的动画，在动画中都会出现各式各样的图像，这些图像可以通过绘制得到，但这对初学者而言难度很大，使用素材便可以弥补这部分不足。素材的使用是提升动画制作效率的途径之一，除了素材，元件也是另一种提升效率的途径。在本章的学习中会重点学习素材和元件的使用，同时还会学习如何通过“库”面板来管理这些项目。

6.1　认识并导入素材

在 Flash 中，素材是一个比较广泛的概念，简单来说，只要是可以添加到 Flash 动画中的内容，都可以叫做素材，通常最常见的素材就是各种不同格式的图片，通过导入这些图片，可以快速地在 Flash 中添加漂亮的图形。

6.1.1　认识素材

Flash 既是动画软件，也是一个设计软件，直接通过 Flash 绘制各种图像，然后再用于动画是使用 Flash 所必学的知识。但是通常为了完成一个漂亮的 Flash 动画，会在 Flash 中导入各种素材，这不仅能提高动画制作的效率，同时还能使动画本身的质量更高。

在 Flash 中可以使用的素材不仅仅是各种格式的图片，还有音频、视频以及 Photoshop 等文档。如图 6-1 所示为导入素材的对话框，单击右下角的“所有格式”下拉列表框，可以看见 Flash 所支持导入的多种格式，如图 6-2 所示。

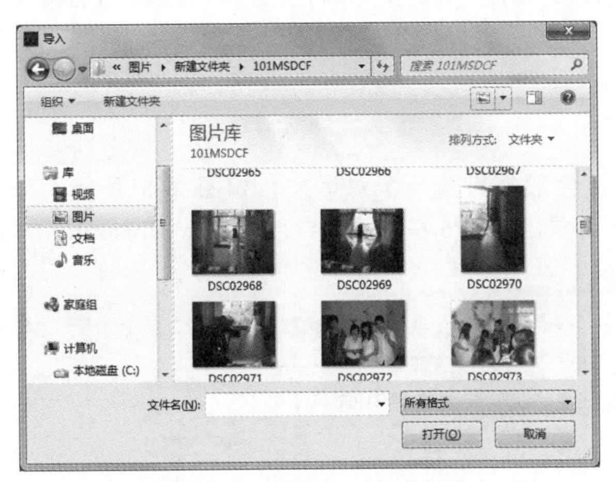

图 6-1　“导入”对话框

图 6-2　支持的格式

6.1.2　图片素材的导入

图片素材的导入是最常用也是最基本的素材导入，其主要的操作方法有以下两种。

- **对话框导入**：通过打开对话框导入是最基本的方法，其方法是：选择【文件】/【导入】/【导入到舞台】命令，或按“Ctrl+R”快捷键，打开“导入”对话框，选择需要导入的图片，然后单击 打开(O) 按钮即可，如图 6-3 所示。
- **拖动导入**：打开装有图片的文件夹，选择图片后，按住鼠标左键不放并将图片拖动至 Flash 窗口中，然后释放鼠标即可将图片导入到 Flash 中，如图 6-4 所示为导入后的效果。

在“导入”对话框或图片文件夹中，按住“Shift”键或“Ctrl”键，同时选择多张图片，可以同时导入选择的图片。如果 Flash 中没有文档，则不能通过对话框导入命令，若此时拖动导入图片，将会自动新建一个文档。

图 6-3　选择图片

图 6-4　导入效果

6.1.2　文档素材的导入

文档素材主要是其他一些设计软件的文档文件，如 Photoshop 的 PSD 格式文档、Adobe Illustrator 的 AI 格式文档、AutoCAD DXF 的 DXF 格式文档等，都可以导入到 Flash 中作为素材使用。

1. 导入对话框

在导入这些其他软件的文档素材时，会额外打开一个对话框，如图 6-5 所示为导入 Photoshop 的 PSD 格式文档时所打开的对话框，如图 6-6 所示为导入 Adobe Illustrator 的 AI 格式文档时所打开的对话框。

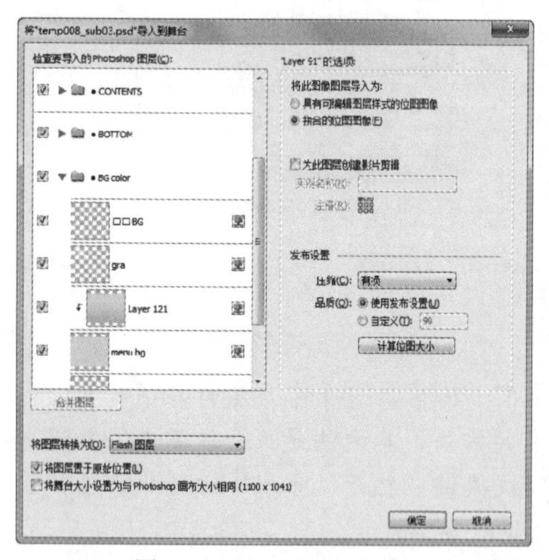

图 6-5　导入 PSD 文档

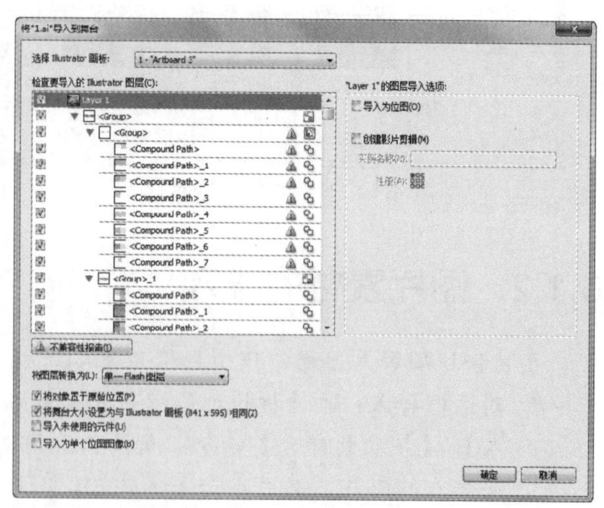

图 6-6　导入 AI 文档

其他软件的文档素材的导入方法和图片素材的一样，也可以通过选择菜单命令或直接拖入打开。

2. 首选参数设置

与图片导入相比，文档的导入包含了多个设置选项，另外在导入文档之前，还可以通过设置首选项来修改导入的类型。

选择【编辑】/【首选参数】命令，打开“首选参数”对话框，在其中左侧的“类别”列表框中选择“PSD文件导入器”或“AI文件导入器”选项后，在右侧面板中可进行相关设置，如图6-7所示为“PSD文件导入器”的对话框。

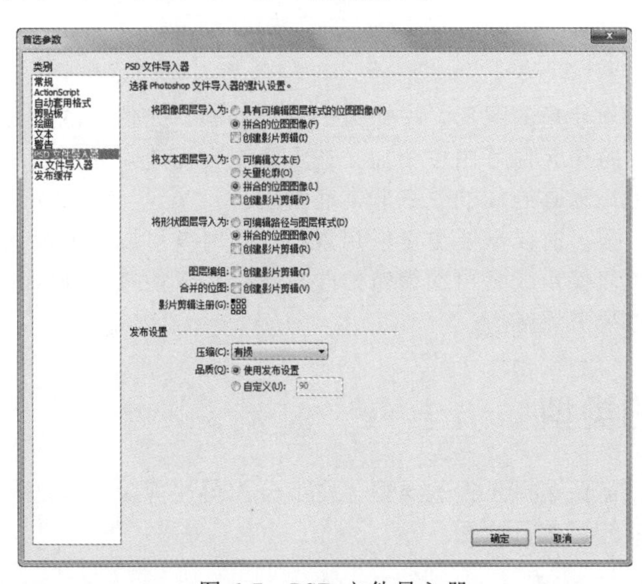

图6-7 PSD文件导入器

“AI文件导入器”中的选项与“PSD文件导入器”中的选项类似，以“PSD文件导入器”对话框为例，下面分别介绍其作用。

- **“将图像图层导入为”栏**：选中 具有可编辑图层样式的位图图像(M) 单选按钮，将创建内部带有被剪裁的位图的影片剪辑元件；选中 拼合的位图图像(F) 单选按钮，将文本栅格化为拼合的位图图像，以保持文本图层在Photoshop中的确切外观；选中 创建影片剪辑(I) 复选框，在图像图层导入到Flash时，将其转换为影片剪辑元件。
- **“将文本图层导入为”栏**：选中 可编辑文本(E) 单选按钮，从Photoshop文本图层上的文本创建可编辑文本对象；选中 矢量轮廓(O) 单选按钮，文本将不能被编辑，且必须转换成影片剪辑元件。
- **“将形状图层导入为”栏**：在该栏中可以指定形状图层的导入选项的初始设置。选中 可编辑路径与图层样式(D) 单选按钮，将创建矢量形状内带有被剪裁的位图的可编辑矢量形状，且必须将此对象转换为影片剪辑元件。
- **“发布设置”栏**：可以指定将Flash文件发布为SWF文件时应用到图像的压缩程度和文件品质，将文件发布为SWF时才有效。在“压缩”下拉列表框中包括“有损”和“无损”选项，用户可根据需要进行选择。

在导入PSD文档时，若选择图片图层，则在右侧的“发布设置”栏中会包含一个“压缩”选项，用于设置图像的压缩方式，并且可以通过单击 计算位图大小 按钮，直接观察该图像的大小，这主要是为了控制Flash动画的大小。

6.2 元件

元件是 Flash 动画中非常重要的组成部分，在 Flash 中可以独立存在，也能多个元件组合使用。用户可以将元件看作一个一个的零件，用这些零件的拼装，便能快速地组成完整的动画。

6.2.1 认识元件

元件是可反复取出使用的图形、按钮或一段小动画，元件中的动画可以独立于主动画的时间轴进行播放，每个元件可由多个独立的元素组合而成。元件就相当于一个可重复使用的模板，这对于提高动画制作的效率非常有帮助。

使用 Flash 时，很多时候需要重复使用素材，这时就可以把素材转换成元件，或直接新建元件，以方便重复使用或者再次编辑修改。这样不仅能减小 Flash 动画的文件大小，还能让动画的播放过程更流畅。

6.2.2 元件的类型

在创建元件时，需要选择元件的类型，主要分为影片剪辑、按钮和图形 3 种，下面分别对元件类型的相关知识进行介绍。

1. 不同元件的介绍

不同的元件类型，其作用也不相同，下面分别介绍。

- **影片剪辑**：影片剪辑元件可以创建可重复使用的动画片段。影片剪辑拥有各自独立于主时间轴的多帧时间轴，可以将多帧时间轴看作是嵌套在主时间轴内，可以包含交互式控件、声音甚至其他影片剪辑实例。影片剪辑是构成 Flash 动画的一个片段，能独立于主动画进行播放，也可以是主动画的一个组成部分，当播放主动画时，影片剪辑元件也会随之循环播放。
- **按钮**：按钮元件用于创建动画的交互控制按钮，以响应鼠标操作如单击、经过和释放等事件。按钮有弹起、指针经过、按下和点击 4 个不同状态的帧，可以分别在按钮的不同状态帧上创建不同的内容，既可以是静止图形，也可以是影片剪辑，而且可以给按钮添加交互动作，使按钮具有交互功能。
- **图形**：图形元件通常用于保存静态图像，并可用来创建连接到主时间轴的可重复使用的动画片段。图形元件与主时间轴同步运行，交互式控件和声音在图形元件的动画序列中不起作用。

在使用影片剪辑元件时，需要特别注意在影片剪辑元件中，时间轴是独立运行的，即当影片剪辑元件制作完成后，若该元件中包含有动画，则直接将该元件应用到主场景时间轴的一个帧中，该动画也会被播放，而不必在主场景的时间轴中创建相同长度的帧。

2．图形与影片剪辑的异同

图形与影片剪辑在制作的过程中看似非常类似，并且在实际使用时，也有诸多类似的地方，但这两个元件是完全不同的元件类型，其异同点如下。

- **相同点**：图形和影片剪辑元件都可以保存图形和动画，并可以嵌套图形或动画片段。
- **不同点**：图形元件比影片剪辑元件小；图形中的动画必须依赖于主场景中的时间帧同步运行，而影片剪辑则可以独立运行；交互式控件和声音在图形元件中不起作用，在影片剪辑中则起作用；可以将影片剪辑实例放在按钮元件的时间轴内，以创建动画按钮，而图形元件则不行；影片剪辑可以定义实例名称，可以使用ActionScript对影片剪辑进行调用或改编，而图形元件则不能。

6.2.3 元件的实例

将元件应用到文档中，则是在文档中创建了一个元件的实例。元件和实例可以视为主体和影子的关系，一个元件可以在场景中创建无数个实例，如果对元件进行修改，则场景中的实例也会随之改变，如果删除元件，实例也会随之消失。

实例可以分别调整多种属性，如透明度、大小、倾斜角度和滤镜等，这些属性的修改完全不会影响元件本身，这就为快速创建丰富多彩的Flash动画提供了便捷的通道。

6.3 元件的创建与修改

在了解元件后，就可以开始创建并使用元件了，在使用元件的过程中若是对元件不满意，还可进行修改。下面就讲解创建、修改元件的方法。

6.3.1 新建元件

元件一共有3种，每种元件的功能和作用都有所不同，所以在创建元件时，可根据需要选择创建不同的元件，下面分别进行介绍。

1．新建影片剪辑元件

影片剪辑元件包含一套独立的时间轴，在制作影片剪辑元件时，可以使用与在场景中编辑Flash动画类似的方法进行编辑，但在影片剪辑中，没有舞台与粘贴板的区分。

实例6-1 新建包含图片的影片剪辑元件

参见光盘 光盘\素材\第6章\人物.jpg、画卷.jpg

操作提示

在元件中的操作与直接在场景中进行的操作相同，并且在元件中还可以继续创建元件。

1. 启动 Flash，新建一个文档，选择【插入】/【新建元件】命令，打开“创建新元件”对话框，在“名称”文本框中输入元件的名称，这里输入“新的元件”，在“类型”下拉列表框中选择“影片剪辑”选项，单击 确定 按钮，如图 6-8 所示。
2. 此时，便新建了一个空白的元件，选择【文件】/【导入】/【导入到舞台】命令，在打开的“导入”对话框中选择“画卷.jpg”图片，并将其导入到元件的场景中，如图 6-9 所示。

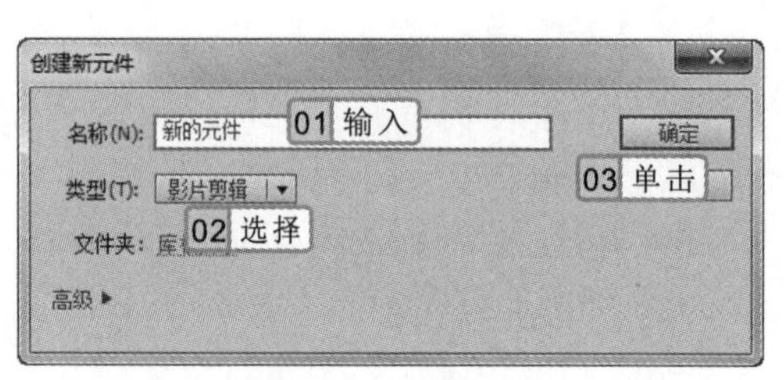

图 6-8 新建元件

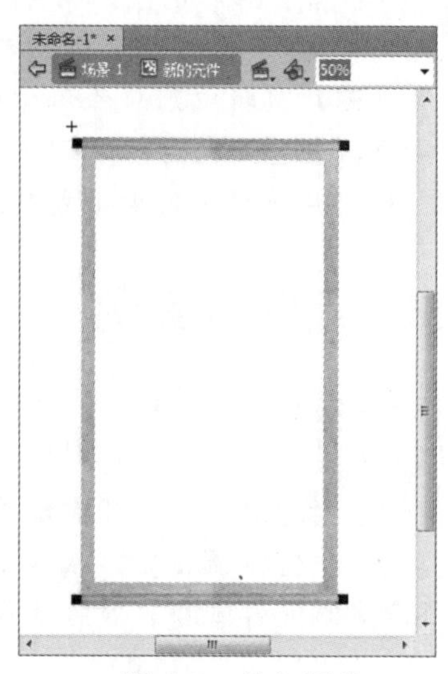

图 6-9 导入图片

3. 导入的图片将自动添加到“时间轴”的“图层 1”的第 1 帧中，新建一个“图层 2”，如图 6-10 所示。
4. 再次选择【文件】/【导入】/【导入到舞台】命令，在打开的“导入”对话框中选择“人物.jpg”图片，将其导入到元件的场景中，如图 6-11 所示。

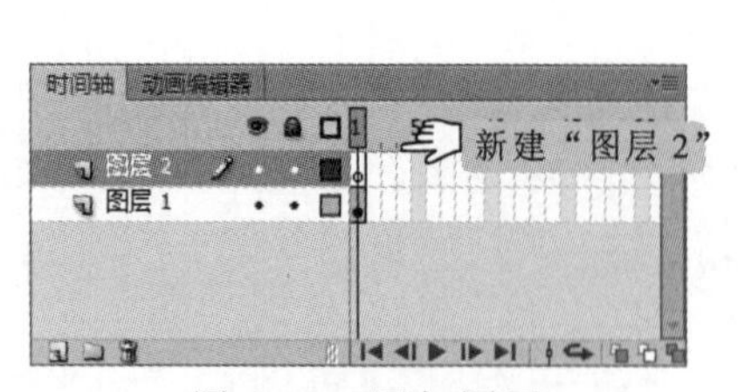

图 6-10 添加图层

图 6-11 导入图片

行家提醒

在制作元件的过程中，还需要注意元件的中心点。元件的中心点便是元件中的+符号，当使用元件在场景中创建了实例后，在“属性”面板中修改实例位置时，若将“X”和“Y”的值都设置为 0，则该点会在场景的左上角。

2. 新建按钮元件

按钮元件是用于制作交互式动画时所使用的各种按钮，其新建方法是：在“创建新元件”对话框的“类型”下拉列表框中选择“按钮”选项即可，如图 6-12 所示。

与其他两种元件相比，按钮元件的“时间轴”面板有所不同，其主要分为 4 个帧，分别是弹起、指针经过、按下和点击，如图 6-13 所示。在这 4 个帧中分别添加关键帧，然后添加不同的内容，即完成按钮元件的制作。下面分别介绍各个帧的作用。

- **弹起帧**：没有进行任何操作时所显示的帧，所谓弹起，是指该按钮并未被按下或者有其他的操作时所呈现的状态。
- **指针经过帧**：如果在弹起帧和指针经过帧中分别添加不同的图像时，则当鼠标指针移动到该按钮上时，按钮的外观将会自动改变为指针经过帧中所包含的图像。
- **按下帧**：当按下鼠标按键时所呈现的外观。
- **点击帧**：在点击帧中，无论放置任何样式的图片，都会在最终的效果中呈现，该帧的作用是用于设置按钮的反映区域，即对鼠标的反映区域。如前面 3 个帧中的图形都只有 10×10 像素大小的图片，但在点击帧中添加一个 100×100 像素的图片，则该按钮的反映区域也会有 100×100 像素的大小。

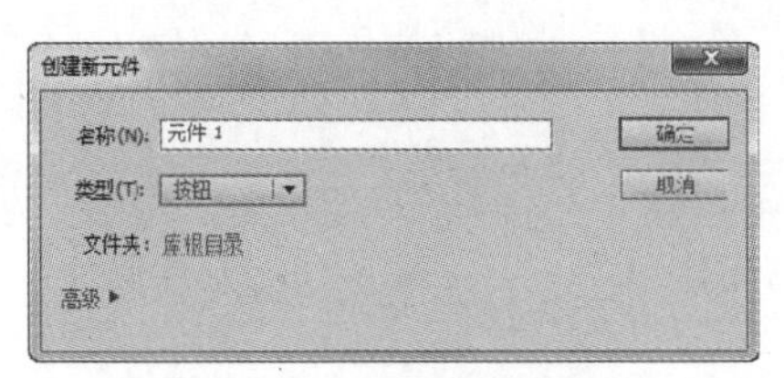

图 6-12 新建按钮元件

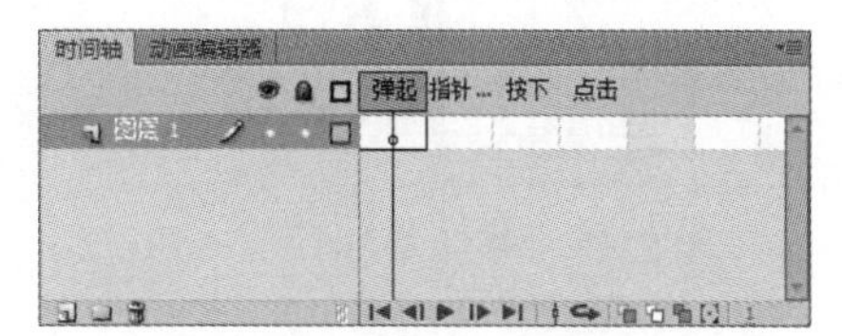

图 6-13 按钮元件的时间轴

3. 新建图像元件

图像元件的新建方法与新建影片剪辑元件的方法类似，在“创建新元件”对话框的“类型”下拉列表框中选择“图形”选项即可。但需要注意区分图像元件和影片剪辑元件的异同之处，其他导入素材或者新建图层等操作均是相同的。

6.3.2 通过转换创建元件

除了新建元件外，还可以直接在场景中选择已经绘制或导入的图像，然后通过转换的方式创建新的元件。

通常将场景中的对象转换为元件的方法有两种，一种是选择对象后，按“F8”键，然后在打开的“转换为元件”对话框中输入新元件的名称和设置元件的类型即可；另一种是选择对象后，在元件上右击，在弹出的快捷菜单中选择“转换为元件”命令，然后在打开的“转换为元件”对话框中设置相应的内容即可，如图 6-14 所示。

无论是在主场景中还是在元件的场景中，选择任意的图片或元件实例，然后按“F8”键或使用鼠标命令，都可以创建新的元件。

6.3.3　修改元件类型

修改元件的类型是在创建元件后，在影片剪辑、按钮元件和图像元件间互相转换的操作，其方法是：选择【窗口】/【库】命令，在打开的“库”面板的“项目”栏中选择需要修改的元件，如图 6-15 所示，在元件上右击，在弹出的快捷菜单中选择“属性”命令，在打开的“元件属性”对话框中重新选择元件的类型，然后单击 确定 按钮，如图 6-16 所示，完成元件类型的修改。

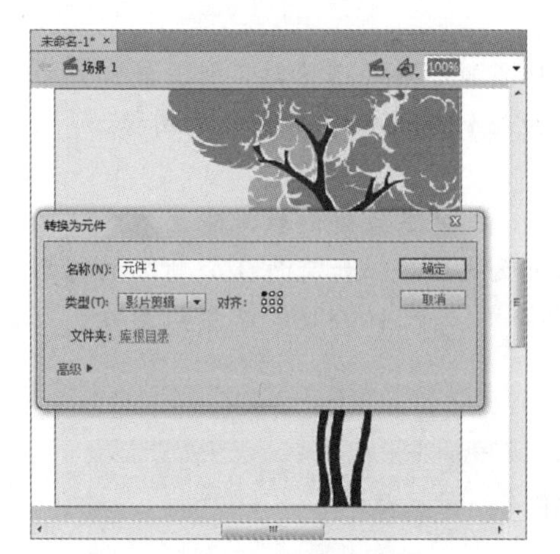

图 6-14　转换为元件

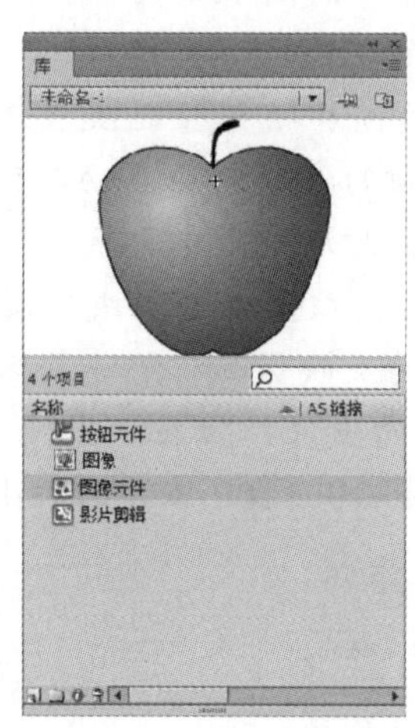

图 6-15　选择元件

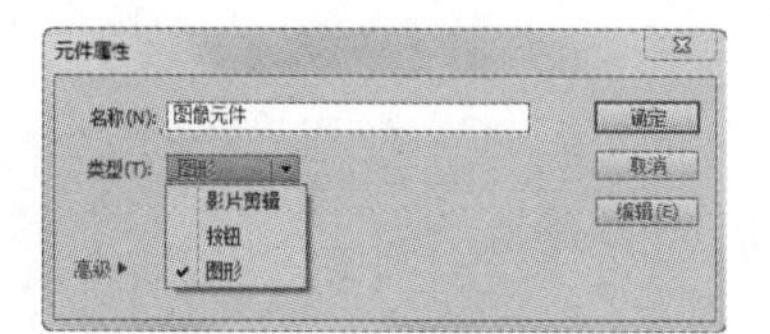

图 6-16　元件属性

6.4　元件的编辑操作

元件的编辑操作除了包括修改大小、复制和移动等常规的操作外，还包括一些对元件本身进行的编辑处理，以及对元件实例进行修改和设置的操作，只有通过对事例的修改，才能使元件更丰富多彩。

6.4.1　编辑元件

在创建了元件之后，除了可以修改元件的类型外，还能对元件的内容进行编辑，如替换其中的图像或添加其他的图像或动画等。对元件进行编辑的方法如下。

- **直接编辑**：选择“库”面板中的元件并右击，在弹出的快捷菜单中选择“编辑”命令，即可在打开的窗口中进行编辑。
- **在当前位置编辑**：如果将创建的元件使用于场景中，则可在场景中双击该元件，或在该元件上右击，在弹出的快捷菜单中选择“在当前位置编辑”命令，即可在场景的当前位置进行编辑。在这种编辑模式下，可以看见背景以及编辑后该元件在场景

“库”面板是管理素材和元件的一个面板，这也是在使用 Flash 的过程中非常重要的一个面板，其具体的作用将会在后面的章节中进行讲解。

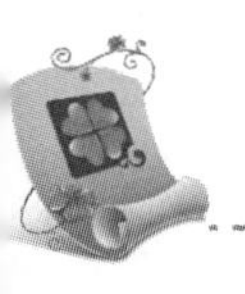

中的显示状态。

6.4.2　交换元件

交换元件是指将元件应用于场景后，将场景中的元件实例通过交换元件的方式，替换为其他的元件，其方法是：选择实例后右击，在弹出的快捷菜单中选择“交换元件”命令，打开如图 6-17 所示的对话框，然后在其中选择其他的元件，最后单击 确定 按钮，完成元件的交换。

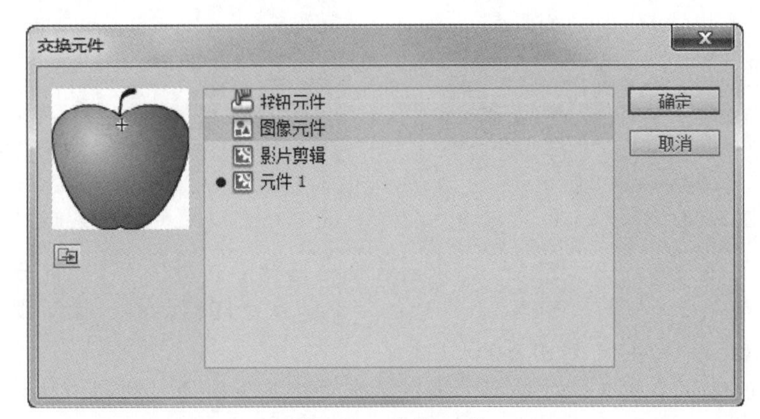

图 6-17　交换元件

6.4.3　设置元件的色彩效果

对元件实例的大小和位置等进行修改的方法和普通对象相同，而在对元件实例进行设置的过程中，除了修改大小外，还能直接修改元件实例的颜色，并且对元件的实例进行任何操作都不会影响元件本身，所以在对元件实例中进行编辑操作时，适当添加一些色彩，便能使同一个元件呈现出多种不同的色彩效果。

为了方便修改实例的色彩，在实例的“属性”面板的“色彩效果”栏中包含了一个“样式”下拉列表框，通过该下拉列表框中的不同选项，便能轻松地设置多样色彩。

实例6-2　设置元件实例的色彩

下面将打开“热气球.fla”文档，并对该场景中的热气球分别设置亮度、色调、高级和 Alpha 等多种不同的色彩效果。

光盘\素材\第 6 章\热气球.fla
光盘\效果\第 6 章\热气球.fla

1. 打开“热气球.fla”文档，此时文档中已经包含了由同一个元件创建的 5 个实例，如图 6-18 所示。
2. 选择在上方的第一个热气球，打开“属性”面板，在“色彩效果”栏的“样式”下拉

选择元件的实例后，按“Ctrl+B”快捷键，可以将实例分离，当对实例进行分离操作后，实例将会变为普通的对象，不再受到元件的约束。

列表框中选择“亮度”选项，然后拖动“亮度”选项的滑块，使其值为“-45%”，表示降低实例的亮度，如图 6-19 所示。

图 6-18　打开文档

图 6-19　设置亮度

3 选择第二个热气球，在“样式”下拉列表框中选择“色调”选项，并分别通过拖动滑块，将“色调”设置为“54%”、将“红”设置为“198”、将“绿”设置为“0”、将“蓝”设置为“174”，如图 6-20 所示。

4 选择左下的第一个热气球，选择“高级”选项，并分别通过拖动滑块将“红”、“绿”、“蓝”分别设置为“-73%”、“87%”和“-39%”，如图 6-21 所示。

5 选择中间的热气球，并选择“Alpha”选项，将该值设置为“50%”，使其呈现为半透明的样式，完成对实例色彩的修改，效果如图 6-22 所示。

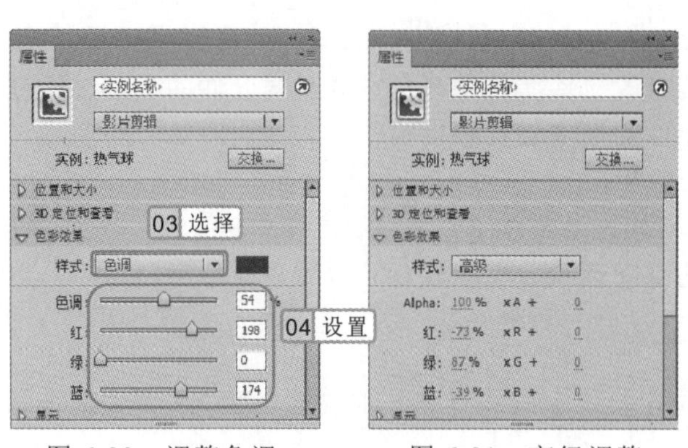

图 6-20　调整色调　　图 6-21　高级调整

图 6-22　最终效果

6.4.4　设置混合模式

混合也是元件实例的一种属性，混合模式是一种复合对象，通常用于两个或两个以上的对象在重叠时所呈现的效果，这也是使元件变得更丰富的一种常用的方法。

混合模式只能用于影片剪辑或按钮的元件实例，不能用于图形元件的实例，所以需要设置混合效果时，首先应该注意元件的类型。

1. 混合模式的使用方法

对元件实例使用混合模式的操作很简单，只需要选择实例后，在“属性”面板的“显示”栏中，通过选择“混合”下拉列表框中不同的选项便可实现，并且这个过程不需要设置数值。在“混合”下拉列表框中包含了多种不同的混合模式，如图 6-23 所示。

使用混合模式，不仅会因为选择的混合模式不同而得到不同的效果，同时会根据所叠加对象的颜色不同，产生不同的混合效果。如图 6-24 所示为对热气球分别使用了不同的混合模式产生的效果，其中最右侧的两个同样是叠加效果，却因为背景不同而效果不同。

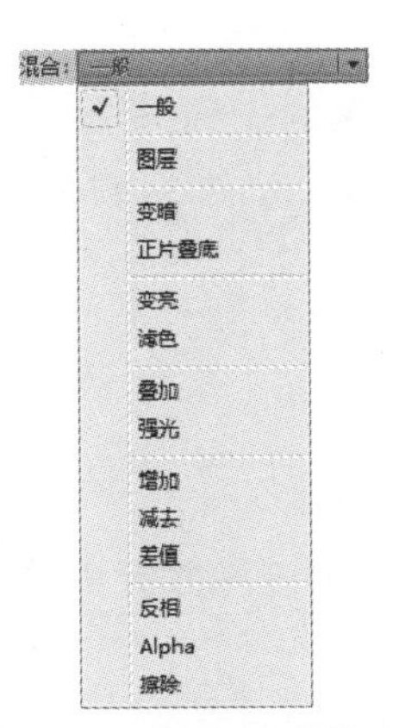

图 6-23　多种混合模式

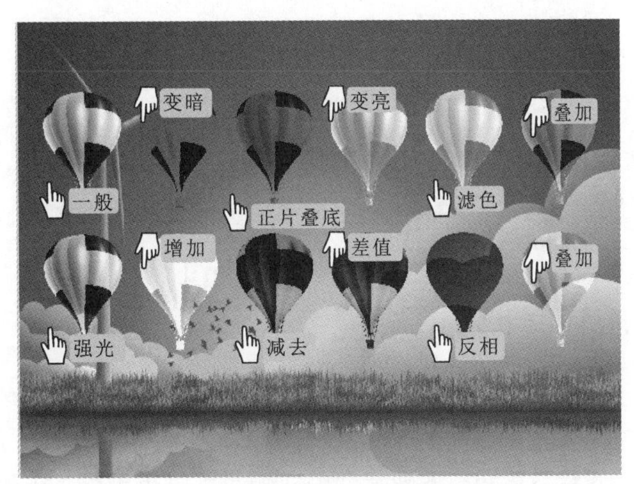

图 6-24　不同的混合效果

2. 不同的混合模式

不同的混合模式，效果自然都不相同，下面分别对其进行介绍。

- **一般**：表示未使用混合模式，为原始的状态。
- **图层**：可以层叠各个影片剪辑，而且不影响其颜色。
- **变暗**：将实例中颜色相对背景较亮的部分进行替换，而对较暗的部分则不改变。
- **正片叠底**：去除实例中白色的部分，使纯白色变为透明，黑色则为不透明，若是灰白色则为半透明。
- **变亮**：与变暗相反，将实例中颜色相对背景较暗的部分进行替换，对较亮的部分则不改变。
- **滤色**：与正片叠底相反，滤色是去除黑色的部分，使纯黑色变为透明，白色则为不透明，灰白色则为半透明。
- **叠加**：可以复合或过滤颜色，其结果取决于所叠加部分的颜色。
- **强光**：作用效果如同覆盖了一层色调强烈的光，根据实例中不同区域的亮度值，其结果也有所不同。
- **增加**：使实例中颜色的值与背景图像中颜色的值进行相加处理，通常会使图像变得

在场景中选择多个元件实例后，再设置混合模式，可以同时为多个元件实例设置相同的混合模式。

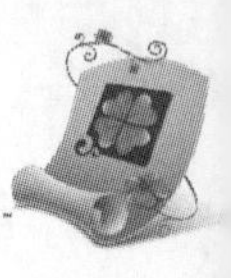

更亮。

- **减去**：使实例中颜色的值与背景图像颜色值进行减去处理，通常会将图像变暗。
- **差值**：使用差值，首先会根据实例的颜色和背景的颜色，用较亮的部分减去较暗的部分，其结果为暗色区域将保留下面的颜色，而白色的区域则会反转下面的颜色。
- **反相**：反相模式是使用实例图像反转背景图像，使背景图像的颜色进行反转显示，类似于以前彩色照片的底片。
- **Alpha**：使实例变得透明。
- **擦除**：可以删除所有基准颜色像素，包括背景中的基准颜色像素。

6.5 滤镜

滤镜是通过对对象使用一定的规则，对其添加特殊效果的一种方法，通过滤镜的添加，可以添加一些色彩样式以及混合模式所无法达到的特殊效果，使实例所呈现的效果更加丰富多彩。

6.5.1 什么是滤镜

滤镜特效，简单来说便是为目标图像添加特定效果的一种方法，通过这种效果的添加，从而得到完全不同的效果。

滤镜不能用于图形元件的实例，可以用于影片剪辑和按钮元件的实例。另外，直接在场景中输入的文字，也可以直接使用滤镜特效。

6.5.2 多种滤镜效果

滤镜效果包括很多种，除了可以使用插件进行扩充外，Flash 软件自身便带有模糊、发光、斜角、渐变发光和渐变斜角等多款滤镜，这些滤镜的使用方法都类似，都可以通过分别对滤镜中各项值的调整得到不同的效果。下面对滤镜效果分别进行介绍。

- **“投影”滤镜**：可模拟对象向一个表面投影的效果，使用该滤镜可以分别调整投影的模糊效果、品质、角度、距离和颜色等。
- **“模糊”滤镜**：可以柔化对象的边缘和细节，使其变得模糊，而且可以调整模糊的大小及品质。
- **“发光”滤镜**：可以为对象的整个边缘添加颜色，以制造出发光的效果，对于制作霓虹灯文字非常有用，使用该滤镜可以调整发光的模糊程度以及发光的颜色。
- **“斜角”滤镜**：类似于“发光”滤镜，所不同的是“斜角”滤镜是按照设置的角度和颜色，对图像的两侧分别添加不同的颜色。在该滤镜的“类型”下拉列表框中包含内侧、外侧和全部 3 个选项，分别用于创建内斜角、外斜角或完全斜角。
- **“渐变发光”滤镜**：可在发光表面产生带渐变颜色的发光效果。渐变发光要求选择

滤镜的使用，虽然可以为实例或文字添加丰富多彩的特殊效果，但也不要刻意使用，在一个 Flash 动画中如果包含太多的滤镜，可能在最后播放动画时，会造成一定的卡顿，反而降低动画的品质。

一种颜色作为渐变开始的颜色，所选颜色的Alpha值为“0”，且颜色位置无法移动，但可改变其颜色。

- **“渐变斜角”滤镜**：可产生一种类似于浮雕的效果，使对象看起来好像从背景上凸起，且斜角表面有渐变颜色。
- **“调整颜色”滤镜**：可分别调整亮度、对比度、色相和饱和度，根据这几个值所调整的数值不同，其颜色将会发生多种变化。

6.5.3 滤镜的使用

滤镜的使用是在“属性”面板中进行的，选择实例或文字后，在“属性”面板的“滤镜”栏中通过添加滤镜便能完成滤镜的使用。

实例6-3 为元件添加多种滤镜

下面将为“小熊.fla”文档中的小熊元件实例添加“投影”和“调整颜色”滤镜，以改变小熊的色调，并添加阴影效果。

参见光盘 光盘\素材\第6章\小熊.fla
光盘\效果\第6章\小熊.fla

1. 打开“小熊.fla”文档，选择“小熊”元件实例，打开“属性”面板，然后在“滤镜”栏左下角单击“添加滤镜”按钮，在弹出的下拉列表中选择“投影”选项，如图6-25所示。
2. 此时，将会自动为小熊添加一个“投影”效果，如图6-26所示。

图6-25 选择“投影”选项

图6-26 “投影”滤镜

3. 在“投影”滤镜的设置项中，分别对模糊、强度、品质、角度以及距离进行修改，改变阴影的效果，如图6-27所示。
4. 使用相同的方法，再添加一个“调整颜色”滤镜，并分别对“调整颜色”滤镜中的各个值进行修改，以改变实例的色彩，如图6-28所示，完成滤镜的添加。

操作提示

添加并设置了一个滤镜后，单击“滤镜”栏左下角的“预设”按钮，可以将该滤镜当前的值保存为默认值，若需要复制和粘贴滤镜，则可以单击“剪贴板”按钮。另外，单击“启用或禁用滤镜”按钮，可以在不删除滤镜的情况下启用或禁用滤镜。

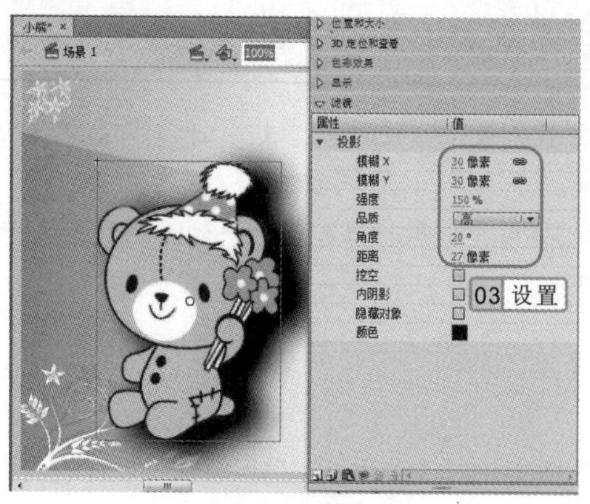

图 6-27 设置投影效果

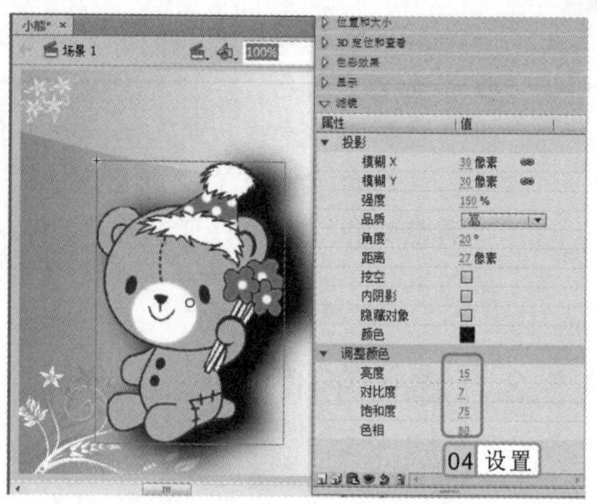

图 6-28 “调整颜色”滤镜

6.6 集中管理素材和元件的库

前面讲解的素材以及元件的使用，这些知识都是 Flash 动画制作中所必不可少的元素，“库”的作用便是为了存储这些元素，并且可以通过“库”来方便地管理以及使用这些元素。下面将进行详细介绍。

6.6.1 认识“库”面板

“库”面板最大的作用是管理 Flash 文档中的所有素材，并且在“库”面板中，不同的素材均会呈现不同的外观，使得在使用这些素材时更为方便，如图 6-29 所示。“库”面板中各选项的功能如下。

- **选择库**：如果同时打开了多个 Flash 文档或多个库，在其中即可通过该下拉列表框进行选择。
- **预览框**：在下面项目栏中选择“库”面板中的项目后，便可在该窗口中进行预览，如果选择项目是声音素材、已经添加了动画的影片剪辑元件以及已经添加了动画的图形元件，则会在该预览窗口的右上角出现“播放”按钮和“停止”按钮，单击“播放”按钮可以播放声音或预览动画效果。
- **搜索框**：在该文本框中输入名称，可以搜索该库中符合的项目。
- **项目栏**：所有的素材、元件和视频等都包含在该栏中。
- **控制按钮**：包含 4 个按钮，分别是“新建元件”按钮，单击该按钮可以打开“创建新元件”窗口；“新建文件夹”按钮，单击该按钮可以在项目栏中新建一个文件夹；“属性”按钮，选择项目后单击该按钮可以对该项目的属性进行修改；“删除”按钮，选择项目后，单击该按钮可以删除项目。

单击“选择库”下拉列表框后面的“新建库面板”按钮，可以新建一个“库”面板，这通常用于在 Flash 中打开多个文档，有利于不同文档中的元素共享。

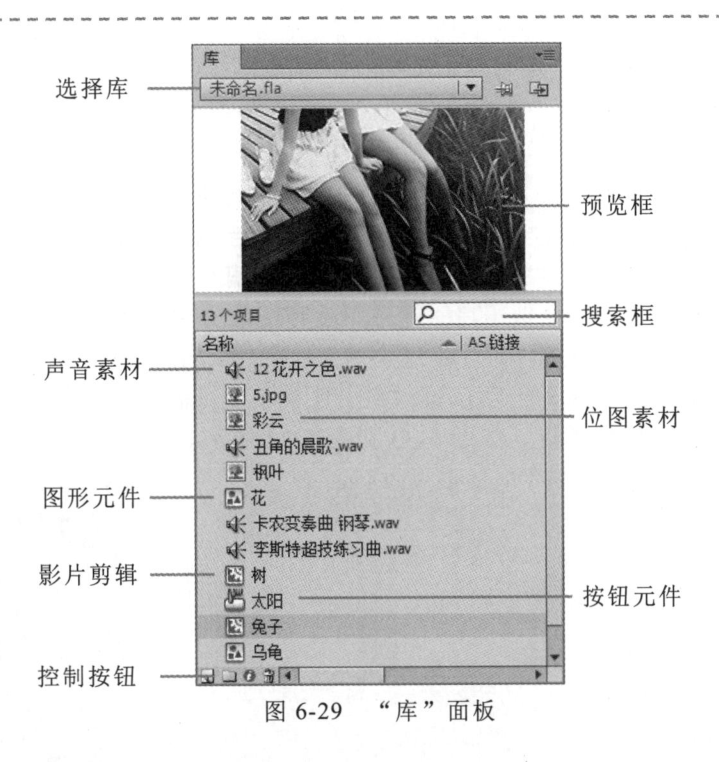

图 6-29　“库”面板

6.6.2　使用库中的项目

在 Flash 中，无论以何种方式导入素材或者创建元件，其导入的素材和创建的元件都会存放在“库”面板中，通过“库”面板，便能将这些项目多次重复用于场景中。

使用“库”面板中项目的方法比较简单，在“库”面板中选择某元素后，按住鼠标左键不放，将其拖动至场景中，如图 6-30 所示，当达到合适位置后，释放鼠标左键，所选择的项目将置于该位置，如图 6-31 所示。

图 6-30　拖动项目

图 6-31　使用库中的项目

若一个影片剪辑元件中包含所有动画内容，则在“库”面板中选择该元件后，“预览框”右上角将会出现一个▶按钮，单击该按钮，可以在预览框中预览动画效果。

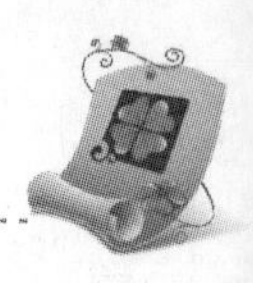

6.6.3　库的文件夹

库的文件夹对于 Flash 动画本身并没有任何影响，无论使用与否，都不会直接影响最终的动画结果，但在制作动画的过程中，库文件夹还是会经常使用的，尤其是在制作较复杂的动画时，合理地使用库文件夹，对管理库中的项目有很大帮助。

文件夹的使用比较简单，类似于在时间轴中使用图层文件夹的操作。只需要单击“库”面板中的“新建文件夹”按钮，即可新建一个未命名的文件夹，如图 6-32 所示。直接输入文件夹的名称后，若需要将部分项目移动到文件夹中，只需要选择项目后，再将其拖动到文件夹中，最后释放鼠标即可，如图 6-33 和图 6-34 所示。

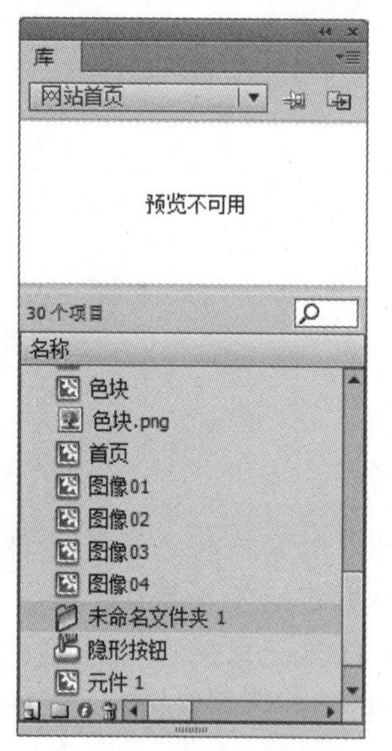

图 6-32　新建文件夹

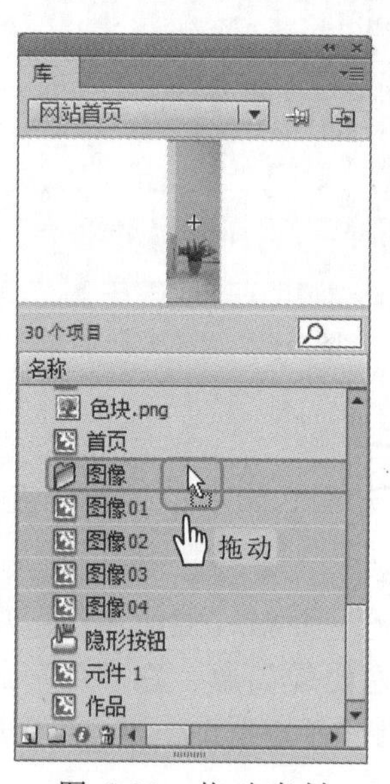

图 6-33　拖动素材

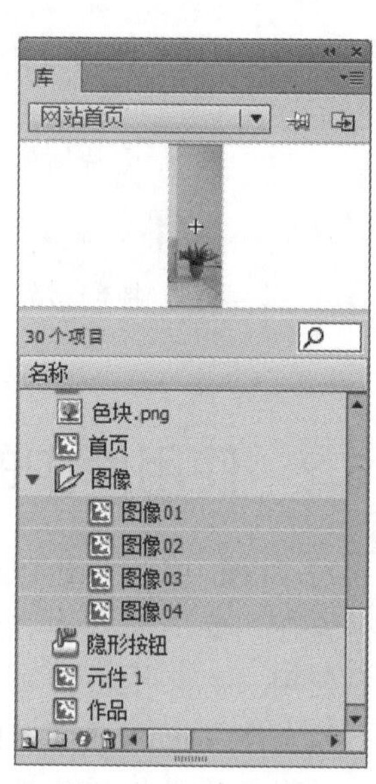

图 6-34　完成移动

6.6.4　外部库和公用库

使用外部库就是使用其他文档的库，并可将其中的项目用于当前的文档中，这样便能方便地调用其他文档中的素材，通过这种调用，可以快速地使用一些现成的元素，有利于减少动画制作的工作量。

外部库通常有两种，一种是已经保存好的 Flash 文档中的库，还有一种是 Flash 软件自带的库。其中，使用其他文档的库的方法是：选择【文件】/【导入】/【打开外部库】命令，然后在打开的“作为库打开”对话框中选择需要的 Flash 文档，并单击打开(O)按钮即可，打开后的“库”面板如图 6-35 所示。

公共库的使用与外部库相同，只是打开的方法不同，公共库提供了按钮、声音和类，选择【窗口】/【公用库】命令，然后在弹出的子菜单中选择需要的库，便能将其打开，如图 6-36 所示为按钮库。

与其他面板不同，“库”面板可以打开多个，所以在需要使用外部库时，完全不用担心因为打开了外部库而遮挡了文档本身的库。

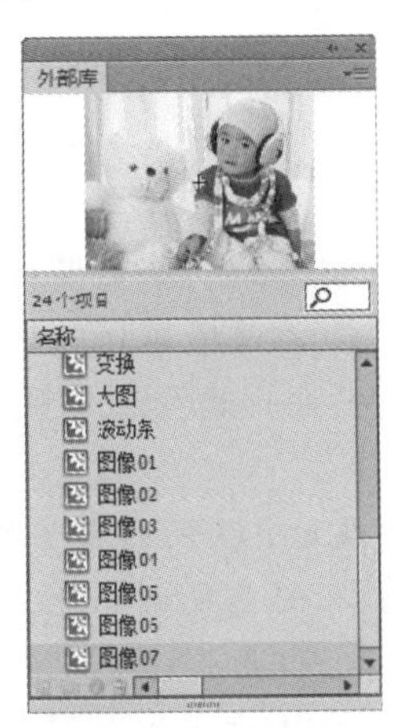

图 6-35　外部库

图 6-36　公共库

6.7　基础实例——制作度假村海报

本章主要讲解了素材、元件以及库的使用方法，并在使用的过程中详细介绍了一些常见的设置方法。下面就综合本章学习的内容，制作一个度假村的海报。

无论是制作什么样的 Flash 动画，素材的使用一直都是一个不可忽视的问题，越精致的动画，可能在素材的准备和使用上越耗费时间。在本例中，将会通过素材、文字的组合来创建出一幅完整且漂亮的海报，其最终效果如图 6-37 所示。

图 6-37　度假村海报

在“库”面板中，按住“Shift”键，同时选择多个元件，然后再进行拖动，可以快速地将多个元件应用到场景中。

6.7.1 行业分析

海报是广告的一种，同广告一样是面向广大群众报道或介绍一些需要传播的内容，具有向群众介绍某一物体、事件的特性。使用 Flash 制作广告，是最常用的方法之一，除了常见的动画式广告外，一些常见的 DM 单页的静态广告或者海报也可以利用 Flash 来制作，另外，海报还具有以下特点。

- **宣传性**：海报是广告的一种。有的海报加以美术的设计，以吸引更多的人加入活动。海报可以在媒体上刊登、播放，但大部分是张贴于人们易见到的地方，其广告性色彩极其浓厚。
- **商业性**：海报是为某项活动做的前期广告和宣传，其目的是让人们参与其中，演出类海报占海报中的大部分，而演出类广告又往往着眼于商业性目的。当然，学术报告类的海报一般是不具有商业性的。

6.7.2 操作思路

为更快完成本例的制作，并且尽可能运用本章讲解的知识，本例的操作思路如下。

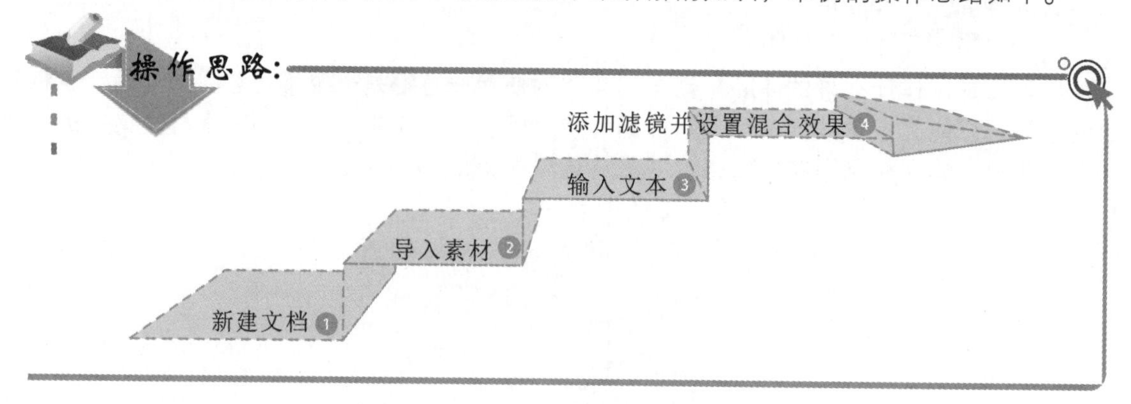

6.7.3 操作步骤

下面根据操作思路，完成度假村海报的制作，其操作步骤如下：

光盘\素材\第 6 章\背景.fla、座椅.fla、剪影.psd
光盘\效果\第 6 章\度假村海报.fla
光盘\实例演示\第 6 章\制作度假村海报

1. 启动 Flash，新建一个大小为 400×600 像素的空白文档，选择【文件】/【导入】/【打开外部库】命令，在打开的“作为库打开”对话框中选择“背景.fla”文档，单击 打开(O) 按钮，如图 6-38 所示，打开该文档的库。
2. 使用相同的方法，将“座椅.fla”文档的库也作为外部库打开，如图 6-39 所示。

需要其他文档中的素材时，也不是一定要打开外部库，也可以直接打开目标文档，然后在其中直接选择需要的素材，进行复制即可。

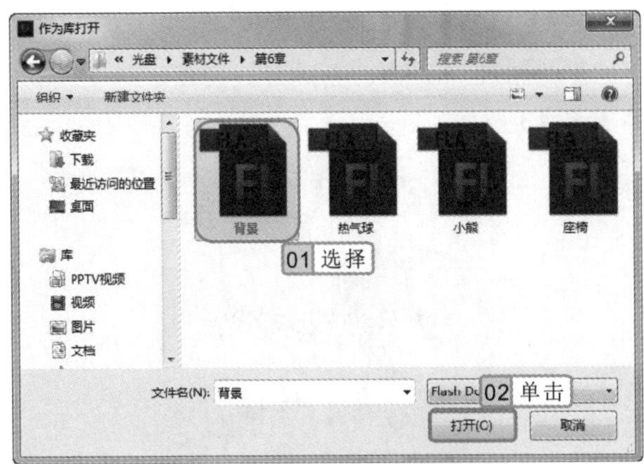

图 6-38　选择文档

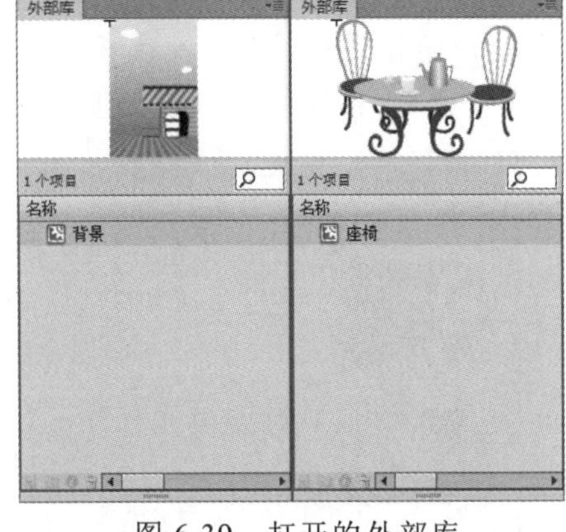

图 6-39　打开的外部库

3 选择“背景.fla”文档的外部库中的“背景”元件，并将该元件拖动至场景中，创建一个背景元件的实例，然后新建一个“图层 2”，使用相同的方法，将“座椅.fla”文档中的“座椅”元件拖动至场景中，如图 6-40 所示。

4 选择【文件】/【导入】/【导入到舞台】命令，选择“剪影.psd”文档，然后在打开的“将‘剪影.psd’导入到舞台”对话框中，取消选中剪影文档中的“背景”图层，单击 确定 按钮，导入文档中的“头像”图层，如图 6-41 所示。

图 6-40　创建实例

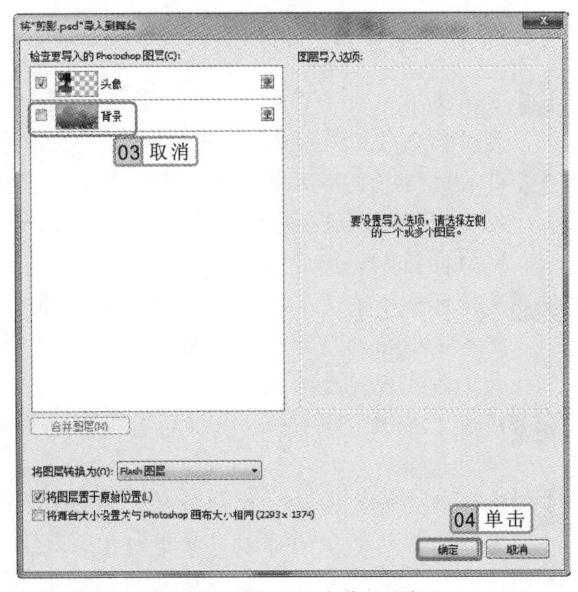

图 6-41　导入“头像”图层

5 在场景中选择导入的“头像”，打开“变形”面板，将该头像的大小设置为“20%”，并移动至场景的左上角，如图 6-42 所示。

6 新建一个“图层 4”，选择“文本工具” T，在文本工具的“属性”栏中将字体设置为“方正琥珀简体”、大小设置为“25”、颜色为“红色（#FF0000）”的传统水平文本，

如果导入的 PSD 或 AI 文档中的图层太多，而只需要其中的一两个图层时，可以按住“Alt”键，不全选图层，然后再依次选择需要的图层即可。

最后在场景中输入“望海之时”文本。

7 使用同样的设置，再次在场景中输入“自然相拥”文本，完成后，使用“任意变形工具”适当调整文本的方向，效果如图6-43所示。

图6-42 调整头像

图6-43 输入文本

8 继续使用“文本工具”T，将字体设置为“汉仪雪峰体简”、大小设置为“60”、颜色为“黄色（#FFFF00）”的传统水平文本，在场景中输入“圣菲”文本。

9 再次使用“文本工具”T，并将字体设置为“黑体”、大小设置为“17”、颜色为“白色（#FFFFFF）”的传统垂直文本，在场景中输入“度假村”文本，最后调整各行文字的位置，完成后效果如图6-44所示。

10 选择场景中的“头像”，然后按“F8”键，在打开的“转换为元件”对话框的“名称”文本框中输入新元件的名称“头像”，选择元件类型为影片剪辑后单击确定按钮，将所选的头像转换为元件。

11 按住“Shift”键不放，选择所有输入的文字，然后使用相同的方法，将其转换为“文字”元件。

12 选择“头像”实例，在“属性”面板的“显示”栏中将混合模式设置为“叠加”，改变“头像”实例的外观，效果如图6-45所示。

13 选择“文字”元件，在“属性”面板的“滤镜”栏中添加一个模糊为“12”、强度为“400%”、品质为“高”，角度为“45°”的“投影”滤镜，如图6-46所示。

14 为文字添加滤镜后，再在“属性”面板的“显示”栏中将“文字”实例的模式设置为“叠加”，完成最终效果的制作。

用户在设置字体时，可以根据需要随意选择满意的字体，也可以通过网络下载需要的字体。

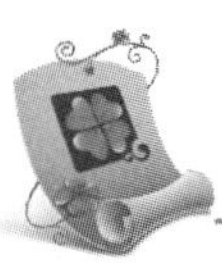

图 6-44 输入并调整文本

图 6-45 设置混合模式

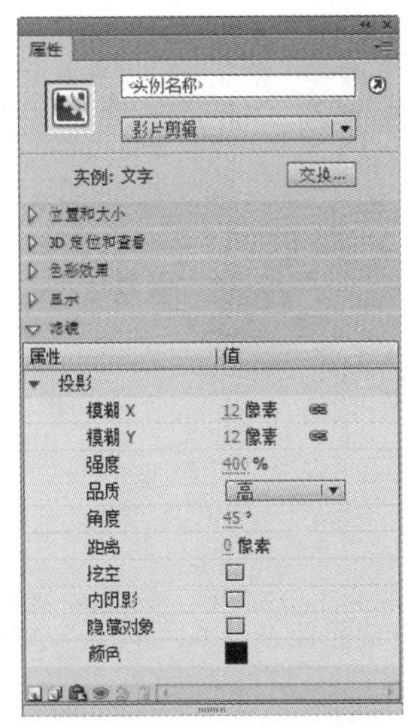

图 6-46 添加滤镜

6.8 基础练习——组合素材构成美丽小镇

本章的主要内容是素材和元件的使用，并讲解了用于管理素材和元件的“库”面板，熟练地掌握本章的知识，在提高动画制作的效率方面将有很大的提升。

本次练习将“树.ai”、“卡通小镇.fla”和“太阳.jpg”3 种完全不同的素材在 Flash 的场景中进行组合，通过这种简单地直接将素材进行快速的组合，来构成一幅完整且漂亮的画面，效果如图 6-47 所示。

图 6-47 小镇

在导入文档素材时，最好不要直接将文档素材中的元素导入到场景中，正确的做法是首先新建元件，然后再导入文档素材，这样在使用以及管理方面都比较方便。

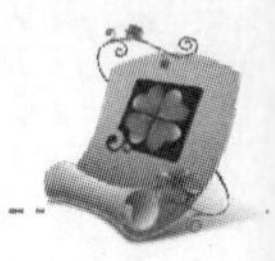

光盘\素材\第 6 章\卡通小镇.fla、树.ai、太阳.jpg
光盘\效果\第 6 章\小镇.fla
光盘\实例演示\第 6 章\组合素材构成小镇

该练习的操作思路如下。

设置“太阳”实例混合效果为“正片叠底” ④

导入“太阳.jpg”图像并在场景中组合元件 ③

打开“卡通小镇.fla”的外部库 ②

新建元件并导入“树.ai”文档 ①

6.9 知识问答

素材和元件的使用虽然十分便利，不过在最开始使用的过程中，难免会遇到一些问题，除了本章所讲解的内容外，下面将介绍在使用素材和元件的过程中常见的问题及解决方案。

问：在使用图片素材时，发现部分图片素材并不完美，这时应该如何对这张图片进行修改呢？

答：Flash 本身对位图素材的编辑作用比较有限，对 Photoshop 软件熟悉的用户可以使用 Photoshop 对位图图像进行处理。在 Flash 软件中，如果需要对位图素材进行编辑，可以在“库”面板中或场景中选择位图素材，然后右击，在弹出的快捷菜单中选择“使用 Adobe Photoshop CS6 编辑”命令，即可启动 Photoshop，并打开所选择的位图图像。当在 Photoshop 中对位图编辑完成后，直接保存该位图，Flash 中所对应的位图也会随之改变。

问：在制作动画的过程中，导入了许多素材和元件，但最后这些素材和元件都因为效果不好而未使用，这种情况应该怎么处理呢？

答：文档中大量未使用的素材和元件，不仅不利于在“库”面板中管理素材，也会增加文档的大小，不利于保存，这就需要删除这些未使用的素材和元件。在动画制作完成后，单击“库”面板右上角的按钮，在弹出的下拉列表中选择“选择未用项目”选项，即可快速地选出所有未使用的项目，然后按“Delete”键，便能直接将其删除。

在组合素材的练习中，“太阳”图片的背景本身为白色，明显不能与背景融合，而“正片叠底”的作用正是去除白色的部分，所以在这里可直接使用“正片叠底”的方式，省去了抠图的步骤。

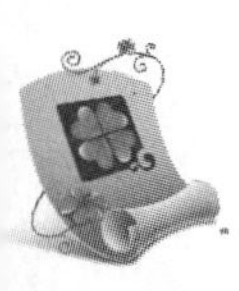

知识关联　位图和矢量图的互换

通过导入而获得的图像素材通常都是位图，而 Flash 并不能直接对位图进行编辑处理，虽然可以通过 Photoshop 进行编辑，不过使用 Photoshop 也比较麻烦，所以在需要时，可以将位图转换为矢量图，然后就可以使用 Flash 中各类编辑工具对其进行编辑处理了。

将位图转换为矢量图的方法是：在场景中选择位图，选择【修改】/【位图】/【转换位图为矢量图】命令，在打开的“转换位图为矢量图”对话框中分别设置其中的“颜色阈值”、“最小区域”等选项，最后单击 确定 按钮即可。

要将矢量图转换为位图的操作是选择矢量图后，选择【修改】/【转换为位图】命令即可直接将矢量图转换为位图。

对 Photoshop 不熟悉或者没有安装此软件的用户，也可以通过操作系统自带的画图程序对图片进行简单的修改，修改完成后重新导入图片素材即可。

第7章

动画速成方法

制作补间动画

使用动画预设

传统补间动画

快速制作逐帧动画

制作形状补间动画

本章导读

用户掌握了图层编辑和绘制图像的方法后，就可以开始制作 Flash 动画了。为了满足用户的各种需求，Flash 软件中提供了多种动画，如逐帧动画、形状补间动画、传统补间动画和补间动画等，供用户选择使用。下面就将讲解各种动画的制作方法。

7.1 逐帧动画的制作

逐帧动画是在时间轴上以关键帧的形式逐帧绘制帧内容而形成的动画，是按照一帧一帧的顺序来播放画面。在很多 Flash 动画中，常常会看到一些动画人物在眨眼、口形在变化等，这就是利用逐帧动画实现的。

7.1.1 逐帧动画的制作技巧

逐帧动画的制作原理简单，是按照一帧一帧的顺序来播放画面，因此，逐帧动画具有非常大的灵活性，但制作过程比较复杂，需要对其基础知识和制作技巧进行了解。

1. 逐帧动画简介

制作逐帧动画时需要在动画的每一帧中创建不同的内容。当动画播放时，Flash 就会一帧一帧地显示每帧中的内容。逐帧动画有如下特点：

- 逐帧动画中的每一帧都是关键帧，每个帧的内容都需要手动编辑，工作量很大，但其优势也很明显，因为它和电影播放模式非常相似，很适合制作很细腻的动画，如人物或动物急剧转身等效果。
- 逐帧动画由许多单个关键帧组合而成，每个关键帧均可独立编辑，且相邻关键帧中的对象变化不大。
- 逐帧动画的文件较大，不利于编辑。

2. 逐帧动画制作技巧

在制作逐帧动画的过程中，通过运用一定的制作技巧，可以快速地提高制作逐帧动画的效率，也能使制作的逐帧动画的质量得到大幅度提高。

（1）预先绘制草图

如果逐帧动画中对象的动作变化较多，且动作变化幅度较大（如人物奔跑等），在制作这类动画时，为了确保动作的流畅和连贯，通常应在正式制作之前绘制各关键帧动作的草图，在草图中大致确定各关键帧中图形的形状、位置、大小以及各关键帧之间因为动作变化而需要产生变化的图形部分，在修改并最终确认草图内容后，即可参照草图对逐帧动画进行制作。

（2）修改关键帧中的图形

如果逐帧动画各关键帧中需要变化的内容不多，且变化的幅度较小（如头发的轻微摆动），则可以选择最基本的关键帧中的图形，将其复制到其他关键帧中，然后使用选择工具和部分选取工具，并结合绘图工具对这些关键帧中的图形进行调整和修改。

制作逐帧动画时，关键帧的数量可以自行设定，各个关键帧的内容也可任意改变，只要两个相邻的关键帧上的内容连续性合理即可。

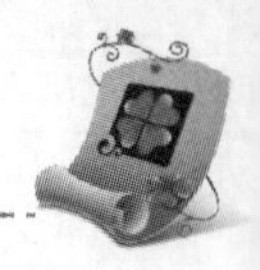

（3）运用绘图纸功能编辑图形

使用“时间轴”面板中提供的绘图纸功能，可以在编辑动画的同时查看多个帧中的动画内容。在制作逐帧动画时，利用该功能可以对各关键帧中图形的大小和位置进行更好的定位，并可参考相邻关键帧中的图形，对当前帧中的图形进行修改和调整，从而在一定程度上提高制作逐帧动画的质量和效率。“时间轴”面板中各按钮的功能及含义如下。

- **“绘图纸外观”按钮**：在“时间轴”面板下方单击按钮，开启“绘图纸外观”功能。按住鼠标左键拖动时间轴上的游标，可以增加或减少场景中同时显示的帧数量。根据需要调整显示的帧数量后，即可在场景中看到选择帧和其相邻帧中的内容。
- **“绘图纸外观轮廓”按钮**：单击该按钮，可将除当前帧外所有在游标范围内的帧以轮廓的方式显示。
- **“编辑多个帧”按钮**：单击该按钮，可对处于游标范围内，并显示在场景中的所有关键帧中的内容进行编辑。
- **“修改标记”按钮**：单击该按钮将打开相应的下拉列表框，在其中可对“绘图纸外观”是否显示标记、是否锚定绘图纸以及对绘图纸外观所显示的帧范围等选项进行设置。

7.1.2 制作逐帧动画

制作逐帧动画，需要将每个帧都定义为关键帧，然后为每个帧创建不同的图像。每个新关键帧最初包含的内容和它前面的关键帧是一样的。制作逐帧动画的方法有几种，下面分别进行介绍。

1. 导入外部图像直接生成动画

将 JPG、PNG 等格式的静态图片连续地导入 Flash 中，就会建立一段逐帧动画。导入外部图像生成动画是制作逐帧动画最简单的方法。

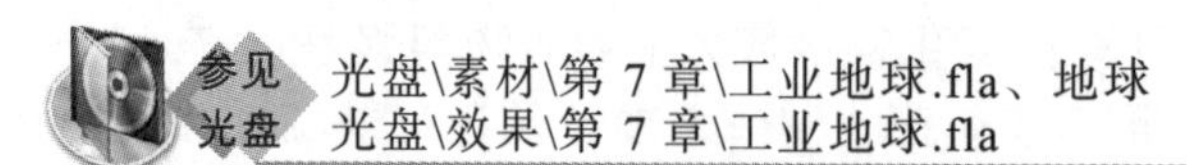

参见光盘
光盘\素材\第 7 章\工业地球.fla、地球
光盘\效果\第 7 章\工业地球.fla

1. 打开“工业地球.fla”文档，选择【文件】/【导入】/【导入到库】命令。在打开的“导入到库”对话框中选择“地球”文件夹中的所有图像，单击 打开(O) 按钮。
2. 选择第 12 帧，按“F6”键插入关键帧。新建“图层 2”，选择第 1 帧。从“库”面板中将“工业地球 1”图像移动到舞台中间。
3. 按“Ctrl+K”快捷键，打开“对齐”面板。选择舞台中的图像，在“对齐”面板中单击按钮和按钮，使图像居中对齐。

导入外部图像直接生成动画时，必须是在当前文件夹中存在多幅名称格式相同，只是尾部序号不同的图片时才会出现，它们被当作一个动画序列来进行导入。

4 选择第 1 帧，按“F6”键，插入关键帧。再按“F7”键插入空白关键帧，如图 7-1 所示。

5 使用制作第 1、2 帧的方法，将“工业地球 2”～“工业地球 6”图像移动到舞台中间，如图 7-2 所示。

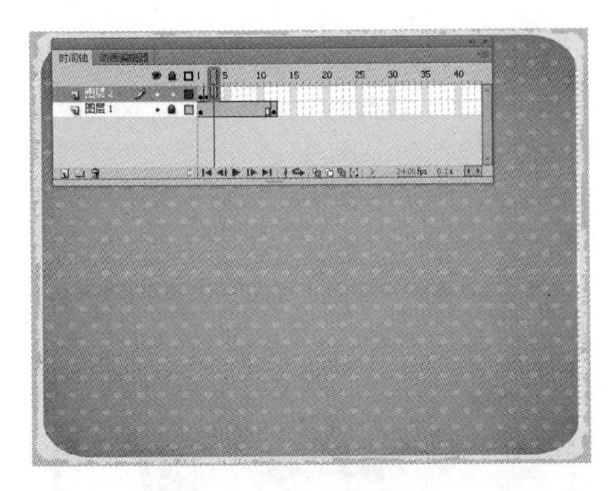

图 7-1 插入空白关键帧

图 7-2 编辑其他帧

6 按“Ctrl+Enter”快捷键测试动画，效果如图 7-3 所示。

图 7-3 最终效果

2．绘制矢量逐帧动画

使用 Flash CS6 的“工具”面板中的各种工具绘制出矢量图像也可制作逐帧动画，如动画中出现的人物在眨眼、口形变化以及写字等一些动画都可以通过绘制矢量逐帧动画来实现。

在第 11 帧中调整形状时，可在“时间轴”面板下方单击□按钮，开启“绘图纸外观”功能，以提高图形绘制的精确度。

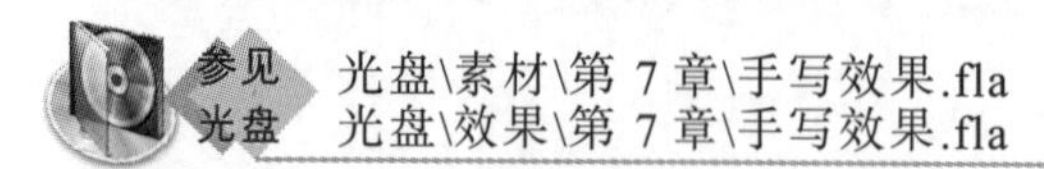

实例 7-2 制作手写效果

参见光盘 光盘\素材\第 7 章\手写效果.fla
光盘\效果\第 7 章\手写效果.fla

1 打开“手写效果.fla”文档，新建“图层 2”，选择第 1 帧，在“工具”面板中选择“文本工具”T，在“属性”面板中设置“系列”、“大小”、“颜色”分别为“汉仪柏青体简”、“300.0”、“暗红色（#990000）”，如图 7-4 所示。

2 在舞台中间单击，输入“春”文字，按两次“Ctrl+B”快捷键，分离文字，效果如图 7-5 所示。

图 7-4 设置文本属性

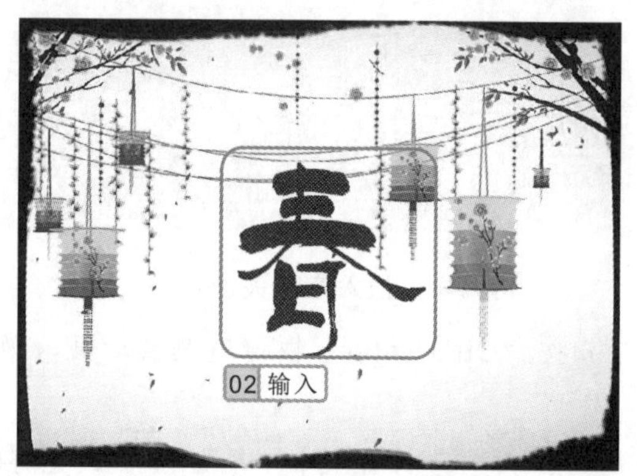

图 7-5 输入文字并分离文字

3 按“F6”键，插入关键帧。在“工具”面板中选择“橡皮擦工具”，将“春”字最后一笔擦除部分，如图 7-6 所示。

4 按“F6”键，插入关键帧。继续使用“橡皮擦工具”，将“春”字最后一笔剩下的部分擦除，如图 7-7 所示。

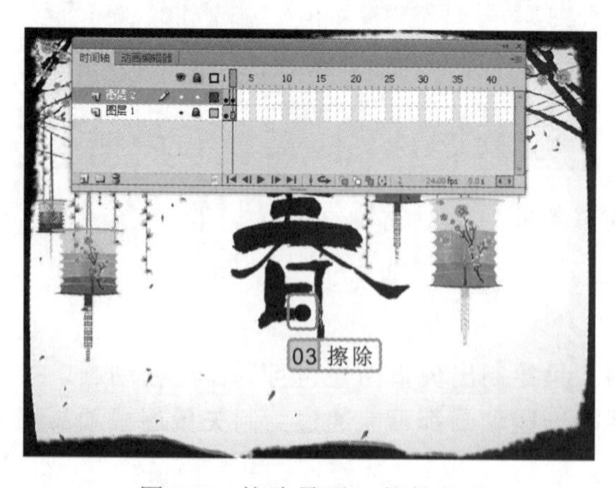

图 7-6 擦除最后一笔的部分

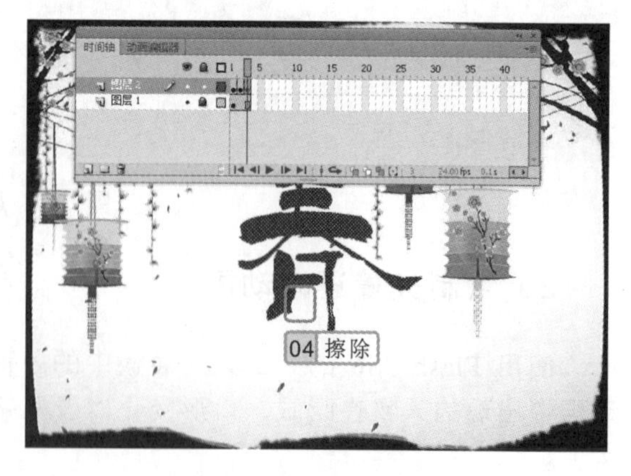

图 7-7 继续进行擦除

5 使用相同的方法，按照书写笔画擦除对应的笔画，直到将所有文字全部擦除。

行家提醒

如果想使制作的动画效果更细腻，可将每次擦除的部分变少。

6 选择“图层 2”中的所有帧并右击，在弹出的快捷菜单中选择“翻转帧”命令。按“Ctrl+Enter”快捷键测试动画，效果如图 7-8 所示。

图 7-8　最终效果

7.2　形状补间动画的制作

在一个关键帧中绘制一个形状，然后在另一个关键帧中更改该形状或绘制另一个形状，Flash 就会根据二者之间的形状来创建动画，这种动画被称为形状补间动画。

7.2.1　形状补间动画的特点

形状补间动画可以实现两个图形之间颜色、形状、大小和位置的相互变化。形状补间动画和运动补间动画的主要区别在于，创建形状补间动画使用的元素是绘制的形状或被打散的图形、文字等。形状补间动画创建完成后，“时间轴”面板中形状补间动画所在的帧的背景色变为绿色，在起始帧和结束帧之间有一个长长的箭头。

在“时间轴”面板中选取创建了形状补间动画的帧后，“属性”面板如图 7-9 所示。下面对“属性”面板中各选项进行介绍。

- **“混合”下拉列表框**：用于设置中间帧形状变化过渡的模式，包括“分布式”和“角形”两种，选择“分布式”选项，则创建的动画中间帧的形状变化过渡得更加自然；选择“角形”选项，创建的动画中间帧的形状会保留明显的角和直线，适合具有锐化转角和直线的混合形状。
- **“缓动”数值框**：用于设置动作运动的速度，在 1～100 的正值之间表示对象运动由快到慢，向运动结束的方向做减速运动；在-100～-1 的负值

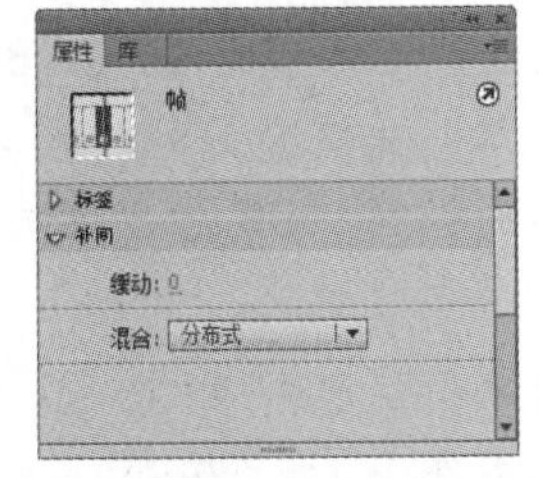

图 7-9　形状补间“属性”面板

在输入文字后若不按“Ctrl+B”快捷键，将不能对文字进行删除。

之间表示对象运动由慢到快，做加速运动；为 0 时表示对象做匀速运动。

7.2.2 制作形状补间动画

为两个帧之间创建形状补间动画后，软件将自行使图像 A 过渡变为图像 B 的效果。形状补间动画在动画制作中经常会用到。

实例 7-3 制作银幕数字变形效果

参见光盘　光盘\素材\第 7 章\银幕数字变形.fla
光盘\效果\第 7 章\银幕数字变形.fla

1. 打开“银幕数字变形.fla”文档，新建“图层 2”，选择第 1 帧，再选择“文本工具” T，在“属性”面板中设置“系列”、“大小”、“颜色”分别为“汉仪圆叠体简”、“200”、“白色（#FFFFFF）”。使用该工具在舞台右边输入“1”文本，如图 7-10 所示。最后按“Ctrl+B”快捷键分离文字。
2. 选择第 10 帧，按“F7”键插入空白帧。继续在舞台上输入“2”，在“时间轴”面板中单击按钮，开启绘图纸外观功能。将时间轴上的游标拖动到第 1 帧上，显示第 1 帧的图像，如图 7-11 所示。

图 7-10　输入文本

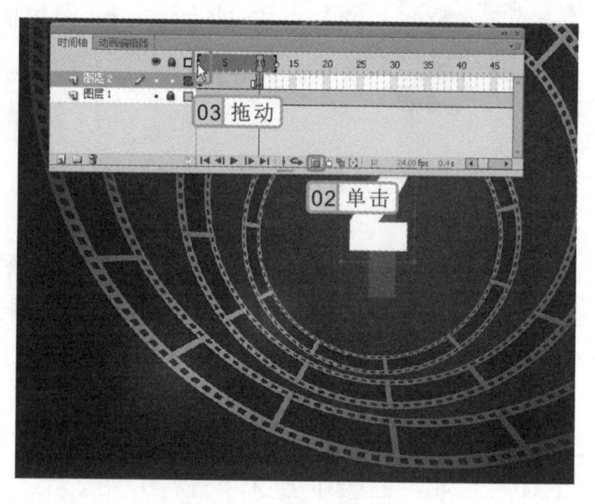

图 7-11　拖动游标

3. 按“Ctrl+B”快捷键分离文字。移动“2”文本使其与“1”文本重合。使用相同的方法，在第 20 帧、第 30 帧、第 40 帧和第 50 帧上分别输入“3”、“4”、“5”、“6”文本，并使它们的位置与“1”文本重合。
4. 选择第 1~9 帧并右击，在弹出的快捷菜单中选择“创建补间形状”命令，创建补间动画。
5. 使用相同的方法，对后面的帧创建补间形状。按“Ctrl+Enter”快捷键测试动画，效果如图 7-12 所示。

行家提醒

在形状补间动画创建成功后，会在两个帧之间形成的标志。

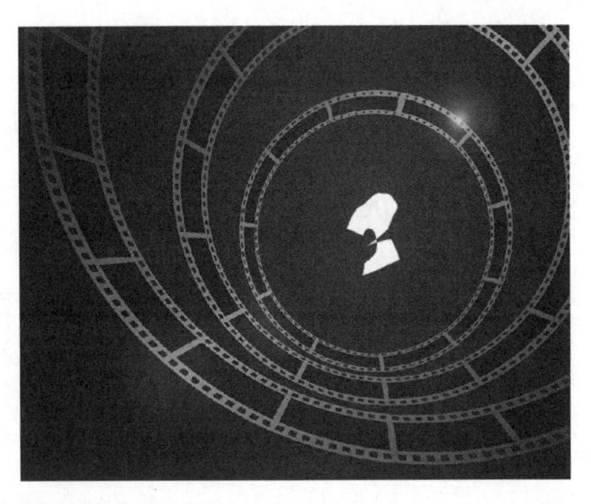

图 7-12　最终效果

7.3　传统补间动画的制作

传统补间动画就是在两个关键帧之间为某个对象建立一种运动补间关系的动画。在 Flash 动画的制作过程中，常需要制作图片的若隐若现、移动、缩放和旋转等效果，这主要通过传统补间动画来实现。

7.3.1　传统补间动画的特点

传统补间动画是制作 Flash 动画过程中使用得最为频繁的一种动画类型。运用传统补间动画可以设置元件的大小、位置、颜色、透明度和旋转等属性。该类型动画渐变过程连贯性强，制作过程也比较简单，只需在动画的第一帧和最后一帧中创建动画对象即可进行创建补间动画的操作。在“时间轴”面板中选取创建了动作补间动画的帧后，“属性”面板如图 7-13 所示。

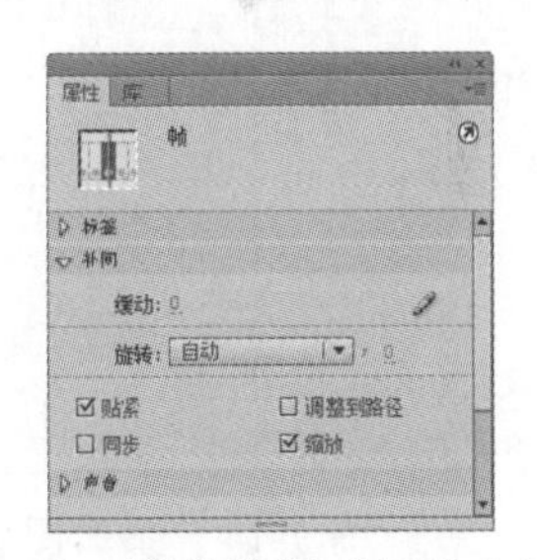

图 7-13　形状补间“属性”面板

其中各项的功能说明如下。

- **“旋转”下拉列表框**：该下拉列表框中包含了 4 个选项，选择“无”选项表示对象不旋转；选择“自动”选项表示对象以最小的角度进行旋转，直到终点位置；选择“顺时针”选项表示设定对象沿顺时针方向旋转到终点位置，在其后的文本框中可输入旋转次数，输入“0”表示不旋转；选择“逆时针”选项表示设定对象沿逆时针方向旋转到终点位置，在其后的文本框中可输入旋转次数，输入“0”表示不旋转。
- ☑贴紧**复选框**：选中该复选框可使对象沿路径运动时，自动捕捉路径。
- ☑调整到路径**复选框**：选中该复选框使对象沿设定的路径运动，并随着路径的改变而相

操作提示

在创建传统补间动画后，如果在两个关键帧之间出现　标志，则表示补间动画未创建成功或在创建时出错。

应地改变角度。

- ☑同步复选框：选中该复选框可使动画在场景中首尾连续地循环播放。
- ☑缩放复选框：选中该复选框可使对象在运动时按比例进行缩放。

7.3.2 制作传统补间动画

构成传统补间动画的重点是图像对象，图像对象的变化影响着传统补间动画的变化。一个动画中为了避免动作单调，往往需要使用多个传统补间动画叠加出丰富、自然的动作效果。

实例 7-4 制作流云飘动效果

参见光盘　光盘\素材\第 7 章\流云.fla
光盘\效果\第 7 章\流云.fla

1. 打开“流云.fla”文档，新建“图层 2”，选择第 1 帧，按“Ctrl+L”快捷键，打开“库”面板。从该面板中将“流云 1”图像移动到舞台右上角，如图 7-14 所示。
2. 选择第 20 帧，按“F6”键插入关键帧，将图像平移到图像中部的顶端，如图 7-15 所示。

图 7-14　添加图像

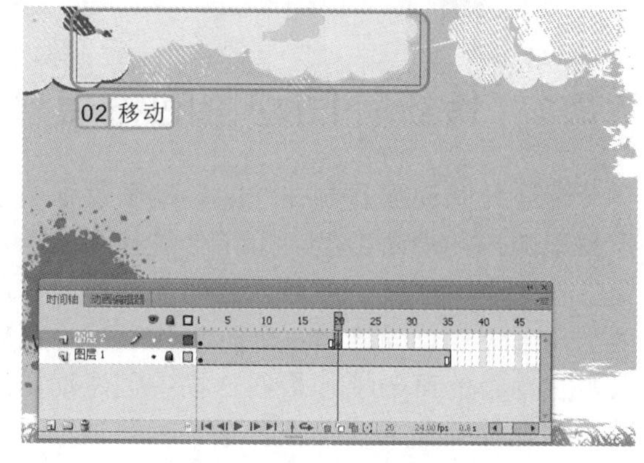

图 7-15　编辑第 20 帧的图像

3. 选择第 30 帧，按“F6”键插入关键帧，使用移动工具将图像平移到舞台左边外，使流云飘出图像。
4. 新建“图层 3”，将除第 1 帧以外的所有帧删除，选择第 1 帧。从“库”面板中将“流云 2”图像移动到舞台右上角。选择第 10 帧，使用移动工具将图像向左平移一些，如图 7-16 所示。
5. 选择第 32 帧并插入关键帧，使用移动工具将图像向左平移出舞台外。
6. 选择“图层 2”的第 1~19 帧并右击，在弹出的快捷菜单中选择“创建传统补间”命令。

行家提醒

单击“属性”面板中的✎按钮，打开“自定义缓入/缓出”对话框，在其中可以设置随动画时间推移而变化的过程。

7 使用相同的方法，对“图层 2”、“图层 3”的其他帧创建传统补间，如图 7-17 所示。

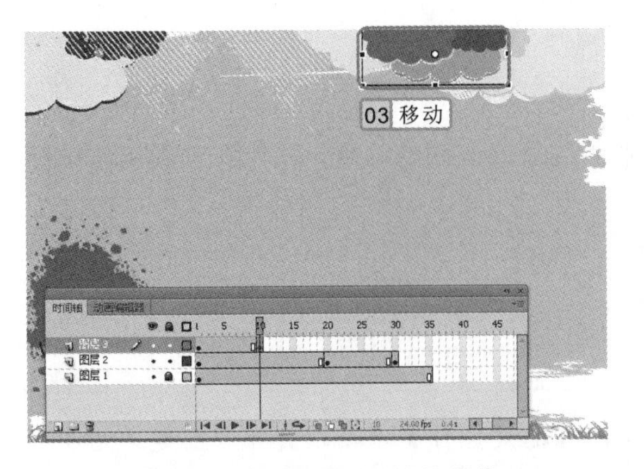

图 7-16 编辑第 10 帧的图像

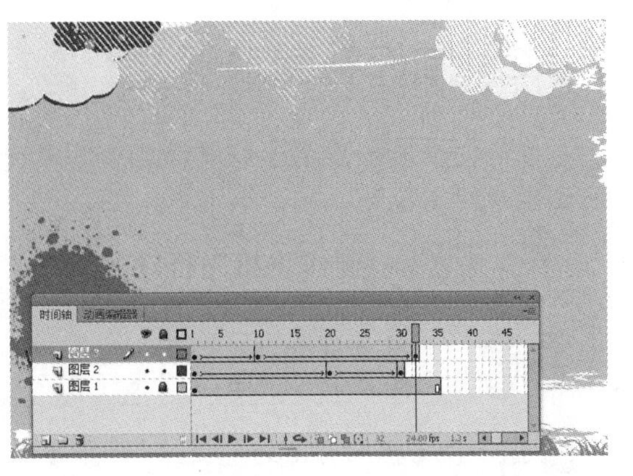

图 7-17 为其他帧添加传统补间动画

8 按“Ctrl+Enter”快捷键测试动画，效果如图 7-18 所示。

图 7-18 最终效果

7.4 补间动画的制作

在 Flash 动画中，除了传统补间动画外，还有一种补间动画。补间动画和传统补间动画的作用效果接近，但补间动画能使用户更好地对补间动画进行控制，从而制作出更好的效果。

7.4.1 补间动画的特点

构成补间动画的元素是元件，包括影片剪辑、图形元件和按钮等。除了元件，其他的元素，包括文本，都不能创建动作补间动画，其他的位图、文本等都必须转换成元件才行，只有将对象转换成元件后才能创建动作补间动画。此外，在一个图层中可以包含多个传统

若想使云飘得更慢一些，可将帧数加长。

补间动画或补间动画，但不能同时出现两种补间动画。

7.4.2　制作补间动画

补间动画一般应用于物体运动行为复杂非纯直线运动的动画，所以在动画制作中补间动画也经常出现。

实例 7-5　制作飞机飞行动画

参见光盘　光盘\素材\第 7 章\飞机飞行.fla
光盘\效果\第 7 章\飞机飞行.fla

1. 打开“飞机飞行.fla”文档，选择【插入】/【新建元件】命令。打开“创建新元件”对话框，在其中设置“名称”、“类型”分别为“飞机”、“图形”，单击 确定 按钮，如图 7-19 所示。
2. 打开元件编辑窗口，打开“库”面板，将“飞机”图像移动到窗口中，如图 7-20 所示。

图 7-19　创建新元件

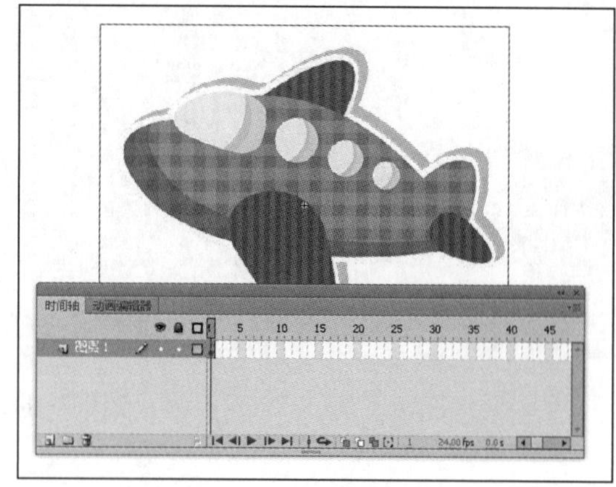

图 7-20　编辑元件

3. 返回主场景，新建“图层 2”，选择第 1 帧，选择“画笔工具”，在其“属性”面板中设置“笔触颜色”为“黑色（#000000）”，使用“画笔工具”在图像上绘制如图 7-21 所示的线条。
4. 新建“图层 3”，选择第 1 帧，在“库”面板中将“飞机”元件缩小移动到舞台上，如图 7-22 所示。
5. 选择第 45 帧，按“F5”键插入关键帧。选择第 1~45 帧并右击，在弹出的快捷菜单中选择“创建补间动画”命令。

行家提醒

在补间动画中不允许用户添加语句控制动画的变化，而传统补间动画则可以。

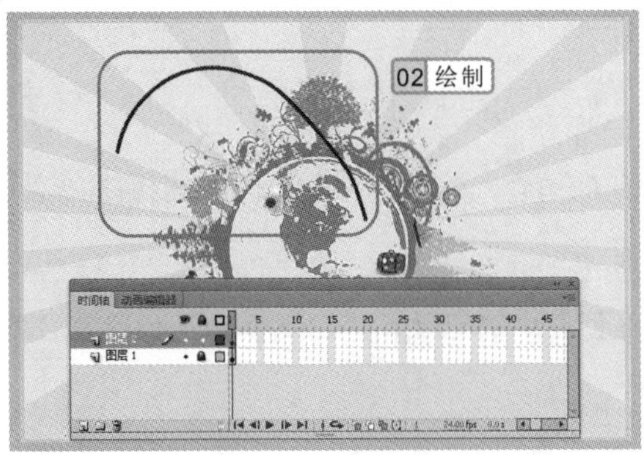

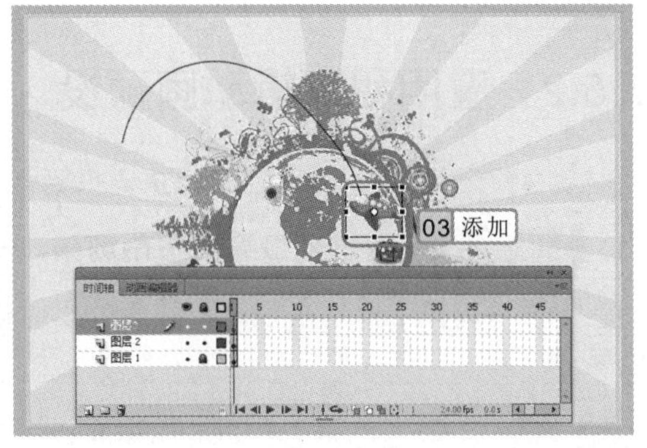

图 7-21　绘制线条　　　　图 7-22　添加“飞机”元件

6 选择“图层 2”中绘制的线条，按“Ctrl+C”快捷键复制线条。再选择“图层 3”中的第 1 帧，按“Shift+Ctrl+V”组合键，使路径与绘制的路径吻合。

7 删除“图层 2”，选择“图层 1”中的第 45 帧，按“F5”键插入帧。选择“图层 3”中的某一帧，在“属性”面板中设置“缓动”为“50”。按“Ctrl+Enter”快捷键测试动画，效果如图 7-23 所示。

图 7-23　最终效果

7.5　使用动画预设

在 Flash 中，为了使用户更快地制作出动画效果，提供了一种较常见的动画预设，使用动画预设就能快速地创建出动画效果。

7.5.1　了解动画预设

动画预设中包含的动画，都是较常使用且制作起来有些繁琐的效果。通过它能减少用户的部分工作量。此外，使用动画预设也会使初学者制作出更优质的动画效果。

如果制作的补间动画运动方向错误，可选择要修改的补间动画并右击，在弹出的快捷菜单中选择“翻转关键帧”命令。

7.5.2 应用和编辑动画预设

动画预设仅仅是一个模板，用户要想更合理地使用它，还需要自行对其进行编辑和修改。

实例 7-6 通过预设编辑下雨场景

下面将选择下雨动画预设，并通过改变动画预设中的元件，达到更换动画预设背景的效果。

参见光盘　光盘\素材\第 7 章\雨景背景.png
光盘\效果\第 7 章\下雨.fla

1. 启动 Flash CS6，选择【文件】/【新建】命令。在打开的“从模板新建”对话框中选择“模板”选项卡，在“类别”栏中选择“动画”选项，再在“模板”栏中选择“雨景脚本”选项，单击 确定 按钮，如图 7-24 所示。创建好的雨景效果如图 7-25 所示。

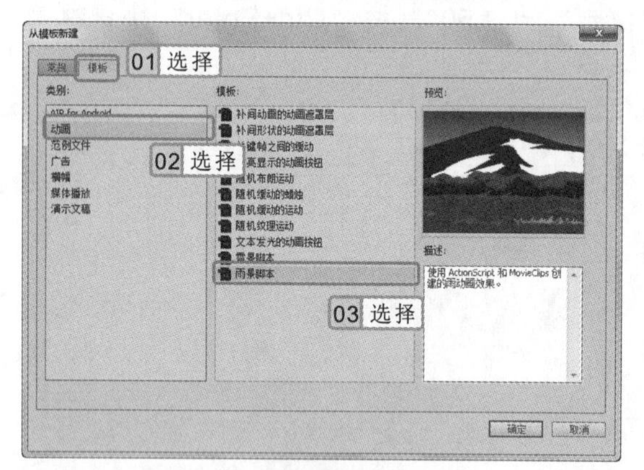

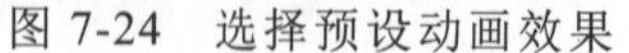

图 7-24　选择预设动画效果

图 7-25　创建好的效果

2. 按“Ctrl+L”快捷键，在打开的“库”面板中双击“BG_daylight”元件，如图 7-26 所示。
3. 在元件编辑窗口中选择“green”图层，如图 7-27 所示。

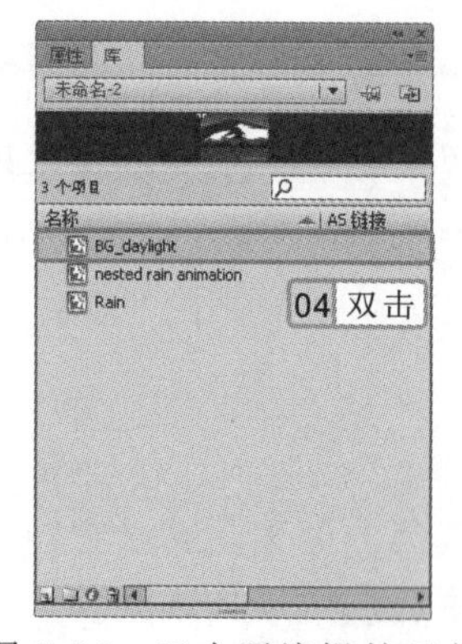

图 7-26　双击要编辑的元件

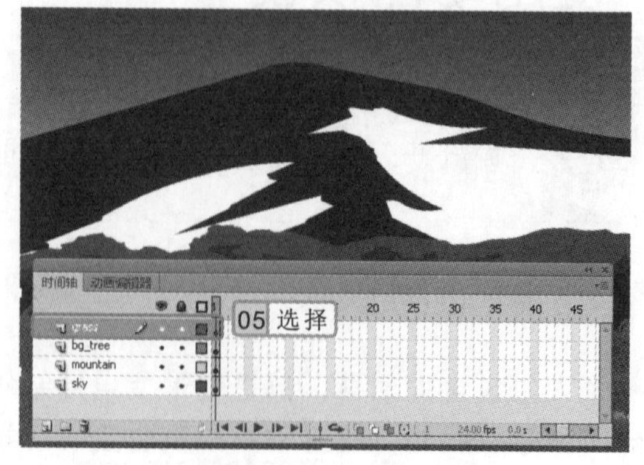

图 7-27　选择“green”图层

行家提醒

若用户想使“BG_daylight”元件内图层更加简洁，可将除“green”图层外的所有图层删除。

4 选择【文件】/【导入】/【导入到舞台】命令，在打开的“导入”对话框中选择“雨景背景.jpg”图像。将图像导入到舞台中，使用“任意变形工具”调整图像的大小。

5 返回主场景，选择说明图层。按“Delete”键将其删除。按“Ctrl+Enter”快捷键测试动画，效果如图 7-28 所示。

图 7-28　最终效果

7.6　“动画编辑器”面板的使用

创建好补间动画后，若想制作的动画效果更加逼真，可通过使用“动画编辑器”面板进行编辑。下面将详细讲解“动画编辑器”面板的作用和使用方法。

7.6.1　认识“动画编辑器”面板

使用“动画编辑器”面板可以查看各属性关键帧的详细属性，可以任意选择其中一个属性关键帧进行如复制、粘贴属性和添加、删除属性关键帧等编辑操作。此外，使用“动画编辑器”面板还可以精细地编辑关键帧的运动轨迹以及运动速度等。选择【窗口】/【动画编辑器】命令，打开如图 7-29 所示的“动画编辑器”面板。

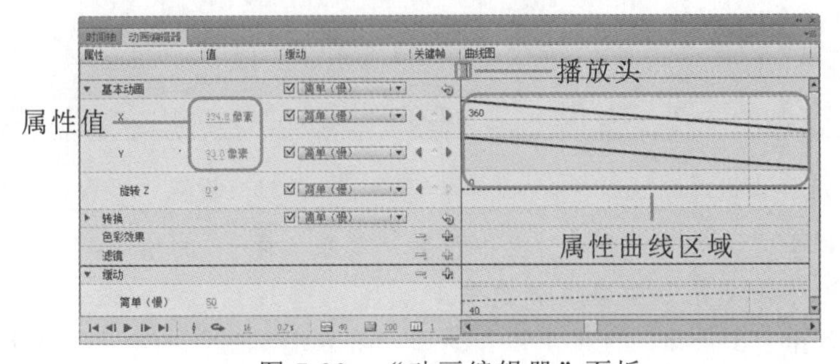

图 7-29　“动画编辑器”面板

在欢迎界面中选择“从模板创建”栏下的“动画”选项，也可打开“从模板新建”对话框，新建“雨景脚本”动画。

“动画编辑器”面板中各选项的作用如下。

- **播放头**：表示当前动画的动画播放位置。
- **属性值**：用于显示当前关键帧的基本属性，如移动距离、旋转角度。
- **按钮**：单击该按钮，可将当前帧的属性重置为当前帧前一个关键帧的属性。
- **属性曲线区域**：选择补间动画帧、补间对象或运动路径后，可以通过修改曲线改变动画的属性。
- **和按钮**：单击按钮可将播放头移动到上一帧，单击按钮可将播放头移动到下一帧。
- **按钮**：选择空白帧后单击该按钮，将添加一个关键帧。若是选择关键帧后单击该按钮，将删除该关键帧。

7.6.2 使用“动画编辑器”面板

通过“动画编辑器”面板可以完成编辑关键帧的位置、旋转和缓动等参数，它是后期优化、设置动画补间动画的利器，使用此面板能让动画更加逼真。

实例 7-7　编辑飞机飞行动画

下面对之前制作的飞机飞行动画进行编辑，使其中的飞机变速飞行，并改变其形状。

参见光盘　光盘\素材\第 7 章\编辑飞机飞行.fla
光盘\效果\第 7 章\编辑飞机飞行.fla

1 打开“编辑飞机飞行.fla”文档，选择【窗口】/【动画编辑器】命令，打开“动画编辑器”面板，在舞台中选择“飞机”元件，如图 7-30 所示。在“动画编辑器”面板中设置“可查看的帧”的值为“10”，如图 7-31 所示。

图 7-30　选择飞机元件

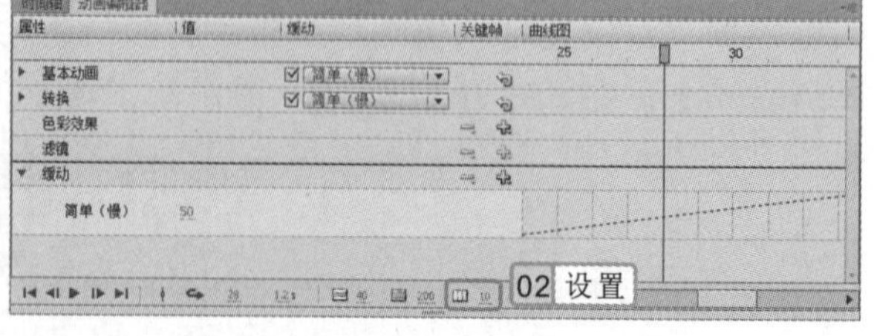

图 7-31　设置“可查看的帧”值

2 在“时间编辑器”面板的“缓动”栏中设置“简单（慢）”的值为“-100”，如图 7-32 所示。将补间动画设置为加速运动效果。

3 在时间轴上选择“图层 3”的第 1 帧，返回“动画编辑器”面板。取消选中“倾斜 X”

行家提醒

除在舞台中选择需要修改补间的元件外，还可在“时间轴”面板中选择需要修改的补间范围，然后再通过“动画编辑器”面板进行编辑。

选项后方的复选框，设置“倾斜 X”的值为“46”。

4 将播放头移动到第 8 帧，单击“倾斜 X”选项后的◇按钮。在第 8 帧中设置关键帧，设置“倾斜 X”的值为“0”，如图 7-33 所示。

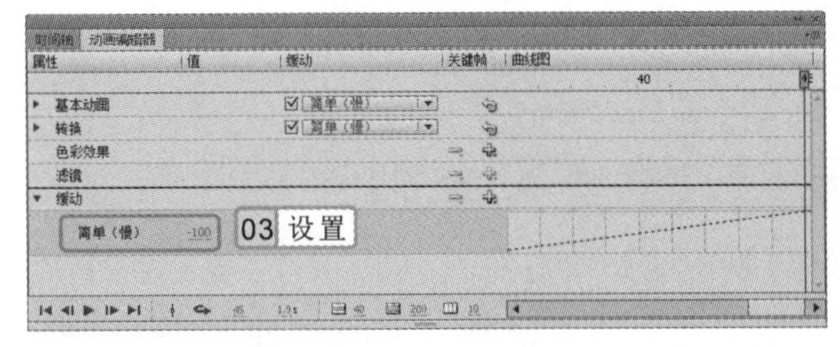

图 7-32 设置缓动效果

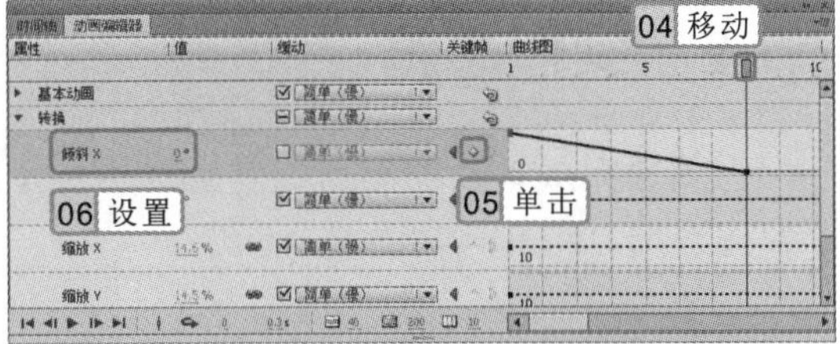

图 7-33 设置倾斜度

5 将播放头移动到第 1 帧。取消选中“缩放 X”选项后方的复选框，设置“缩放 X”的值为“8”。

6 将播放头移动到第 8 帧。单击“倾斜 X”选项后的◇按钮。在第 8 帧中设置关键帧，设置“缩放 X”、“缩放 Y”的值分别为“14.6”、“14.7”。按“Ctrl+Enter”快捷键测试动画，可见动画的运行速度以及图像形状发生了改变。

7.7 基础实例——制作迷路的小孩动画

本章的基础实例将制作一个逐帧动画，在制作时将使用导入图像、创建补间动画和复制帧等方法。通过逐帧动画使动画画面更加细致，最终效果如图 7-34 所示。

图 7-34 迷路的小孩

7.7.1 行业分析

本例制作的“迷路的小孩”属于逐帧动画，逐帧动画可以产生细腻的动画效果，它是

在导入序列图片生成逐帧动画后，如果不满意对象在舞台中的位置，可在启用绘图纸外观功能的情况下，先将第 1 帧中的图形拖动到合适的位置后，再在“属性”面板中调整每一个关键帧中的图形的位置。

制作一些动作动画时的首选。但逐帧动画对动画制作人员的手绘技术以及时间都有较多要求，所以，一般在制作 Flash 动画时，纯逐帧动画使用的频率很低。一些大型的 Flash 动画公司或是个人制作的 Flash 动画在表现细腻动作场景时，才会使用一段逐帧动画。

7.7.2 操作思路

为更快完成本例的制作，并且尽可能运用本章讲解的知识，本例的操作思路如下。

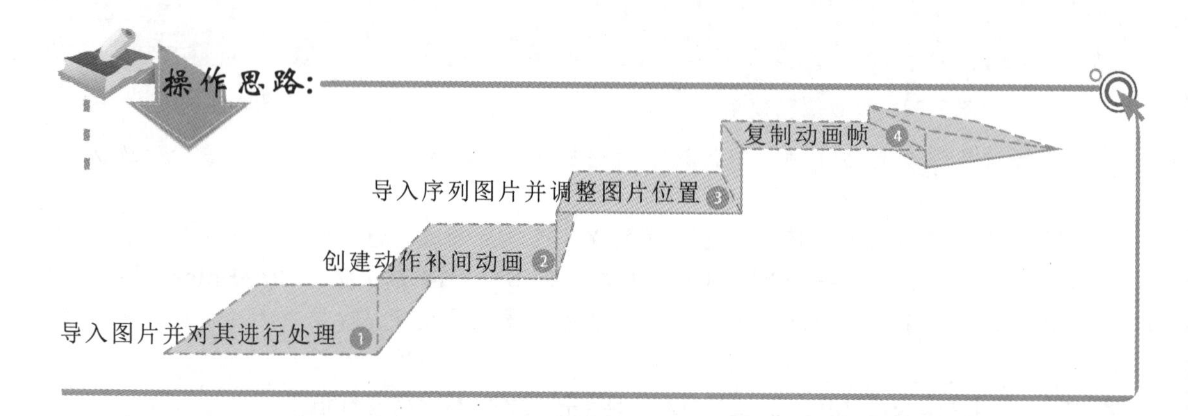

7.7.3 操作步骤

下面介绍制作迷路的小孩动画的方法，其操作步骤如下：

光盘\素材\第 7 章\迷路的小孩
光盘\效果\第 7 章\迷路的小孩.fla
光盘\实例演示\第 7 章\制作迷路的小孩

1. 新建一个 Flash 文档，将文档大小设置为 500×516 像素，背景颜色设置为“黑色（#000000）”。
2. 选择【文件】/【导入】/【导入到库】命令，打开“导入到库”对话框，选择“迷路的小孩”文件夹中的所有图像，单击 打开(O) 按钮，将图片导入到库中。
3. 选择“图层 1”中的第 1 帧，选择“库”面板中的“背景”图像，将其拖动到舞台中，使图像右边与舞台右边对齐。
4. 选择第 50 帧，按“F6”键，插入关键帧，如图 7-35 所示。使用“移动工具”移动图像，使图像的左边与舞台左边对齐。选择第 1~50 帧并右击，在弹出的快捷菜单中选择“创建传统补间”命令。
5. 选择【插入】/【新建元件】命令，在打开的对话框中设置“名称”、“类型”分别为“小孩运动”、“影片剪辑”，单击 确定 按钮，如图 7-36 所示。

在进行第 4 步的移动操作时，最好按住“Shift”键再进行拖动，这样不会让图像在移动过程中产生过大的偏移。

图 7-35　插入关键帧

图 7-36　新建元件

6 进入元件编辑窗口，选择【文件】/【导入】/【导入到舞台】命令，在打开的对话框中导入“小孩 1.png”图像，单击 打开(O) 按钮，再在打开的提示对话框中单击 是 按钮，将素材文件导入到舞台中。

7 在时间轴中导入的图像自动地编排为一系列的关键帧，生成逐帧动画，如图 7-37 所示。

8 选择第 9 帧并右击，在弹出的快捷菜单中选择“插入帧”命令。再选择第 1 ~ 8 帧并右击，在弹出的快捷菜单中选择“复制帧”命令。

9 选择第 10 帧并右击，在弹出的快捷菜单中选择“粘贴帧”命令，按照同样的方法在第 18、27、36 和 45 帧中插入帧，在第 10 ~ 17 帧、第 19 ~ 26 帧、第 28 ~ 35 帧、第 37 ~ 44 帧以及第 46 ~ 53 帧之间粘贴第 1 ~ 8 帧中的内容，完成后的效果如图 7-38 所示。

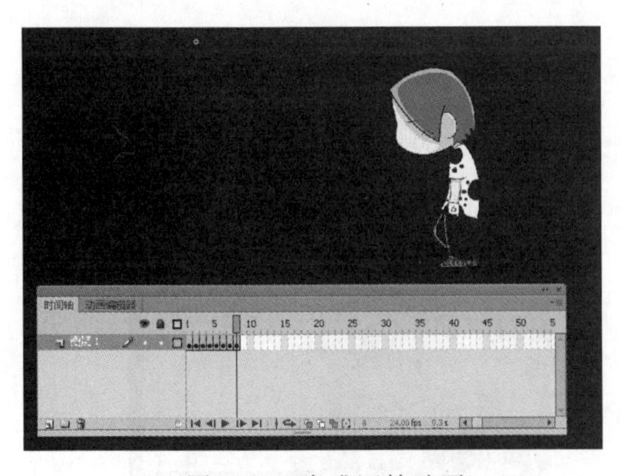

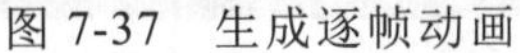

图 7-37　生成逐帧动画

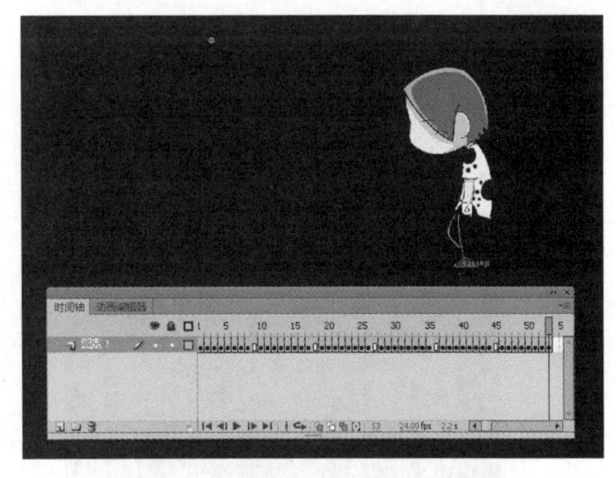

图 7-38　制作好的逐帧动画效果

10 返回主场景，新建“图层 2”。将“小孩运动”元件移动到舞台上。按“Ctrl+T”快捷键，打开“变形”面板，在其中设置“缩放宽度”、“缩放高度”均为“50%”。将元件移动到舞台右边，如图 7-39 所示。

11 在“图层 1”上方新建“图层 3”，选择第 1 帧，从“库”面板中将“云”图像移动在舞台中，并使图像右边与舞台右边对齐。

在制作逐帧动画时，如果对象的动作是重复的，可以复制时间轴中逐帧动画所在的帧增加影片的长度，如本例动画的制作过程中的第 8、9 步操作。

12 选择第 50 帧，按“F6”键插入关键帧，使图像左边与舞台左边对齐。选择第 1~50 帧并右击，在弹出的快捷菜单中选择“创建传统补间”命令，如图 7-40 所示。

图 7-39　缩放元件大小

图 7-40　创建传统补间

13 在所有图层最上方新建“图层 4”，隐藏“图层 1”～“图层 3”。选择“图层 4”中的第 1 帧，选择“铅笔工具”，将笔触颜色设置为“白色”，使用该工具在舞台中绘制一条曲线，如图 7-41 所示。

14 选择【插入】/【新建元件】命令，在打开的“创建新元件”对话框中设置“名称”、“类型”分别为“小鹿跳跃”、“图像”，单击 确定 按钮。

15 进入元件编辑窗口，在“库”面板中将“鹿”图像移动到舞台中。返回主场景。

16 新建“图层 5”，并选择第 1 帧，从“库”面板中将“小鹿跳跃”元件移动到舞台左边，按“Ctrl+T”快捷键，打开“变形”面板。将元件的“缩放高度”、“缩放宽度”均设为“50%”，如图 7-42 所示。

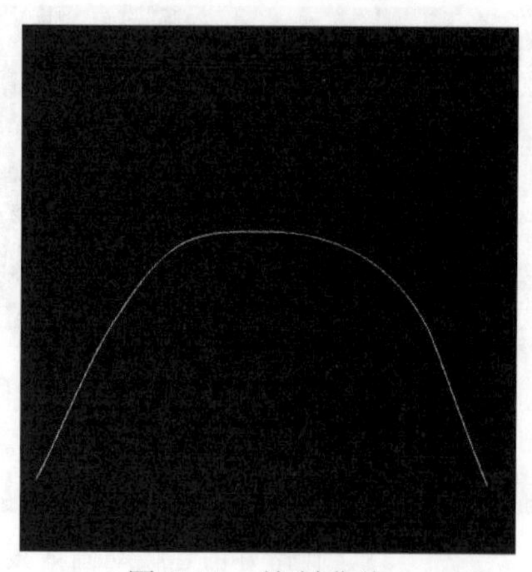

图 7-41　绘制曲线

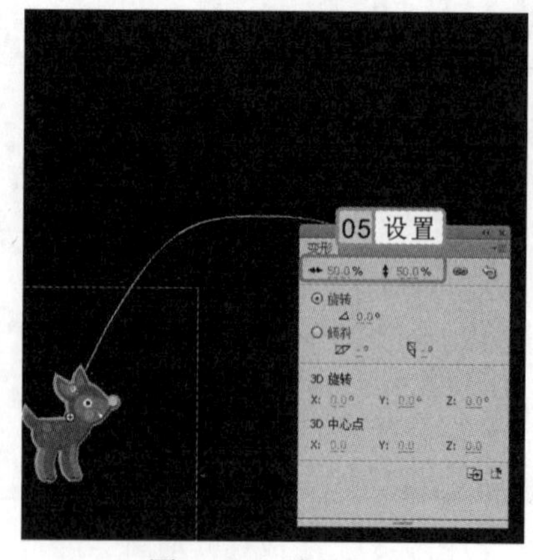

图 7-42　缩放元件

17 选择“图层 5”中的第 1~50 帧并右击，在弹出的快捷菜单中选择“创建补间动画”命令，将选择的帧转换为补间动画。

18 选择“图层 4”，再选择舞台中绘制的曲线，按“Ctrl+C”快捷键复制曲线。选择“图层 5”，按“Shift+Ctrl+V”组合键，效果如图 7-43 所示。

若使用“铅笔工具”绘制的线条不理想，可以使用“部分选取工具”调整绘制的线条形状。

19 删除“图层 4”，显示“图层 1”～“图层 3”，效果如图 7-44 所示。按“Ctrl+Enter”快捷键测试动画。

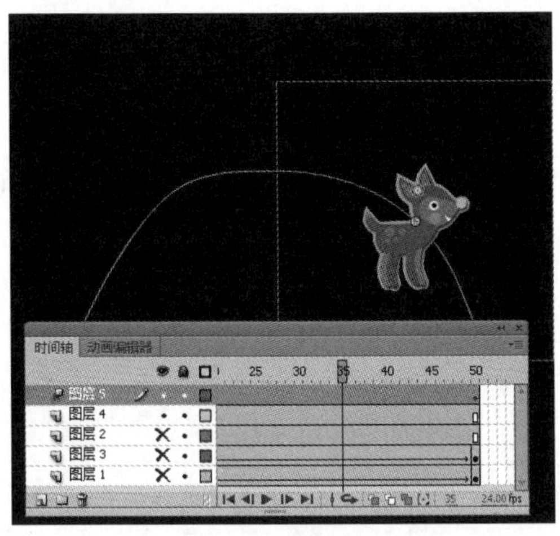

图 7-43　创建补间动画

图 7-44　删除“图层 4”

7.8　基础练习——制作“新品上市”动画

本章主要介绍了制作逐帧动画、形状补间动画、传统补间动画和补间动画的方法，这些都是制作 Flash 动画不可缺少的知识。

本次练习将制作一个名为“新品上市”的动作补间动画，在制作动画的过程中，主要是对图片透明度进行设置，从而创建动作补间动画。让用户掌握根据需要对图片的大小、位置和透明度等状态进行设置来创建动作补间动画的方法，动画制作完成后的部分效果如图 7-45 所示。

图 7-45　新品上市

在“属性”面板中的“颜色”下拉列表框中选择“Alpha”选项，然后拖动右侧的滑块即可设置图片的透明度。例如“图层 1”中的关键帧中图形的透明度分别为 10%、100%和 0%。

参见光盘
光盘\素材\第 7 章\新品上市
光盘\效果\第 7 章\新品上市.fla
光盘\实例演示\第 7 章\制作“新品上市”动画

该练习的操作思路与关键提示如下。

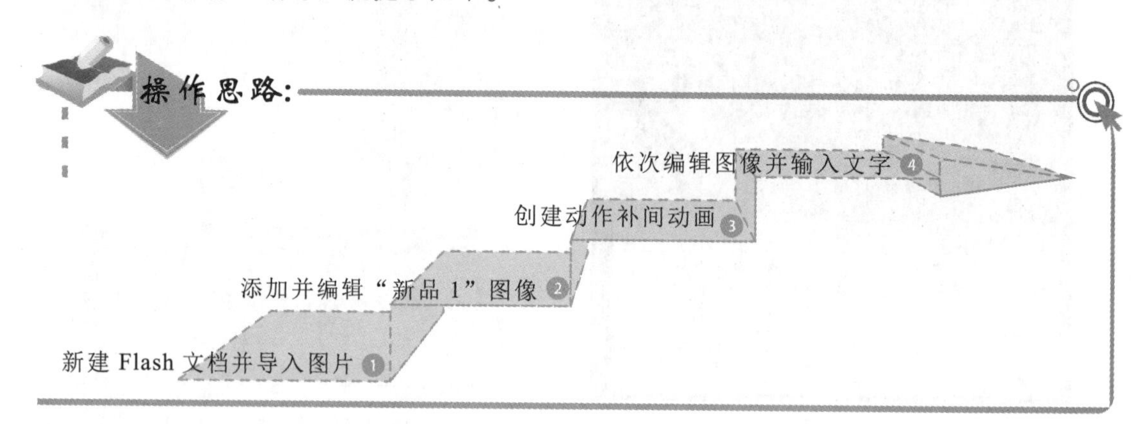

关键提示:

为了使 3 个图像在同一位置出现，用户最好选择图像元件，再在“属性”面板中设置 X、Y 的值。

7.9 知识问答

在使用 Flash 制作动画时难免会遇到一些难题，如自动对单元格区域命名、不能复制公式等。下面将介绍制作动画的过程中常见的问题及解决方案。

问：为什么不能将绘制的图像制作为补间动画？

答：那是因为没有将绘制的图像转换为元件，所以不能正常使用。如果仅仅是将绘制的图像制作为传统补间动画，则可以不将图像转换为元件。

问：在制作形状补间动画时，形状变形过程不美观，有什么办法可以控制变形过程吗？

答：用户可以通过形状提示，在创建形状补间动画时，精确地控制对象变化前后的形状，从而使变形的过程更加细腻。其方法是：选择【修改】/【形状】/【添加形状提示】命令，添加形状提示的帧中的图形会增加一个带字母的红色圆圈，再选择【修改】/【形状】/【添加形状提示】命令，在结束帧中的图形也会出现一个提示圆圈，单击并分别按住这两个提示圆圈，将其放置在适当的位置上，放置成功后，开始帧上的提示圆圈变为黄色，结束帧上的提示圆圈变为绿色。

在连续地添加形状提示时，添加的形状提示会以 a～z 的字母顺序自动命名。

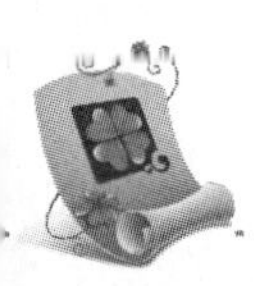

动画画面帧数的要求

人类眼睛具有视觉暂留的特性，眼睛看到一幅画或一个物体后，在 0.34 秒内不会消失。利用这一特性，在一幅画还没有消失前播放下一幅画，就会给人造成一种流畅的视觉变化效果。因此，电影采用每秒 24 幅画面的速度播放，电视采用每秒 25 幅或 30 幅画面的速度播放。

对于动画来说，每秒 24 帧的动画被称为全动画/逐帧动画，而每秒少于 24 帧的动画被称为半动画。前者的代表是迪士尼动画，而后者的代表是以日本动画为主。使用半动画可以节省不少成本。

形状提示可以连续添加，但最多只能添加 26 个。

提高篇

制作简单的Flash动画，往往不能满足用户的需求。为了增强制作的动画的真实感和趣味感，一般会在动画中使用遮罩动画、引导动画来进行编辑。除此之外，在Flash中，用户还可以通过添加视频、音频等对象，来增强动画的观赏性。完成制作整个动画后，若想要更多的人浏览到自己制作的动画，还需要发布动画。

<<< IMPROVEMENT

提高篇

第8章　特效动画制作 156

第9章　3D特效和骨骼动画 174

第10章　添加多媒体 192

第11章　ActionScript 3.0在动画中的应用 212

第12章　输出与发布 242

第 8 章

特效动画制作

本章导读

很多有趣的动画效果，并不能完全通过补间动画来实现，而需要使用引导动画以及遮罩动画来实现。在很多有特殊效果的动画中通常都会添加多个引导动画和遮罩动画来满足制作需求。本章就将讲解使用引导动画和遮罩动画制作动画的方法。

8.1 了解引导动画

引导动画的创建需要通过创建引导层来实现，使用引导层可以在制作动画时更好地组织舞台中的对象，精确地控制对象的运动路径，这种动画可以使一个或多个元件完成曲线运动或不规则运动。

8.1.1 什么是引导动画

引导动画就是通过创建引导层，使引导层中的对象沿着引导层中的路径进行运动的动画。引导层在影片制作过程中主要起辅助作用，在发布 Flash 动画时不会显示在 Flash 影片的屏幕中。

8.1.2 引导层的分类

引导层被分为普通引导层和运动引导层两种，它们的作用以及产生的效果都有所不同，下面分别进行介绍。

1. 普通引导层

普通引导层在影片中起辅助静态对象定位的作用。设置图层为普通引导层的方法为：选中要作为引导层的图层并右击，在弹出的快捷菜单中选择“引导层”命令，即可将该图层创建为普通引导层，在图层区域以图标表示，如图 8-1 所示。

2. 运动引导层

在 Flash 动画中为对象建立曲线运动或使它沿指定的路径运动是不能够直接完成的，需要借助运动引导层来实现。运动引导层可以根据需要与一个图层或任意多个图层相关联，这些被关联的图层称为被引导层。被引导层上的任意对象将沿着运动引导层上的路径运动，创建的引导层在图层区域以图标表示，如图 8-2 所示。

创建运动引导层后，在“时间轴”面板的图层编辑区中，被引导层的标签向内缩进，上方的引导层则没有缩进，非常形象地表现出两者之间的关系。默认情况下，任何一个新创建的运动引导层都会自动放置在用来创建该运动引导层的普通图层的上方。移动该图层，则所有同它相连接的图层都将随之移动，以保持它们之间的引导和被引导的关系。

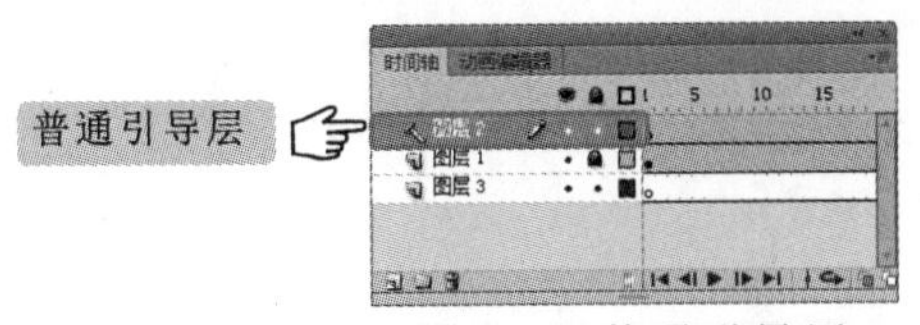

图 8-1　普通引导层

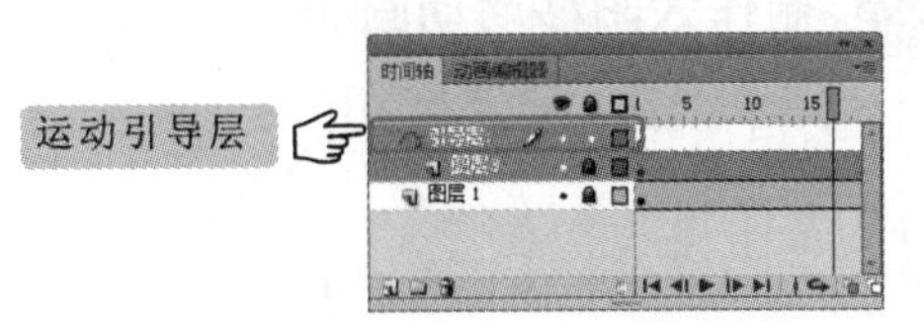

图 8-2　运动引导层

在实现普通引导层和运动引导层的相互转换时，需要拖动图层，等普通引导层的图标变暗时再释放鼠标，这样才能成功转换。

3. 普通引导层和运动引导层的相互转换

普通引导层和运动引导层之间可以相互转换。要将普通引导层转换为运动引导层，只需给普通引导层添加一个被引导层即可。其方法为：拖动普通引导层上方的图层到普通引导层的下面。同样的道理，如果要将运动引导层转换为普通引导层，只需将与运动引导层相关联的所有被引导层拖动到运动引导层的上方即可轻松转换。

8.1.3 引导动画的“属性”面板

在引导动画的“属性”面板中可以对动画进行精确调整，使被引导层中的对象和引导层中的路径保持一致。引导层动画的“属性”面板如图 8-3 所示。“属性”面板中主要参数的含义介绍如下。

- ☑贴紧复选框：选中该复选框，元件的中心点将会与运动路径对齐。
- ☑调整到路径复选框：选中该复选框，对象的基线就会自动地调整到运动路径。
- ☑同步复选框：选中该复选框，对象的动画将和主时间轴一致。
- ☑缩放复选框：在制作缩放动画时，选中该复选框，对象将随着帧的变化而缩小或放大。

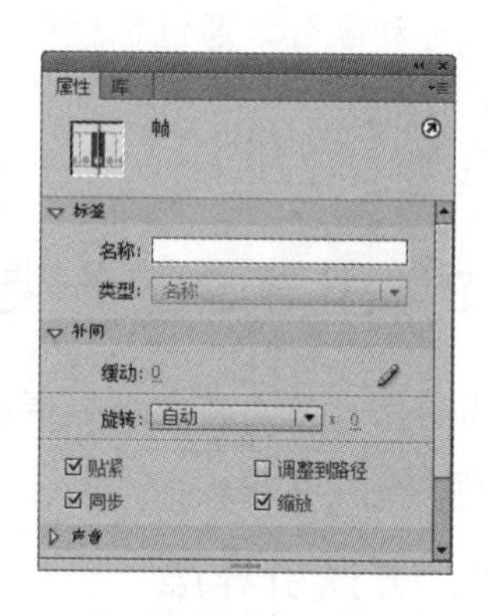

图 8-3 引导动画的“属性”面板

8.2 制作引导动画

引导动画可分为只能对单一图层作用的普通引导动画和可以作用于多个图层的多层引导动画。下面就分别讲解它们的制作方法。

8.2.1 创建普通引导动画

创建引导动画一般是指创建普通引导层，创建普通引导图层的方法有多种。

实例 8-1 制作太阳移动动画

下面将新建文档，通过常见普通引导动画制作太阳升起落下的动画效果。

光盘\素材\第 8 章\太阳
光盘\效果\第 8 章\太阳移动.fla

在引导动画中，可以使用“线条工具”、“钢笔工具”、“铅笔工具”、“椭圆工具”、“矩形工具”或“刷子工具”绘制所需的路径。

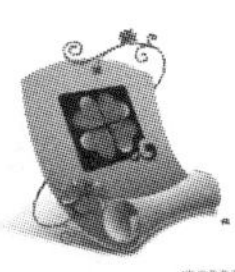

1. 新建一个大小为“800×595”像素的空白文档，选择【文件】/【导入】/【导入到库】命令，将“太阳”文件夹中的所有图像都导入到库中。
2. 打开“库”面板，将面板中的“太阳背景.png”图像移动到舞台中间，如图 8-4 所示。
3. 选择【插入】/【新建元件】命令，打开“创建新元件”对话框，在其中设置“名称”、“类型”分别为“太阳运动”、“影片剪辑”，单击 确定 按钮。
4. 进入元件编辑窗口，从“库”面板中将“太阳 1.png”图像移动到舞台中间。选择第 3 帧，按“F5”键插入帧，如图 8-5 所示。

图 8-4　添加背景

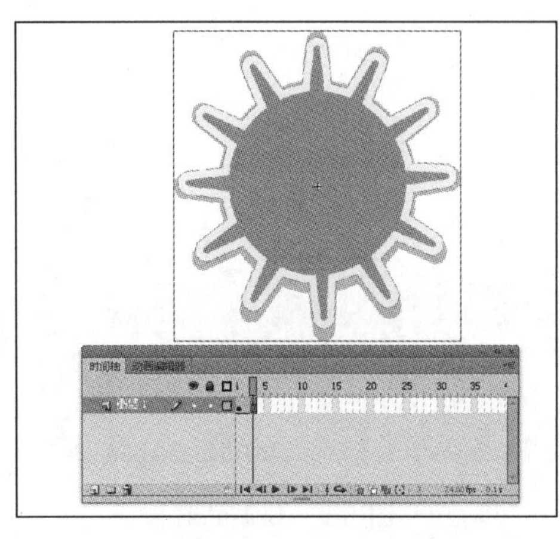

图 8-5　编辑第 3 帧

5. 选择第 4 帧，按“F7”键插入空白关键帧。从“库”面板中将“太阳 2.png”图像移动到舞台中间，使其与“太阳 1.png”图像重合。选择第 6 帧，按“F5”键插入关键帧，效果如图 8-6 所示。
6. 返回主场景。新建“图层 2”，选择第 2 帧。将“太阳运动”元件移动到舞台左边，并打开“变形”面板，在其中设置“缩放宽度”、“缩放高度”均为“25%”，效果如图 8-7 所示。

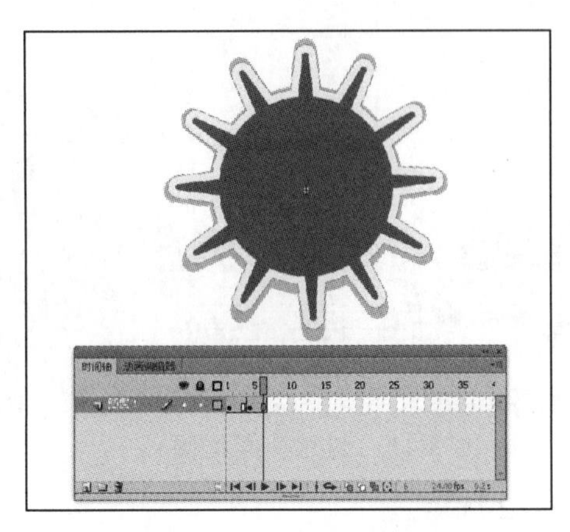

图 8-6　编辑第 6 帧

图 8-7　缩放元件大小

新建图层后，选择【修改】/【时间轴】/【图层属性】命令，在打开的对话框中选中 引导层(G) 单选按钮，可将普通图层转换为引导图层。

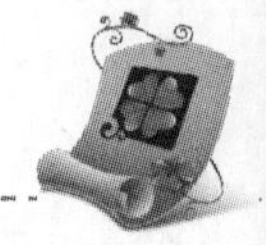

7 右击“图层 3”，在弹出的快捷菜单中选择“添加传统运动引导层”命令，为图层添加运动引导图层。选择第 1 帧，选择“铅笔工具”绘制一条曲线作为太阳的路径，如图 8-8 所示。

8 分别选择“图层 1”和引导层的第 55 帧，为它们插入帧。选择“图层 2”的第 1 帧，拖动“太阳运动”元件将其放置到曲线的起始点，使元件的中心点和曲线的起始点重合，如图 8-9 所示。

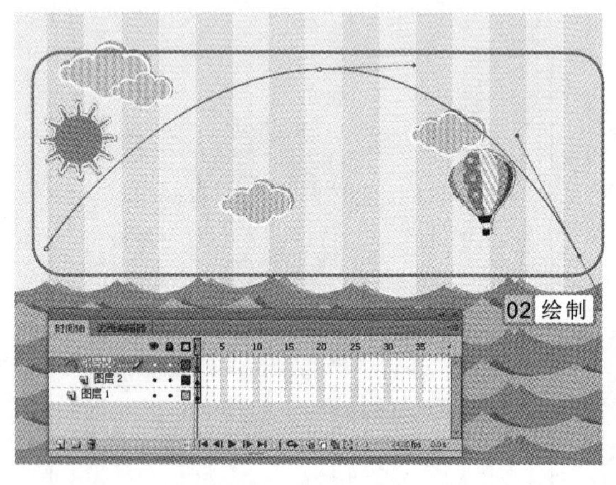

图 8-8　绘制路径

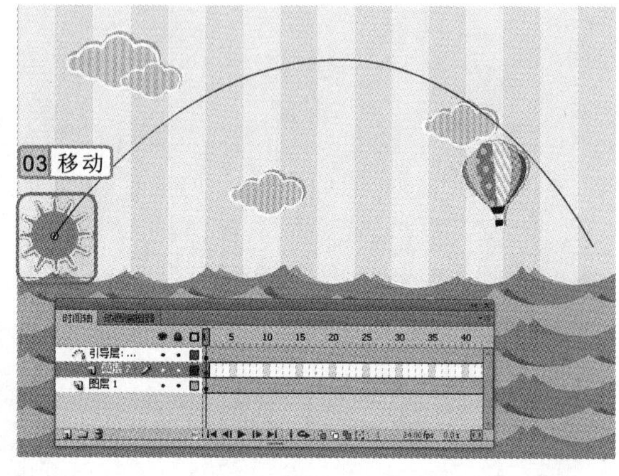

图 8-9　移动元件

9 选择“图层 2”的第 25 帧，按“F6”键插入关键帧。使用“移动工具”将其移动到图像的左上方，使元件的中心点吸附到曲线上，如图 8-10 所示。

10 使用相同的方法，在第 28、33 和 55 帧处插入关键帧，并沿着路径调整元件的位置。选择第 1~55 帧并右击，在弹出的快捷菜单中选择“创建传统补间”命令，为“图层 2”的所有帧创建补间动画，如图 8-11 所示。

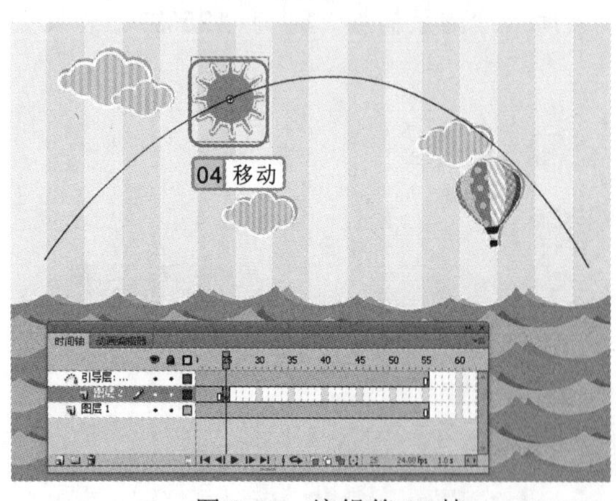

图 8-10　编辑第 25 帧

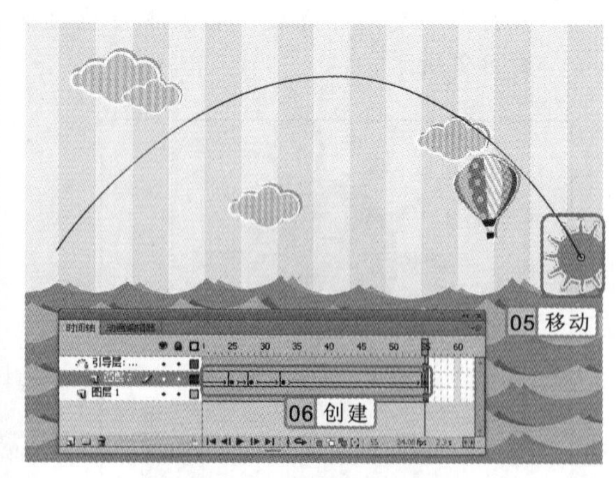

图 8-11　创建补间动画

11 按“Ctrl+Enter”快捷键测试动画，效果如图 8-12 所示。

元件实例的中心点和曲线的左端点靠近时，中心点就会被吸附到曲线的端点上，如果不能使之重合，则无法创建引导动画。

图 8-12 完成效果

8.2.2 制作多层引导动画

运用一个引导层同时引导多个被引导层中的对象的动画被称为多层引导动画。在制作引导动画时，默认引导层只能引导其下的一个图层中的对象，如果要使引导层能够引导多个图层中的对象，可将图层拖移到引导层的下方或更改图层属性，使其能够和引导层之间产生一种链接的关系，从而实现被引导。

实例 8-2 制作“蝴蝶飞飞”动画

下面制作“蝴蝶飞飞.fla”动画，使动画中两只蝴蝶翩翩飞舞。

参见光盘 光盘\素材\第 8 章\蝴蝶
光盘\效果\第 8 章\蝴蝶飞飞.fla

1. 打开“蝴蝶飞飞.fla”文档，选择【插入】/【新建元件】命令。在打开的对话框中设置“名称”、“类型”分别为“蝴蝶 1”、“影片剪辑”，单击确定按钮，进入元件编辑窗口。
2. 选择【文件】/【导入】/【导入到舞台】命令，将“蝴蝶 1.png”图片导入场景中，按“Ctrl+B”快捷键分离图像。
3. 框选左边的翅膀部分，按住“Ctrl”键的同时向空白处拖动复制翅膀，使用“橡皮擦工具”擦除翅膀的多余部分。框选处理好的翅膀部分，按住“Shift+Alt”快捷键的同时向空白处拖动复制翅膀，选择【修改】/【变形】/【水平翻转】命令，得到右边的翅膀部分。删除之前导入的图像。
4. 框选住左边和右边的翅膀部分，按“Ctrl+G”快捷键将其组合。按“F8”键打开“转换为元件”对话框，在其中设置“名称”、“类型”分别为“红蝴蝶”、“图形”，单击确定按钮。
5. 框选蝴蝶的身体部分，按住“Ctrl”键的同时向空白处拖动复制身体，选择“橡皮擦

操作提示

只有将图像分散之后，才能使用“橡皮擦工具”擦除图像。

工具”擦除身体的多余部分。框选处理好的身体部分，使用相同的方法将其转换为图形元件“身体 1”。

6 删除场景中的所有对象，将“红蝴蝶”元件拖入场景中，使元件中心点与舞台中心点重合，如图 8-13 所示。在第 3 帧中插入关键帧，在“变形”面板中将“红蝴蝶”图形的“缩放宽度”设置为“53%”，高度保持不变，并使元件中心点与舞台中心点重合，如图 8-14 所示。

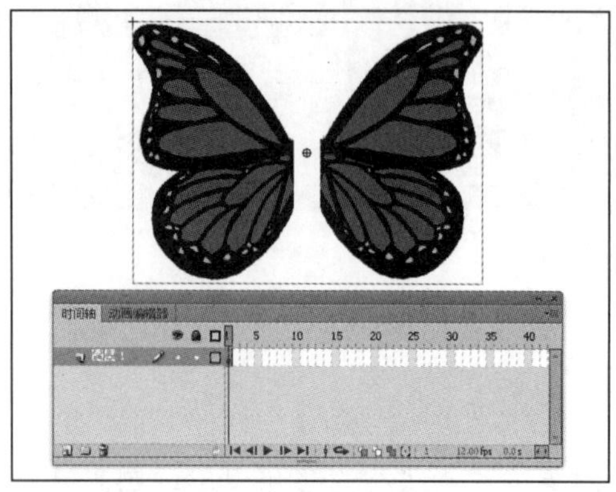

图 8-13　添加元件

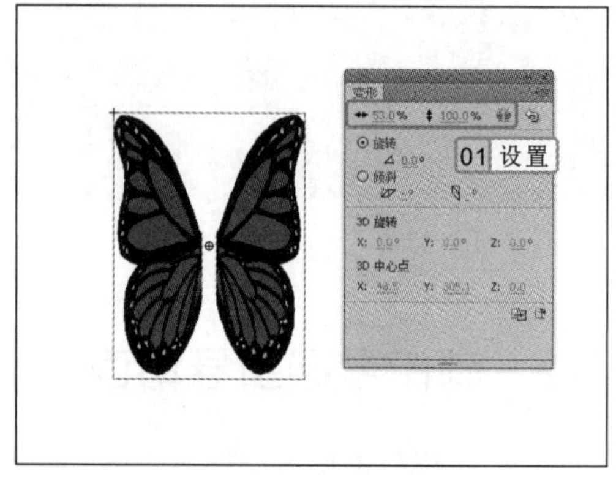

图 8-14　缩放宽度

7 选择第 1、2 帧并右击，在弹出的快捷菜单中选择“创建补间动画”命令，创建第 1 段动作补间动画。在第 5 帧中插入空白关键帧，在第 1 帧上右击，在弹出的快捷菜单中选择“复制帧”命令，再在第 5 帧上右击，在弹出的快捷菜单中选择“粘贴帧”命令，将第 1 帧中的内容复制到第 5 帧中，在第 7 帧和第 9 帧中插入空白帧，用同样的方法分别将第 3 帧中的内容复制到第 7 帧，第 5 帧中的内容复制到第 9 帧，并在第 3 帧、第 5 帧和第 7 帧上创建动作补间动画，如图 8-15 所示。

8 新建“图层 2”，在第 1 帧中将“身体 1”元件拖入场景中，使元件中心点与舞台中心点重合，在第 3 帧中插入关键帧，在“变形”面板中将“身体 1”元件的“缩放宽度”设置为“47%”，高度保持不变，并使元件中心点与舞台中心点重合，在第 1、2 帧上右击，在弹出的快捷菜单中选择“创建补间动画”命令，创建第 1 段动作补间动画，如图 8-16 所示。

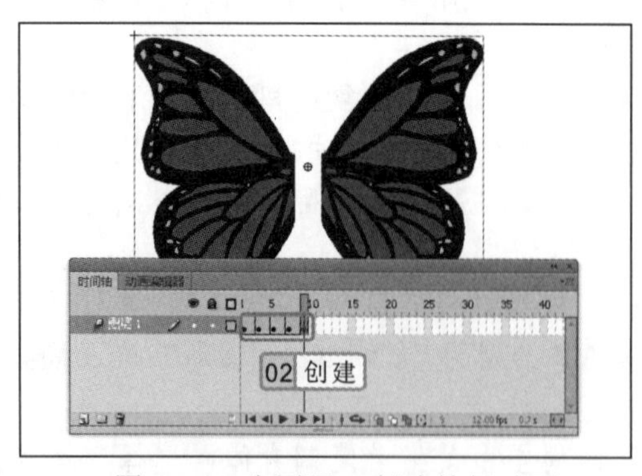

图 8-15　为图层 1 创建补间动画

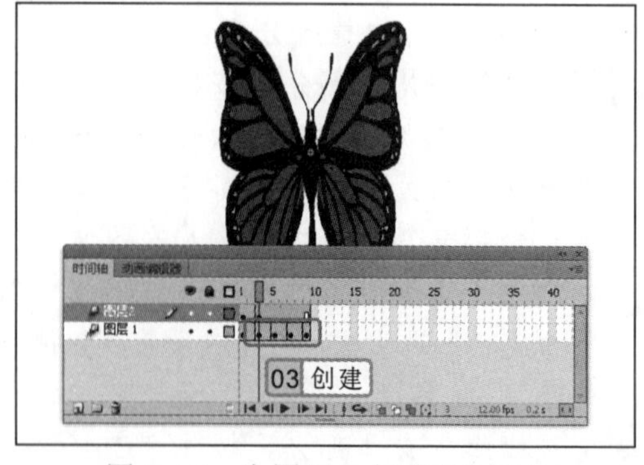

图 8-16　为图层 2 创建补间动画

一个引导层可以与多个图层链接。如果要取消某个图层与引导层之间的链接，只需将该图层拖到引导层上方即可。

9 在第5帧中插入空白关键帧，在第1帧上右击，在弹出的快捷菜单中选择“复制帧”命令，在第5帧上右击，在弹出的快捷菜单中选择“粘贴帧”命令将第1帧中的内容复制到第5帧中，在第7帧和第9帧中插入空白关键帧，用同样的方法分别将第3帧中的内容复制到第7帧，第5帧中的内容复制到第9帧，并在第3帧、第5帧和第7帧上创建动作补间动画。

10 返回主场景，选择【插入】/【新建元件】命令，在打开的对话框中设置“名称”、“类型”分别为“蝴蝶2”、“影片剪辑”，单击 确定 按钮，进入元件编辑窗口。

11 将“蝴蝶2.png”图片导入到库中并将其拖入场景中，按两次“Ctrl+B”快捷键将图片分离，将“绿蝴蝶”和“身体2”创建为图形元件，并制作“蝴蝶2”影片剪辑元件。

12 返回主场景，新建“图层2”和“图层3”，选择“图层2”，将其拖至引导层的下方，创建引导链接关系。选择第1帧，然后选择“铅笔工具”，将“笔触颜色”设置为“绿色（#00FF00）”，在舞台上绘制两条未封闭的曲线条，如图8-17所示。将“图层2”拖入引导图层中，将其转换为引导图层。

13 选中“图层2”的第1帧，将“蝴蝶1”元件拖入舞台中。在“变形”面板中设置“缩放宽度”、“缩放高度”均为“10%”。移动元件使其中心点和里面的曲线起始点重合。

14 选中“图层2”的第40帧，将“蝴蝶1”拖到曲线的末尾处，并对其角度进行旋转，使元件的中心点吸附到曲线上。选择第1~40帧，为其创建传统补间动画，如图8-18所示。

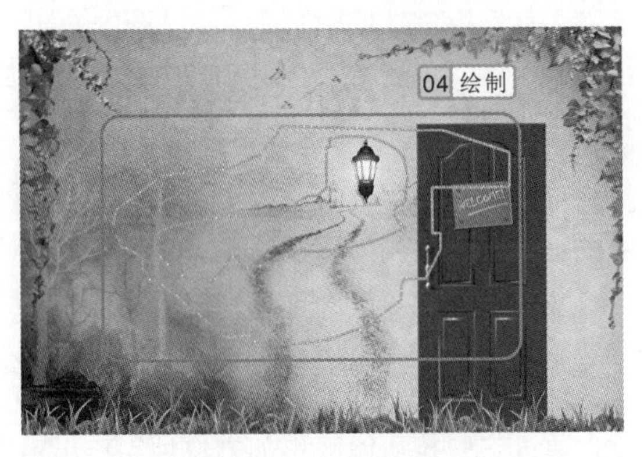

图8-17 绘制曲线

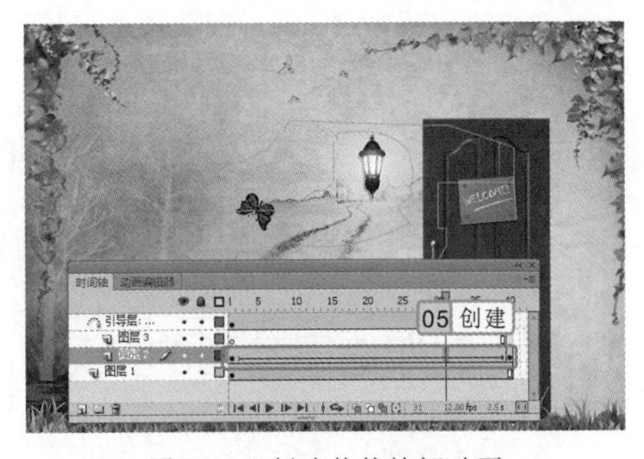

图8-18 创建传统补间动画

15 选择第1帧，在“属性”面板中选中 ☑调整到路径 复选框。在“图层2”的第3、7、15、16、20、25、30、35和37帧中分别插入关键帧，使用“任意变形工具”对蝴蝶的角度进行调整。

16 选择“图层3”的第1帧，将“蝴蝶2”元件拖入场景中，在“变形”面板中设置“缩放宽度”、“缩放高度”均为“15%”，使其中心点和外面的曲线起始点重合，选中“图层4”的第40帧，将“蝴蝶2”元件拖放到曲线的末尾处，并对其角度进行适当旋转，使元件的中心点吸附到曲线上。在“图层3”的第1帧上创建动作补间动画。在“图层4”的第8、15、18、21、23、28、33、36、38、39和40帧中分别插入关键帧，使用“任意变形工具”对蝴蝶的角度进行调整。

在“图层2”、“图层3”中需要多次插入关键帧并根据引导线的路径走向对“蝴蝶1”、“蝴蝶2”的角度进行调整。在“图层1”、引导层的第40帧插入帧是为了使动画播放的整个过程中都有背景图片和引导线。

17 按“Ctrl+Enter”快捷键测试动画，效果如图 8-19 所示。

图 8-19　最终效果

8.3　了解遮罩动画

在有些 Flash 动画中，会出现水波纹、放大镜等效果，这些效果都可以通过 Flash 动画的遮罩功能来实现。为动画对象创建遮罩动画，可以通过改变遮罩图形的大小和位置，以及对动画对象的显示范围进行控制来实现。

8.3.1　什么是遮罩动画

在 Flash 中，遮罩动画的创建主要通过创建遮罩层来实现。遮罩层是一种特殊的图层，在遮罩层中绘制的对象具有透明效果，可以将图形位置的背景显露出来，因此当使用遮罩层后，遮罩层下方的图层中的内容将通过遮罩层中绘制的对象的形状显示出来。

8.3.2　制作遮罩动画的技巧

在制作遮罩动画时还需要注意运用以下技巧，通过这些技巧能够更加方便地制作出精彩的动画画面。

- 遮罩层中的对象可以是按钮、影片剪辑、图形和文字等，但不能使用线条，被遮罩层中则可以是除了动态文本之外的任意对象。在遮罩层和被遮罩层中可使用形状补间动画、动作补间动画和引导层动画等多种动画形式。
- 在制作遮罩动画的过程中，遮罩层可能会挡住下面图层中的元件，这时要对遮罩层中的对象的形状进行编辑，可以单击“时间轴”面板中的“显示图层轮廓”按钮，使遮罩层中的对象只显示边框形状，以便对遮罩层中对象的形状、大小和位置进行调整。
- 不能用一个遮罩层来遮罩另一个遮罩层。

将遮罩层转换为普通图层时，与其相关联的被遮罩层也将转换为普通图层。

8.4 制作遮罩动画

遮罩动画的制作方法很简单，在制作时和引导图层相同，分为简单遮罩动画和多层遮罩动画。下面就将讲解其制作方法。

8.4.1 创建简单遮罩动画

创建简单遮罩动画用于比较单一的显示动画效果，一般用于制作如万花筒这样的动画效果。

实例 8-3 制作镜头移动动画

参见光盘 光盘\素材\第 8 章\农场.png
光盘\效果\第 8 章\农场.fla

1. 新建一个大小为 800×543 像素的空白文档，选择【文件】/【导入】/【导入到舞台】命令，将“农场.png”图像导入到舞台中间。
2. 新建“图层 2”和“图层 3”，选择【插入】/【新建元件】命令，在打开的对话框中设置“名称”、“类型”分别为“遮罩 1”、“影片剪辑”，单击确定按钮。进入元件编辑窗口，在舞台中使用“椭圆工具”绘制一个“黑色”正圆，并在“属性”面板中设置其大小和位置，如图 8-20 所示。
3. 返回主场景，选择【插入】/【新建元件】命令，在打开的对话框中设置“名称”、“类型”分别为“遮罩 2”、“影片剪辑”，单击确定按钮。进入元件编辑窗口，在舞台中使用“椭圆工具”绘制一个正圆，在“属性”面板中将其大小设置为与“遮罩 1”影片剪辑元件的大小相同。
4. 在“颜色”面板中设置颜色为白到黑的径向渐变，设置白色、黑色的“A”的值为“0%”，如图 8-21 所示。

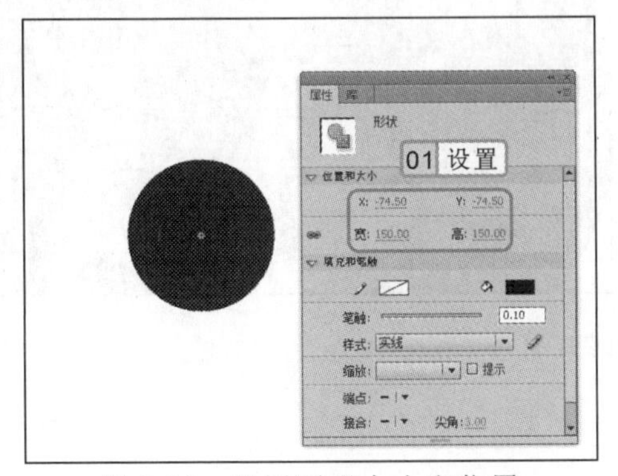

图 8-20 设置圆形大小和位置

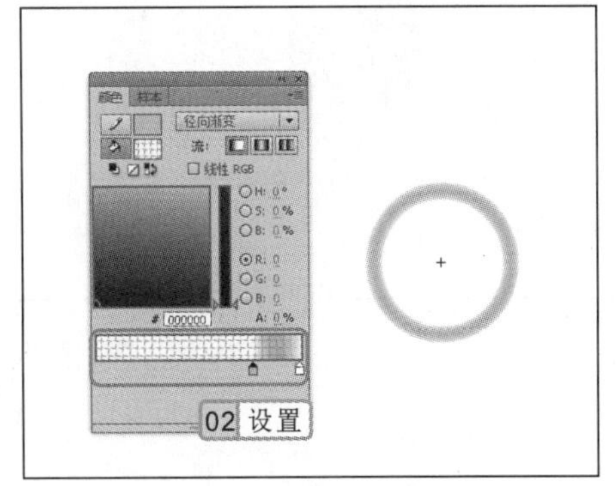

图 8-21 编辑径向渐变

操作提示

创建遮罩动画后，自动锁定遮罩层和被遮罩层以显示遮罩效果。若需对图层进行再次编辑，则需先将其解锁。

5 返回主场景，在“图层 1”的第 75 帧中插入帧。选择“图层 2”的第 1 帧，从“库”面板中将“遮罩 1”元件拖入舞台中，调整位置使其位于舞台右上角。

6 在“图层 2”的第 15 帧中插入关键帧，将“遮罩 1”元件拖到舞台中牛的图像上，在“图层 2”的第 30、45、60 和 75 帧中插入关键帧。

7 将第 30、45、60 帧中的“遮罩 1”元件分别移动到马、太阳和房屋图像上。在第 75 帧上选中其中的元件。在“属性”面板中设置“缩放宽度”、“缩放高度”均为“580%”。选择第 1~60 帧并右击，在弹出的快捷菜单中选择“创建传统补间”命令。

8 在“图层 3”中选择第 1 帧，对“遮罩 2”元件执行同样的操作并为其创建同样的动作补间动画，创建后的时间轴和舞台中的效果如图 8-22 所示。

9 在“图层 2”上右击，在弹出的快捷菜单中选择“遮罩层”命令，创建遮罩层，如图 8-23 所示。

图 8-22　编辑“图层 3”

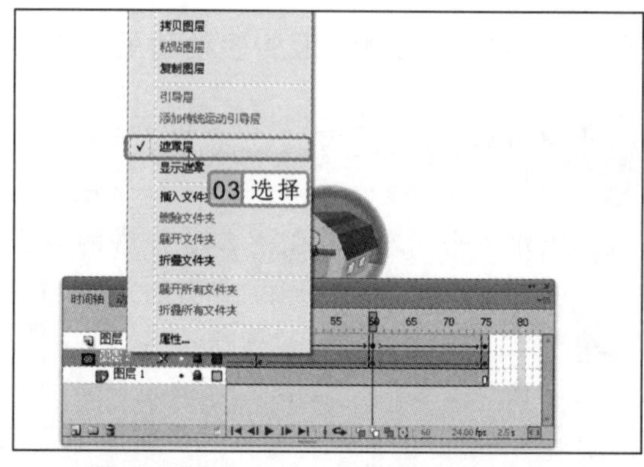

图 8-23　选择“遮罩层”命令

10 按“Ctrl+Enter”快捷键测试动画，效果如图 8-24 所示。

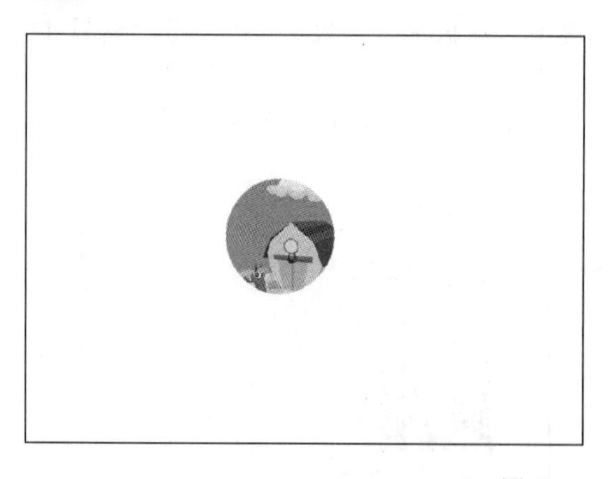

图 8-24　最终效果

Flash 会忽略遮罩层中的位图、渐变色、透明、颜色和线条样式等属性。在遮罩中的任何填充区域都是完全透明的，而任何非填充区域都是不透明的。

8.4.2 制作多层遮罩动画

运用一个遮罩层同时遮罩多个被遮罩层中的对象的动画被称为多层遮罩动画。在制作遮罩动画时，默认遮罩层只和其下的一个图层建立遮罩关系，如果要使遮罩层同时遮罩多个图层，可将图层拖移到遮罩层的下方或更改图层属性使图层之间产生一种链接关系。

实例 8-4 编辑相机文档

下面将打开"相机.fla"文档，并将其中的多个图层添加为被遮罩层。

参见光盘
光盘\素材\第 8 章\相机.fla
光盘\效果\第 8 章\相机.fla

1. 打开"相机.fla"文档，时间轴中的效果如图 8-25 所示。
2. 在"图层 1"上右击，在弹出的快捷菜单中选择"遮罩层"命令，将其转换为遮罩层，"图层 2"自动转换为被遮罩层。
3. 选择"图层 3"，选择【修改】/【时间轴】/【图层属性】命令，在打开的"图层属性"对话框中选中⊙被遮罩(A)单选按钮，单击确定按钮。将"图层 3"转换为被遮罩层。
4. 按照同样的方法将"图层 4"和"图层 5"转换为被遮罩层，效果如图 8-26 所示。

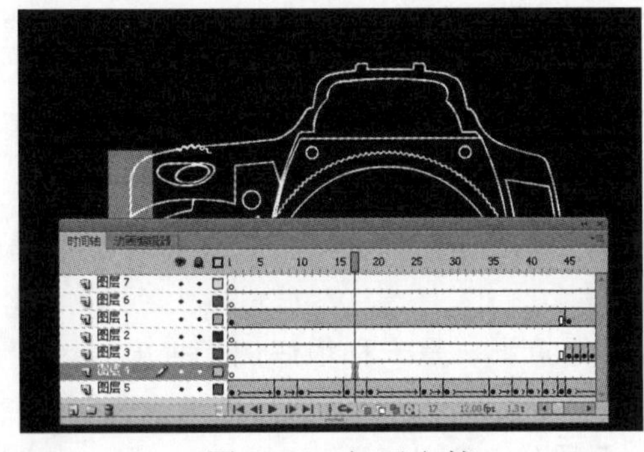

图 8-25 打开文档

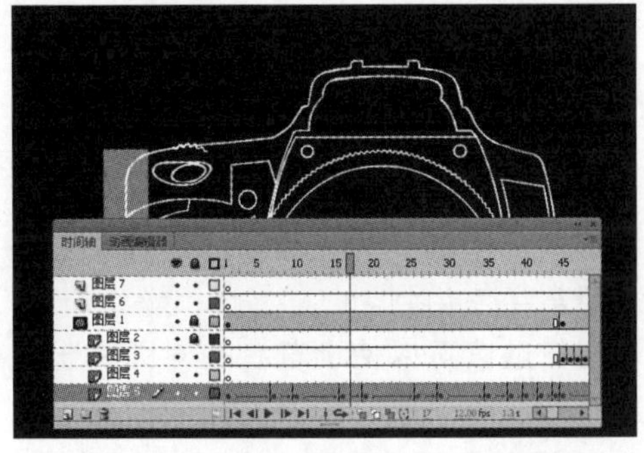

图 8-26 转换后的时间轴中的效果

5. 按"Ctrl+Enter"快捷键测试动画播放效果，如图 8-27 所示。

图 8-27 最终效果

操作提示

如果断开链接的被遮罩层下方还有其他链接的图层，将该被遮罩层断开链接后，其下方其他的被遮罩层也将与遮罩层断开链接。

8.5 提高实例——制作“百叶窗”动画

本章的提高实例将制作百叶窗动画，在制作时将使用新建元件、创建补间动画等制作方法，并通过设置多个矩形条的高度的变化来创建遮罩层，从而制作出一种百叶窗不停翻动的动画效果，最终效果如图 8-28 所示。

图 8-28 “百叶窗”动画效果

8.5.1 行业分析

本例制作的“百叶窗”动画效果主要用于图像过渡。在影集、网页广告和 Flash 动画中都经常会使用到。

图像过渡可以使浏览者在对即将出现的照片进行猜测，是一种很好的切换方式。图像的过渡方法有很多，常见的图像过渡效果如下。

- **百叶窗过渡**：以模拟开启百叶窗的过程显示图像。
- **遮帘过渡**：使用逐渐消失或逐渐出现的矩形来显示图像。
- **淡化过渡**：在过渡图像时以淡入或淡出的方式显示图像。
- **飞行过渡**：从某一指定方向滑入过渡图像。
- **光圈过渡**：以缩放的方形或圆形运动方式来显示或隐藏影片图像。
- **照片过渡**：使图像像放映照片一样出现或隐藏。
- **溶解过渡**：以随机出现或消失的棋盘图案矩形来显示或隐藏图像。
- **旋转过渡**：在过渡时以旋转的方式显示或隐藏图像。
- **挤压过渡**：在过渡时以水平或垂直缩放图像的方式来显示或隐藏图像。
- **划入/划出过渡**：使用水平移动图像的方式来显示或隐藏图像。
- **缩放过渡**：通过按比例放大或缩小图像的方式来显示或隐藏图像。

在绘制矩形条时，可以按住“Alt”键的同时拉伸矩形，这样可使矩形往目标方向拉伸，其余方向则保持不变。

8.5.2 操作思路

为更快完成本例的制作，并且尽可能运用本章讲解的知识，本例的操作思路如下。

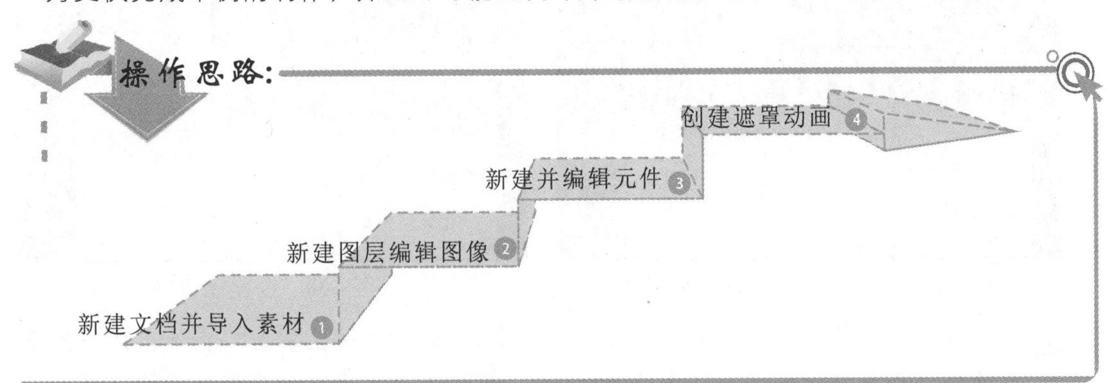

8.5.3 操作步骤

下面介绍制作“百叶窗”动画效果的方法，其操作步骤如下：

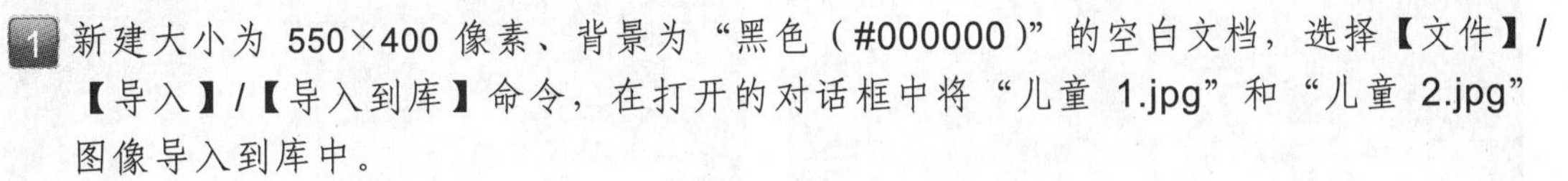

1 新建大小为 550×400 像素、背景为“黑色（#000000）”的空白文档，选择【文件】/【导入】/【导入到库】命令，在打开的对话框中将“儿童 1.jpg”和“儿童 2.jpg”图像导入到库中。

2 选择第 1 帧，将库中的“儿童 1.jpg”图像拖入舞台中，使用“对齐”面板将图像居中对齐。新建“图层 2”，选择第 1 帧，将库中的“儿童 2.jpg”拖入舞台中，使两张图片重合。

3 选择【插入】/【新建元件】命令，在打开的对话框中设置“名称”、“类型”分别为“矩形条”、“图像”，单击 确定 按钮，进入元件编辑窗口。在舞台中绘制一个白色的 504.9×32 像素的矩形条。

4 返回主场景，选择【插入】/【新建元件】命令，在打开的对话框中设置“名称”、“类型”分别为“矩形”、“影片剪辑”，单击 确定 按钮，进入元件编辑窗口。

5 将“矩形条”元件拖入舞台中，在“图层 1”的第 10、15、25 和 30 帧中分别插入关键帧。选中第 10 帧和第 15 帧中的对象，在“属性”面板中将“宽”、“高”、“Y”分别设置为“504.9”、“1”、“-14.75”。

6 选择第 1~30 帧并右击，在弹出的快捷菜单中选择“创建传统补间”命令。

7 返回主场景，新建“图层 3”。从“库”面板中将“矩形”元件拖入舞台中，将元件移动至舞台上方与图片的边对齐，如图 8-29 所示。选中“图层 3”并右击，在弹出的快捷菜单中选择“遮罩层”命令，将“图层 3”设置为“图层 2”的遮罩层，如图 8-30

如果想要百叶窗效果的过渡速度变缓，可以将“矩形”元件的时间轴延长。

所示。

图 8-29 使元件与图片的上方对齐

图 8-30 创建遮罩层

8 同时选择“图层 2”和“图层 3”，在“图层 3”的第 1 帧上右击，在弹出的快捷菜单中选择“复制帧”命令。新建“图层 4”，在第 1 帧上右击，在弹出的快捷菜单中选择“粘贴帧”命令，得到如图 8-31 所示的效果。

9 解锁“图层 4”和“图层 5”，选中“图层 4”的第 1 帧，按键盘上的“↓”键移动矩形条，移动后的效果如图 8-32 所示。

图 8-31 粘贴帧后的效果

图 8-32 移动矩形条后的效果

10 用同样的方法，创建 17 次遮罩效果。每创建一个遮罩效果后，都需要按键盘上的“↓”键移动矩形条来调整遮罩层中矩形的位置，使矩形覆盖整个舞台。

11 单击“时间轴”面板顶端的👁按钮显示所有图层，单击右侧的🔒按钮，锁定所有图层。按“Ctrl+Enter”快捷键测试动画效果。

8.6 提高练习

本章主要介绍了引导图层和遮罩图层的作用以及制作方法。下面将通过两个练习进一步巩固引导图层和遮罩图层的应用，使读者更好地掌握 Flash 动画的制作方法。

按键盘上的“↓”键移动矩形条可以细微地调整遮罩层中的矩形条的位置，按“↓”键移动一次就是向下移动一个像素，这样更便于控制矩形条之间的间距。

8.6.1 制作“水波涟漪”遮罩动画

“水波涟漪”遮罩动画主要是通过绘制多个波浪形的线条来创建遮罩层，从而制作出水波流动的效果，如图 8-33 所示。

图 8-33 “水波涟漪”遮罩动画效果

参见光盘

光盘\素材\第 8 章\水波涟漪.jpg
光盘\效果\第 8 章\水波涟漪.fla
光盘\实例演示\第 8 章\制作“水波涟漪”遮罩动画

该练习的操作思路与关键提示如下。

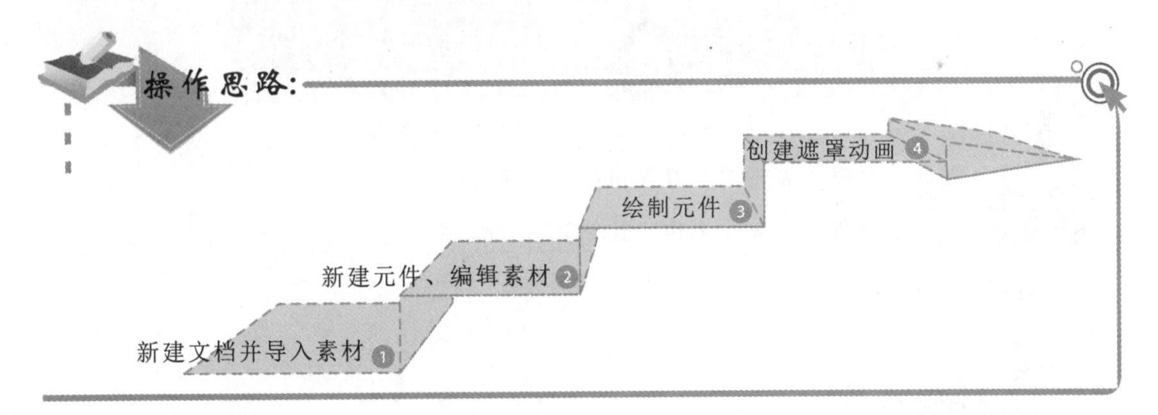

关键提示:

在制作被遮罩图层时，需要先新建元件，再分离背景图层，使用“橡皮擦工具”对除湖水以外的区域进行擦除。返回主场景，将制作的元件移动到舞台中，使元件的位置略高或略低于背景图。

在制作水波纹元件时，绘制的波浪线的宽度只需遮盖住只有水域部分的元件即可。

8.6.2 制作“拖拉机”引导动画

本次练习将运用导入的图片创建一个如图 8-34 所示的引导动画，让读者掌握引导动画的制作方法。

图 8-34 “拖拉机”引导动画效果

参见光盘

光盘\素材\第 8 章\拖拉机背景.png、拖拉机.png、黄蝴蝶.png
光盘\效果\第 8 章\拖拉机.fla
光盘\实例演示\第 8 章\制作“拖拉机”引导动画

该练习的操作思路如下。

操作思路：

1. 新建文档并导入素材
2. 新建元件并编辑素材
3. 绘制引导线
4. 为拖拉机、黄蝴蝶创建动作补间动画

在制作拖拉机动画时，为了配合引导动画制作出拖拉机颠簸的感觉，需要对拖拉机单独制作一个动作影片剪辑。

8.7 知识问答

在制作引导动画和遮罩动画的过程中，难免会遇到一些难题，例如，对象总是不能沿着引导线的方向运动等。下面将介绍制作引导动画和遮罩动画过程中常见的问题及解决方案。

问：创建引导动画时为了使舞台中的对象总是沿着引导线的方向运动，需要注意的事项有哪些？

答：应该注意引导线转折处的线条转弯不宜过急、不宜过多，引导线中不能出现交叉与重叠的现象，被引导对象必须准确吸附到引导线上等情况。

问：为什么使用逐帧动画制作的动画打开的速度会比较慢？

答：那是因为使用逐帧的方法制作出的动画会增大文档的大小，自然会影响打开速度。可将要加快打开速度的文档制作为补间动画。

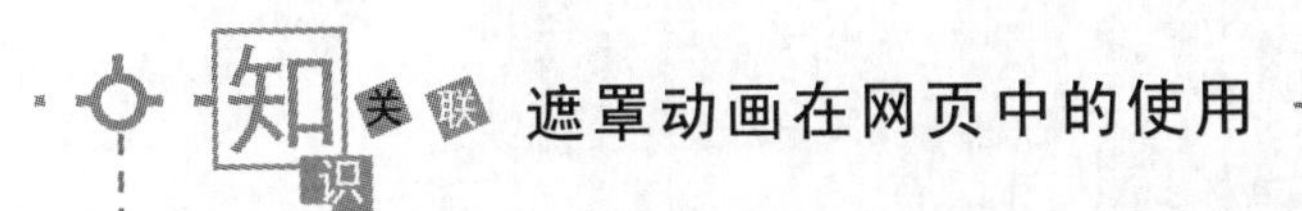

遮罩动画在网页中的使用

遮罩动画在网页广告中经常用到，可以说现在门户网站、企业网站，甚至是淘宝等商业网站都会使用遮罩动画制作广告或是展示图像，以宣传商品和展示新闻。将这种动画放在网页上的好处是，避免以大量文字叙述的方法阐述需要的事或物，使浏览者更容易接受信息。

此外，使用遮罩动画可以在同一位置放置多条信息，从而避免整个网页中全是图像，让浏览者抓不住重点。遮罩动画还能制造更多的广告位，使网站盈利更多。

在绘制引导线时，可以在“工具”面板中将线条设置为平滑模式，这样绘制出的线条的走向更顺畅，引导动画也更容易建立成功。

第 9 章

3D 特效和骨骼动画

3D旋转

3D平移

消失点和透视点

IK反向运动

骨骼的添加和编辑

骨骼动画的制作

本章导读

一个二维的动画，有时为了表现一些透视效果，不得不反复地调整对象的角度。一个运动的动画，有时为了使动作更加自然美观，不得不对每一帧依次调整，这些在以往的动画制作过程中都是非常繁琐的操作。为了解决这样的问题，在 Flash 中便提供了几款相关的工具，本章将介绍 3D 工具和骨骼工具的使用方法，通过这两款工具的使用，可快速地制作 3D 动画和骨骼动画。

9.1 3D 工具

Flash 本身是一个二维的动画制作软件，所以在制作一些具有一定立体效果或透视效果的动画时，如果没有掌握相关的知识，在制作过程中就会比较麻烦，这时便可以使用 Flash 提供的 3D 工具来辅助制作。

9.1.1 3D 旋转工具

在场景中调整对象位置时，默认情况下只能调整 X 和 Y 两个轴的值，而 3D 工具则是在需要调整 Z 轴的值时所使用的工具，通过调整 X、Y、Z 3 个轴的值，便产生了一种类似三维空间的透视效果。

1. 使用 3D 旋转工具

“3D 旋转工具”可以直接对影片剪辑元件实例和 TLF 文本进行使用，其使用的方法也比较简单，下面首先通过对一个元件实例进行调整来了解 3D 旋转工具的使用方法。

实例 9-1 旋转元件实例

下面将通过“3D 旋转工具”对场景中的一个影片剪辑元件实例进行任意方向的旋转调整，制作一个简单的 3D 旋转动画。

光盘\素材\第 9 章\卡通.jpg
光盘\效果\第 9 章\3D 旋转.fla

1. 在场景中导入“卡通.jpg”，并将其转换为影片剪辑元件，然后在“时间轴”面板中选择第 30 帧，按“F5”键，添加空白帧，最后为第 1 ~ 30 帧创建一个补间动画。
2. 选择“3D 旋转工具”，此时在实例中心位置将会出现一个由橙、蓝、绿、红 4 种颜色组成的圆形控件，如图 9-1 所示。
3. 选择第 10 帧，然后将鼠标指针移动至圆形控件的绿色线条上，此时指针将会变为形状，按住鼠标左键不放并向下拖动，使实例左右旋转，如图 9-2 所示。

图 9-1 3D 控件

图 9-2 左右旋转

使用“3D 旋转工具”可以同时对多个对象进行旋转，其方法是直接在场景中选择多个对象后再使用“3D 旋转工具”。

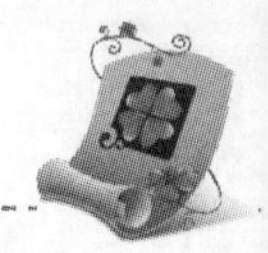

4 选择第 20 帧，然后将鼠标指针移动至圆形控件的红色线条上，当其变为$\blacktriangleright_x$形状时，按住鼠标左键不放并拖动鼠标，使实例上下旋转，如图 9-3 所示。

5 继续选择第 30 帧，然后将鼠标指针移动至圆形控件的蓝色线条上，当其变为$\blacktriangleright_z$形状时，按住鼠标左键不放并拖动鼠标，使实例顺时针旋转，如图 9-4 所示。

图 9-3　上下旋转

图 9-4　顺时针旋转

6 完成以上操作后，便完成了一个简单的 3D 旋转动画，按“Ctrl+Enter”快捷键测试动画，其效果如图 9-5 所示。

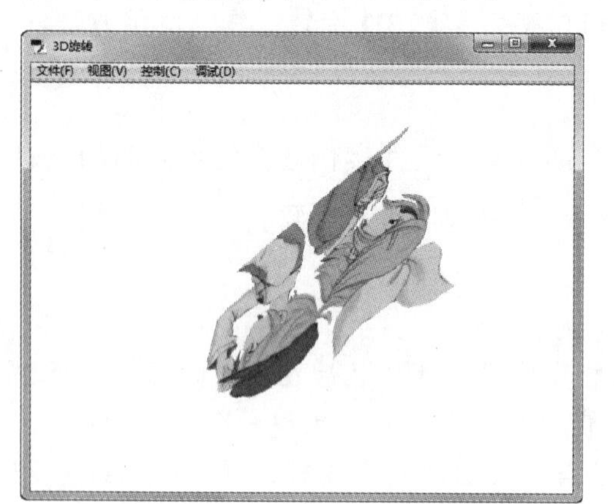

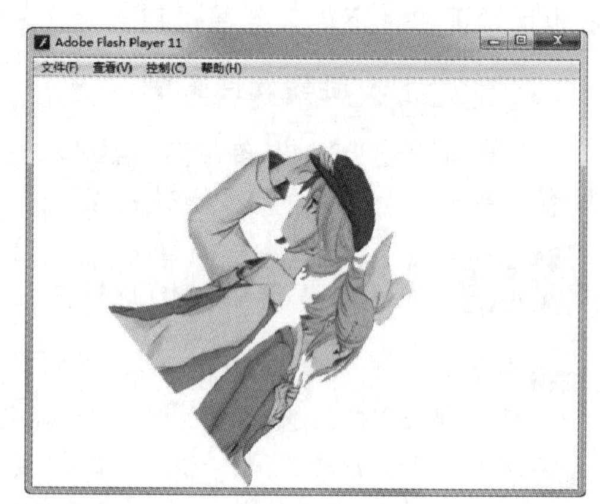

图 9-5　动画效果

2. 控件的使用方法

通过上面的实例可以知道，3D 旋转工具的使用方法比较简单，直接拖动圆形控件上不同的线条便能使实例在一个类似 3D 的空间中进行旋转，为了方便理解这个工具，下面分别介绍控件中不同颜色的线条的含义。

- **X 轴**：通常 X 轴表示水平的轴心，旋转 X 轴表示将对象以 X 轴为中心，进行上下方向的旋转。在圆形控件中，红色垂直的竖线是对 X 轴进行控制的控件。
- **Y 轴**：通常 Y 轴表示垂直的轴心，旋转 Y 轴表示将对象以 Y 轴为中心，进行左右方向的旋转。在圆形控件中，绿色水平的横线是对 Y 轴进行控制的控件。
- **Z 轴**：通常 Z 轴表示与 X 轴和 Y 轴都垂直的轴心，旋转 Z 轴表示将对象以 Z 轴为

在“变形”面板的“3D 旋转”栏中的“3D 中心点”栏中，可以直接通过调整其中的数值来调整对象的 3D 旋转角度和旋转时的中心点。

中心，进行平面的旋转，这与直接使用其他工具对对象进行旋转类似。在圆形控件中，蓝色的圆环是对 Y 轴进行控制的控件。

- **自由旋转**：在上面实例中，位于控件最外侧的橙色圆环没有使用，该圆环是可以同时对 X、Y、Z 3 个轴进行控制的控件，将鼠标指针移动至该圆圈上，当其变为▶形状时，按住鼠标左键不放并拖动鼠标即可一次性对 X、Y、Z 3 个轴的旋转进行控制，如图 9-6 所示。
- **3D 中心点**：3D 中心点是在拖动控件时实例旋转的中心点，也就是原点。移动中心点的方法是将鼠标指针移动至控件中心的圆点上，当其变为▶形状时，按住鼠标左键不放并进行拖动，即可将其移动，如图 9-7 所示。

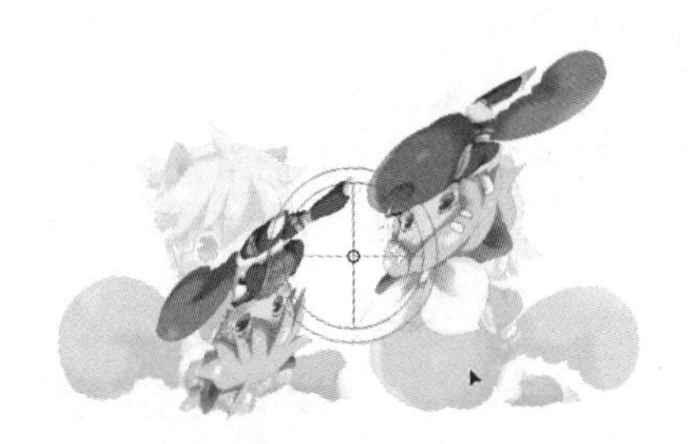

图 9-6 自由旋转

图 9-7 移动中心点

9.1.2 3D 平移工具

“3D 平移工具”是另一款 3D 工具，使用该工具不会使对象旋转，其主要的作用是控制对象在场景中的位置，尤其是在一个比较复杂的场景中，当景物有远近之分时，使用该工具便能比较精确地得到远近区分的透视效果。

“3D 平移工具”的控件只有红色和蓝色箭头以及中心的 3 个小黑点，分别用于控制对象在 X 轴、Y 轴和 Z 轴上的移动，如图 9-8 所示。

如果需要精确地控制 X、Y、Z 3 个轴，则可以在“属性”面板的“3D 定位和查看”栏中直接对 X、Y、Z 3 个数值框中的数值进行设置，如图 9-9 所示。

图 9-8 3D 平移工具

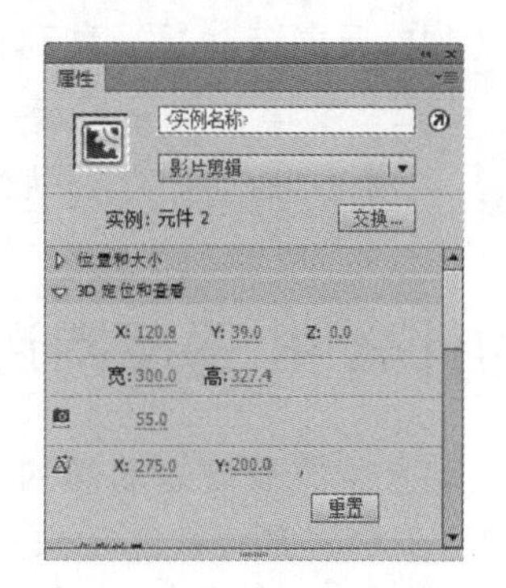

图 9-9 “属性”面板

选择“3D 旋转工具”，在“工具”面板的选项区域中单击“全局转换”按钮，此时再拖动圆形控件，可以使控件随着实例一同旋转。

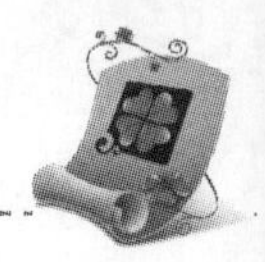

9.1.3　消失点和透视点

在一个二维的空间中，要想使一个对象表现出三维的立体效果，其主要的方法是通过改变对象的角度，使其产生一种透视的效果，正确的透视图依赖消失点和透视角度，下面分别对其介绍。

- **消失点**：消失点确定水平平行线汇聚于何处，如一条越来越远的铁轨，铁轨应该于何处汇聚于一点并消失，这便是消失点。在 Flash 中，默认情况下消失点在“舞台”的中心。选择已经进行了 3D 旋转的对象后，打开“属性”面板，在该面板的“3D 定位和查看”栏中，调整“消失点”中的值即可修改消失点的位置，如图 9-10 所示，左上角两条相交的灰色直线，其交叉处便是新的消失点。
- **透视角度**：透视角度决定了平行线能多快地汇聚于消失点，透视角度越大，汇聚得越快，如图 9-11 所示。当加大了透视角度的值后，在消失点不变的情况下，图像将会更快地汇聚于消失点。

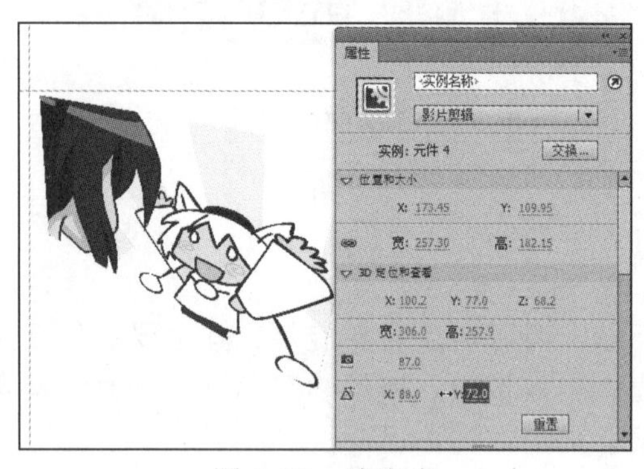

图 9-10　消失点

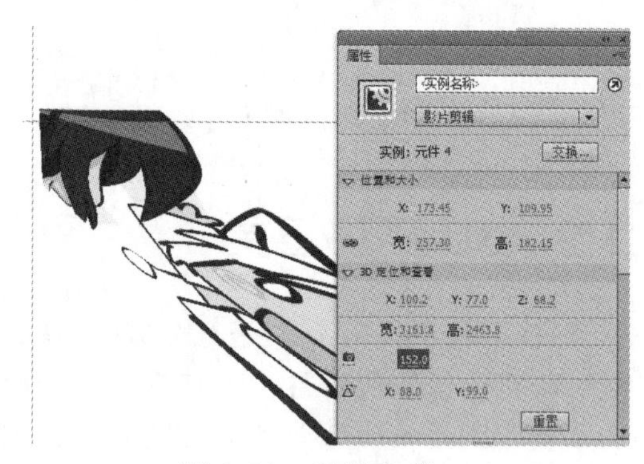

图 9-11　透视角度

9.2　IK 反向运动

IK 反向运动是一种利用骨骼来对一个或多个对象进行控制和约束，然后再进行动画处理的方法，使用这种方法可以只需做少量的设计工作，便能实现较复杂的运动，如人物、机械等物体的运动等。

9.2.1　为什么 IK 是反向运动

IK 反向运动是依据反向运动学的原理对层次连接后的复合对象进行运动设置，是使用骨骼关节结构对一个对象或彼此相关的一组对象进行动画处理的方法。与正向运动不同，运用 IK 反向运动系统控制层末端对象的运动，系统将自动计算此变换对整个层次的影响，并据此完成复杂的复合动画。

在不对消失点进行设置时，不能直接观察消失点的位置，可以通过单击“3D 定位和查看”栏中的 重置 按钮，使消失点回到舞台的中心。

要使用 IK 反向运动，需要对单独的元件实例或单个形状的内部添加骨骼。添加了骨骼后，在一个骨骼移动时，与启动运动的骨骼相关的其他连接骨骼也会移动。使用反向运动进行动画处理时，只需指定对象的开始位置和结束位置即可。通过反向运动，可以更加轻松地实现自然运动。在 Flash 中可以按两种方式使 IK 反向运动。

- **图像内部**：向形状对象的内部添加骨架。可以在合并绘制模式或对象绘制模式中创建形状。通过骨骼，可以移动形状的各个部分并对其进行动画处理，而无须绘制形状的不同部分或创建补间形状。例如，向简单的蛇图形添加骨骼，以使蛇逼真地移动和弯曲。
- **连接实例**：通过添加将每个实例与其他实例连接在一起的骨骼，用关节连接一系列的元件实例。骨骼允许元件实例连接在一起移动。例如，有一组影片剪辑，其中的每个影片剪辑都表示人体的不同部分。通过将躯干、上臂、下臂和手连接在一起，创建逼真移动的胳膊，还可以创建一个分支骨架以包括两个胳膊、两条腿和头。

9.2.2 为形状添加骨骼

使用“骨骼工具”在一个形状的内部添加骨骼，即可使用添加好的骨骼直接改变形状的外观。

实例 9-2 **剪影动画**

下面将在 “剪影” 中添加骨骼，并通过调整骨骼的位置，制作跳舞动画。

参见光盘 光盘\素材\第 9 章\剪影.fla
光盘\效果\第 9 章\跳舞.fla

1. 打开“剪影.fla”文档，选择“骨骼工具”，在人物腰上按住鼠标左键不放并向上拖动鼠标，如图 9-12 所示。
2. 当鼠标拖动到合适的位置后，释放鼠标，此时在所拖动的两点之间将会出现一条直线，这条直线便是使用“骨骼工具”所创建的一条骨骼，如图 9-13 所示。

图 9-12　拖动骨骼

图 9-13　第一条骨骼

3. 接着第一条骨骼继续向上拖动，衍生出更多的骨骼，如图 9-14 所示。

操作提示

使用“骨骼工具”可以在形状的内部任意位置处开始添加骨骼，但是不能在空白的地方添加骨骼。

4 移动鼠标指针至人物胸口附近的节点上，然后按住鼠标左键不放并向手臂方向拖动，创建分支骨骼，如图 9-15 所示。

图 9-14　延伸骨骼

图 9-15　分支骨骼

5 使用类似的方法，继续创建其他的骨骼，使骨骼遍布剪影的每一个部分，完成后其骨骼的分布如图 9-16 所示。

6 在“时间轴”面板中选择第 90 帧，按“F5”键创建空白帧，然后选择第 15 帧，使用“选择工具”选择人物身上创建好的骨骼，并通过拖动骨骼使骨骼移动，从而使骨骼所关联的图像也随之改变，如图 9-17 所示。

图 9-16　完成骨骼创建

图 9-17　拖动骨骼改变形状

7 选择第 45 帧，继续使用“选择工具”对人物身上的骨骼进行调整，使人物动作的方向与第 15 帧大致相反，如图 9-18 所示。

8 为了使动作在预览时能连续，所以继续选择第 75 帧和第 90 帧，并分别调整这两个帧中的骨骼。如图 9-19 所示为第 90 帧的形状。

图 9-18　拖动骨骼

图 9-19　第一条骨骼

在创建骨骼的过程中，为了使最后的效果更自然，尽量不要随意添加骨骼，骨骼的添加可以参考真实骨骼的位置进行添加，这样才不至于让最终效果的动作过于畸形。

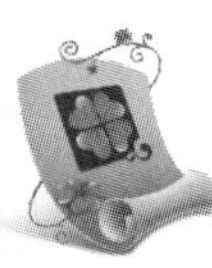

9 完成以上操作后，便完成了跳舞动画的制作，按“Ctrl+Enter”快捷键测试动画，其效果如图 9-20 所示。

图 9-20　动画效果

9.2.3　为实例添加骨骼

如果是较为复杂的图像，可以将一个图像的各个部位分别创建为元件，然后再通过骨骼来连接这些元件，从而得到一个完整的骨骼。

实例 9-3　跑步动画

下面将对一个由元件组成的人物添加骨骼，连接每一个元件，然后再通过调整不同帧中的骨骼形状，改变人物的动作，形成跑步动画效果。

参见光盘　光盘\素材\第 9 章\人.fla
光盘\效果\第 9 章\跑步.fla

1 打开“人.fla”文档，为了方便之后对人物动作进行控制，这里在人物的脚下绘制一个任意的形状，并将其转换为元件，之后以该元件为原点创建骨骼，如图 9-21 所示。

2 使用“骨骼工具”，将鼠标指针移动至创建的蓝色元件上，然后按住鼠标左键不放并将其向头部的位置进行拖动，使其与头部的元件实例进行连接，如图 9-22 所示。

图 9-21　创建矩形原点

图 9-22　第一条骨骼

操作提示

在对元件添加骨骼的过程中，对骨骼连接的顺序并没有刻意的要求，只要能顺利且合理地连接所有的元件即可。

3 接着第一条骨骼继续向颈部拖动，创建第二条骨骼，使头部与躯干部分的元件进行连接，如图 9-23 所示。

4 使用类似的方法，继续拖动骨骼，使骨骼分别连接至人物的每一个元件上，形成一个完整的骨骼，如图 9-24 所示。

图 9-23　第二条骨骼

图 9-24　完成骨骼的创建

5 为了不影响视觉效果，使用“选择工具”选择脚下的元件，并通过“属性”面板将其“Alpha”值调整为“0”，使该元件透明。

6 在“时间轴”面板中选择第 25 帧，按“F5”键，然后选择第 4 帧，使用“选择工具”分别选择人物身上的骨骼，并通过拖动骨骼使骨骼移动，将人物的动作调整为第二个跑步的动作，完成后其动作如图 9-25 所示。

7 继续选择第 7、10、13、16、19、22 和 25 帧，然后分别调整各个帧中不同的动作，完成人物跑步的骨架动画，其时间轴中的骨骼图层如图 9-26 所示。

图 9-25　第二个动作

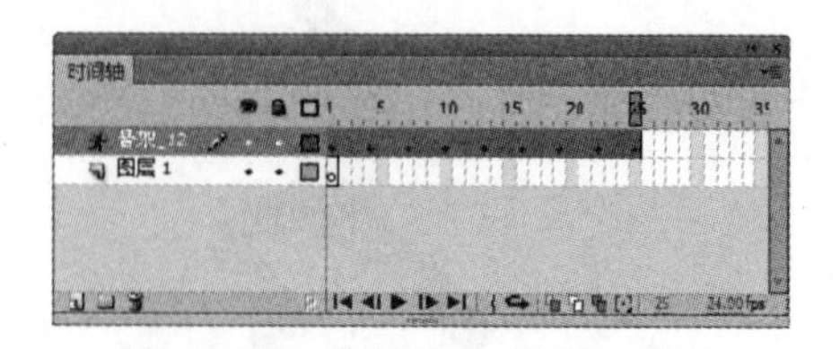

图 9-26　时间轴中的各个帧

8 完成以上操作后，便完成了跑步动画的制作，按“Ctrl+Enter”快捷键测试动画，其效果如图 9-27 所示。

在本例中，为人物的脚下添加了一个方块元件，主要起到了在调整骨骼时方便定位和调整的作用，通常在较复杂的元件骨骼中，这种透明的元件会经常使用，但不是必须使用。

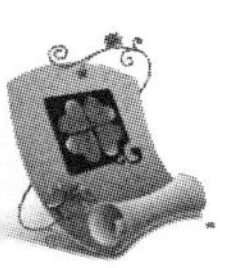

图 9-27　跑步动画效果

9.3　骨骼的编辑

骨骼的创建以及骨骼动画的创建都是比较简单的操作，但是如果需要创建一些比较复杂的骨骼动画，在创建过程中适当地对骨骼进行相应的编辑也是必不可少的。

9.3.1　选择骨骼

选择骨骼的方法和选择素材、实例等类似，都是通过“选择工具”进行的，下面分别介绍选择不同数量的骨骼的方法。

- **选择单个骨骼**：使用“选择工具”直接单击骨架中的骨骼，当骨骼变为绿色时，则表示该骨骼被选择，如图 9-28 所示。
- **选择多个骨骼**：如果需要选择骨架中的多个骨骼，则可以使用“选择工具”在选择骨骼时按住“Shift”键不放，然后依次单击需要选择的骨骼，如图 9-29 所示。
- **选择全部骨骼**：使用“选择工具”直接在骨架中的任意骨骼上双击，即可选择骨架中的全部骨骼。

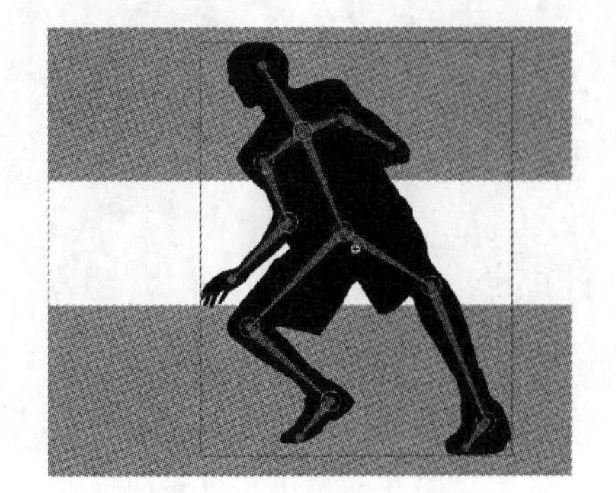

图 9-28　选择单个骨骼

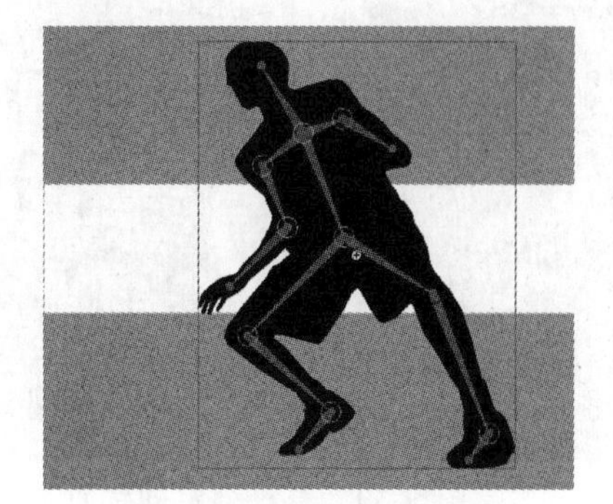

图 9-29　选择多个骨骼

同时选择多个骨骼后，再使用“选择工具”对骨骼进行调整也不能同时调整多个骨骼。

9.3.2 删除骨骼

若需要删除骨架中的骨骼，只需选择单个或多个骨骼，然后按“Delete”键即可，但需要注意的是，若删除一个骨骼，该骨骼的子级骨骼也会被同时删除，即如果选择的是第一条骨骼，若将其删除则会删除全部的骨骼。

若需要删除全部的骨骼，有两种方法。第一种是除了依次删除骨骼外，还可以选择骨架中的任意骨骼或全部骨骼后，按“Ctrl+B”快捷键，将骨架打散并删除；第二种是在“时间轴”中选择“骨架”图层中包含骨架的帧，然后右击，在弹出的快捷菜单中选择“删除骨架”命令即可。

9.3.3 形态的绑定

利用形状上的锚点与骨骼之间的绑定，可以对形状进行更有效的控制。绑定了锚点后，当骨骼进行旋转或移动时，映射的形状也会随之旋转或移动，反之，如果取消绑定锚点，则当骨骼旋转或移动时，这些形状则不会随之旋转或移动。

要查看骨骼绑定了哪些锚点的方法是：选择“绑定工具”，直接使用“绑定工具”选择骨骼，即可显示哪些锚点与骨骼是相联系的，如图 9-30 所示，选择的骨骼中间为红色凸出显示，其关联的锚点则以黄色显示。

如果想重新定义骨骼和锚点之间的关系，可以使用“绑定工具”选择骨骼后，按住“Shift”键，然后移动鼠标指针至锚点上，当其变为形状时，单击锚点，使锚点变为黄色，则可以使该锚点和骨骼绑定；反之如果需要解除绑定，则按住“Ctrl”键，然后单击黄色锚点即可，如图 9-31 所示。

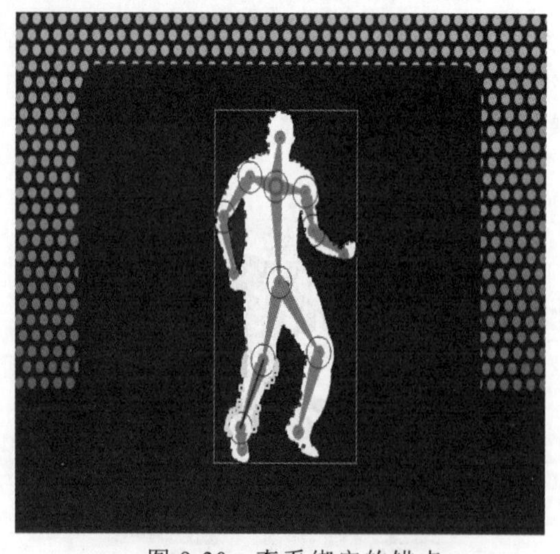

图 9-30　查看绑定的锚点

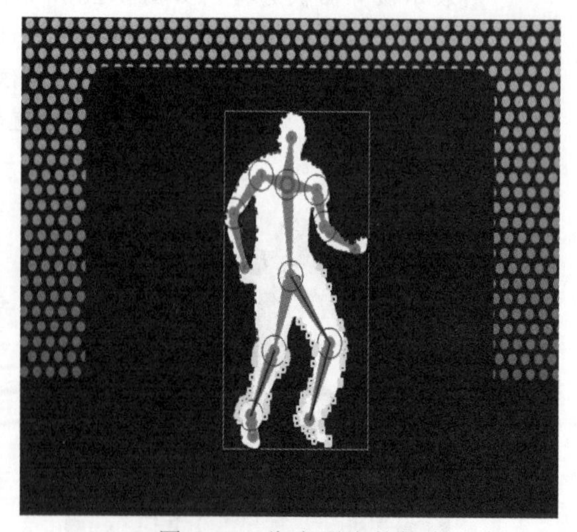

图 9-31　绑定更多的锚点

在同一帧中，当存在多个元件时，便会有上下的层级结构，在对这些元件添加骨骼时，可能会因为图层顺序而影响骨骼的添加，此时可以适当调整元件的上下顺序或位置，以方便连接。

9.3.4 定位骨骼的节点

骨骼的节点决定了骨骼移动的范围，直接在对象上添加的骨架，其每个骨骼的节点可能并不在合适的地方，需要靠后期的调整，才能达到满意的效果。

在骨骼添加完成后，如果需要调整骨骼节点的位置，则可以选择“部分选取工具”，然后将鼠标指针移动至需要调整的节点上，当其变为形状时，按住鼠标左键不放，拖动鼠标即可改变节点的位置，同时骨骼的长度也会发生改变，如图 9-32 所示。

9.3.5 移动元件

使用骨骼工具绑定元件后，元件并不能随意拖动，如果需要单独移动骨架中绑定的元件，则可以使用“部分选取工具”，然后按住“Alt”键，按住鼠标左键拖动需要移动的元件即可，如图 9-33 所示。

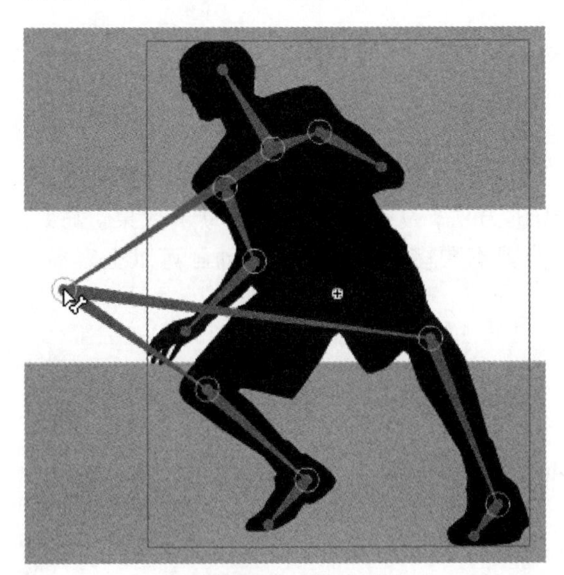

图 9-32 移动节点

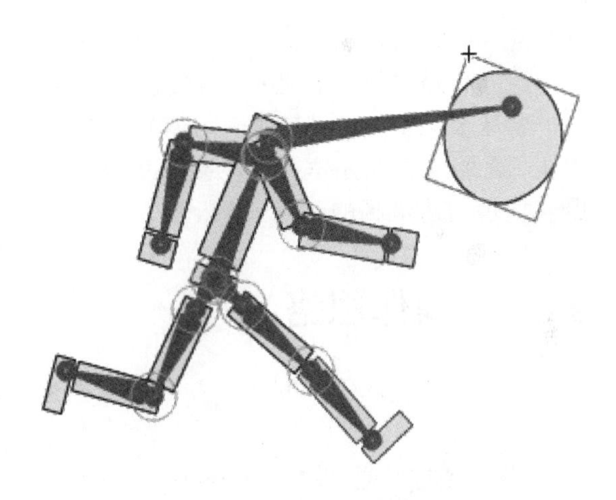

图 9-33 拖动元件

9.4 提高实例——制作皮影戏动画

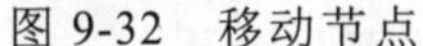

本章主要学习了 3D 旋转、3D 平移、骨骼动画的添加与制作等知识，下面制作一个皮影戏的动画，其中皮影的走路和鞠躬等动作均是由骨骼动画完成的，最终效果如图 9-34 所示。

操作提示

在使用骨骼对元件进行连接后，如需要同时对这些元件进行移动，可以选择“任意变形工具”选择所有的元件，然后再通过拖动的方式将所有的元件一起移动。

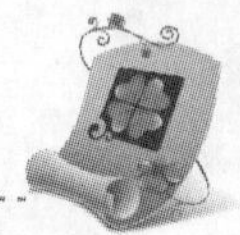

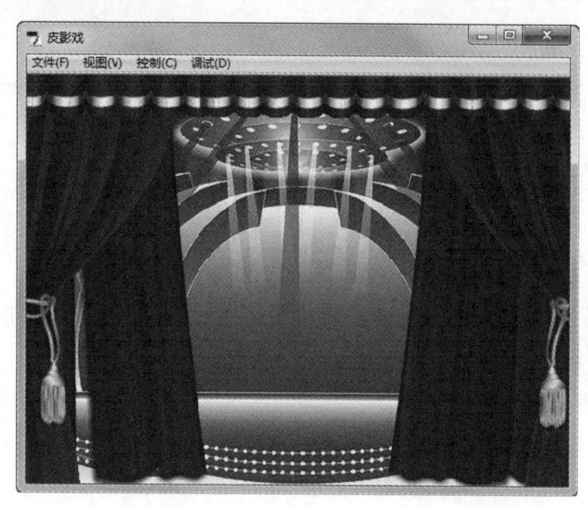

图 9-34　皮影戏效果

9.4.1　行业分析

骨骼动画的骨骼二字便形象地表明了这种动画的性质是通过对目标添加骨骼，通过骨骼的运动从而带动全身的运动，使用这种动画的好处便是可以牵一发而动全身，使整个动画看起来更加形象自然，这也是现在动画行业在很多地方使用骨骼动画的原因。

除了骨骼动画外，还有一种顶点动画的模型动画。在顶点动画中，每帧动画其实就是模型特定姿态的一个“快照”，通过在帧之间插值的方法，从而得到平滑的动画效果。与之相比，骨骼动画对处理器性能要求更高，但同时也具有更多的优点，骨骼动画可以更容易、更快捷地创建流畅的动画效果。

9.4.2　操作思路

为更快完成本例的制作，并且尽可能运用本章讲解的知识，本例的操作思路如下。

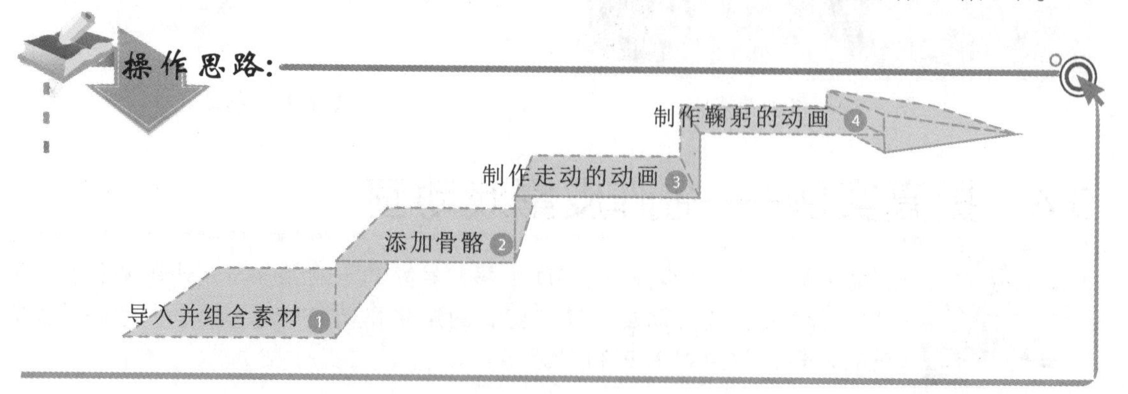

骨骼动画并不难掌握，只要在理解其使用方法后，再根据实例的形状或元件的位置，创建正确的骨骼，便能轻松地制作出骨骼动画。

9.4.3　操作步骤

下面根据操作思路，从骨骼的添加开始，一步一步地完成动画的制作，其操作步骤如下：

光盘\素材\第 9 章\舞台.fla、皮影
光盘\效果\第 9 章\皮影戏.fla
光盘\实例演示\第 9 章\制作皮影戏动画

1. 启动 Flash CS6，打开“舞台.fla”文档，可以看见在该文档中已经包含了 3 个图层，并且在“图层 2”中添加了一个包含幕布拉开的动画，如图 9-35 所示。
2. 为“图层 1”添加足够长的帧，使其在之后的制作过程中一直将舞台背景显示出来，然后在“图层 1”的上方新建一个“图层 4”，并在该图层的第 80 帧处添加一个空白关键帧。
3. 将“皮影”文件夹中所包含的图像分别导入文档中，并分别新建为不同的影片剪辑元件，然后在“图层 4”的第 80 帧中，将这些皮影元件在场景中组合成一个完整的皮影人物，如图 9-36 所示。

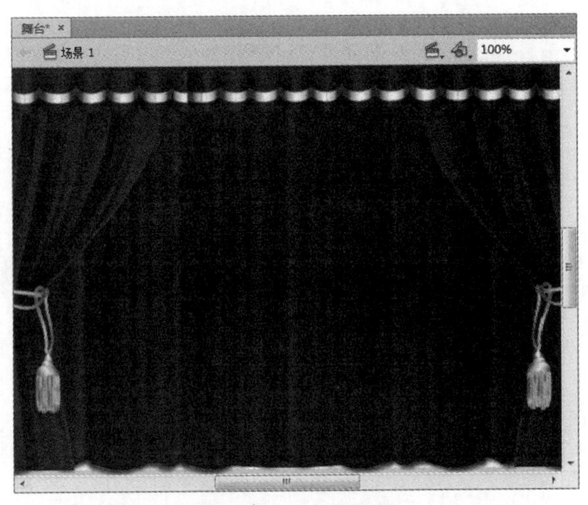

图 9-35　打开文档

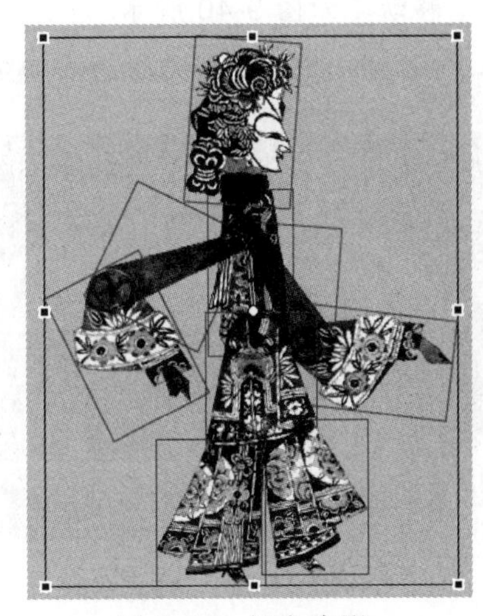
图 9-36　组合皮影

4. 将皮影组合完成后，适当缩小皮影的大小，这里将皮影的宽设置为 128.9 像素，高设置为 164.9 像素，完成大小的设置后，将其移动到舞台的左侧，这里将其移动到 X 值为-200，Y 值为 180 的地方。
5. 选择“骨骼工具”，将鼠标指针移动至皮影的头部，然后按住鼠标左键不放向躯干拖动，创建第一条骨骼，如图 9-37 所示。
6. 继续使用“骨骼工具”，从躯干出发，依次连接左右手，然后再连接腿和脚，完成骨骼的创建，如图 9-38 所示。

因为是创建骨骼动画，所以在导入图像的过程中一定要分别导入并分别将其创建为不同的元件。在创建并组合后，图像的大小和位置可以根据需要自由调整。

图 9-37　添加骨骼

图 9-38　完成骨骼

7 选择包含了骨架动画的“骨架_2”图层中的第 120 帧，按“F5”键添加帧，然后使用“任意变形工具”选择皮影的所有元件，最后将所选择的皮影通过拖动的方式移动到舞台的中心，如图 9-39 所示。

8 选择“图层 4”的第 90 帧，使用“选择工具”分别选择皮影的手和脚，并分别进行移动，如图 9-40 所示。

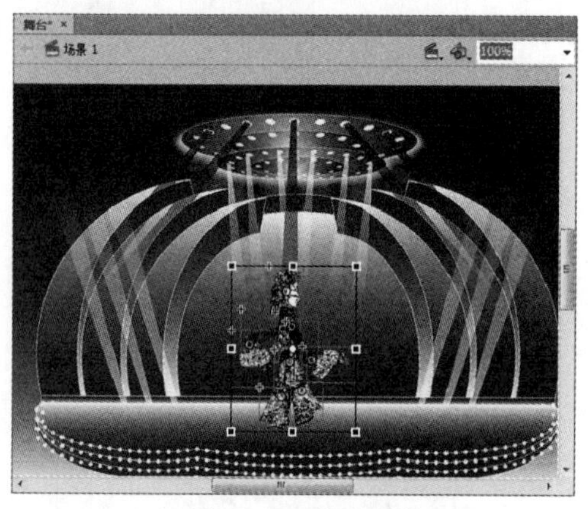

图 9-39　移动元件

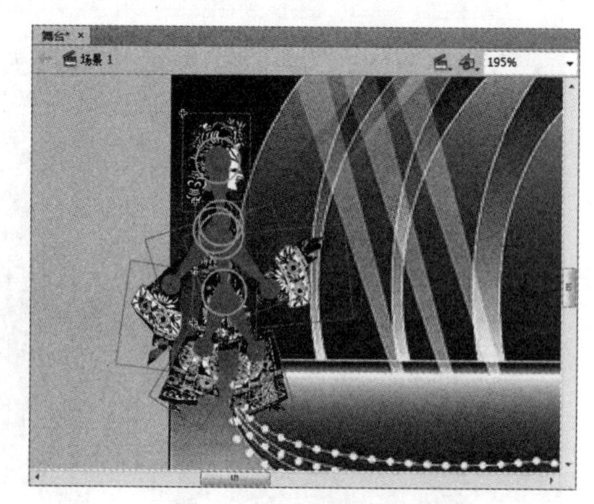

图 9-40　调整骨骼动作

9 使用相同的方法，分别选择第 100 帧和第 110 帧，并分别调整其中皮影的动作，使皮影出现一个比较流畅的走路动作，完成皮影走入进场的动画。

10 完成以上操作后，继续在“骨架_2”图层的第 145 帧处通过按“F5”键添加帧，然后再对该帧中的皮影的动作进行调整，使其弯腰，如图 9-41 所示。

11 此时已经完成了皮影的入场和鞠躬的动画，为了使舞台的幕布能完整地在最终效果中呈现，这里选择包含幕布的“图层 2”和“图层 3”的第 145 帧，按“F5”键添加帧，其“时间轴”面板如图 9-42 所示。

12 完成以上操作后，便完成了皮影戏的动画制作，按“Ctrl+Enter”快捷键测试动画。

专家指导

在本例中，因为皮影的结构比较简单且比较容易控制，所以在这里并没有像实例 9-3 一样创建一个透明的元件。

图 9-41　调整鞠躬动作

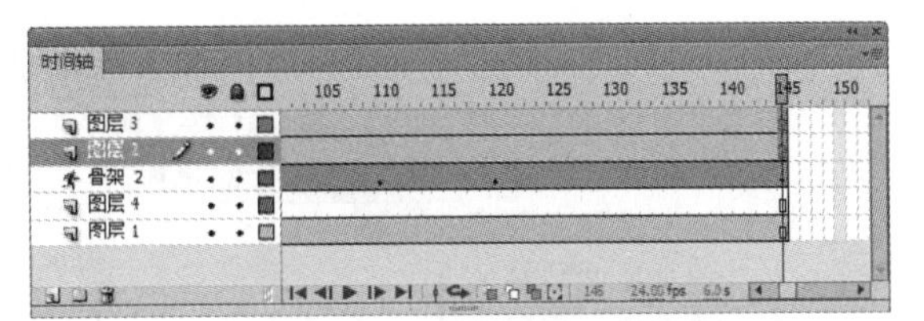

图 9-42　“时间轴”面板

9.5　提高练习

本章主要讲解了3D工具和骨骼工具的相关知识点和一些主要的操作过程，这两部分的内容并不困难。下面就通过两个练习分别对骨骼动画和 3D 动画进行练习，巩固本章所学的知识。

9.5.1　制作机器人部队

本次练习将首先在场景中选择机器人，按“F8”键，将其转换为元件，然后在元件中对机器人添加骨骼，并在骨骼添加完成后制作出走路的骨骼动画，最后使用制作完成的元件在场景中创建多个实例，完成机器人部队的制作，效果如图 9-43 所示。

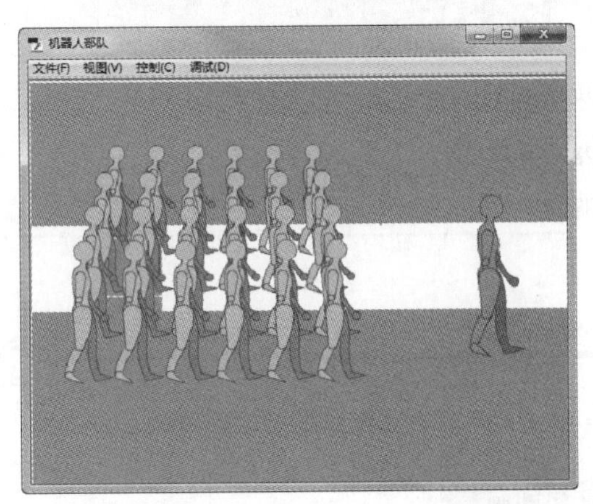

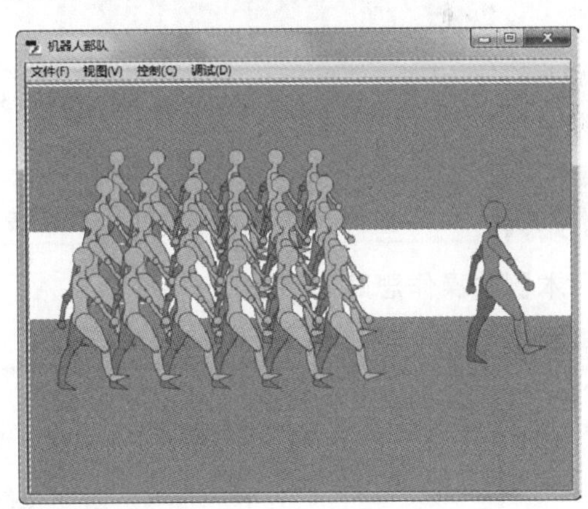

图 9-43　机器人部队

参见光盘

光盘\素材\第 9 章\机器人.fla
光盘\效果\第 9 章\机器人部队.fla
光盘\实例演示\第 9 章\制作机器人部队

本例的操作思路如下。

在本例中，因为使用了一个元件，制作出的最终效果所有人的走路姿势都是一样的，在需制作不同的动画时，可以在创建好骨架后将其转换为元件，并复制多个元件，然后再分别调整不同元件中的动作。

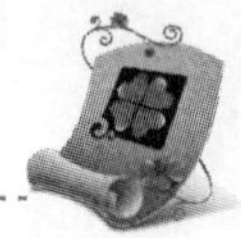

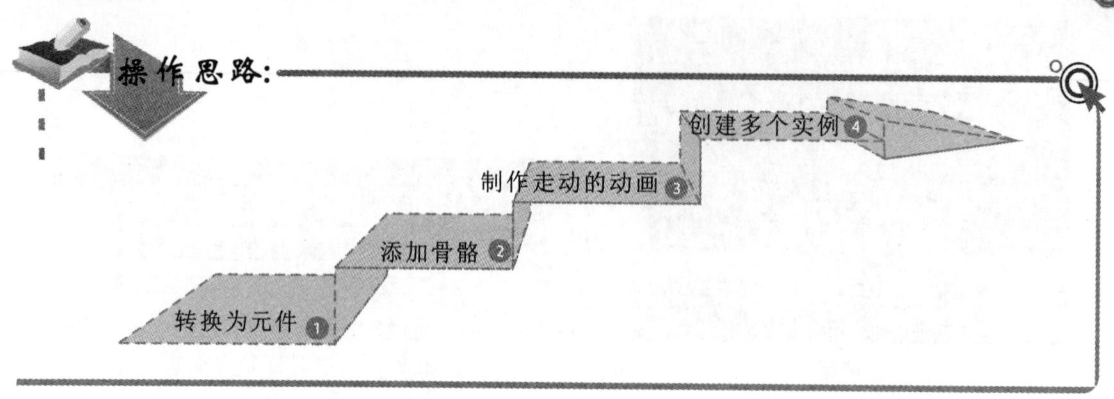

9.5.2 制作 3D 旋转相册

本次练习将使用“3D 旋转工具”对场景中的元件进行旋转操作，使元件以 Y 轴为中心进行 360° 旋转，并在旋转过程中显示不同的图像，其最终效果如图 9-44 所示。

图 9-44 3D 旋转相册

光盘\素材\第 9 章\图像 1.jpg、图像 2.jpg、背景.jpg
光盘\效果\第 9 章\旋转相册.fla
光盘\实例演示\第 9 章\制作 3D 旋转相册

本例的操作思路如下。

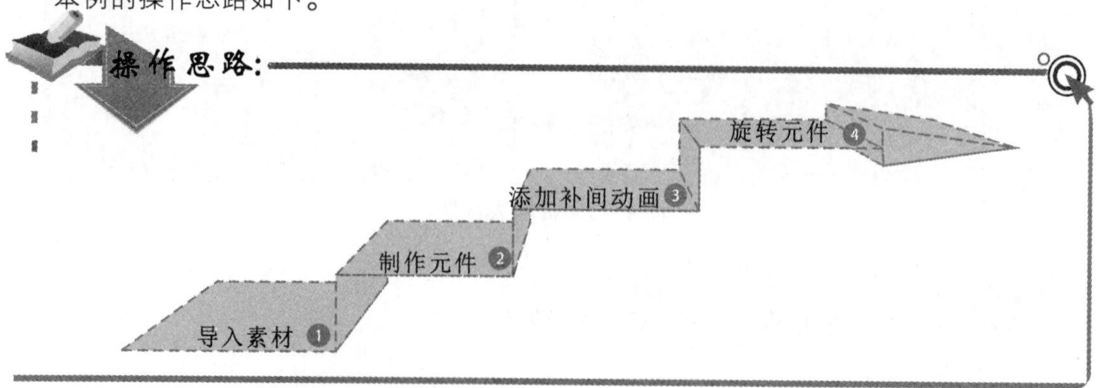

专家指导

在使用“3D 旋转工具”时，圆形控件是可以移动的，通过移动圆形控件，便能控制旋转的中心，如将圆形控件移动到图像的一侧，便能制作出类似翻书效果的反转效果。

9.6 知识问答

本章所学的主要内容是 3D 工具和骨骼工具的使用方法，这两个工具在制作 Flash 动画的过程中虽然使用频率并不高，但却是非常有用的两个工具，下面将介绍关于这些工具在使用过程中常见的问题以及解决方案。

问：在使用骨骼工具的过程中，当创建了较复杂的骨骼后，总是不能快速地选择需要的某一个骨骼，这时应该怎么办呢？

答：在创建好的一个骨骼中，第一个骨骼称为父级骨骼，连接到它的骨骼则被称为子级骨骼，一个父级骨骼可以连接多个子级骨骼，所以在创建了一个比较复杂的骨骼时，如何选择某一骨骼便成了用户经常遇到的问题。解决这一问题的方法是：通过“属性”面板中的层级结构按钮来选择需要的骨骼，选择骨架中任意一个骨骼，在“属性”面板中将会出现几个箭头按钮，单击这些箭头按钮，可以快速地选择上下级骨骼，以方便查看层次结构，并可快速地查看每个节点的属性。

问：在调整骨骼的过程中，经常会因为操作不熟练而使骨骼移动的幅度非常大，此时应该怎么处理呢？

答：通过约束骨骼可以限制骨骼移动的范围或旋转的角度，使用“选择工具”选择一个骨骼，然后在“属性”面板中选中“连接：旋转”栏中的☑约束复选框，然后在后面的数值框中设置最大和最小的角度，便能约束该骨架的旋转角度。同样若选中“连接：X 平移”和“连接：Y 平移”栏中的☑约束复选框，即可约束骨骼的移动范围。

知识关联　弹簧值和阻尼

在创建了骨架后，还可以为骨架添加弹簧值，添加了弹簧值，会自动实现像弹簧一样的动画效果，使动画效果具有更真实的物理移动效果，其添加方法是：在场景中选择骨骼后，打开“属性”面板，在“弹簧”栏中设置“强度”即可，另外在强度值的后面还可设置阻尼值。

阻尼是指弹簧效果随着时间减弱的程度，阻尼值越大，减弱的速度越快，如为一个红旗的飘动添加弹簧值后，若不添加阻尼，红旗会一直飘动，此时就可以添加阻尼，使红旗上的弹簧效果随时间减弱。

对对象添加骨骼后，在“时间轴”中选择包含骨骼动画的帧，然后在“属性”面板的“选项”栏中单击“类型”下拉列表框，选择“运行时”选项，即可制作一个可以用于交互操作的骨架动画。

第10章

添加多媒体

本章导读

在为 Flash 动画添加了对象并将对象制作为动画后，为了让 Flash 动画更加生动，还需要对动画添加声音。如果有特殊需要还可以将视频导入到动画中，使用户观看 Flash 动画时，能更快、更深入地体会到动画所表达的意义。下面将具体介绍为动画添加声音、导入视频、声音的后期处理以及编辑封套对话框等知识。

10.1 认识声音文件

声音是 Flash 动画中的一个重要元素，为了使动画更加完整和生动，在制作动画的过程中常常需要为 Flash 动画添加声音。下面就将对声音文件的原理和格式进行讲解。

10.1.1 声音文件的类型

Flash 可以使用的声音类型有很多，一般情况下，在 Flash 中可以直接导入 MP3 格式和 WAV 格式的音频文件。

1. MP3 格式

MP3 格式文件是用户比较熟悉的一种音频文件，虽然采用 MP3 格式压缩音乐时对文件有一定的损坏，但由于其编码技术成熟，音质比较接近于 CD 水平，且存储体积小、传输方便，因而受到广大用户的青睐。同样长度的音乐文件，用 MP3 格式存储能比用 WAV 格式存储的体积小十分之一，所以现在较多的 Flash 音乐都以 MP3 的格式出现。

2. WAV 格式

WAV 格式是 PC 标准声音格式。WAV 格式的声音直接保存声音的数据，而没有对其进行压缩，因此音质较好，一些 Flash 动画的特殊音效常常会使用到 WAV 格式。但是因为其数据没有进行压缩，所以文件存储体积大，占用的空间也就相对较大。用户可以根据自身需求，选择合适的声音类型。

3. AIF/AIFF 格式

AIF/AIFF 格式是由苹果公司开发的声音文件格式。这种声音格式支持苹果公司的 MAC 平台，以便用户在 MAC 平台上制作 Flash 动画。

10.1.2 声音的比特率

声音的品质、音量可以通过比特率来表示。比特率也叫码率，是以“Kbps”为单位表示的。相同格式的声音文件，比特率越高，声音的品质越高，音量也越大。

在制作 Flash 动画的过程中，最常使用的声音文件格式是 MP3 和 WAV 两种。在将这两种声音导入到 Flash 中时，即使 WAV 格式的声音文件比特率高达 1411Kbps 也可以直接导入到库中。而若导入的是 MP3 格式，却可能出现声音无法被导入的情况。

在制作 Flash 动画时，最好使用比 WAV 或 AIFF 格式压缩率高的 MP3 格式声音文件，这样可以减小作品体积，提高作品下载的传输速率。

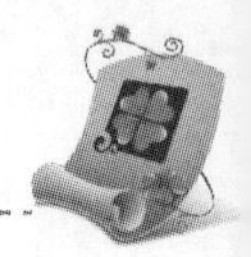

造成 MP3 格式不能被导入的情况主要有 3 种，下面就对其原因和解决方法进行讲解。

- 导入的 MP3 文件已经被损坏，用户需要重新下载 MP3，再进行导入。
- 导入的 MP3 文件的比特率高于 160Kbps，Flash 将因为不支持该比特率而不能导入声音。如果想使其正常地被导入，就需将 MP3 文件进行转码，即将声音比特率降低到 160Kbps 以下。
- 导入的 MP3 文件的码率使用变长码率，这种码率也不被 Flash 支持。需要将其转换为恒定码率才能导入到 Flash 中。

10.1.3 声音的位深

位深是指声音文件中每个声音样本的精确程度，也可以说声音的质量好坏完全取决于位深。位深的单位是位，而位数越多代表级别越多，自然声音的精确度越高，音质也就越好。

如表 10-1 所示为不同位深的声音品质以及用途。

表 10-1 位深的声音品质以及用途

位深	声音品质	用途
8 位	演讲、背景人声效果	人声或音效
10 位	广播收音机效果	音乐片段
12 位	接近 CD 效果	效果好的音乐片段
16 位	CD 效果	富于变化的声音或要求高的音乐
24 位	专业录音棚效果	制作音频母带

10.1.4 声道

人耳朵能分辨出声音的方向和距离，而为了使数字声音听起来更自然生动，在数字声音中就有了声道的概念。声道可以简单地理解为声音的通道，而所谓的立体声都是由两个以上的声道组成的。在制作立体声时，会将声音分为多个声道，再根据需要选择性地对声道进行单个播放、混合播放。

因为每个声道的数据量基本都是相同的，所以当一个声音文件每多一个声道时，声音文件将变大一倍。因此，为了 Flash 能正常发布，导入到 Flash 中的声音，一般都使用单声道。

10.2 为动画添加声音

在了解了声音文件相关的知识后，就可以为动画添加声音了。在导入完声音后，用户还可以对不同的帧使用不同的声音，并且还可以对声音文件进行修改和删除。

WAV 格式文件较大，是因为它的比特率通常为 1411Kbps，而 MP3 的比特率则是在 32Kbps～320Kbps 之间。

10.2.1　声音的导入

Flash 本身没有制作音频的功能，制作好动画后，如果需要添加声音，必须先将声音导入到库中，其方法与导入图片类似。

实例 10-1　将声音导入到库中

1. 选择【文件】/【导入】/【导入到库】命令，打开“导入到库”对话框。
2. 选择要导入的音频文件所在的位置，再选择需要导入的声音文件，最后单击 打开(O) 按钮，如图 10-1 所示。
3. 按“F11”键打开“库”面板，在库中可以看到图标，表示已成功导入声音文件，图标后就是导入的声音文件的名称，如图 10-2 所示。

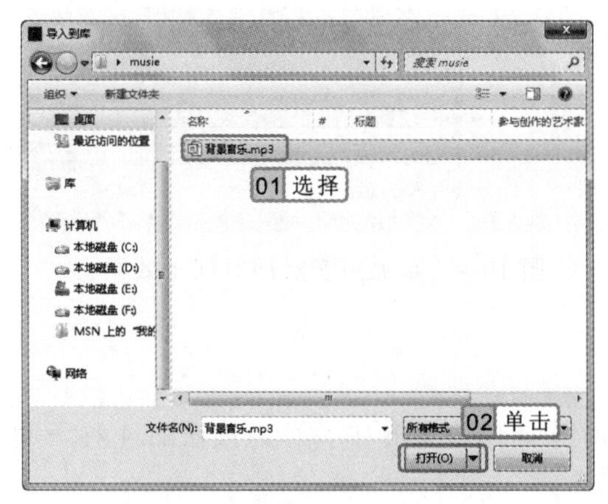

图 10-1　选择导入的声音文件

图 10-2　查看导入的声音文件

10.2.2　使用声音

将声音导入到库中后，就可以在动画中添加声音。一般在 Flash 动画中添加声音，主要是在主时间轴和按钮中添加。下面分别进行讲解。

1. 向时间轴添加声音

如果想让动画在时间轴的某一帧时开始播放音乐，就可以为该关键帧添加一些特殊的声音效果或背景音乐。

实例 10-2　将“库”中的声音添加到时间轴上

下面以在“小提琴独奏”文档中添加导入的声音文件“天空之城”为例，讲解向时间轴中添加声音的方法。

在“时间轴”面板中选择某帧后，将库中声音文件拖入舞台中或拖放到时间轴的帧中，也可以为当前帧添加声音。

参见光盘　光盘\素材\第 10 章\小提琴独奏.fla
光盘\效果\第 10 章\小提琴独奏.fla

1 打开“小提琴独奏.fla”文档，在“时间轴”面板中单击“新建图层”按钮，新建“图层 5”用来放置声音。

2 在“图层 5”的第 6 帧上右击，在弹出的快捷菜单中选择“插入空白关键帧”命令。再在“属性”面板的“声音”下拉列表中选择“天空之城.mp3”，如图 10-3 所示。

3 添加声音文件后，“图层 5”中时间轴的效果如图 10-4 所示。

图 10-3　设置添加的声音

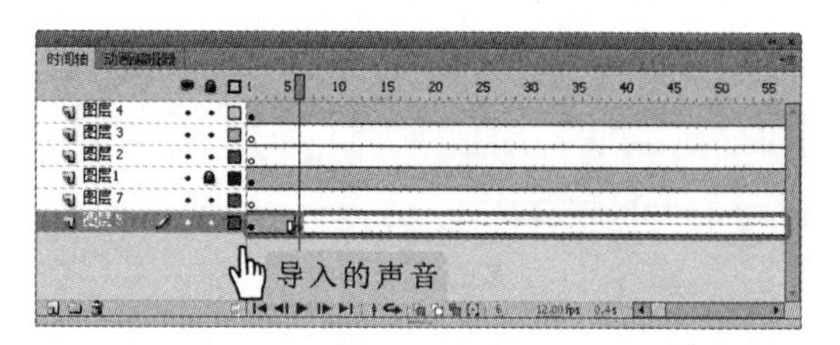

图 10-4　添加声音后的时间轴效果

2. 向按钮添加声音

在制作交互动画时，常常会使用到按钮元件。在 Flash 中，可为按钮的 4 种不同的状态添加声音，使其在操作时具有更强的互动性。

实例 10-3　导入音乐并将其添加到按钮上

参见光盘　光盘\素材\第 10 章\下雪.fla、风 1.mp3、风 2.mp3
光盘\效果\第 10 章\下雪.fla

1 打开“下雪.fla”文档，在“库”面板中双击“雪按钮”按钮元件，如图 10-5 所示，进入按钮元件的编辑区。

2 选择【文件】/【导入】/【导入到库】命令，打开“导入到库”对话框，选择“风 1.mp3”和“风 2.mp3”声音文件，单击 打开(O) 按钮将声音文件导入到库中。

3 选择“指针经过”帧，将库中的“风 1.mp3”声音文件拖入到舞台中，选择“按下”帧，将库中的“风 2.mp3”声音文件拖入到舞台中，添加声音后的按钮元件的帧的状态如图 10-6 所示。

4 单击 场景 1 按钮返回主场景，完成向按钮添加声音的操作。按“Ctrl+Enter”快捷键测试动画，当鼠标经过和按下“雪按钮”按钮时会发出不同的声音。

专家指导

在给按钮添加声音文件时，不同的关键帧应使用不同的声音。在给主时间轴添加声音时，如果建立单独的声音图层，能更方便地组织动画，当播放动画时，不管它们放在多少个层中，所有的声音层会融合在一起。

图 10-5 选择要编辑的元件

图 10-6 为关键帧添加声音

10.2.3 修改和删除声音

在动画的帧中添加了声音文件后，若是对添加的声音不满意，用户还可以通过“属性”面板将声音文件更换为其他的声音或删除，其方法分别如下。

- **修改声音**：将需要更换的声音文件添加到库中，在“时间轴”面板中选择已添加声音的帧，再在“属性”面板的“声音”栏中单击“名称”下拉按钮，在弹出的下拉列表中选择更换的声音文件，如图 10-7 所示。
- **删除声音**：在“时间轴”面板中选择已添加声音的帧，再在“属性”面板的“声音”栏中单击“名称”下拉按钮，在弹出的下拉列表中选择“无”选项可删除声音。

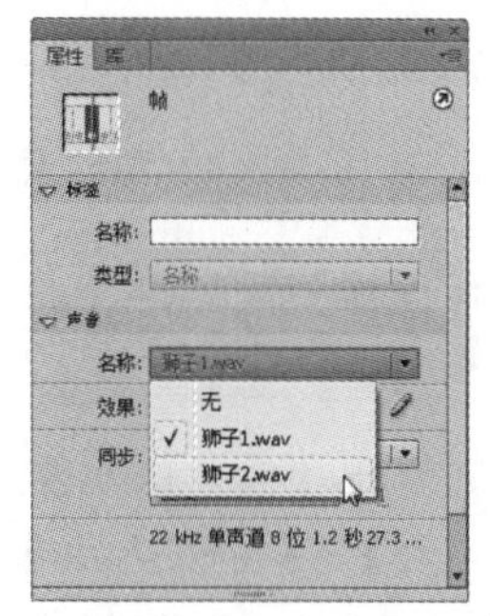

图 10-7 选择声音文件

10.3 声音的后期处理

在动画中添加声音后，还需要对声音进行后期的处理才能达到完美的配音效果。在时间轴上单击添加声音文件后的任意一帧，可以在“属性”面板中对声音的同步模式、声道和重复次数等进行设置。

10.3.1 声音效果的选择

有时用户需要对声音的声道进行选择或是调整音量等，使其与动画效果贴合。选择声道、调整音量都可通过“属性”面板中的音效功能来实现，选择需要的音效后，单击“库”面板的预览窗口中的“播放”按钮▶可以试听改变后的声音效果。在“属性”面板的“效果”下拉列表中包含 8 个选项，如图 10-8 所示。各选项的含义如下。

若需要的声音文件没有被添加到库中，则在“属性”面板的“名称”下拉列表中无法找到需要的声音文件。

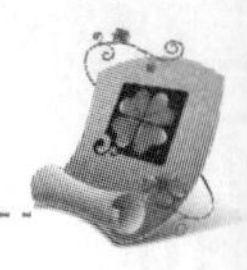

- 无：不使用任何效果。
- 左声道：只在左声道播放音频。
- 右声道：只在右声道播放音频。
- 向右淡出：声音从左声道传到右声道，并逐渐减小其幅度。
- 向左淡出：声音从右声道传到左声道，并逐渐减小其幅度。
- 淡入：会在声音的持续时间内逐渐增加其幅度。
- 淡出：会在声音的持续时间内逐渐减小其幅度。
- 自定义：自行创建声音效果，并可利用音频编辑对话框编辑音频。

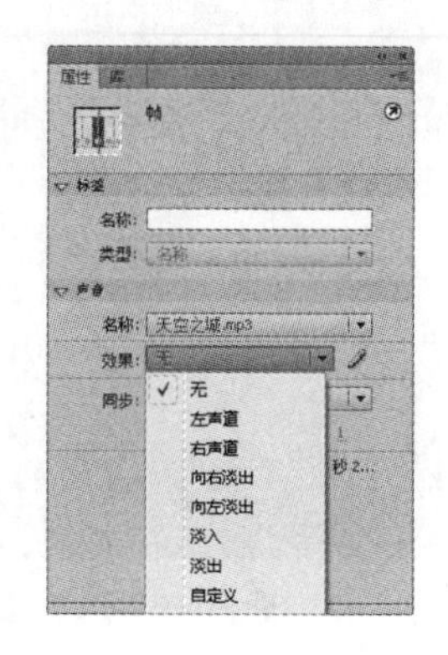

图 10-8　“效果”下拉列表

10.3.2　设置声音重复的次数

在一个动画中引用多个声音会造成 Flash 文件的体积过大，当动画太长，需要添加和动画长度相同的音乐时，可以使用循环播放的方式来解决。

为“散步的小狗”动画设置循环播放音乐

参见光盘　光盘\素材\第 10 章\散步的小狗.fla、狗.wma
光盘\效果\第 10 章\散步的小狗.fla

1. 打开“散步的小狗.fla”文档，新建“图层 3”，如图 10-9 所示。选择【文件】/【导入】/【导入到库】命令，打开“导入到库”对话框，选择“狗.wav”声音文件，单击“打开”按钮将声音文件导入到库中。
2. 选择“图层 3”的第 1 帧，将库中的“狗.wav”声音文件拖入舞台中，时间轴中的效果如图 10-10 所示。

图 10-9　新建“图层 3”

图 10-10　添加声音

3. 打开“属性”面板，在“同步”下拉列表中选择“重复”选项，在右侧的文本框中输

如果在“声音循环”下拉列表中选择“循环”选项，即使动画停止，声音也将继续循环播放。

入“4”，设置声音文件的重复次数为 4 次，如图 10-11 所示。

4 此时“图层 3”中的时间轴效果如图 10-12 所示，按“Ctrl+Enter”快捷键测试动画，在动画播放的整个过程中，都可听到小狗的叫声。

图 10-11　设置重复次数

图 10-12　声音添加完成后的效果

10.3.3 同步方式

添加声音后，需要通过“属性”面板中的同步模式功能对声音和动画的播放过程进行协调，使动画效果得到优化。在“属性”面板的“同步”下拉列表中包含 4 个选项，各选项的含义如下。

- **事件**：选择该选项可以使声音与事件的发生同步开始。当动画播放到声音的开始关键帧时，事件音频开始独立于时间轴播放，即使动画停止，声音也会播放直至完毕。
- **开始**：如果在同一个动画中添加了多个声音文件，它们在时间上某些部分是重合的，可以将声音设置为开始模式。在这种模式下，如果有其他的声音正在播放，到了该声音开始播放的帧时，则会自动取消该声音的播放，如果没有其他的声音在播放，该声音才会开始播放。
- **停止**：停止模式用于停止播放指定的声音，如果将某个声音设置为停止模式，则当动画播放到该声音的开始帧时，该声音和其他正在播放的声音都会在此时停止。
- **数据流**：数据流模式用于在 Flash 中自动调整动画和音频，使它们同步，主要用于在网络上播放流式音频。在输出动画时，流式音频混合在动画中一起输出。

10.4 “编辑封套”对话框

如果要对声音进行比较细致的编辑，如剪辑声音、调整音量和压缩声音等，可以在“编辑封套”对话框中自定义动画的音频效果。

Flash 并不是专门用于编辑声音的软件，所以在编辑声音文件时，不能完全在 Flash 中进行。

10.4.1 剪辑声音

将声音文件导入 Flash 动画后，其中若有部分声音不需要，则可以通过“编辑封套”对话框对声音进行剪辑。

实例 10-5 对声音文件中不需要的部分进行剪辑

1. 将一个声音文件导入到库中，并将导入的声音文件添加到时间轴上。在“时间轴”面板中选择插入声音的某个关键帧，如图 10-13 所示。
2. 在“属性”面板中单击“编辑声音封套”按钮，打开“编辑封套”对话框。拖动该对话框时间轴上左侧的滑块至需要的音乐开始的位置，如图 10-14 所示。

图 10-13 选择关键帧

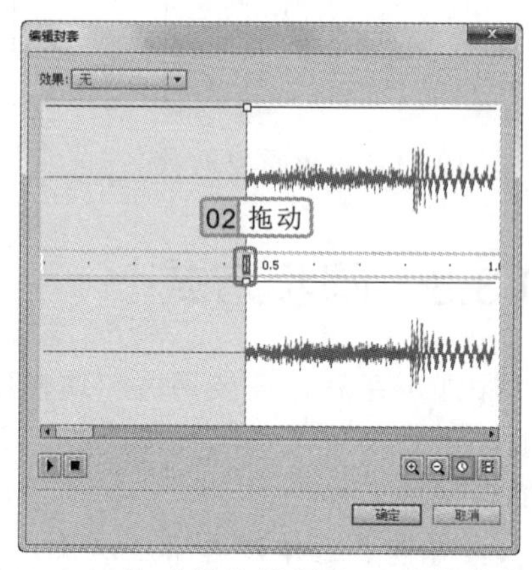

图 10-14 拖动滑块设置音乐开始的位置

3. 再拖动该对话框中的滚动条至最右侧，然后拖动右侧滑块至音乐结束的位置，最后单击 确定 按钮，如图 10-15 所示。
4. 声音将被剪辑，在“时间轴”面板中，声音的第一帧也会变为左侧滑块所标记的位置，如图 10-16 所示。

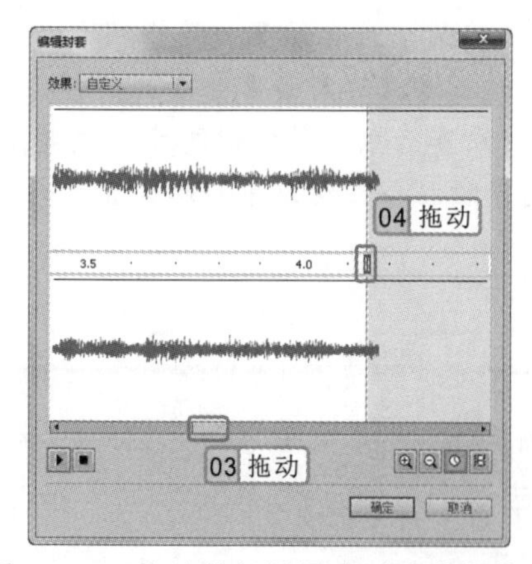

图 10-15 拖动游标设置音乐结束的位置

图 10-16 剪辑后的效果

“编辑封套”对话框中的“效果”下拉列表框与“属性”面板中的“效果”下拉列表框相同。

10.4.2 调整音量

在制作动画时，需要根据动画气氛增大或降低声音的左右声道音量。调整音量同样也是在“编辑封套”对话框中进行的。

实例 10-6 降低声音的左右声道音量

1. 打开“编辑封套”对话框，使用鼠标将左边的左声道的音量控制线向下拖动。降低左声道的声音，使左声道出现淡出的效果，如图 10-17 所示。
2. 使用鼠标将右边的右声道的音量控制线向下拖动，将音量控制线拖动到一半的位置。降低右声道的声音，使右声道出现淡入的效果，如图 10-18 所示。

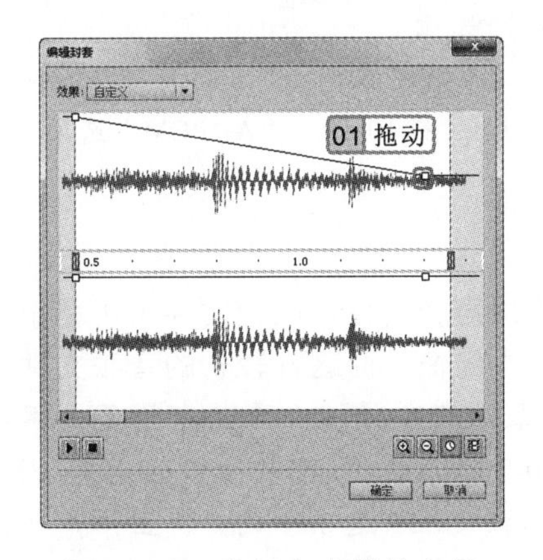

图 10-17 降低左声道的音量

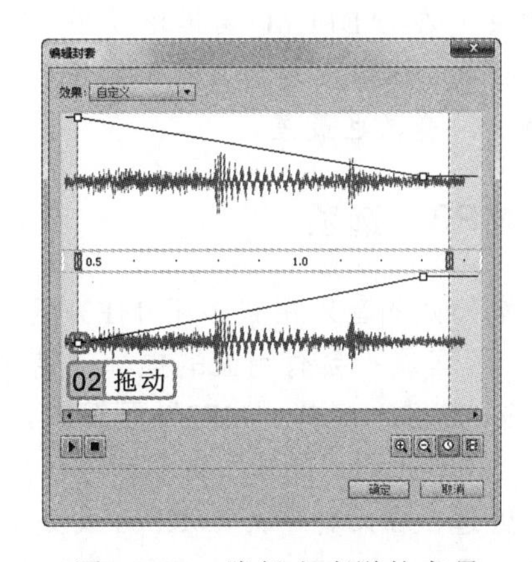

图 10-18 降低右声道的音量

10.4.3 压缩声音

在 Flash 动画中插入高品质的声音文件后，动画文件也越大。为了使制作的 Flash 更易于传播，一定要对声音进行压缩。压缩声音的方法是：在“库”面板中右击需要压缩的声音文件，在弹出的快捷菜单中选择“属性”命令。打开“声音属性”对话框，在该对话框的“压缩”下拉列表框中可选择压缩的方法，如图 10-19 所示。在“压缩”下拉列表框中包含几种压缩选项。下面介绍各选项的含义。

1. “默认”选项

选择“默认”选项将会以默认的方式进行压缩，用户将不能对任何参数进行设置。

2. “ADPCM”选项

“ADPCM”压缩选项用于 8 位或 16 位声音数据的压缩设置，例如，单击按钮这样的

在“编辑封套”对话框中，要删除音量控制线上多余的控制柄，可将其选中，按住鼠标左键不放的同时将控制柄向两边拖出声音波形窗口即可。

短事件声音，一般选择“ADPCM”压缩方式。在选择“ADPCM”选项后，将显示“预处理”、“采样率”和“ADPCM 位”3 个参数，如图 10-19 所示。

- **“采样率”下拉列表框**：该下拉列表框可以控制声音的保真度和文件大小，较低的采样比率可以减小文件大小，但也会降低声音品质，Flash 不能提高导入声音的采样率，例如，导入的音频为 11kHz 声音，输出效果也只能是 11kHz。
- **“ADPCM 位”下拉列表框**：用于决定在 ADPCM 编辑中使用的位数，压缩比越高，声音文件越小，音效也最差。

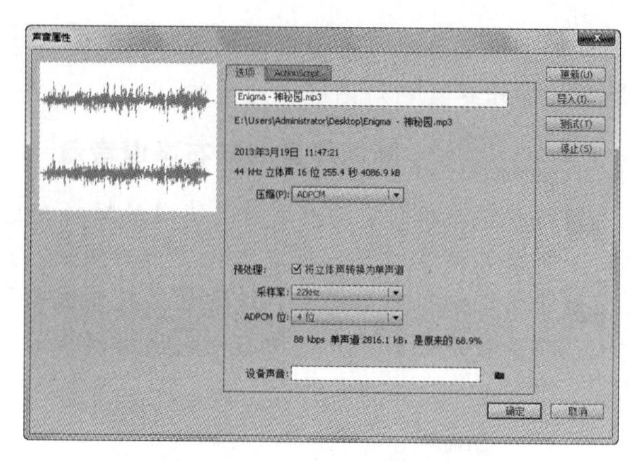

图 10-19　“ADPCM”选项

3. “MP3”选项

MP3 是公认的音乐格式，用 MP3 压缩原始的声音文件可以使文件大小减小为原来的十分之一，而音质不会有明显的损坏，特别是在导出像乐曲这样较长的音频文件时，建议使用“MP3”选项。选择“MP3”压缩方式后，取消选中☐使用导入的 MP3 品质复选框，将显示“预处理”、“比特率”和“品质”3 个参数，如图 10-20 所示，其中各参数的含义分别如下。

- **预处理**：在比特率为 16Kbps 或更低时，“预处理”选项中的“将立体声转换为单声道”复选框将显示为灰色的不可用状态，当比特率等于或高于 20Kbps 时，该复选框才能被激活。
- **比特率**：MP3 文件的比特率是指解码器描述 1 秒钟的声音使用的比特数，选择一个“比特率”参数以确定导出的声音文件中每秒播放的位数。Flash 支持 8Kbps~160Kbps。当导出音乐时，需要将比特率设为 16Kbps 或更高，以获得最佳效果。
- **品质**：用来设置导出的声音的音质，选择“快速”选项压缩速度较快，但声音品质较低，选择“中”选项压缩速度较慢，但声音品质较高；选择“最佳”选项压缩速度最慢，但声音品质最高。如果是通过网页发布 Flash，可以选择“快速”

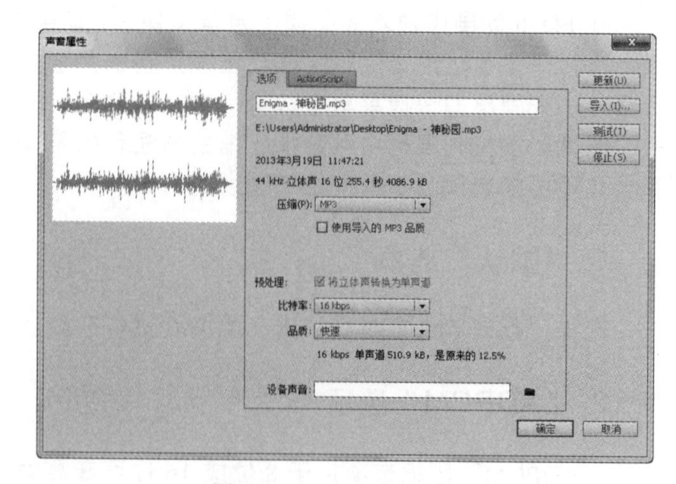

图 10-20　“MP3”选项

本地发布的动画，可在“品质”下拉列表框中选择“中”或“最佳”选项。

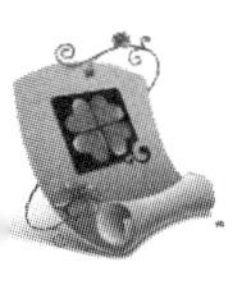

选项。

4. “RAW”选项

选择此选项，表示导出声音时不进行压缩，将显示“预处理”和“采样率”两个参数，如图 10-21 所示。选中☑将立体声转换为单声道复选框会将混合立体声转换为单声道，即非立体声，单声道则不受影响。

5. “语音”选项

“语音”选项适用于设定声音的采样频率对语音进行压缩，常用于动画中人物或者其他对象的配音。在“采样率”下拉列表框中选择选项可以控制声音的保真度和文件大小，如图 10-22 所示。

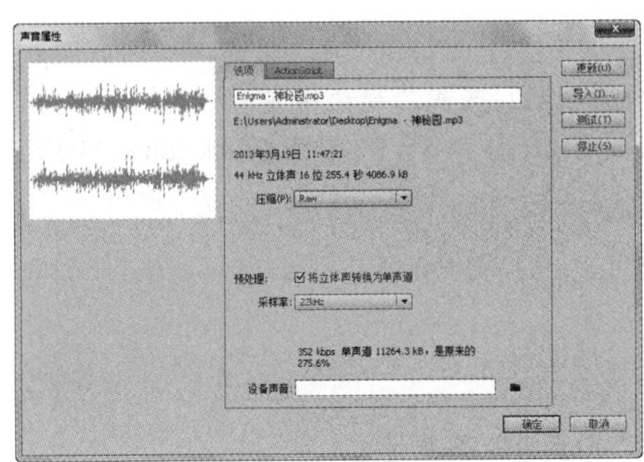

图 10-21　“RAW”选项

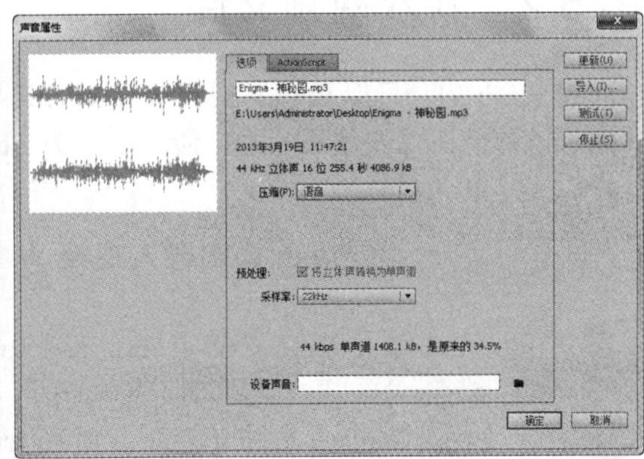

图 10-22　“语音”选项

10.5　视频的导入

在 Flash 中，可以导入 Quick Time 或 Windows 播放器支持的标准媒体文件。但是导入的视频对象不可以进行缩放、旋转、扭曲和遮罩处理。

10.5.1　视频的格式和编解码器

在 Flash 中除可以导入声音外，还可以导入视频。但被导入到 Flash 中的视频必须为使用 FLV 或 H.264 格式编码的视频。如果视频导入的格式不是 Flash 可以播放的格式，则会出现一个提示对话框。如果视频不是 FLV 或 F4V 格式，可通过 Adobe Media Encoder CS6 对视频格式进行编码。

Adobe Media Encoder CS6 是安装 Flash Professional CS6 时，自行安装的一个配套软件。

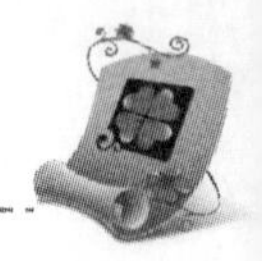

Adobe Media Encoder CS6 提供了 3 种不同的视频编解码器用于对 Flash 中使用的视频内容进行编码。下面分别进行介绍。

- **H.264 编解码器：** 该编解码器生成的 F4V 视频格式其品质与压缩率比以前的 Flash 视频编解码器好很多，但其缺点便是计算量远大于 Sorenson Spark 和 On2 VP6 视频编解码器，所以花费时间较多且对电脑配置有一定要求。
- **On2 VP6 编解码器：** 是转化 FLV 文件时最常使用的视频编解码器。On2 VP6 编解码器和 Sorenson Spark 编解码器相比，生成的视频品质更高，且支持使用 8 位 Alpha 通道来复合视频。
- **Sorenson Spark 编解码器：** 早期推出的编解码器，由于其在转换视频时计算量甚至比 On2 VP 编解码器更小，所以适合较老的电脑使用。缺点是生成的视频效果难以令人满意。

10.5.2 嵌入视频文件

在 Flash 中，可以用嵌入视频文件的方式导入视频，嵌入的视频将成为动画的一部分，就像导入的位图或矢量图一样，最后发布为 Flash 动画形式（SWF）或者 QuickTime（MOV）电影。

实例 10-7 为 Flash 动画导入视频

光盘\素材\第 10 章\都市.fla、人流.flv
光盘\效果\第 10 章\都市.fla

1. 打开“都市.fla”文档，并新建“图层 2”，如图 10-23 所示。
2. 选择【文件】/【导入】/【导入视频】命令，打开“导入视频”对话框。在其中单击 浏览... 按钮，如图 10-24 所示。

图 10-23 新建图层

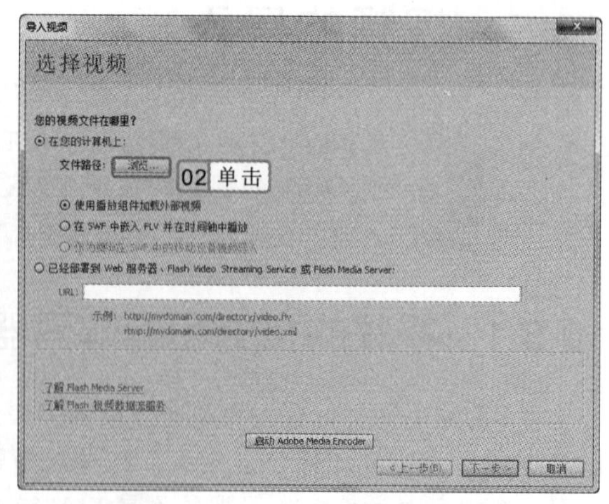

图 10-24 单击“浏览”按钮

Sorenson Spark 和 On2 VP6 是较早的编解码器，H.264 是较新的解码器。

3 打开“打开”对话框，在其中选择“人流.flv”视频，单击打开(O)按钮。返回“导入视频”对话框，单击下一步>按钮。

4 在打开对话框的“外观”下拉列表框中选择“MinimaFlatCustomColorAll.swf”选项，并单击“颜色”色块，在弹出的面板中设置颜色为“紫红色(##990066)”，单击下一步>按钮，如图10-25所示。

5 在打开的对话框中单击完成按钮。选择嵌入的视频，打开“属性”面板，在其中设置“宽”、“高”分别为“800.00”、“450.00”，并将插入的视频移动到舞台中间，如图10-26所示。

6 按“Ctrl+Enter”快捷键测试动画，插入的视频一直在动画画布中间播放。

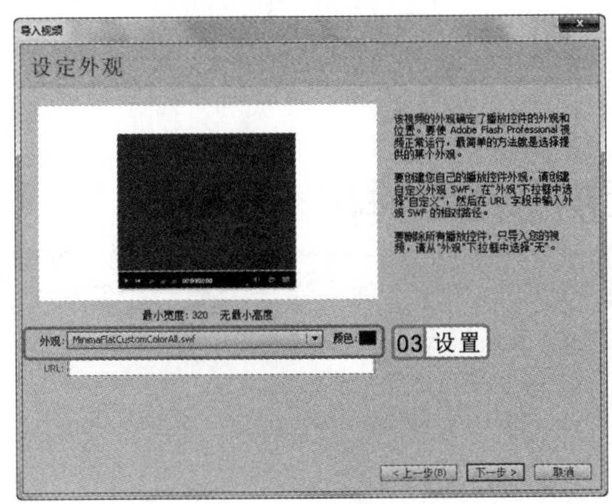

图10-25 设置外观

图10-26 设置视频大小和位置

10.5.3 载入外部视频文件

除嵌入视频文件外，用户还可以通过添加组件的方法，从外部载入视频文件。使用这种方法载入的视频文件可以很方便地进行修改。

实例10-8 通过组件载入视频文件

1 按“Ctrl+F7”快捷键，打开“组件”面板。展开“Video”文件夹，在其中双击“FLVPlayback”组件，如图10-27所示，将播放器组件添加到舞台中。

2 在舞台中选择插入的播放器组件，在“属性”面板的“source”选项后的按钮上单击，如图10-28所示。

3 在打开的“内容路径”对话框中单击按钮，打开“浏览源文件”对话框，在其中选择需要插入的视频文件，单击打开(O)按钮。

4 返回“内容路径”对话框，在其中单击确定按钮。播放器组件中将会显示载入的视频文件，并可以在组件中播放视频。

部分F4V文件不支持使用播放组件播放外部视频，若一定要使用播放组件进行播放，一定要将其转换为FLV格式。

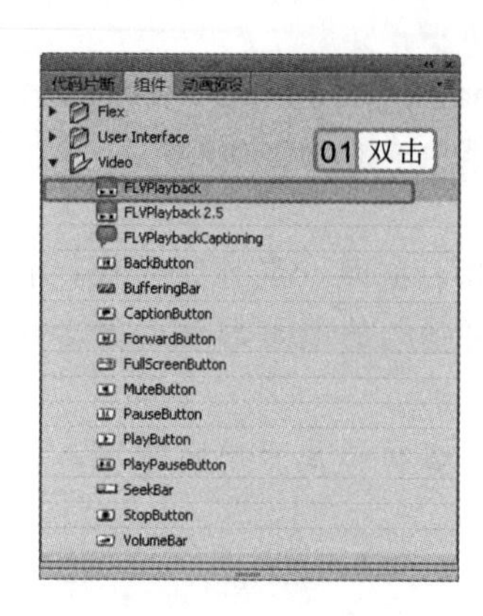

图 10-27　选择组件

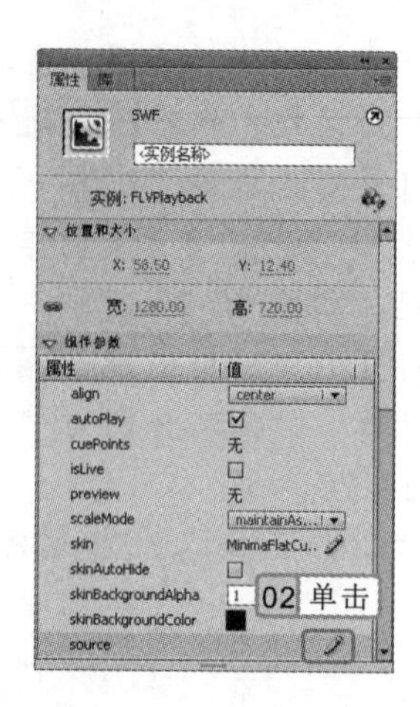

图 10-28　选择内容路径

10.6　提高实例——制作运动视频动画

本章的提高实例中将制作运动视频动画。在制作时需首先新建一个文档，再导入素材、导入声音和视频等制作 Flash 动画，通过加入声音和视频使动画更具冲击力，最终效果如图 10-29 所示。

图 10-29　运动视频动画效果

10.6.1　行业分析

本例制作的运动视频动画，主要被用于推广产品以及宣传活动。和普通的 Flash 动画相比，在 Flash 中插入动画可以让动画更有视觉冲击力、真实性更强。此外，将视频插入到 Flash 动画中，会使视频易于编辑和传播。

为了突出运动主题，本例将在图像中添加两个补间动画，增强画面的动感。

10.6.2 操作思路

为更快完成本例的制作，并尽可能运用本章讲解的知识，本例的操作思路如下。

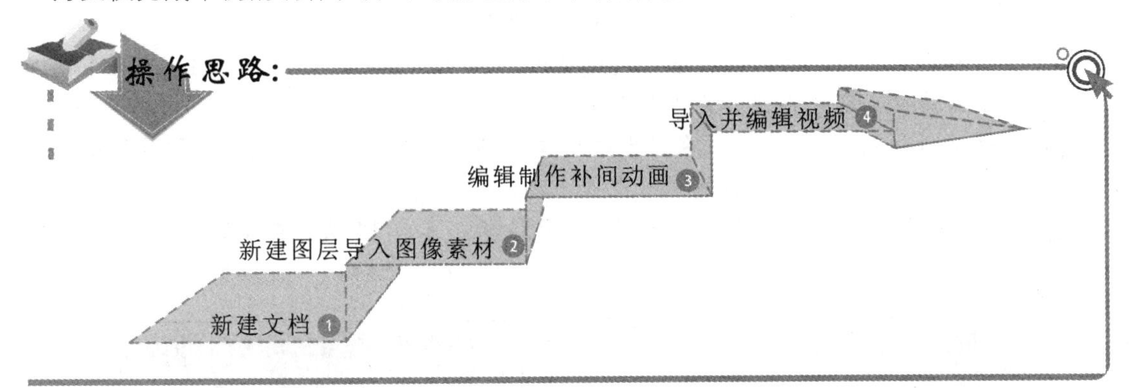

10.6.3 操作步骤

下面介绍制作动作视频动画的方法，其操作步骤如下：

光盘\素材\第 10 章\冲浪.flv、音频.mp3、海.jpg、冲浪者.png、礁石.png
光盘\效果\第 10 章\运动视频动画.flv
光盘\实例演示\第 10 章\制作运动视频动画

1 选择【文件】/【新建】命令，打开“新建文档”对话框，在“常规”选项卡中设置“宽”、“高”分别为“1000”、“653”，单击确定按钮。

2 选择【文件】/【导入】/【导入到库】命令，打开“导入到库”对话框，在该对话框中选择“海.jpg”图像，单击打开(O)按钮。

3 在“库”面板中将导入的“海.jpg”图像移动到舞台中央，再在“时间轴”面板的“图层 1”上方单击按钮，将图层锁定，并创建“图层 2”，如图 10-30 所示。

4 将“礁石.png”、“冲浪者.png”图像导入到库中。在第 1 帧中插入关键帧并将礁石图像拖入其中。缩小后放置在舞台的右下角外，如图 10-31 所示。

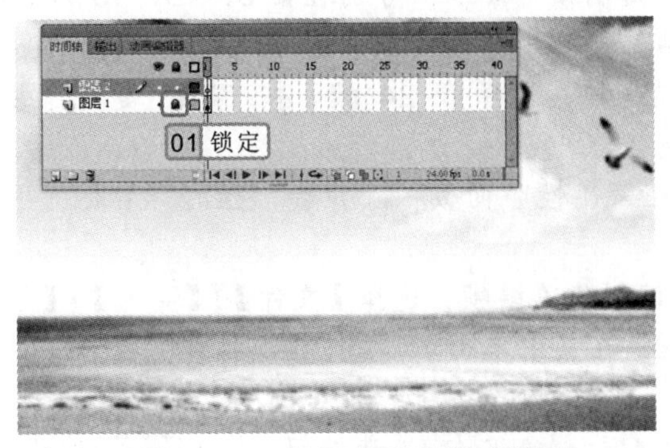

图 10-30 加入背景并新建图层

图 10-31 移动图像

除可使用“任意变形工具”缩放图像外，还可在“属性”面板中进行缩放。

5 在“图层 2”的第 1 帧上右击，在弹出的快捷菜单中选择“复制帧”命令。右击第 14 帧，在弹出的快捷菜单中选择“粘贴帧”命令。选择第 1~15 帧并右击，在弹出的快捷菜单中选择“创建传统补间动画”命令，创建补间动画。

6 选择第 14 帧，将礁石图像移动到舞台右下角，如图 10-32 所示。新建“图层 3”，选择第 14 帧。将冲浪者图像缩小后移动到舞台外。

7 选择并右击第 14 帧，在弹出的快捷菜单中选择“复制帧”命令。右击第 24 帧，在弹出的快捷菜单中选择“粘贴帧”命令。

8 选择第 14~25 帧并右击，在弹出的快捷菜单中选择“创建传统补间动画”命令。将冲浪者图像移动到舞台右边礁石图像上方。

9 在“图层 2”中选择第 14 帧，按 11 次“F5”键，在第 14 帧后插入 11 个帧，如图 10-33 所示。

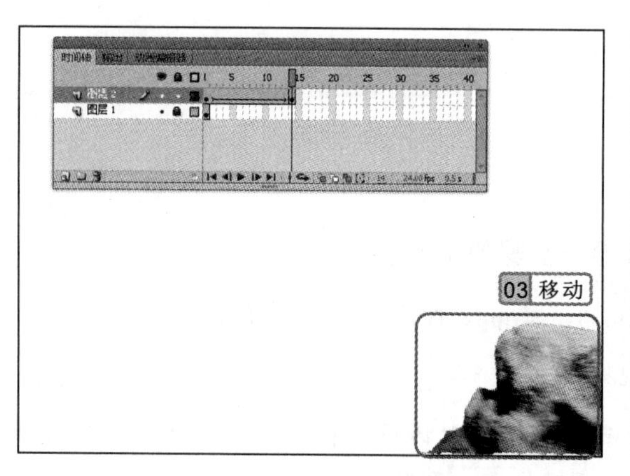

图 10-32 移动图像

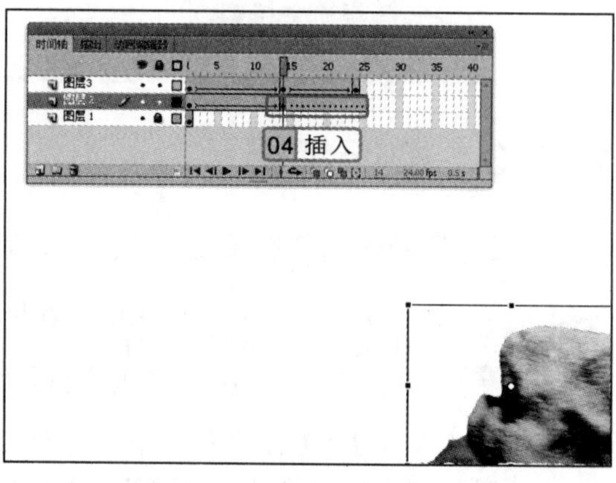

图 10-33 插入帧

10 选择“图层 3”的第 24 帧，按“F6”键插入关键帧。右击舞台中的冲浪者图像，在弹出的快捷菜单中选择“转换为元件”命令。打开“转换为元件”对话框，在其中设置“名称”、“类型”分别为“冲浪者闪烁”、“影片剪辑”，单击 确定 按钮。

11 在“库”面板中双击“冲浪者闪烁”元件。在打开的窗口中按 18 次“F7”键，插入 18 个空白帧。

12 右击第 1 帧，在弹出的快捷菜单中选择“复制帧”命令。分别在第 5、10、15 和 20 帧上右击，在弹出的快捷菜单中选择“粘贴帧”命令，效果如图 10-34 所示。

13 单击 场景 1 按钮，返回主场景。新建“图层 4”，选择第 24 帧，按“F6”键创建关键帧。

14 将“音频.mp3”声音文件导入到库中，在“属性”面板中“声音”栏的“名称”下拉列表中选择“音频.mp3”选项。

15 新建“图层 5”，选择第 25 帧，按“F6”键创建关键帧。选择【文件】/【导入】/【导入视频】命令，打开“导入视频”对话框。在其中单击 浏览... 按钮，打开“打开”对话框。在其中选择“冲浪.flv”视频文件，单击 打开(O) 按钮。

16 返回“导入视频”对话框，在其中选中 在 SWF 中嵌入 FLV 并在时间轴中播放 单选按钮，单击 下一步> 按钮，

专家指导

在添加背景音乐时应该使用长音乐，而在为按钮设置声音时，为了体现操作干脆利落，应该使用短音乐。

如图 10-35 所示。

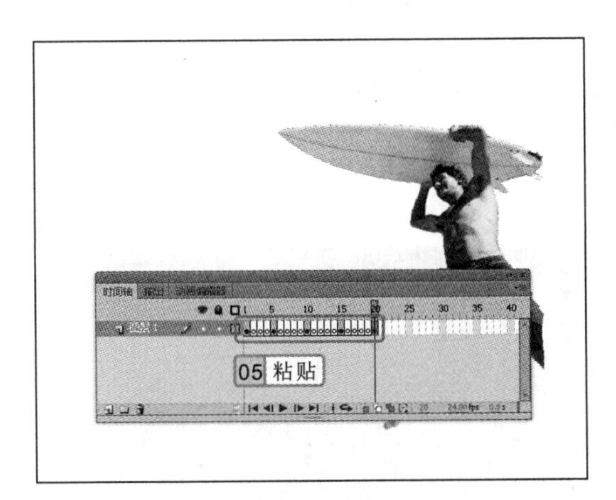

图 10-34 粘贴帧

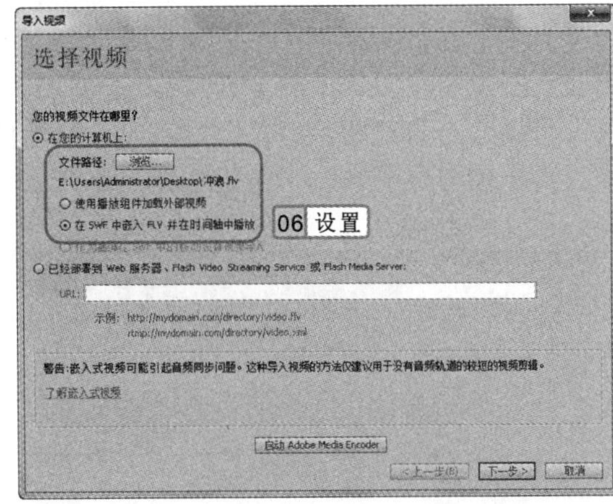

图 10-35 选择导入文件

17 在打开的对话框中取消选中 如果需要，可扩展时间轴 复选框，单击 下一步> 按钮。再在打开的对话框中单击 完成 按钮。

18 选择导入的视频，在"属性"面板中设置"宽"、"高"分别为"420.00"、"236.15"，并将其移动到舞台左上角，如图 10-36 所示。

19 在"时间轴"面板中显示第 600 帧，框选"图层 1"~"图层 5"的第 600 帧并右击，在弹出的快捷菜单中选择"插入关键帧"命令，效果如图 10-37 所示。

20 按"Ctrl+Enter"快捷键测试动画。

图 10-36 设置视频大小

图 10-37 插入关键帧

10.7 提高练习——制作圣诞节贺卡

本章主要讲解了声音文件的导入与编辑方法以及视频文件的导入方法。通过插入视频、音频可以让 Flash 动画更易被人们接受、视觉动感也更强。为动画加入音频是在 Flash 动画中常见的操作之一。

为了区分每个图层的作用，用户还可对每个图层进行重命名。

本练习将制作如图 10-38 所示的圣诞节贺卡，使用工具绘制背景，最后将“圣诞快乐.png”图像放在舞台左上方。新建图层，将“雪人.png”图像放置在图像右边。将雪人转换为矢量图，再将雪人的左手和手臂转换为影片剪辑，并对其单独进行编辑，使其上下挥动。新建图层，导入“圣诞快乐.mp3”音乐，打开“编辑封套”对话框，使其以淡出效果进行播放。新建图层，将“雪花.png”图像导入，添加传统补间动画使雪花向下掉落。最后再新建图层，输入“圣诞快乐”字样。

图 10-38　圣诞贺卡

参见光盘

光盘\素材\第 10 章\圣诞快乐.mp3、圣诞快乐.png、雪人.png、雪花.png
光盘\效果\第 10 章\圣诞节贺卡.flv
光盘\实例演示\第 10 章\制作圣诞节贺卡

该练习的操作思路与关键提示如下。

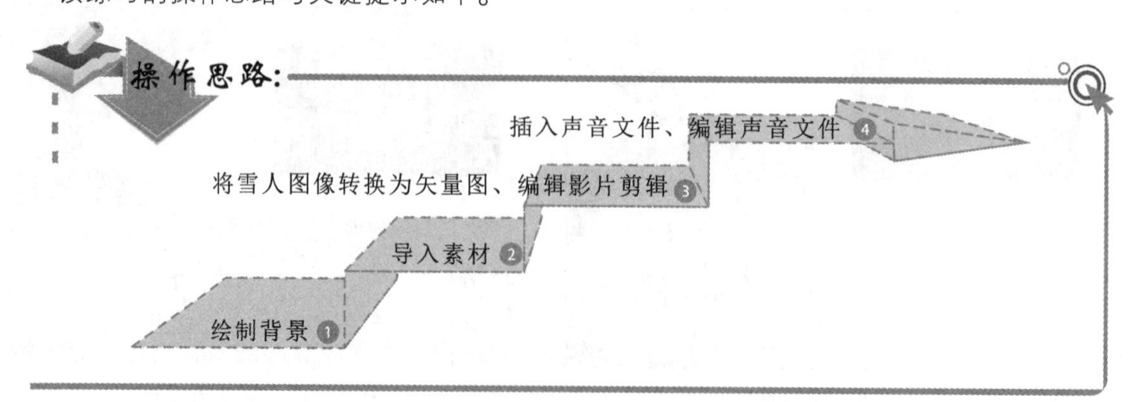

关键提示:

舞台设置为“浅蓝（#66CCFF）”，使用“红色（#FF0000）”在舞台上下方绘制矩形。使用“深红色（#990000）”点缀绘制的红色矩形。再使用“深蓝色（#6699FF）”和“白色”通过椭圆工具绘制雪堆。

专家指导

在“编辑封套”对话框中，当控制柄和音量控制线的位置位于最上方时，播放的音量最大，当控制柄和音量控制线的位置位于最下方时，播放的音量为 0。

10.8 知识问答

在为 Flash 插入、编辑声音以及导入视频的过程中，难免会遇到一些难题，例如，动画和声音不同步，怎么减小声音文件的大小等。下面将介绍在插入、编辑声音以及导入视频过程中常见的问题及解决方案。

问：将声音素材应用到动画中后，为什么声音的播放和动画不同步？应该怎样处理呢？

答：出现这种情况，通常是因为没有正确地设置声音的播放方式造成的，解决方法是：在“属性”面板的“同步”下拉列表框中，将声音的播放设置为“数据流”方式，然后根据声音的播放情况对动画中相应帧的位置进行适当调整即可。用这种方法处理后，就不会再出现声音和动画不同步的情况。

问：插入文件后，文件突然变得很大，电脑运行起来很慢，应该怎么办呢？

答：在制作过程中，可以用如下几种方法来减小声音文件的大小：

- 在“编辑封套”对话框中分别设置声音的起点滑块和终点滑块，将音频文件中不需要的部分删除。
- 在不同关键帧上尽量使用同一音频，再对它们设置不同效果，使其呈现不同的声音效果。
- 利用循环效果将存储体积很小的声音文件循环播放。

知识关联 使用格式工厂

虽然用户在为 Flash 动画插入声音和视频前可以通过 Adobe Media Encoder CS6 对声音文件和视频文件进行转码或转格式，但 Adobe Media Encoder CS6 在使用时仍然有一定的局限性，如降低声音的比特率等。此时，用户可以使用“格式工厂”软件对声音文件和视频文件进行转码。格式工厂不仅能弥补 Adobe Media Encoder CS6 功能上的一些不足，而且消耗系统资源也少。

在“编辑封套”对话框中，可以为一个声道设置多个控制柄，这样能让声音的变化更加灵活。

第11章

ActionScript 3.0 在动画中的应用

本章导读

使用 Flash 制作动画时，很多动画效果不能通过单纯地对帧和元件图层来进行制作。此时，用户就需要借助 Flash 自带的功能强大的 ActionScript 语句对帧、元件进行定义，以便制作出功能独特、效果奇异的 Flash 动画。下面就将对 ActionScript 在 Flash 中的各种应用进行详细讲解。

11.1 ActionScript 3.0 语句入门

使用 Flash 制作动画、游戏和多媒体课件都需要使用 ActionScript 语句，可以说 ActionScript 语句在 Flash 中的应用范围很广。为了更好地应用该语句，在学习使用 ActionScript 语句前还要对它进行了解。

11.1.1 认识 ActionScript

ActionScript 语句是 Flash 提供的一种动作脚本语言，具备强大的交互功能，提高了动画与用户之间的交互性，并使得用户对动画元件的控制得到加强。用户制作普通动画时不必使用动作脚本就可以制作 Flash 动画。但是，如果要提供与用户的交互、使用户内置于 Flash 中的对象之外的其他对象，例如，按钮和影片剪辑，或者令用户的 SWF 文件更适用，这都需要使用动作脚本。ActionScript 的应用极为广泛，在网络中，使用 Flash 制作的交互式网站也屡见不鲜，这类网页的许多功能都是通过 ActionScript 来实现的。

11.1.2 ActionScript 3.0 的特性

随着 Flash 软件的发展，ActionScript 也不断地推陈出新，其功能越来越强，更方便用户使用。现在的 ActionScript 3.0 和以前的版本相比，有很大的区别，它需要一个全新的虚拟机来运行，并且 ActionScript 3.0 在 Flash Player 中的回放速度要比 ActionScript 2.0 代码快 10 倍，在早期版本中有些并不复杂的任务在 ActionScript 3.0 中的代码长度会是原来的两倍长，但是最终会获得高速和效率。ActionScript 3.0 有以下一些特性。

- **增强处理运行错误的能力**：为提示的运行错误提供足够的附注（列出出错的源文件）和以数字提示的时间线，帮助开发者迅速定位产生错误的位置。
- **类封装**：ActionScript 3.0 引入密封的类的概念，在编译时间内的密封类拥有唯一固定的特征和方法，其他的特征和方法不可能被加入，因而提高了对内存的使用效率，避免了为每一个对象实例增加内在的杂乱指令。
- **命名空间**：不但在 XML 中支持命名空间，在类的定义中也同样支持。
- **运行时变量类型检测**：在回放时会检测变量的类型是否合法。
- **int 和 uint 数据类型**：新的数据变量类型允许 ActionScript 使用更快的整型数据来进行计算。

11.2 编程的基础

要运用 ActionScript 语句对 Flash 交互动画进行控制，就需要了解和掌握 ActionScript 语句的组成部分和一些语法规则。

ActionScript 3.0 演变成一门强大的面向对象的编程语言意味着 Flash 平台的重大变革。这种变化也意味着 ActionScript 3.0 可以创造性地将语言理想地、迅速地建立出适应网络的丰富应用程序。

11.2.1 ActionScript 语句的基本语法

了解 ActionScript 语句的组成后，还需要对 ActionScript 语句的语法规则有一个大体的认识，ActionScript 语句的基本语法包括：点语法、括号和分号、字母的大小写、关键字和注释等。

1．点语法

在 ActionScript 语句中，点运算符（.）用来访问对象的属性和方法。使用点语法，可以使用后跟点运算符和属性名（或方法名）的实例名来引用类的属性或方法。例如：

```
var myDot:MyExample=new MyExample();
myDot.prop1="Hi";
myDot.method1();
//用点语法创建的实例名来访问 prop1 属性和 method1()方法
```

2．括号和分号

在 ActionScript 中，括号主要包括大括号“{}”和小括号“()”两种。其中大括号用于将代码分成不同的块，而小括号通常用于放置使用动作时的参数，定义一个函数以及调用该函数时，都需要使用到小括号。分号则用在 ActionScript 语句的结束处，用来表示该语句的结束。

3．字母的大小写

在 ActionScript 中，除了关键字区分大小写之外，其余 ActionScript 的大小写字母可以混用，但是遵守规则的书写约定可以使脚本代码更容易被区分，便于阅读。

4．关键字

在 ActionScript 中具有特殊含义且供 Action 脚本调用的特定单词被称为“关键字”。在编辑 Action 脚本时，要注意关键字的编写，若关键字错误将会使脚本产生混乱，导致对象赋予的动作无法正常运行。在 ActionScript 中，易引发脚本错误的关键字如表 11-1 所示。

表 11-1 易引发脚本错误的关键字

as	break	case	catch	false	class	const	continue
default	delete	do	else	extends	false	finally	for
function	if	implements	import	in	instanceof	interface	internal
is	native	new	null	package	private	protected	public
return	super	switch	this	throw	to	true	try
typeof	use	var	void	while	with		

每个 ActionScript 语句完结时都应该使用半角的“;”号，证明语句完成。若没有添加“;”号，则说明语句没有结束。

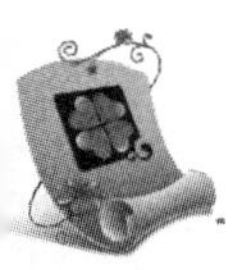

5. 注释

在编辑语句时，为了便于语句的阅读和理解，可以在语句后面添加注释，添加注释的方法是直接在语句后面输入“//”，然后输入注释的内容即可。注释内容以灰色显示，其长度不受限制，也不会被执行。例如：

gotoAndStop(10);//播放到第 10 帧停止

语句中的注释明确地标明了“gotoAndStop(10);”语句的作用。

11.2.2 变量和常量

ActionScript 是一种编程语言，所以在学习如何编程前必须先明白变量和常量在编程中的作用和使用方法，下面就将对其进行讲解。

1. 变量

变量在 ActionScript 中用于存储信息，可以在保持原有名称的情况下使其包含的值随特定的条件而改变。变量可以存储数值、逻辑值、对象、字符串以及动画片段等。

（1）变量的命名规则

一个变量由变量名和变量值组成，变量名用于区分变量的不同，变量值用于确定变量的类型和大小，在动画的不同部分可以为变量赋予不同的值。变量名可以是一个单词或几个单词构成的字符串，也可以是一个字母。在 Flash 中为变量命名时必须遵循以下规则：

- 变量名必须是一个标识符。标识符的第一个字符必须为字母、下划线（_）或美元符号（$）。其后的字符可以是数字、字母、下划线或美元符号。
- 在一个动画中，变量名必须是唯一的。
- 变量名不能是关键字或 ActionScript 文本。如 true、false、null 或 undefined。
- 变量名区分大小写，当变量名中再现一个新单词时，新单词的第一个字母要大写。
- 变量不能是 ActionScript 语言中的任何元素，例如，类名称。

（2）默认值

“默认值”是在设置变量值之前变量中包含的值。首次设置变量的值实际上就是“初始化”变量。如果声明了一个变量，但是没有设置它的值，则该变量便处于“未初始化”状态，未初始化的变量的值取决于它的数据类型。变量的默认值如表 11-2 所示。

表 11-2 变量的默认值

数值类型	默认值
Boolean	false
Int	0

在使用算术运算符时，如果表达式中含有字符串，系统会将字符串转换为数值进行计算。如"15"+10 的值为 25，若该字符不能转换为数值，则系统会将其赋值为 0 后再进行计算，如"1"+20 的值为 20。

续表

数值类型	默认值
Number	NaN
Object	null
String	null
Uint	0
未声明（与类型注释“*”等效）	undefined
其他所有类（包括用户定义的类）	null

（3）为变量赋值

变量的作用域是指变量能够被识别和应用的区域。根据变量的作用域可以将变量分为全局变量和局部变量。全局变量是指在代码的所有区域中定义的变量，而局部变量是指仅在代码的某个部分定义的变量，下面分别进行讲解。全局变量在函数定义的内部和外部均可用。例如：

```
var hq:String = "Global";
function scopeTest()
{
    trace(hq);
    }
// “hq” 是在函数外部声明的全局变量
```

在函数内部声明的局部变量仅存在于该函数中，例如：

```
function localScope()
{
var hq1:String ="local";
}
// “hq1” 是在函数内部声明的局部变量
```

（4）数据类型

数据类型描述一个数据片段以及可以对其执行的各种操作。在创建变量、对象实例和函数定义时，应使用数据类型来指定要使用的数据类型。ActionScript 3.0 的某些数据类型可以看作是“简单”或“复杂”数据类型。“简单”数据类型表示单条信息，如单个数字或单个文本序列。常用的“简单”数据类型如表 11-3 所示。ActionScript 中定义的大部分数据类型都可以被描述为“复杂”数据类型，因为它们表示组合在一起的一组值。大部分内置数据类型以及程序员定义的数据类型都是复杂数据类型，如表 11-4 所示。

表 11-3　常用的“简单”数据类型

数据类型	含义
String	一个文本值，例如，一个名称或书中某一章的文字

String 和 Int 数据类型是 ActionScript 中经常出现的数据类型。

续表

数据类型	含义
Numeric	ActionScript 3.0 中，该类型数据包含 3 种特定的数据类型，分别是 Number：任何数值，包括有小数部分或没有小数部分的值；Int：一个整数（不带小数部分的整数）；Uint：一个“无符号”整数，即不能为负数的整数
Boolean	一个 true 或 false 值，如开关是否开启或两个值是否相等

表 11-4　常用的“复杂”数据类型

数据类型	含义
MovieClip	影片剪辑元件
TextField	动态文本字段或输入文本字段
SimpleButton	按钮元件
Date	该数据类型表示单个值，如时间中的某个片刻。然而，该日期值实际上表示为年、月、日、时、分、秒等几个值，它们都是单独的数字动态文本字段或输入文本字段
Array	是一个数组变量，用于存储一系列的多种数据类型
Object	用于描述对象的特性

（5）定义和命名变量

在 ActionScript 中用户需要使用 var 来定义和命名一个变量，但在定义变量时用户还需要遵守一些定义规则。

- 定义区分大小写，如“var c1：int”和“var C1：int”是两个不同的变量。
- 一条语句中，如果定义了多个变量需要使用逗号分隔开。如“var user1：int，user2：int”。
- 一条语句中，可以同时定义多个变量，并同时为这些变量进行赋值。如“var user1：int=2，user2：int=5”。

2. 常量

常量的值在赋值后永远不会发生变化，各种编程语言中一般都会为一些特殊的词赋予一种常量的含义。ActionScript 语言中已被定义的常量如表 11-5 所示。

表 11-5　ActionScript 语言中已被定义的常量

常量	含义	常量	含义
False	表示逻辑真	True	表示逻辑假
Infinity	表示正无穷大的浮点数值	-Infinity	表示负无穷大的浮点数值
Underfined	表示变量未赋值	*	定量的变量无类型
NaN	表示浮点数值为非数字	Null	为变量和未赋值的变量返回的特殊值

由于制作复杂的动画时，需要定义很多变量和常量，所以在编写语句时最好采用统一的命名方法，如将变量的前缀命名为“gb_”。

11.2.3　对象（Object）

在一个包含 ActionScript 语句的 Flash 动画中往往含有多个对象，在 ActionScript 中每个对象都必须有自己特有的名称和类，而类是属性和方法的集合。

在 ActionScript 语句中还有一些已经定义的类，使用它们能轻易地完成对对象的编辑，如使用 Day 类可以获取电脑上的系统日期。而用户可以自定义一个 Object 类，并使用该类完成一些特殊需要，如玩打地鼠游戏，单位时间内击中几次地鼠等。

使用 ActionScript 语句可以随意地创建 Object，但在创建前必须通过 new 运算符来创建该类的实例。例如：

```
var weather:Object=new Object();
weather.day="Monday";
weather.Situation="Cloudy";
//为 Object 定义了几个属性
```

11.2.4　数组（Array）

在编程时，可能会遇到需要将一些相同类型和不同类型的数据放在一起处理的情况，如构建一份清单等。此时，就可以使用数组。一般情况下用户可能只需要使用一个数组就能达到目的，而对于一些复杂的 ActionScript 程序就需要使用多维数组。

1．创建和使用数组

和定义对象相同，定义数组前，也需要使用 new 运算符对数组创建一个实例。此外，在定义数组的项目数时，第一个项目数必须是 0，之后以 1 为增量递增。例如：

```
Var list:Array=new Array();
list[0]="apple";
list[1]="banana";
list[2]="orange";
```

2．创建和使用多维数组

多维数组其实就是将多个数组嵌套在一起，如果只嵌套了一次被称为二维数组，嵌套了两次则被称为三维数组，依此类推。下面就将定义一个二维数组，其代码如下：

```
Var list:Array=[[1,2,3],[4,5,6],[7,8,9]];
trace(list[1]);
```

如果在编辑过程中省略分号，Flash CS6 仍然可以识别编辑的语句，并自动加上分号，但用户最好能养成良好的编程习惯。

```
//由于项目数是从 0 开始的，所以这里将输出：4,5,6
trace(list[1][1]);
//将输出第 2 个数组的第 2 个项目：5
```

11.2.5 运算符和表达式

要想 ActionScript 语句能正常地被使用，除了使用变量、常量、对象和数组外，还需要使用运算符和表达式。运算符用于指示如何比较、修改变量、常量值的字符，表达式用于表示对数据进行运算的条件，下面就将详细地对运算符和表达式进行讲解。

1. 表达式

运算对象和运算符的组合便是表达式，表达式按照其复杂程度分为简单表达式和复杂表达式。

其中，简单表达式是由单纯的数据组成，如“高兴”是字符串文字、“[21，22，23]”是数组文字等。复杂表达式中包含了变量、函数以及其他表达式等，如“var sk:int=27*(21/7-1)-27”就是一个复杂表达式。

2. 运算符

ActionScript 语句中的运算符种类有很多，如算术运算符、字符串运算符、逻辑运算符和赋值运算符等。下面就将分别对其进行讲解。

（1）算术运算符

算术运算符是最常使用的运算符，用于对数据进行四则混合运算。算术运算符的符号以及作用如表 11-6 所示。

表 11-6 算术运算符的符号以及作用

运算符号	作用	运算符号	作用
+	加法运算	--	递减
-	减法运算	%	求余
*	乘法运算	++	累加
/	除法运算		

（2）逻辑运算符

逻辑运算符用于测试语句的真假，常被用于循环和条件语句中，判断是要继续循环语句还是停止语句。逻辑运算符的符号以及作用如表 11-7 所示。

如果想修改数组中某个项目的值，只需直接使用赋值语句即可，如“list[0]="grapes"”。

表 11-7　逻辑运算符的符号以及作用

<table>
<tr><th>运算符号</th><th>作　用</th><th>运算符号</th><th>作　用</th></tr>
<tr><td>></td><td>大于</td><td>&&</td><td>是和的关系，两边表达式为真才可成立</td></tr>
<tr><td><</td><td>小于</td><td>||</td><td>是或的关系，两边表达式只要一个为真即可成立</td></tr>
<tr><td>>=</td><td>大于等于</td><td>!</td><td>否</td></tr>
<tr><td><=</td><td>小于等于</td><td>===</td><td>两边表达式必须完全相同才能成立</td></tr>
<tr><td>==</td><td>等于</td><td>!==</td><td>测试结果与运算符===正好相反</td></tr>
<tr><td>!=</td><td>不等于</td><td></td><td></td></tr>
</table>

（3）赋值运算符

为了使程序更加简便，用户常常会使用赋值运算符来为变量和常量赋值。赋值运算符的符号以及作用如表 11-8 所示。

表 11-8　赋值运算符的符号以及作用

运算符号	作　用
=	将右边的值赋给左边
+=	使用右边的值加左边的值，再将其值赋给左边
-=	使用右边的值减左边的值，再将其值赋给左边
*=	使用右边的值乘左边的值，再将其值赋给左边
/=	使用右边的值除左边的值，再将其值赋给左边
%=	使用左边的值对右边的值取余，再将其值赋给左边

（4）运算符的使用规则

在表达式中有很多的运算符，为了正确地运行出结果，用户还需要对运算符的使用规则进行了解，下面分别对运算符的使用规则进行介绍。

- **优先级规则**：乘除法先于加减法计算，括号中的对象先于括号外的对象计算。
- **结合规则**：如果是同级的运算符一般遵循从左向右的运算规则，只有部分如“%=”的运算符从右向左运算。

11.2.6　函数

函数是执行特定任务并可以在程序中重用的代码块。ActionScript 中有方法和函数闭包两类函数。如果将函数定义为类定义的一部分或者将它附加到对象的实例中，则该函数称为方法。除此之外，以其他任何方式定义的函数被称为函数闭包。

Flash 中的很多运算符与其他编程语言中用到的运算符几乎完全相同，所以非常容易理解。

1. 调用函数

ActionScript 已定义了函数，编程过程中可使用这些函数直接进行调用。例如：

trace(“创建成功！”);

//该函数是 ActionScript 的顶级函数，经常会使用到。测试动画时，在“输出”面板中显示“创建成功！”

var randomNum:Number=Math.random();

//如果调用的函数没有参数，则必须带一对空的小括号。Math.random()函数表示生成一个随机数，然后赋值给 randomNum 变量

2. 自定义函数

在 ActionScript 中可以使用函数语句和函数表达式两种方法自定义函数。若采用静态或严格模式的编程，则应使用函数语句来定义函数，若采用动态编程或标准模式的编程，则应使用函数表达式定义函数。下面分别讲解这两种方法：

（1）函数语句

语法结构：函数语句的语法结构及举例说明如下。

```
function 函数名(参数)
{
函数体，调用函数时要执行的代码
}
```

示例：

```
function tomorrow(Param0:String)
{
trace(Param0);
}
tomorrow("hi");   //输出“hi”
```

（2）函数表达式

定义函数也就是在程序中声明函数，使用函数表达式结合使用了赋值语句，比较繁杂。其语法结构及举例说明如下。

语法结构：

```
var 函数名 Function=function(参数)
{
函数体，调用函数时要执行的代码
}
```

示例：

```
var tomorrow:Function=function (Pa:String)
```

在一般情况下，如果要将代码添加到主时间轴中，建议专门创建一个名为“ActionScript”的图层，在其中的第 1 帧中添加代码，以简化在 Flash 创作工具中组织其 ActionScript 代码的工作。

```
{
trace(Pa);
}
tomorrow("hi");  //输出 "hi"
```

（3）从函数中返回值

使用要返回表达式或字面值的 return 语句，可以从函数中返回值。但 return 语句会终止该函数，因此不会执行位于 return 语句后面的任何语句。另外，在严格模式下编程，如果选择了指定返回类型，则必须返回相应类型的值。例如：

```
function doubleNum(singleNum:int):int
{
return (singleNum+10);
}
//返回一个表示参数的表达式
```

11.3　在 Flash 中插入 ActionScript

了解、学习 ActionScript 后，用户就可以开始在 Flash 中插入 ActionScript 了。在 Flash 中插入 ActionScript 的方法很多，下面将分别进行介绍。

11.3.1　认识"动作"面板

用户可以在 Flash 中通过"新建"命令新建一个 ActionScript 文件，然后选择【窗口】/【动作】命令，打开如图 11-1 所示的"动作"面板，通过"动作"面板对 ActionScript 语句进行编写。

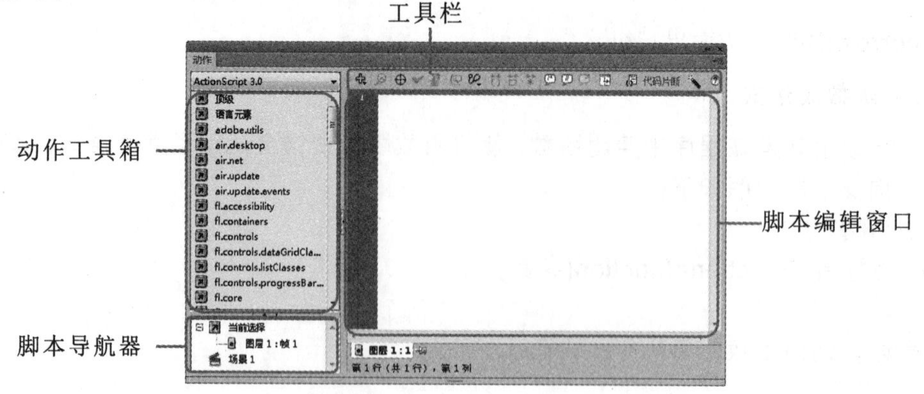

图 11-1　"动作"面板

Alpha 属性用于设置影片剪辑的透明度，如"instanceName.alpha=value;"，其中，"instanceName"表示影片剪辑对象的名称，"value"表示 Alpha 透明度的数值，0 代表透明，100 表示不透明。

1. 工具箱

工具箱中集合了编写代码时需要的一些常用工具按钮，工具箱中工具按钮的作用如下。

- “添加”按钮：单击该按钮，在弹出的下拉列表中可以将需要的新属性、事件和方法添加到语句中。
- “查找”按钮：单击该按钮，将打开“查找和替换”对话框，在其中可以设置需要查找和替换的函数、变量等。
- “插入”按钮：单击该按钮，在打开的“插入目标路径”对话框中可以设置调用的影片剪辑或其变量。
- “语法检查”按钮：单击该按钮后可检查输入的表达式是否有问题。检测出的结果将自动显示在“编译器错误”面板中。
- “自动套用格式”按钮：单击该按钮可以对程序段格式进行规范，这样能使编写的程序段更易阅读。
- “显示代码提示”按钮：选择函数时单击该按钮，将显示对代码的提示信息。
- “调试”按钮：单击该按钮可插入或改变断点。
- “折叠”按钮：单击该按钮可将程序中大括号中的所有内容折叠起来。
- “折叠所选”按钮：单击该按钮可将所选的程序段折叠起来。
- “展开”按钮：单击该按钮可将折叠的程序段展开。
- “应用块注释”按钮：单击该按钮可注释多行代码。
- “应用行注释”按钮：单击该按钮可注释单行代码。
- “删除注释”按钮：单击该按钮可删除程序段中的注释。
- “显示/隐藏工具箱”按钮：单击该按钮可显示或隐藏动作工具箱。
- “代码片段”按钮 代码片断：单击该按钮，将打开“代码片段”面板，在其中可以添加 Flash 中已集成的代码片段。
- “脚本助手”按钮：单击该按钮，打开脚本助手功能。

2. 动作工具箱

动作工具箱中集合了 ActionScript 的所有元素分类，单击按钮，将打开隐藏的类、方式和属性集合。单击工具箱中的类、方式和属性可轻松地将它们加入程序段。

3. 脚本剪辑窗口

用于编辑 ActionScript 语句。若需为动画帧添加 ActionScript 语句，只需选择帧后，打开“动作”面板，再在脚本编辑窗口中输入 ActionScript 语句即可。

4. 脚本导航器

用于标注显示当前 Flash 动画中哪些动画帧添加了 ActionScript 语句，通过脚本导航器

按“F9”键，也可以打开“动作”面板。

可以快速地在各个添加了 ActionScript 语句的动画帧之间切换。

11.3.2 使用“代码片段”面板

通过在 Flash 动画中添加 ActionScript 语句可以为动画实现各种效果，对于初学者来说，复杂繁琐的代码完全无法理解，为了避免这种问题，用户可通过使用“代码片段”面板中集成的一些已经编辑好的代码快速编辑动画。

实例 11-1　在动画中添加代码片段

下面将打开“小小蜜蜂.fla”文档，并在第一帧为按钮添加一个单击播放的代码片段。

光盘\素材\第 11 章\小小蜜蜂.fla
光盘\效果\第 11 章\小小蜜蜂.fla

1. 打开“小小蜜蜂.fla”文档，如图 11-2 所示。在舞台中右击“按钮”图像，在弹出的快捷菜单中选择“转换为元件”命令。
2. 打开“转换为元件”对话框，在其中设置“名称”、“类型”分别为“click”、“影片剪辑”，单击 确定 按钮，如图 11-3 所示。

图 11-2　选择“按钮”元件

图 11-3　转换为元件

3. 按“F9”键，打开“动作”面板。在“动作”面板中单击 代码片断 按钮，打开“代码片段”面板。双击“时间轴导航”下的“在此帧处停止”，如图 11-4 所示。此时“动作”面板如图 11-5 所示。

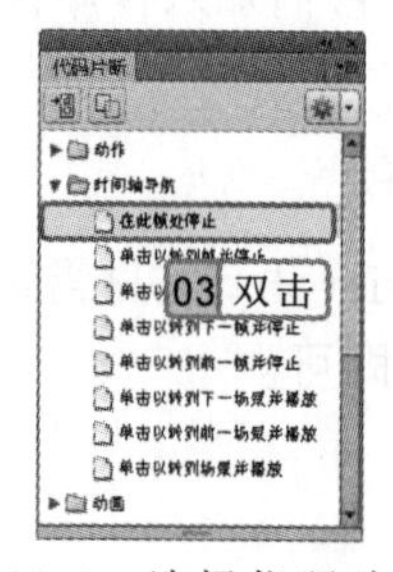

图 11-4　选择代码片段

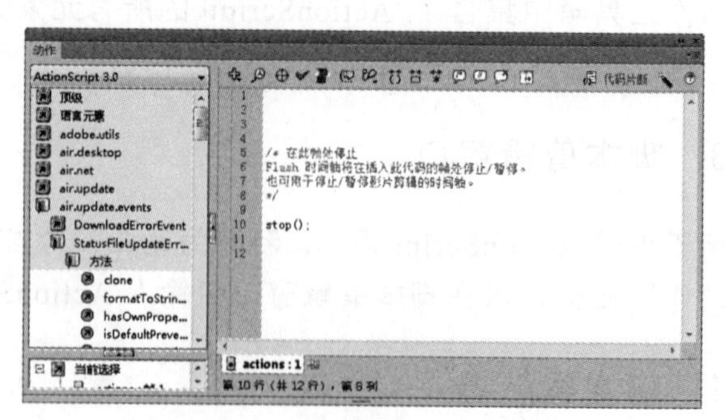

图 11-5　添加代码片段的效果

“代码片段”面板只支持新建的 ActionScript 3.0 的文件，对于以 ActionScript 2.0、ActionScript 1.0 版本新建的文件则不支持。

4 单击“动作”面板的第 11 行，将鼠标指针定位在第 11 行，再在舞台中选择“按钮”图像，在“代码片段”面板中双击“时间轴导航”下的“单击以转到帧并播放”，如图 11-6 所示。

5 在打开的“设置实例名称”对话框中单击 确定 按钮。在“动作”面板中将代码最下端的“gotoAndPlay(5)”修改为“gotoAndPlay(2)”，如图 11-7 所示。

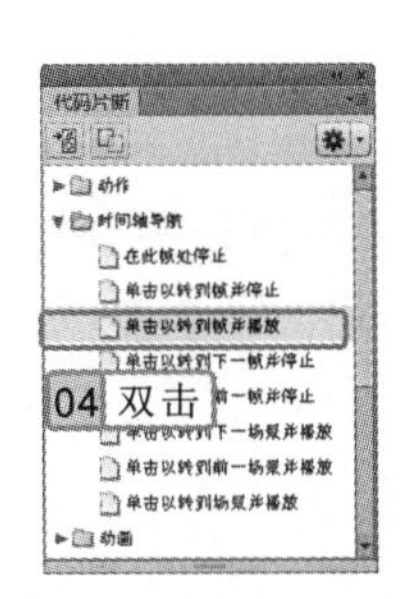

图 11-6　选择代码片段

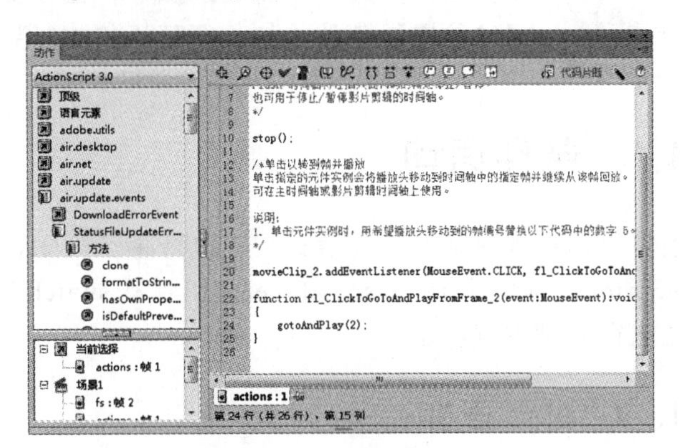

图 11-7　修改代码

6 按“Ctrl+Enter”快捷键测试动画。在进入动画时动画将停止不动，如图 11-8 所示。当用户单击图像中的按钮后，Flash 动画将继续播放，如图 11-9 所示。

图 11-8　进入动画

图 11-9　继续播放动画

11.3.3　对关键帧添加 ActionScript 代码

除了对对象添加 ActionScript 代码外，用户在制作动画时，还经常需要对时间轴中的某一帧编辑 ActionScript 代码。对关键帧添加 ActionScript 代码的方法是：在时间轴中选择需要添加代码的帧，按“F9”键，打开“动作”控制面板，在其中进行编写即可。

需要注意的是，在为关键帧添加 ActionScript 代码后，该关键帧上将会出现一个“a”符号，如图 11-10 所示。

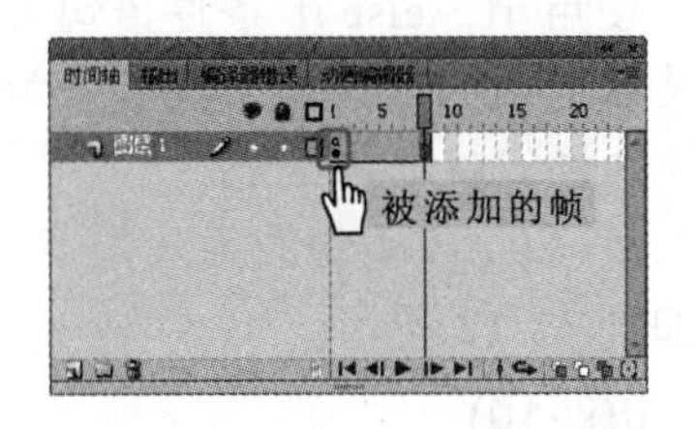

图 11-10　添加代码后的帧

若是对帧中的对象添加了 ActionScript 代码，关键帧上不会出现“a”符号。

11.4 ActionScript 的流程控制

学习了 ActionScript 语言的基础知识，并借助“代码片段”面板的帮助。用户即能完成一些简单的操作，但在实际制作动画时，制作复杂的动画效果往往需要条件语句、循环语句才能完成。

11.4.1 条件语句

条件语句用来决定在某些情况下才执行某些指令，或针对不同的条件执行具体的动作。ActionScript 中提供了 if…else、if…else if 以及 switch 3 个基本条件语句。下面就将对其使用方法进行详细讲解。

1. if…else 语句

if…else 语句是最重要的条件语句之一，主要应用于一些需要对条件进行判定的场合，如果该条件存在，则执行一个代码块，否则执行 else 后的替代代码块。

if…else 语句的用法如下，其语句执行示意图如图 11-11 所示。

```
if(x>5)
{
trace("x>5");
}
else
{
trace("x=5");
}
//如果 x>5，输出“x>5”，否则输出“x=5”
```

图 11-11 if…else 语句执行示意图

2. if…else if 语句

使用 if…else if 条件语句可以连续地测试多个条件，以实现对更多条件的判断。如果要检查一系列的条件为真还是为假，使用 if…else if 条件语句就非常合适。

if…else if 语句的用法如下，其语句执行示意图如图 11-12 所示。

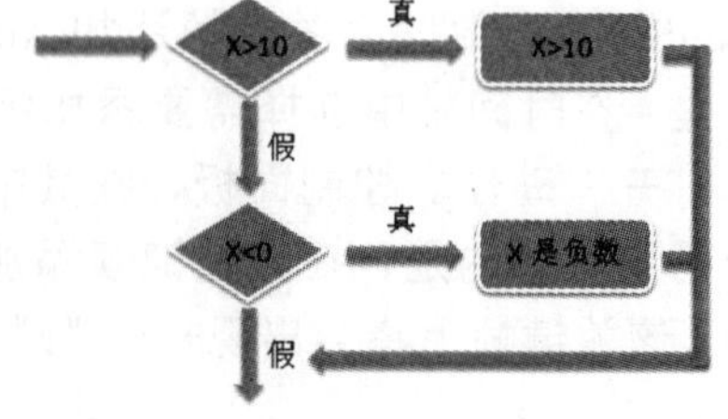

图 11-12 if…else if 语句执行示意图

```
if(x>10)
{
trace("x>10");
```

专家指导

如果不想执行替代代码块，可以只使用 if 语句，而不使用 else 语句。

```
}
else if(x<0)
{
trace("x 是负数");
}
//此段代码测试 x 的值是否超过 10，还测试 x 的值是否为负数
```

实例 11-2 使用条件语句制作漫天花瓣飞舞效果

下面将根据学习过的条件语句的知识，制作漫天花瓣飞舞的效果，实例中将运用到 if 条件语句的使用。

参见光盘　光盘\素材\第 11 章\背景.png
光盘\效果\第 11 章\浪漫花雨.fla、浪漫花雨-as3.fla

1. 新建 Flash 文档，将其大小设置为 549×368 像素，其他设置保持默认，将其保存为“浪漫花雨.fla”。
2. 选择【导入】/【导入到舞台】命令，在打开的“导入”对话框中选择“背景.png”选项将其导入到舞台中，并将其与舞台重合，在“图层 1”的第 55 帧中插入帧。
3. 选择【插入】/【新建元件】命令，创建一个名为“草”的图形元件，在元件的编辑区中绘制如图 11-13 所示的形状，在“颜色”面板中为其填充放射状渐变色。
4. 选择【插入】/【新建元件】命令，创建一个名为“花瓣”的图形元件，在元件的编辑区中绘制如图 11-14 所示的形状，在“颜色”面板中为花瓣填充白色到粉红色的线性渐变色。

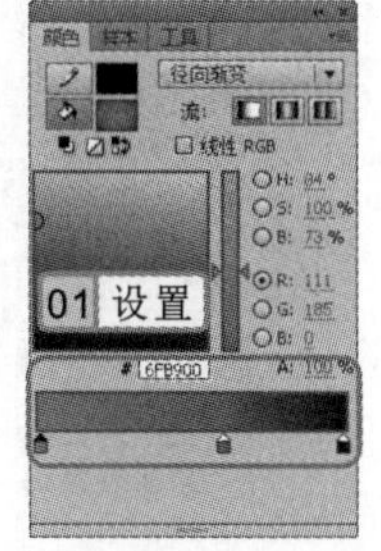

图 11-13　创建“草”图形元件

图 11-14　创建“花瓣”图形元件

5. 选择【插入】/【新建元件】命令，创建一个名为“花”的图形元件，在元件的编辑区中将“花瓣”图形元件 5 次拖入舞台中，选择工具箱中的“任意变形工具”调整花瓣的位置，选择工具箱中的“椭圆工具”绘制花蕊，并将其颜色填充为“黄色（#FFFF00）”，选择工具箱中的“椭圆工具”和“矩形工具”绘制叶子和茎部分，并将其颜色填充为“绿色（#339900）”。
6. 选择【插入】/【新建元件】命令，创建一个名为“花瓣 2”的图形元件，在元件的编辑区中将“花瓣”图形元件 3 次拖入舞台中，并将其呈三角形状排列。
7. 选择【插入】/【新建元件】命令，创建一个名为“花瓣 3”的影片剪辑元件，在元件

操作提示

如果 if 或 else 语句后面只有一条语句，则无须用大括号括起后面的语句。但是建议都要使用，避免以后添加语句后出现混乱。

的编辑区中将“花瓣 2”图形元件拖入舞台中，在第 5、10、15、20、25 和 30 帧中分别插入关键帧。在“变形”面板中分别为第 5、10、15、20、25 和 30 帧中的图形元件设置旋转度数为“30、60、90、120、150、180”。

8 选择【插入】/【新建元件】命令，创建一个名为“花瓣飞舞”的影片剪辑元件，在元件的编辑区中将“花瓣 3”影片剪辑元件拖入舞台中。在“变形”面板中将其“宽”和“高”分别设置为“27%”。新建“图层 2”，在“图层 2”中绘制一条引导线，在第 30 帧插入帧使其延长，并将“花瓣 3”影片剪辑元件吸附在引导线的上端。

9 选择“图层 1”，在第 30 帧插入关键帧，将该帧中的“花瓣 3”影片剪辑元件拖动到引导线的终点位置并使其吸附到引导线上，在第 1~30 帧之间创建动作补间动画。选择“图层 2”并右击，在弹出的快捷菜单中选择“引导层”命令，效果如图 11-15 所示。

10 在“库”面板中的“花瓣飞舞”影片剪辑元件上右击，在弹出的快捷菜单中选择“属性”命令，在打开的“元件属性”对话框中选中 ☑为 ActionScript 导出(X) 复选框，在“类”文本框中输入“hua”，单击 确定 按钮，如图 11-16 所示。

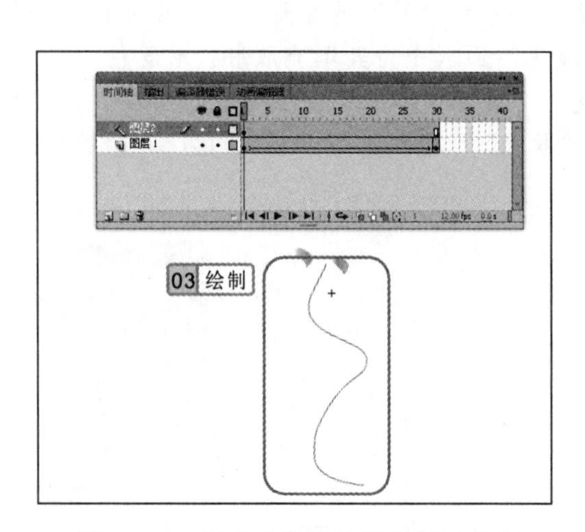

图 11-15　创建“花瓣飞舞”影片剪辑

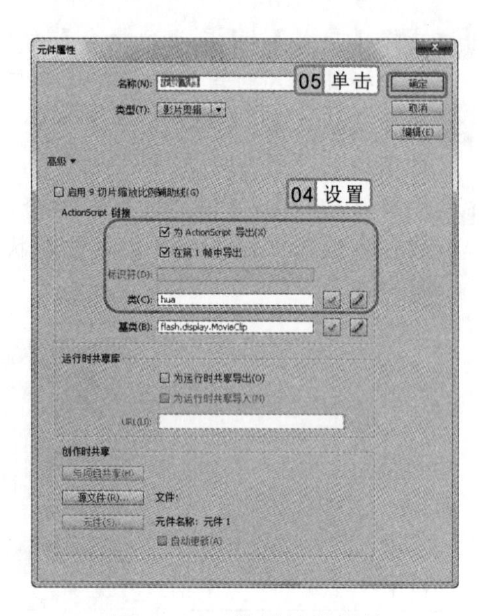

图 11-16　设置链接属性

11 单击⇦按钮返回主场景，新建“图层 2”，将“草”图形元件拖入舞台中，放置到舞台下方。新建“图层 3”，将“花”图形元件拖入舞台中，放置到舞台下方，并分别调整它们的大小。

12 新建“图层 4”，在“图层 4”的第 1 帧上右击，在弹出的快捷菜单中选择“动作”命令，打开“动作”面板，在其编辑区域输入如下语句：

```
var max_huas:uint =int(Math.random()*2);
var i:uint=0;
if(i<max_huas)
```

专家指导

Math.random()语句可以产生一个随机函数，括号内可设置一个数值参数，如 Math.random(10)表示产生一个 10 以内的随机函数。

```
{
 temphua = new hua ();
 temphua.scaleX = Math.random();
 temphua.scaleY = temphua.scaleX;
 temphua.x = Math.round(Math.random() * (this.stage.stageWidth - temphua.width));
 temphua.y=Math.round(Math.random()* (this.stage.stageHeight - temphua.height));
 addChild(temphua);
}
else
{
  i++;
}
```

13 在“图层 2”的第 2 帧上插入关键帧，打开“动作”面板，在其编辑区域输入语句“gotoAndPlay(1) ;”。

14 按“Ctrl+Enter”快捷键测试动画，播放效果如图 11-17 所示。

图 11-17　播放“浪漫花雨”动画

3. switch 条件语句

有一个条件语句相当于一系列 if…else if 语句，但是它创建的代码块更易阅读，这就是 switch 语句。switch 语句不是对条件进行测试以获得布尔值，而是对表达式进行求值并使用计算结果来确定要执行的代码块。代码块以 case 语句开头，以 break 语句结尾。

switch 语句的用法如下，其语句执行示意图如图 11-18 所示。

```
var someDate:Date = new Date();
var dayNum:uint = someDate.getDay();
switch(dayNum)
{
```

必须为“花瓣飞舞”影片剪辑元件添加一个类，这样“new hua();”语句才能为其影片剪辑创建一个实例。

```
case 0:
trace("Sunday");
break;
case 1:
trace("Monday");
break;
case 2:
trace("Tuesday");
break;
…
}
//上面的 switch 语句由 Date.getDay()
 方法返回的日期值输出星期几
```

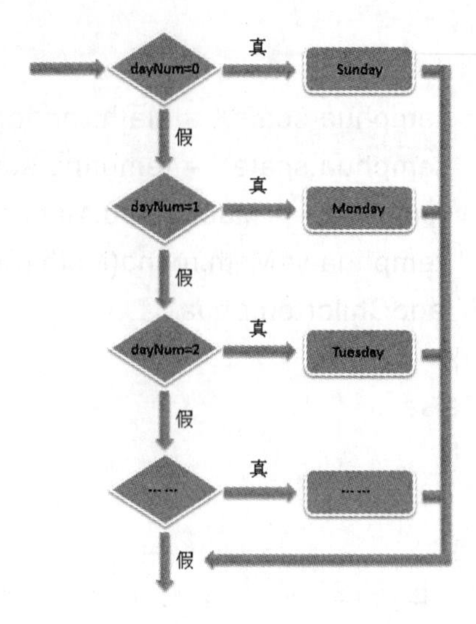

图 11-18　switch 语句执行示意图

11.4.2　循环语句的使用

通过循环语句可重复执行某条语句或某段程序，也可以按照指定的次数或者在满足特定的条件时重复一个动作，循环语句是 Flash 中最重要的基本语句之一，其中较为常用的循环语句包括 for 语句、while 语句和 do while 语句等，下面分别进行讲解。

1．for 语句

与其他的循环语句相比，for 循环语句非常灵活。for 循环语句用于循环访问某个变量以获得特定范围的值。必须在 for 语句中提供 3 个表达式，分别是设置了初始值的变量、用于确定循环何时结束的条件语句，以及在每次循环中都更改变量值的表达式。

使用 for 语句创建循环的用法如下，其语句执行示意图如图 11-19 所示。

```
var i:int;
for (i = 0; i < 10; i++)
{
trace(i);
}
//此段代码循环 10 次。变
 量 i 的值从 0 开始到 9 结
 束，输出结果是从 0～9
 的 10 个数字，每个数字各占一行
```

图 11-19　for 语句执行示意图

实例 11-3　使用 for 语句制作烟花效果

下面将根据学习的 for 循环语句的知识，制作一个实例表现烟花在天空中燃放的效果。

这些基本的循环语句和条件语句与 ActionScript 2.0 版本中的相关知识没有变化，容易理解。

光盘\效果\第 11 章\烟花效果.fla

1. 新建一个 Flash 文档，将其背景颜色设置为“黑色（#000000）”，其他设置默认不变，将其保存为“烟花效果”。
2. 选择【插入】/【新建元件】命令，创建一个名为“烟花 1”的图形元件，在元件的编辑场景选择工具箱中的“线条工具”和“椭圆工具”绘制烟花的形状，如图 11-20 所示。
3. 选择【插入】/【新建元件】命令，创建一个名为“烟花 2”的影片剪辑元件，选择“图层 1”的第 1 帧，将“烟花 1”图形元件拖入舞台中，在第 15 帧中插入关键帧，按住“Shift”键的同时将图形向右拖动一段距离，并在“属性”面板中将图形的“不透明度”设置为“0%”。在“图层 1”的第 1～15 帧中创建动作补间动画。
4. 选择【插入】/【新建元件】命令创建一个名为“烟花 3”的影片剪辑元件，选择“图层 1”的第 1 帧，将“烟花 2”影片剪辑元件拖入舞台中，如图 11-21 所示。

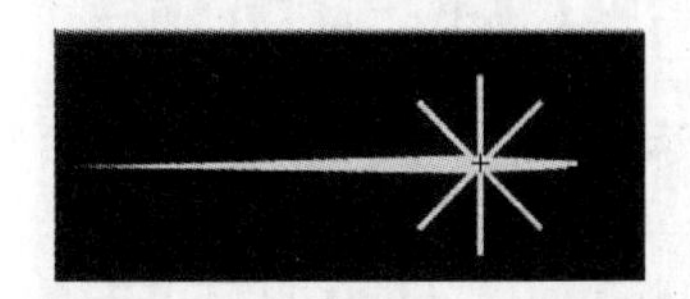
图 11-20　绘制“烟花 1”图形元件

图 11-21　将“烟花 2”影片剪辑元件拖入舞台

5. 新建“图层 2”，在“图层 2”的第 1 帧上右击，在弹出的快捷菜单中选择“动作”命令，打开“动作-帧”面板，在编辑窗口中输入如下语句：

```
import flash.geom.ColorTransform;
var i:int=1;
for (i = 1; i <150; i ++)        //第一段设置礼花爆炸的火花数量
{
        var c:Object = new yh();
        c.transform.colorTransform = getRandomColor();
        t = Math.random();
        c.scaleX=c.scaleY=t;
        c.alpha=Math.random();
        c.rotation=int(Math.random()*360);
        addChild(c);
        }
function getRandomColor():ColorTransform
{
//为红色、绿色和蓝色通道生成随机值
var red:Number = Math.random() *255;
```

本例中的 for 语句完全可以用 if…else 语句来代替，不过用 for 语句要精练一些。

```
var green:Number = Math.random() *255;
var blue:Number = Math.random() *255;
//使用随机颜色创建并返回 ColorTransform 对象
return new ColorTransform(Math.random() * 100, Math.random() *100, Math random()*
100, Math.random() *100, red, green, blue, Math.random() *255);
}
```

6 单击⇦按钮返回主场景，在“图层 1”的第 1 帧中将“烟花 3”影片剪辑元件拖入舞台中，在第 55 帧中插入帧，新建“图层 2”，在“图层 2”的第 5 帧中插入关键帧，将“烟花 3”影片剪辑元件拖入舞台中，新建“图层 3”，在“图层 2”的第 10 帧中插入关键帧，将“烟花 3”影片剪辑元件拖入舞台中。

7 按“Ctrl+Enter”快捷键测试动画，效果如图 11-22 所示。

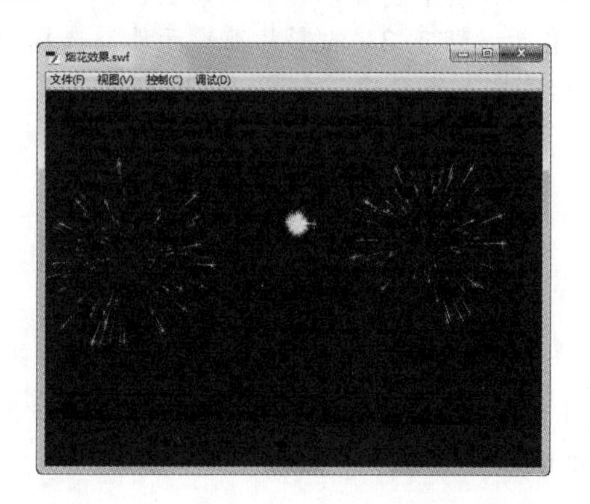

图 11-22 播放“烟花效果”动画

2．while 语句

while 语句可重复执行某条语句或某段程序，使用 while 语句时，Flash 会先计算一个表达式，如果表达式的值为 true，就执行循环的语句，在执行完循环的每一个语句之后，while 语句会再次对该表达式进行计算，当表达式的值仍为 true 时，会再次执行循环体中的语句，直到表达式的值为 false。

while 语句的用法如下：

```
var i:int = 0;
while (i < 10)
{
trace(i);
i++;
}
//此段代码与前面讲解 for 循环时提出的语句的执行结果完全相同
```

ActionScript 3.0 中还加入了 internal（内部）和 protected（保护）修饰词。一个类的内部（internal）属性只能被同一个包（package）中的其他类访问，保护（protected）属性意味着它只对这个类的子类可见。

3．do while 语句

do while 语句与 while 语句类似，使用 do while 语句可以创建与 while 语句相同的循环，但 do while 语句是在其循环结束处对表达式进行判断，因而使用 do while 语句至少会执行一次循环。

do while 语句的用法如下，其语句执行示意图如图 11-23 所示。

```
var i:int =10;
do
{
trace(i);
i++;
}while (i <10);
//即使条件不满足，该例
  也会生成输出结果：10
```

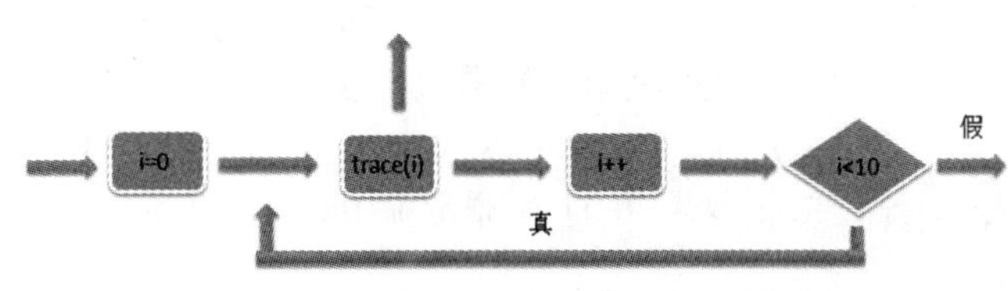

图 11-23　执行 do while 语句时的示意图

11.5　常用的类

为了满足用户制作动画的需求，Flash 提供了很多类。而这些类按作用的不同对很多函数、变量进行了分类排列，使用户能更方便地制作出复杂且效果好的动画。

11.5.1　使用类创建实例

在“动作”面板的“动作工具箱”中也有很多类，这些类可以直接使用。而若要使用没有存在“动作工具箱”中的类，就必须对其进行创建。

需要注意的是，在定义类前一定要先定义一个包（package），然后将类放置在包中。这样操作的好处在于可以放置空间重名。常见的定义类的方法如下：

```
package{
public class Act{
public var dream:int=315;
public function Act():void{
}
public function say():void{
trace(dream+“消费者权益日”)；
}
}
```

用 while 循环的一个缺点是，编写的 while 循环中更容易出现无限循环。

```
}
//输出“315 消费者权益日”
```

11.5.2 使用类编辑实例

使用类能完成很多同步补间动画、逐帧动画不能完成的效果。由于 Flash 中的 ActionScript 语言是面向对象的语言，所以在对类进行编辑前，一定要先建立一个对象。

实例 11-4 使用类制作按钮

下面将根据学习类，制作一个按键实例。播放动画时，当鼠标经过按钮时，鼠标指针将变为手形且按钮变模糊，接着文字变小。移出按钮时，按钮恢复正常。

参见光盘
光盘\素材\第 11 章\播放器.fla
光盘\效果\第 11 章\播放器.fla

1. 打开“播放器.fla”文档。在“图层 2”上选择按钮元件，在“属性”面板上将实例名称修改为“ar”，如图 11-24 所示。
2. 新建“图层 3”，选择第 1 帧。按“F9”键，打开“动作”面板。在“动作”面板中输入“ar.buttonMode=true;”，如图 11-25 所示。输入该代码后，用户将鼠标指针移动到按钮上时指针将变为手形。

图 11-24　设置实例名称

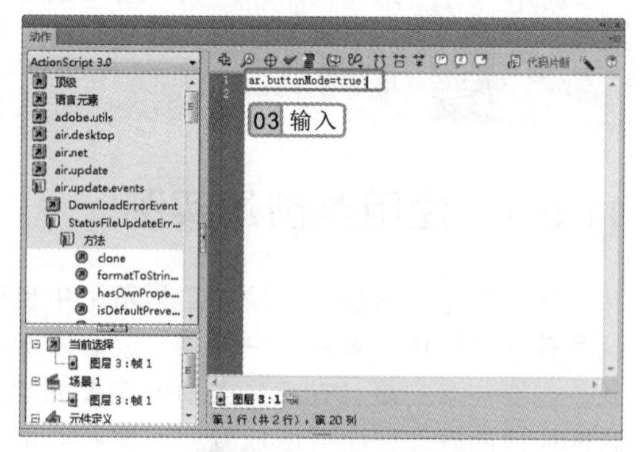

图 11-25　输入代码

3. 按“Enter”键，继续在“动作”面板中输入“//侦听鼠标事件”。再按“Enter”键，输入“ar.addEventListener(MouseEvent.MOUSE_OVER,onOver);”。按“Enter”键，输入“ar.addEventListener(MouseEvent.MOUSE_OUT,onOut);”，如图 11-26 所示。其中 onOver 用于侦听鼠标经过的事件，onOut 用于侦听鼠标移出的事件。
4. 按“Enter”键，继续输入“//定义鼠标经过事件”。然后换行输入如下语句：

```
function onOver(event:MouseEvent):void{
    ar.play();
}
```

专家指导

为了编辑 ActionScript 代码时不出现错误，一定要为编辑的对象添加一个英文名字。

5 按“Enter”键，继续输入“//定义鼠标移出事件”。换行输入语句：

```
function onOut(event:MouseEvent):void{
    ar.play();
}
```

最终效果如图 11-27 所示。

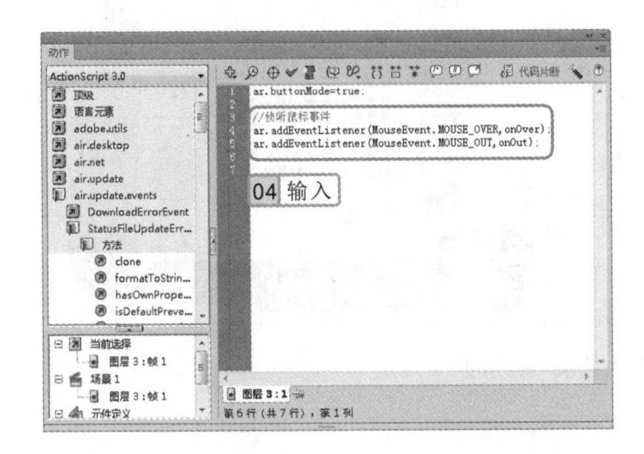

图 11-26　输入侦听鼠标事件

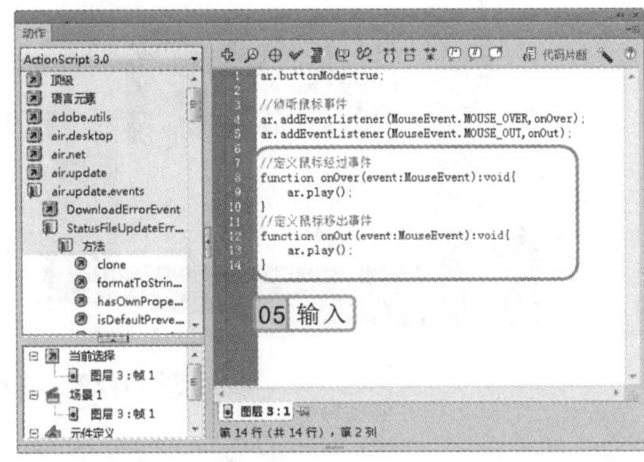

图 11-27　输入鼠标经过、移出事件

6 按“Ctrl+Enter”快捷键测试动画，效果如图 11-28 所示。

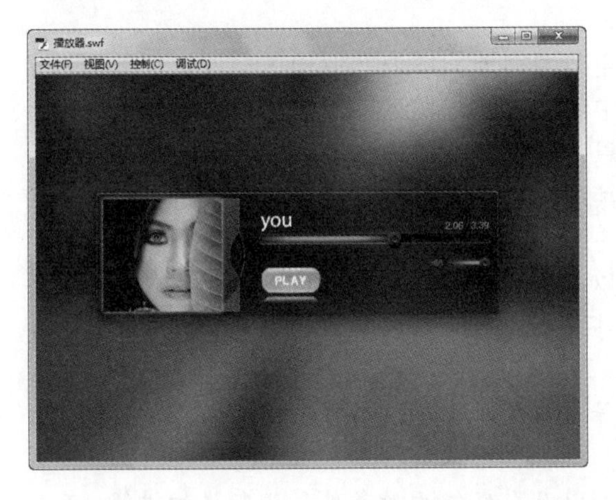

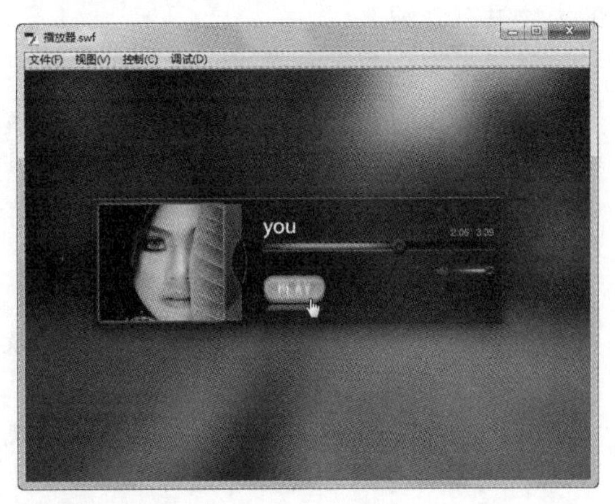

图 11-28　播放“播放器”动画

11.6　提高实例——制作游戏人物介绍界面

本章的提高实例将制作游戏人物介绍界面，在制作时将使用到命名实例名称、新建图层和为帧编辑 ActionScript 代码等方法。完成后可单击翻页按钮完成翻页操作，最终效果如图 11-29 所示。

操作提示

如果在输入 ActionScript 代码时没有注意中英文标点符号的切换，会造成代码无法正常运行。

图 11-29　游戏人物介绍界面

11.6.1　行业分析

本例制作的游戏人物介绍界面属于 Flash 游戏的游戏界面，通过它可以对 Flash 游戏中的人物进行介绍。

游戏人物介绍界面在 Flash 游戏中的使用范围很大，不但可以用于制作解密类的小游戏，还能用于制作动作类的小游戏。在游戏中添加人物介绍后，不但可以丰富游戏系统，更重要的是它能更快地使玩家掌握游戏的信息，增加游戏的饱和度以及可玩度。

在撰写人物介绍时，根据游戏的不同，其内容也应该有所不同。下面就将讲解不同游戏撰写人物介绍时应该注意的事项。

- **解密类**：可以将人物的年龄、个性，以及有什么特殊能力，口头禅、习惯动作等小细节加入。而在撰写为什么牵扯到故事中时，为了增强玩家的好奇心，所以只需要简单带过。
- **动作类**：可将人物的年龄、个性外观等进行简单阐述。而对于特殊能力、引发能力的条件等则可进行详细讲解。
- **策略类**：可将人物的背景以及特殊能力以及引发能力的条件等进行详细讲解，而和其他人的关系进行简单阐述。

11.6.2　操作思路

为更快完成本例的制作，并且尽可能运用本章讲解的知识，本例的操作思路如下。

除去在游戏中添加人物介绍界面外，很多游戏还会在游戏中添加物品介绍界面。

操作思路:

导入图像制作按钮元件 1
为元件添加语句 2
应用图片和按钮元件并将其放到舞台合适位置 3
为时间轴添加语句 4

11.6.3 操作步骤

下面介绍制作游戏人物介绍界面的方法，其操作步骤如下：

参见光盘
光盘\素材\第 11 章\游戏人物界面
光盘\效果\第 11 章\游戏人物介绍界面.fla
光盘\实例演示\第 11 章\制作游戏人物介绍界面

1 新建 Flash 文档，将其大小设置为 549×368 像素，其他设置为默认，将其保存为“游戏人物介绍界面.fla”。
2 选择【文件】/【导入】/【导入到库】命令，打开“导入到库”对话框。在其中选择“游戏人物界面”文件夹中的所有图像，并将它们导入到库中。
3 在“时间轴”面板中选择“图层 1”的第 1 帧，在“库”面板中将“游戏人物界面背景”图像拖动到舞台中间，再单击按钮锁定图像，如图 11-30 所示。
4 在“时间轴”面板中选择“图层 1”的第 4 帧，按“F6”键插入关键帧。
5 新建“图层 2”，选择“图层 2”的第 1 帧。使用鼠标将“崔西”图像移动到舞台上，再在“属性”面板中设置“X”、“Y”、“宽”、“高”分别为“296.85”、“176.65”、“322.30”和“336.80”，如图 11-31 所示。

图 11-30 添加背景

图 11-31 设置图片属性

操作提示

由于导入的图像太多，所以在导入时最好使用“导入到库”命令导入图像。

6 选择“图层 2”的第 2 帧，按“F7”键插入空白帧。在“属性”面板中使“X”、“Y”、“宽”、“高”和“崔西”图像相同，再使用相同的方法将“安妮芬”、“亚伦”图像分别添加到第 3、4 帧中。

7 新建“图层 3”，选中“图层 3”的第 1 帧。在“库”面板中将“开始”图像移动到舞台中间，在“属性”面板中设置“X”、“Y”、“宽”、“高”分别为“90.15”、“107.05”、“126.20”、“32.85”。右击“首页”图像，在弹出的快捷菜单中选择“转换为元件”命令，打开“转换为元件”对话框，在其中设置“名称”、“类型”分别为“首页”、“按钮”。

8 双击“首页”按钮，在打开的元件编辑区中按 3 次“F6”键，为时间轴添加关键帧。

9 选择指针经过帧，再选择“开始”按钮，在其“属性”面板中设置“宽”、“高”分别为“142.70”、“37.10”，如图 11-32 所示。使用相同的方法设置点击帧的图像大小。

10 单击⇦按钮，返回主场景。在“图层 3”中选择第 2 帧。按“F7”键，插入空白帧。将“库”面板中的“首页”、“上一个”、“下一个”和“末页”图像缩放大小后移动到舞台左边，如图 11-33 所示。

图 11-32　设置鼠标经过帧的图像大小

图 11-33　添加按钮

11 分别将“首页”、“上一个”、“下一个”和“尾页”图像转换为按钮。

12 分别双击“首页”、“上一个”、“下一个”和“尾页”按钮，在对应的按钮元件编辑区域中，按 3 次“F6”键，添加关键帧。在指针经过帧、点击帧的“属性”面板中设置“宽”、“高”分别为“142.70”、“37.10”。

13 新建“图层 4”，选择“图层 4”的第 1 帧。按“F9”键，打开“动作”面板，在其中输入“stop();”，如图 11-34 所示。

14 在“图层 3”的第 1 帧中选择“开始”按钮，在“动作”面板中输入：

```
on (release) {
    nextFrame();
}
```

15 在“图层 3”的第 2 帧中选择“首页”按钮，在“动作”面板中输入：

```
on (release) {
```

专家指导

为了使“首页”按钮和“开始”按钮保持在同一位置，一定要在“属性”面板中将它们的“X”、“Y”、“宽”、“高”设置为相同。此外，其他按钮的“宽”、“高”都应该设置为相同。

```
    gotoAndStop(1);
}
```

16 在第 2 帧中选择“上一个”按钮，在“动作”面板中输入：

```
on (release)
{
    prevFrame();
}
```

17 在第 2 帧中选择“下一个”按钮，在“动作”面板中输入：

```
on (release)
{
        nextFrame();
}
```

18 在第 2 帧中选择“末页”按钮，在“动作”面板中输入：

```
on (release)
{
        gotoAndStop(4);
}
```

19 按两次“F6”键，插入两个关键帧。在“图层 3”的第 4 帧中删除“下一个”、“末页”按钮，如图 11-35 所示。按“Ctrl+Enter”快捷键测试动画。

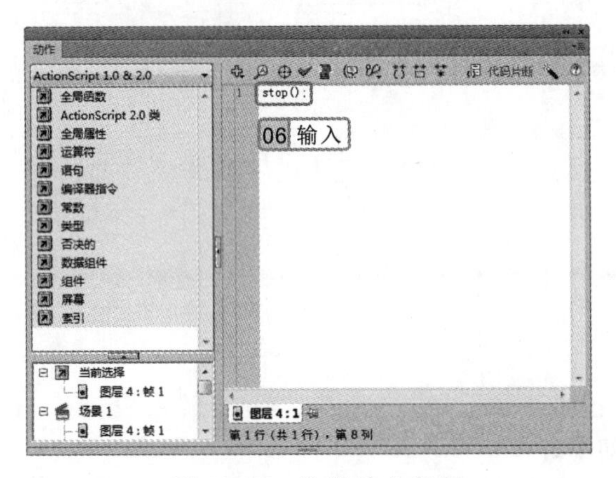

图 11-34　为帧输入代码

图 11-35　删除按钮

11.7　提高练习——制作“蒲公英”动画

本章主要讲解了 ActionScript 3.0 在动画中的应用。本次练习将通过新建文档、绘制图形文件、制作影片剪辑元件、添加代码等知识，制作一个如图 11-36 所示的蒲公英不停在飞的动画。

在制作“蒲公英”动画时，注意为影片剪辑链接类，类名必须与语句中保持一致。

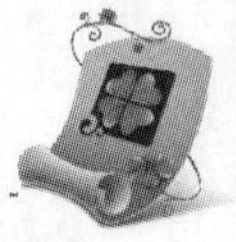

图 11-36 蒲公英

参见光盘
光盘\素材\第 11 章\绿草地.png
光盘\效果\第 11 章\蒲公英.fla
光盘\实例演示\第 11 章\制作“蒲公英”动画

该练习的操作思路与关键提示如下。

操作思路：

1. 新建图像并导入图像
2. 绘制“蒲公英 1”图形元件
3. 制作“蒲公英 2”影片剪辑元件
4. 制作“蒲公英 3”影片剪辑元件并添加语句

关键提示：

对“蒲公英 3”影片剪辑元件添加的语句如下：

```
var max:uint = 3;
for(var i:uint=1;i<max;i++){
    var temp:Object=new pu();
    temp.x=Math.random()*450;
    temp.y=Math.random()*80;
    addChildAt(temp,i);
```

专家指导

如果没有在类中包括构造函数方法，编译器将自动在类内创建一个空构造函数（没有参数和语句）。

11.8 知识问答

在动画中使用 ActionScript 的过程中，难免会遇到一些难题，如无法加载类、在发布时提示错误等。下面将介绍动画中使用 ActionScript 语言常见的问题及解决方案。

问：为什么用 ActionScript 3.0 编写了正确的 MouseEvent 函数语句，却总是提示无法加载 MouseEvent 类？

答：这是因为你是在用 Flash 8 制作的 Flash 动画的基础上改写的语句，这时需要选择【文件】/【发布设置】命令，在打开的“发布设置”对话框中选择“Flash”选项卡，在“版本”下拉列表框中选择“Flash Player 9”选项，在“ActionScript 版本”下拉列表框中选择“ActionScript 3.0”选项，单击 确定 按钮，就不会再提示这类错误了。

问：为什么在“动作”面板中，按照书上的语句输入后，在检查语句时却出现错误？

答：出现这种情况通常有两个原因：一是在输入语句的过程中，输入了错误的字母或字母的大小写有误，使得 Flash CS6 无法正常判断语句，对于这种情况，应仔细检查输入的语句，并对错误处进行修改。二是输入的标点符号采用了中文格式，即输入了中文格式的分号、冒号或括号等，因为 Flash CS6 中 ActionScript 语句只能采用英文格式的标点符号，所以也会导致出现错误提示，此时可将标点符号的输入格式设置为英文状态，重新输入标点符号即可。

问：在为按钮元件添加了语句后，为什么在发布时提示错误并没有任何效果？

答：出现这种情况，是因为使用了 ActionScript 1.0 或者 ActionScript 2.0。这两种语言都不能直接为按钮元件添加语句，必须将语句添加到时间轴中。

Flash 与触摸屏

随着科技的发展，出现了诸如智能机、平板电脑和掌上电脑这样轻薄且携带触摸屏的电子产品。为了更方便 Flash 动画以及游戏的交互式处理，Flash 软件的软件开发者在 Flash CS6 中也导入了一些方便触摸屏交互式操作的函数和代码。使用这些函数和代码开发触摸屏游戏很可能会为游戏带来更多的魅力。

在添加语句时，如果语句很复杂，可选择一部分语句，单击“动作”面板上方的“折叠”按钮 将大括号中的语句或选择的语句折叠起来，以便于添加其他语句。

第12章

输出与发布

本章导读

在制作好 Flash 动画作品后，用户还需要对动画进行优化和测试，以查看制作的动画是否满足要求。测试没有问题后，如想将作品发布到网上，还需要发布 Flash 动画。本章就将对 Flash 动画的输出与发布方法进行详细讲解。

12.1 优化动画

网络中的动画下载和播放速度很大程度上取决于文件大小，Flash动画文件越大，其下载和播放速度就越慢，容易产生停顿，影响动画的点击率。因此为了动画的快速传播，就必须优化动画，减小文件大小。

12.1.1 优化动画文件

在制作Flash动画的过程中应注意对动画文件进行优化，对动画文件进行优化要注意以下3个方面：

- 将动画中相同的对象转换为元件，在需要使用时可直接从库中调用，可以大大地减少动画的数据量。
- 位图比矢量图的体积大得多，调用素材时最好使用矢量图，尽量避免使用位图。
- 因为补间动画中的过渡帧是系统计算得到的，逐帧动画的过渡帧是通过用户添加对象而得到的，补间动画的数据量相对于逐帧动画而言要小得多。因此制作动画时最好减少逐帧动画的使用，尽量使用补间动画。

12.1.2 优化动画元素

在制作动画的过程中，还应该注意对元素进行优化，对元素的优化要注意以下6个方面：

- 尽量对动画中的各元素进行分层管理。
- 尽量减小矢量图形的形状复杂程度。
- 尽量少导入素材，特别是位图，它会大幅增加动画体积的大小。
- 导入声音文件时尽量使用MP3这种体积相对较小的声音格式。
- 尽量减少特殊形状矢量线条的应用，如锯齿状线条、虚线和点线等。
- 尽量使用矢量线条替换矢量色块，因为矢量线条的数据量相对于矢量色块小得多。

12.1.3 优化文本

在制作动画时常常会用到文本内容，因此还应对文本进行优化，对文本进行优化要注意以下两个方面：

- 使用文本时最好不要运用太多种类的字体和样式，因为使用过多的字体和样式也会使动画的数据量加大。
- 如果可能，尽量不要将文字打散。

通常情况下，Flash要求色彩绚丽醒目，但如果对作品的影响不大，建议在制作动画的过程中使用单色，并减少渐变色的使用。

12.2 测试动画

完成动画的制作后，为了降低动画播放时的出错率，需先对动画进行测试。测试动画主要包括查看动画的画面效果，检查是否出现明显错误，模拟下载状态以及在动画中添加 ActionScript 语句进行调试等。

12.2.1 测试文档

为验证 Flash 动画的效果是否达到预期的效果和动画中是否有明显错误，在制作 Flash 动画的过程中以及完成后，都需要对制作的 Flash 动画进行测试。对于一般的动画用户只需要按"Ctrl+Enter"快捷键便能对 Flash 动画进行预览，通过预览的结果便可知道该 Flash 动画是否达到预期的效果。

若需要测试的 Flash 动画中包含 ActionScript 语言，则最好通过调试的方法来对该动画进行测试，其方法是：打开要测试的动画，选择【调试】/【调试影片】/【调试】命令，打开"Adobe Flash Player"窗口，如图 12-1 所示，并打开"ActionScript 调试器"面板。在"ActionScript 调试器"面板中，单击▷按钮，如图 12-2 所示。用户即可在播放动画时查看并修改变量和属性值。此外还可通过"ActionScript 调试器"对话框的断点停止动画文件逐行跟踪 ActionScript 代码，以方便用户对其进行编辑。

图 12-1 显示动画的"Adobe Flash Player"窗口

图 12-2 "ActionScript 2.0 调试器"面板

12.2.2 查看"宽带设置"面板

除了测试文档外，用户还可通过"宽带设置"面板对文件的总大小、总帧数、"舞台"尺寸以及数据的分布等信息进行分析，查看是否因某一帧或某几帧的位置包含了大量的数据才造成动画出现停顿的情况。打开"宽带设置"面板的方法是：打开 Flash 动画文件，

选择【窗口】/【调试面板】/【ActionScript 2.0】命令，也可打开"ActionScript 2.0 调试器"面板。

按“Ctrl+Enter”快捷键预览动画。在打开的“Adobe Flash Player”窗口中选择【视图】/【宽带设置】命令，此时在“Adobe Flash Player”窗口上方将出现“宽带设置”面板，同时显示该 Flash 动画文件的相关信息，如图 12-3 所示。

图 12-3　查看“宽带设置”面板

12.2.3　测试下载性能

测试下载速度也是很好的测试动画的方法，测试下载性能就是模拟在网络环境中下载观看该 Flash 动画的速度。测试下载性能的方法是：打开 Flash 动画文件，按“Ctrl+Enter”快捷键预览动画。在打开的“Adobe Flash Player”窗口中选择【视图】/【模拟下载】命令，开始模拟网络的下载。在“宽带设置”面板左侧的信息栏中显示加载的速度和百分比，在上方的时间轴中以绿色底纹表示已经加载的内容，当加载了一定动画内容后将播放已加载的动画内容，如图 12-4 所示。

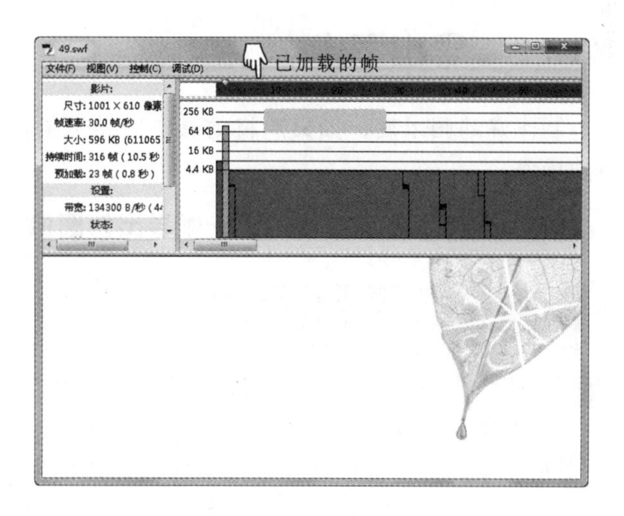

图 12-4　测试下载速度

在选择“模拟下载”命令之前，可先选择【视图】/【下载设置】命令，在弹出的子菜单中选择模拟下载的加载速度。

12.3 导出 Flash 动画

优化动画并测试其下载性能后，即可将动画导出并运用到其他应用程序中。在导出时，用户可根据需要设置动画的导出格式，例如，导出为影片或导出为图像。

12.3.1 导出动画文件

导出动画文件是指将制作好的 Flash 动画导出并保存，导出 Flash 动画后，可直接打开观看动画而不需要借助 Flash 进行查看。导出动画的方法是：打开需要导出的 Flash 动画，选择【文件】/【导出】/【导出影片】命令，打开“导出影片”对话框。选择图像文件保存的位置和名称后，在“保存类型”下拉列表中选择保存类型，一般选择 SWF 格式。单击保存(S)按钮，如图 12-5 所示。稍等片刻后动画将被导出到指定位置。

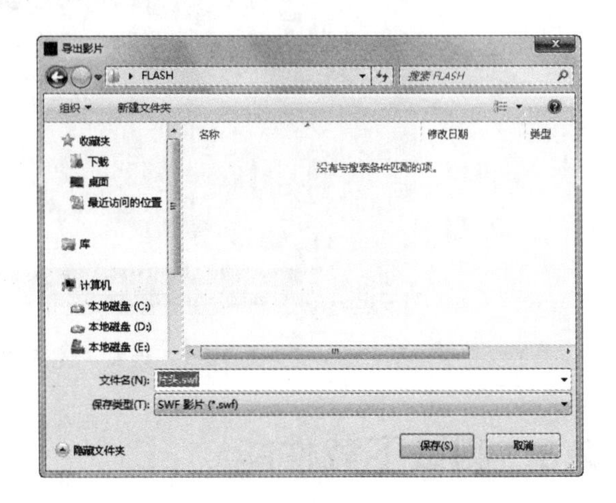

图 12-5 “导出影片”对话框

12.3.2 导出图像

制作好动画以后，如果想将动画中的某个图像导出来存储为图片格式，可执行导出图像的操作。

实例 12-1 将动画中的第一帧导出为图像

参见光盘

光盘\素材\第 12 章\荷塘.fla
光盘\效果\第 12 章\荷塘.jpg

1. 打开“荷塘.fla”动画文档，选择“图层 1”的第 1 帧，选择【文件】/【导出】/【导出图像】命令，打开“导出图像”对话框。
2. 在打开的对话框中选择图像文件保存的位置，在“保存类型”下拉列表框中选择“JPEG 图像”选项，单击保存(S)按钮，如图 12-6 所示。
3. 打开“导出 JPEG”对话框，在其中设置“分辨率”为“300”，单击确定按钮，如图 12-7 所示。

专家指导

若导出的帧中有位图元素，为了使导出的位图更清晰，用户在“导出 JPEG”对话框中最好不要将分辨率设置得太大。

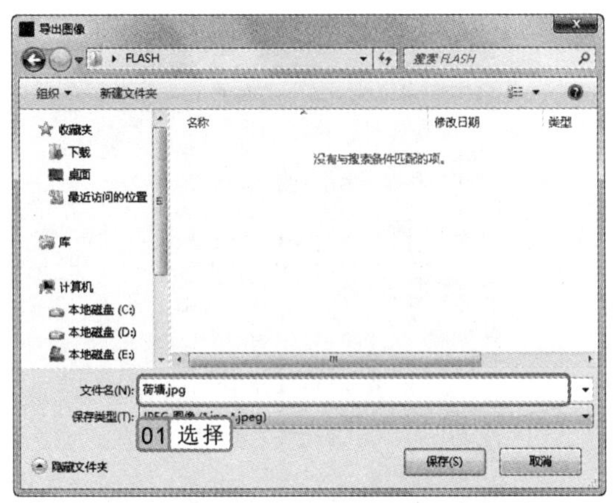

图 12-6　设置导出位置和文件格式

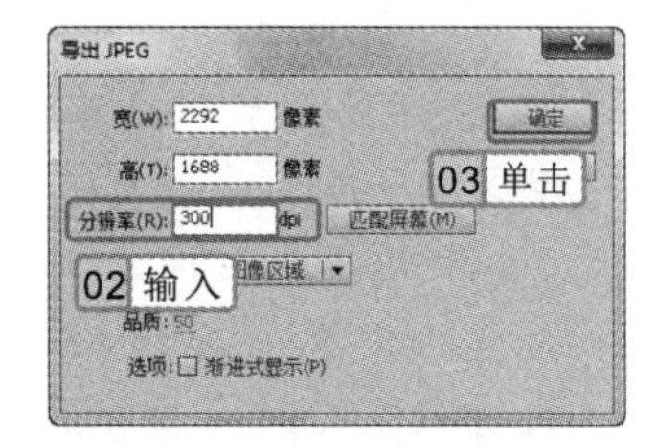

图 12-7　设置图像分辨率

12.4　发布 Flash 动画

当完成对动画的测试、优化等一系列前期工作后，就可以将动画发布出来，以供用户浏览和观看。

12.4.1　设置动画发布格式

当 Flash 动画测试运行无误后，就可以发布动画了，默认情况下动画将发布为 SWF 格式的播放文件，这是为了方便没有安装 Flash Player 播放器的用户观看动画的播放效果，也可以用其他格式发布 Flash 动画。下面将对动画的各种发布格式进行详细讲解。

1. Flash 输出格式

选择【文件】/【发布设置】命令，打开“发布设置”对话框。在“发布”栏中选中 ☑ Flash (.swf) 复选框，在如图 12-8 所示的面板中可以设置发布后 Flash 动画的版本、图像品质和音频质量等。

Flash 输出格式各参数的功能如下。

- **“目标”下拉列表框**：在该下拉列表框中可选择一种播放器版本，范围从 Flash1 播放器 ~ Flash9 播放器。
- **“脚本”下拉列表框**：用于设置导出的动画将使用哪个版本的脚本。
- **“JPEG 品质”选项**：该选项用于控制位图压缩，图像品质越低，生成的文件就越小。图像品质越高，生成的文件就越大。在发布动画时可多次尝试不同的设置，在文件大小和图像品质之间找到最佳平衡点，当值为 100 时图像品质最佳，但压缩比

若 Flash 动画中部分内容过多，当需要加载大量数据时，则该 Flash 动画会卡在内容过多的地方，直到加载完成才能继续播放动画。

率也最小。

- **"音频流"和"音频事件"文本框**：单击"音频流"或"音频事件"文本框，在打开的对话框中可为 Flash 动画中的所有声音流或事件声音设置采样率和压缩值。
- **☑压缩影片复选框**：选中该复选框，可以压缩 Flash 动画，从而减小文件大小，缩短下载时间。如果文件中存在大量的文本或 ActionScript 语句，默认情况下会选中该复选框。
- **☑包括隐藏图层(I)复选框**：选中该复选框，将导入 Flash 文档中所有隐藏的图层。否则，将不导出隐藏的图层。
- **☑包括 XMP 元数据(X)复选框**：选中该复选框后，再单击"修改此文档的 XMP 元数据"按钮🔧，在打开的对话框中可输入相应的元数据信息。

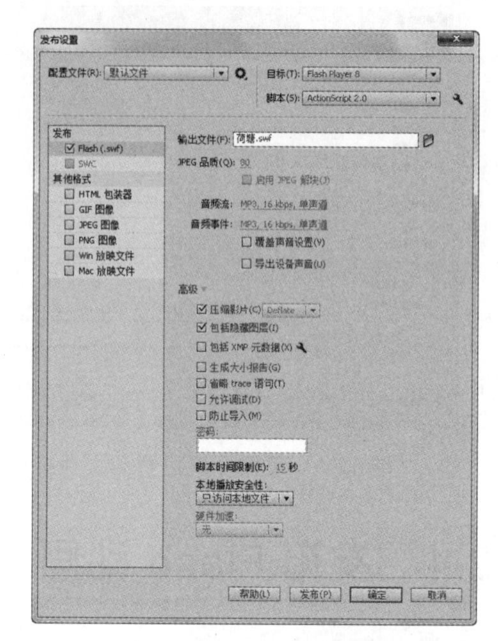

图 12-8 Flash 输出格式

- **☑生成大小报告(G)复选框**：选中该复选框，可按最终列出的 Flash 动画文件数据生成一个报告。
- **☑省略 trace 语句(T)复选框**：该复选框会使 Flash 忽略当前影片中的跟踪语句，选中该复选框，来自跟踪动作的信息就不会显示在"输出"面板中。
- **☑允许调试(D)复选框**：该复选框用于激活调试器并允许远程调试 Flash 动画，选中该复选框，可激活"密码"文本框，并在其中输入密码来保护 Flash 动画，防止未授权的用户调试 Flash 动画。
- **☑防止导入(M)复选框**：选中该复选框可防止其他人导入 Flash 动画并将它转换为 Flash 文件。

2. HTML 输出格式

选择【文件】/【发布设置】命令，打开"发布设置"对话框，在"发布"栏中选中☑HTML 包装器复选框。在打开的如图 12-9 所示的面板中可以设置 Flash 动画出现在浏览器窗口中的位置、背景颜色和 SWF 文件大小等。

HTML 输出格式各参数的功能如下。

- **"模板"下拉列表框**：用于选择要使用的模板，单击右边的 信息... 按钮可显示出该模板的相关信息。
- **"大小"下拉列表框**：用于设置发布到 HTML 的大小，包括宽度和高度值。
- **☑开始时暂停(U)复选框**：选中该复选框，动画会一直暂停播放，在动画中右击，在弹出

如果动画中没有声音，在设置 Flash 输出格式时，可以单击音频流和音频事件后的文本框。在打开的"声音设置"对话框的"压缩"下拉列表框中选择"禁用"选项将声音禁用，这样可使动画所占磁盘空间更小。

的快捷菜单中选择“播放”命令后，动画才开始播放。默认情况下，该复选框处于取消选中状态。

- ☑循环(D)**复选框**：用于使动画反复进行播放，取消选中该复选框，则动画到最后一帧将停止播放。
- ☑显示菜单(M)**复选框**：选中该复选框在动画中右击时，将弹出相应的快捷菜单。
- ☑设备字体(N)**复选框**：选中该复选框可用边缘平滑的系统字体替换未安装在用户系统上的字体。
- **“品质”下拉列表框**：用于设置HTML的品质。
- **“窗口模式”下拉列表框**：用于设置HTML的窗口模式。
- ☑显示警告消息**复选框**：用于设置Flash是否要警示HTML标签代码中所出现的错误。
- **“缩放”下拉列表框**：用于设置动画的缩放方式。
- **“HTML 对齐”下拉列表框**：用于确定动画窗口在浏览器窗口中的位置。

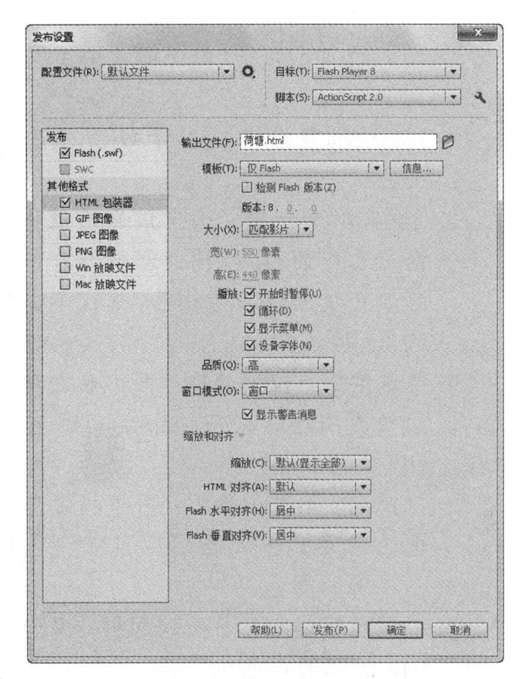

图 12-9　HTML 输出格式

- **“Flash 水平对齐”、“Flash 垂直对齐”下拉列表框**：用于设置在浏览器窗口中放置动画的对齐位置。

3. GIF 输出格式

打开“发布设置”对话框，在“发布”栏中选中☑GIF 图像复选框，在打开的如图 12-10 所示的面板中可以对图像文件的大小和颜色等属性进行设置。

GIF 输出格式各参数的功能如下。

- **“宽”、“高”文本框**：用于设置输入导出的位图图像的“宽度”和“高度”值。
- ☑匹配影片(M)**复选框**：选中该复选框可使 GIF 和 Flash 动画大小相同并保持原始图像的高宽比。
- **“播放”下拉列表框**：用于选择创建的是静止图像还是 GIF 动画，如果选择“动画”选项，将激活⊙不断循环(U)和⊙重复次数(V)单选按钮，设置 GIF 动画的循环或重复次数。
- ☑优化颜色(C)**复选框**：选中该复选框将从 GIF 文件的颜色表中删除所有不使用的颜色，这样可使文件大小减小 1000~1500 字节，而且不影响图像品质。
- ☑交错(I)**复选框**：选中该复选框可使导出的 GIF 文件在下载时在浏览器中逐步显示。交错的 GIF 文件可以在文件完全下载前为用户提供基本的图形内容，并可以在网络

在“发布设置”对话框中选择发布类型时，如果要将动画发布为 HTML 类型，则在选中☑HTML 包装器复选框时，也会默认选中☑Flash (.swf)复选框。

连接较慢时以较快的速度下载。

- ☑平滑(O)复选框：可消除导出位图的锯齿，从而生成高品质的位图图像，并改善文本的显示品质，但会增大 GIF 文件的大小。
- ☑抖动纯色(D)复选框：用于抖动纯色和渐变色。
- ☑删除渐变(G)复选框：选中该复选框将使用渐变色中的第 1 种颜色将影片中的所有渐变填充转换为纯色，建议不要轻易使用。
- **“透明”下拉列表框**：用于确定动画背景的透明度以及将 Alpha 设置转换为 GIF 的方式。
- **“抖动”下拉列表框**：用于指定可用颜色的像素如何混合模拟当前调色板中不可用的颜色。
- **“调色板类型”下拉列表框**：用于定义 GIF 图像的调色板。

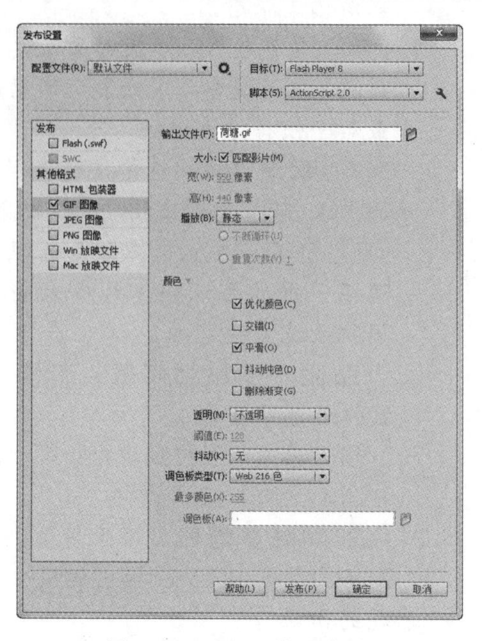

图 12-10　GIF 输出格式

4. JPEG 输出格式

JPEG 输出格式可将图像保存为高压缩比的 24 位位图。通常，GIF 输出格式对于导出线条绘画效果较好，而 JPEG 格式更适合显示包含连续色调（如照片、渐变色或嵌入位图）的图像。通常在 JPEG 输出格式下，Flash 会将 SWF 文件的第一帧导出为 JPEG 文件。打开“发布设置”对话框，在“发布”栏中选中☑ JPEG 图像复选框，在如图 12-11 所示的面板中可以对各项参数进行设置。

JPEG 输出格式各参数的功能如下。

- ☑匹配影片(M)复选框：选中该复选框可使 JPEG 图像和 Flash 动画大小相同并保持原始图像的高宽比。
- **“宽”、“高”文本框**：用于设置导出的位图图像的宽度和高度值。
- **“品质”数值框**：用于设置生成的图像

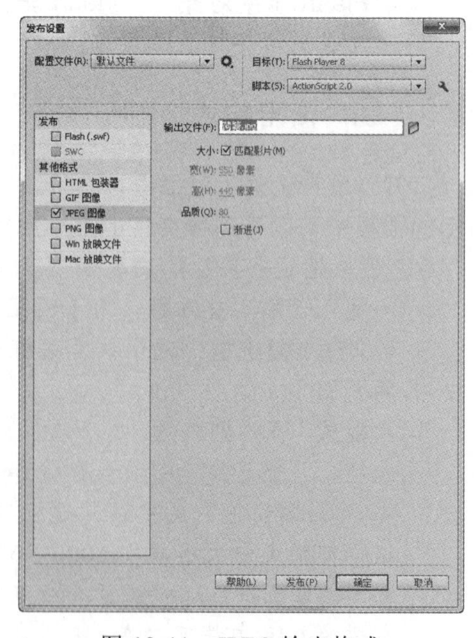

图 12-11　JPEG 输出格式

在“发布设置”对话框中单击 发布(P) 按钮，即可直接对动画进行发布。

品质的高低和图像文件的大小。

- ☑渐进(J)**复选框**：选中该复选框可在 Web 浏览器中逐步显示连续的 JPEG 图像，从而以较快的速度在网络连接较慢时显示加载的图像，类似于 GIF 和 PNG 图像中的“交错”功能。

5. PNG 输出格式

PNG 是唯一支持透明度（Alpha 通道）的跨平台位图格式。通常 Flash 会将 SWF 文件中的第一帧导出为 PNG 文件。打开“发布设置”对话框，在“发布”栏中选中☑PNG 图像复选框，在如图 12-12 所示的面板中可以对各项参数进行设置。

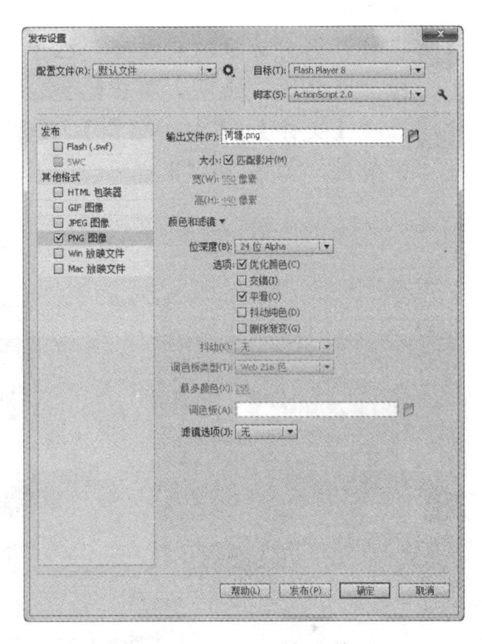

图 12-12　PNG 输出格式

PNG 输出格式各参数的功能如下。

- **“位深度”下拉列表框**：用于设置导出的图像像素位数和颜色数。
- **“抖动”下拉列表框**：如果在“位深度”下拉列表框中选择“8 位”，则要在“抖动”下拉列表框中选择一个选项来改善颜色品质。
- **“调色板类型”下拉列表框**：用于定义 PNG 图像的调色板。
- **“最多颜色”数值框**：用于设置导出图像时最多能出现多少种颜色。
- **“滤镜选项”下拉列表框**：用于设置图像的过滤方式，设置后可降低 PNG 文件的大小。

6. Win 和 Mac 输出格式

若是想在没有安装 Flash 的电脑上播放 Flash，可在发布动画时将动画发布为可执行文件。打开“发布设置”对话框，在“发布”栏中选中☑Win 放映文件复选框，影片将发布为适合 Windows 操作系统使用的 EXE 可执行文件。若在“发布”栏中选中☑Mac 放映文件复选框，影片将发布为适合苹果 Mac 操作系统使用的 APP 的可执行文件。选中☑Win 放映文件和☑Mac 放映文件复选框后，在“发布设置”对话框中都将只出现“输出文件”文本框。

12.4.2 发布预览

在“发布设置”对话框中对动画的发布格式进行设置后，在正式发布之前还可以对即将发布的动画格式进行预览。

将动画导出为可执行文件时，动画文件会比 Flash 大一些，因为可执行文件中将会包含一个 Flash 播放器。

实例 12-2 对动画进行发布前的预览

光盘\素材\第 12 章\放大镜效果.fla

下面将预览“放大镜效果.fla”动画在 HTML 发布格式下的效果。

1. 打开“放大镜效果.fla”文档，选择【文件】/【发布设置】命令，打开“发布设置”对话框。
2. 在打开的对话框的“发布”栏中选中 ☑ HTML 包装器 复选框，在“大小”下拉列表框中选择“百分比”选项，单击 确定 按钮保存设置。
3. 选择【文件】/【发布预览】/【默认（D）-（HTML）】命令，将在网页模式下欣赏动画效果，如图 12-13 所示。

图 12-13 在网页模式下欣赏动画效果

12.4.3 发布动画

设置好动画发布属性并预览后，如果对动画效果满意，就可以对动画进行发布，发布动画的方法有两种，一种是选择【文件】/【发布】命令，另一种是按“Shift+F12”快捷键。

动画发布完成以后，系统将自动在动画源文件所在位置生成一个网页格式的文件。选择该文件，然后右击，在弹出的快捷菜单中选择“打开”命令即可欣赏动画效果。

12.5 提高实例——发布“迷路的小孩”动画

本章的提高实例将发布“迷路的小孩.fla”动画，在发布前先练习测试动画、下载动画等方法，最后将其以 Flash 格式的方法进行发布，最终效果如图 12-14 所示。

一定要先设置动画的发布格式，再使用发布预览命令预览动画，只有这样才能查看到最佳效果。

图 12-14 迷路的小孩

12.5.1 行业分析

本例发布的“迷路的小孩”动画，可以作为网站的进入动画。网站的进入动画根据网站的类型的不同而不同。

一般常见的进入动画有视频动画以及位图、矢量动画两种，其使用范围以及优缺点分别如下。

- **视频动画**：加载时间慢，表现力很强。常用于电影官方网站的进入动画、较正式的企业网站进入动画。
- **位图、矢量动画**：加载时间相对短，表现力和设计者的创意有直接关系。常用于各种个人网站以及走活泼路线的企业网站等。

12.5.2 操作思路

为更快完成本例的制作，并且尽可能运用本章讲解的知识，本例的操作思路如下。

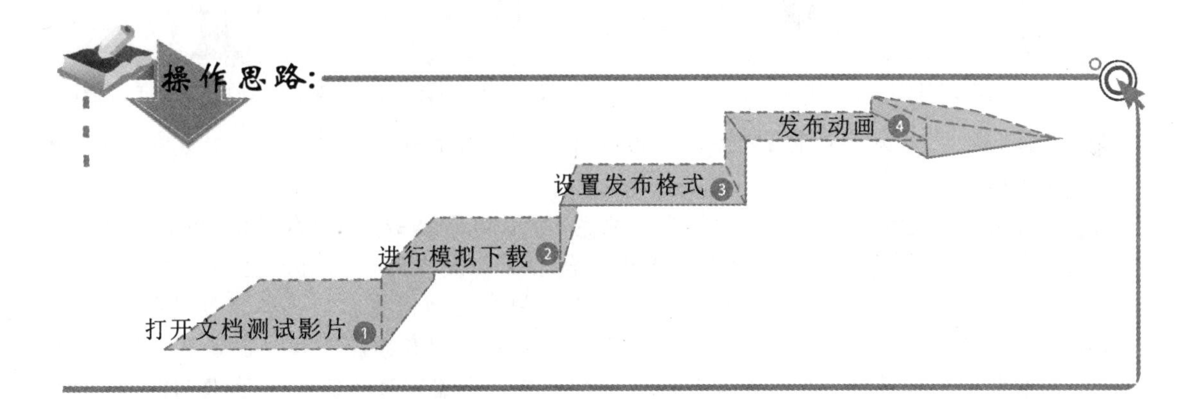

如果没有特殊需要，应避免使用视频动画作为进入动画。若一定要使用视频动画作为进场动画，最好将图像质量降低以压缩图像大小。

12.5.3 操作步骤

下面介绍发布“迷路的小孩”动画的方法，其操作步骤如下：

参见光盘

光盘\素材\第 12 章\迷路的小孩.fla
光盘\效果\第 12 章\迷路的小孩
光盘\实例演示\第 12 章\发布“迷路的小孩”动画

1 打开“迷路的小孩.fla”文档，选择【控制】/【测试影片】命令或按“Ctrl+Enter”快捷键，打开动画测试窗口，如图 12-15 所示。在窗口中仔细观察动画的播放情况，看其是否有明显的错误。

2 在打开的动画测试窗口中，选择【视图】/【下载设置】命令，在弹出的子菜单中选择“56K（4.7Kb/s）”命令。再选择【视图】/【模拟下载】命令，对指定带宽下动画的下载情况进行模拟测试。

3 选择【视图】/【数据流图表】命令，查看动画播放过程中的数据流情况，如图 12-16 所示。关闭动画测试窗口。

图 12-15　测试动画

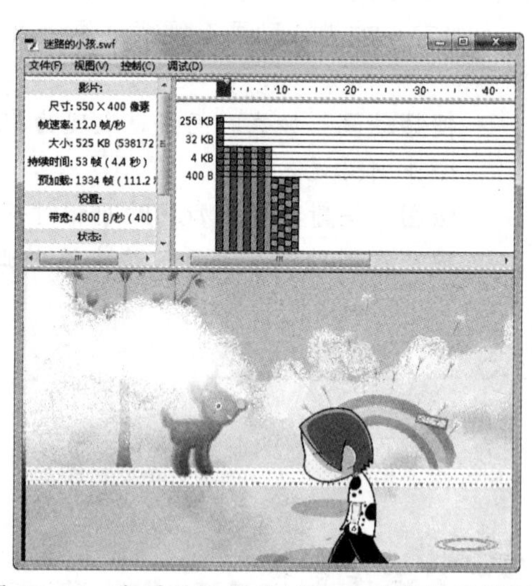

图 12-16　查看动画播放过程中的数据流情况

4 选择【文件】/【发布设置】命令，打开“发布设置”对话框，在“发布”栏中选中 ☑ Flash (.swf) 复选框。

5 在对话框中设置“目标”、“脚本”分别为“Flash Player 8”、“ActionScript 2.0”，并选中 ☑ 生成大小报告(G) 和 ☑ 允许调试(D) 复选框，使动画在发布时，同时产生相应的报告文件和调试文件并显示在“输出”面板中，以便用户对动画发布的具体情况进行了解。

6 由于该动画中没有涉及声音的应用，因此分别单击“音频流”和“音频事件”后面的文本框。在打开的“声音设置”对话框中设置“压缩”为“禁用”，如图 12-17 所示。单击 确定 按钮返回“发布设置”对话框，如图 12-18 所示，单击 确定 按钮。

专家指导

在“声音设置”对话框中，将“压缩”设置为“禁用”，可以有效地压缩 Flash 动画的大小。

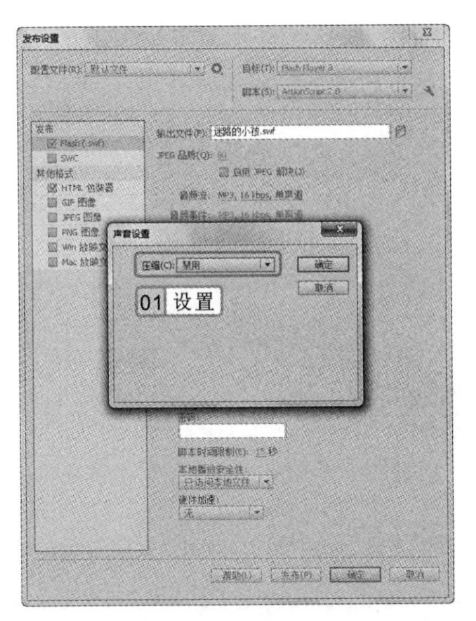

图 12-17　设置声音

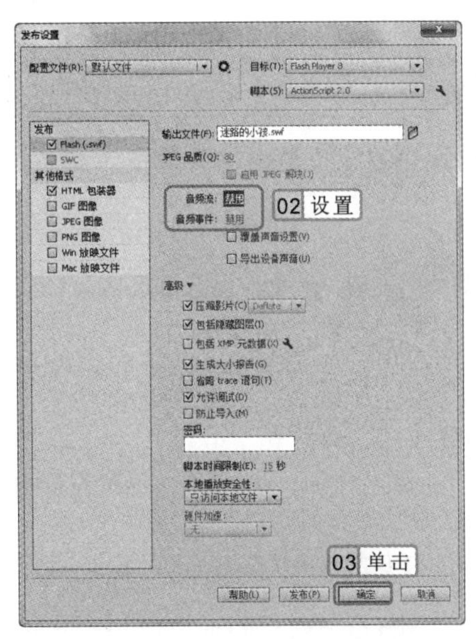

图 12-18　进行发布设置

7 选择【文件】/【发布预览】/【Flash】命令，按照设置的发布参数，对动画发布的效果进行预览。确认无误后，选择【文件】/【发布】命令，以 Flash 格式发布动画。

12.6　提高练习——将“散步的小狗”发布为网页动画

本章主要介绍了 Flash 动画的输出与发布方法。本次练习将打开“散步的小狗”动画并对其进行优化、测试等操作，最后将其发布为 HTML 格式的动画，完成后的效果如图 12-19 所示。

图 12-19　散步的小狗

进入发布后，在 Flash 文件所在的文件夹将会生成几个新文件。

光盘\素材\第 12 章\散步的小狗.fla
光盘\效果\第 12 章\散步的小狗.html
光盘\实例演示\第 12 章\将“散步的小狗”发布为网页动画

该练习的操作思路与关键提示如下。

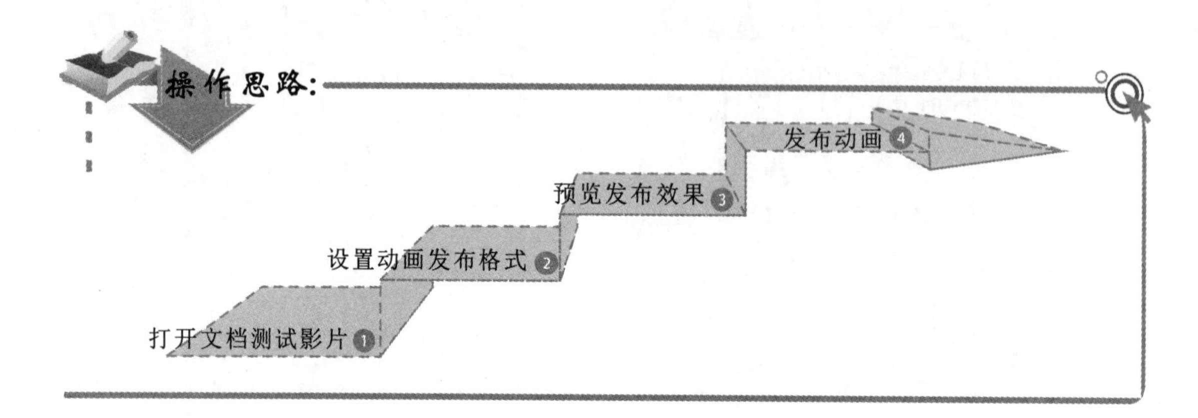

关键提示:

在“发布设置”对话框的“发布”栏中选中☑HTML 包装器复选框，设置“大小”、“品质”、“窗口模式”分别为“百分比”、“最佳”、“不透明无窗口”。

12.7 知识问答

在测试动画及发布动画的过程中，可能会遇到一些问题，例如，发布的作品设置了动态选项却还是静态画面等。下面将介绍输出与发布过程中常见的问题及解决方案。

问：在将动画发布为 GIF 格式时，为什么发布的作品设置了动态选项后却还是静态画面呢？

答：在将动画发布为 GIF 格式时，如果作品作为一个元件，那么应该在元件所在的图层中插入帧使时间轴延长，这样发布的 GIF 格式的文件才能以动画的形式播放，否则导出的动画为第 1 帧中的内容。

问：为什么导出发布动画不能使用 QuickTime 格式？遇到这种情况应如何处理呢？

答：出现这种情况，是因为电脑中没有安装 QuickTime 造成的，使得在发布和导出动画时，因为找不到相应组件而出现错误提示或导致发布失败。遇到这种情况时，只需要在电脑中安装该软件后即可正常使用该格式导出和发布动画。

在使用 QuickTime 格式导出动画时，必须在“发布设置”对话框中的 Flash 选项卡下将 Flash Player 的版本设置为 Flash Player 5 或更低版本，否则会打开 QuickTime 不支持设置的提示信息。

问：想将 Flash 中的声音单独提取出来使用，应该怎么操作呢？

答：Flash 动画中的声音可以随意进行导出。其方法是：在“时间轴”面板中新建一个图层，将库中的声音添加到新建的图层中，为该图层添加足够长度的帧，使声音能全部播放。选择【文件】/【导出】/【导出影片】命令，并在打开的对话框中设置“保存类型”为“WAV 音频”，然后单击保存(S)按钮即可。

Flash Player 的作用

Flash Player 又称 Flash 播放器，是一款高性能且极具表现力的播放器。如果电脑上没有 Flash Player，用户甚至不能正常观看网站上的视频、玩网站上的游戏或浏览网页。而对于现在流行的智能手机来说，Flash Player 已经成为了 Android 系统的一项重要功能，只有安装了 Flash Player 的手机才能访问基于 Flash 制作的视频、游戏、互动媒体和网络应用程序等网站。所以如果有时网页不能正常显示、视频无法正常收看，都有可能是因为 Flash Player 版本过低。

Flash 在网页技术上应用非常广泛，很多效果绚丽的网站都是使用 Flash 制作整站动态网页。

精通篇

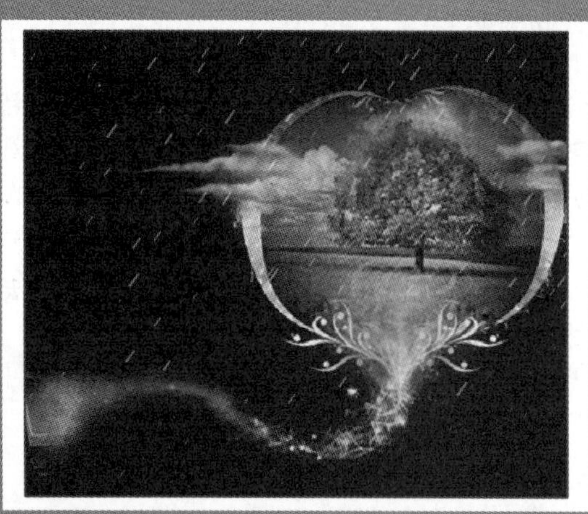

为了丰富动画效果以及增强动画的实用性，在动画中经常需要添加文字和按钮，这就需要用户自行制作。一些网站为了获取信息，也会使用Flash制作问卷单。本篇将讲解文字、按钮和导航条的使用和制作，以及交互动画、动画特效的制作方法，从而提高用户制作动画的水平。

<<< PROFICIENCY

精通篇

第13章　不一样的文字 260

第14章　制作按钮和导航条 280

第15章　制作交互式动画..............................302

第16章　制作动画特效 318

第13章

不一样的文字

什么是TLF文本

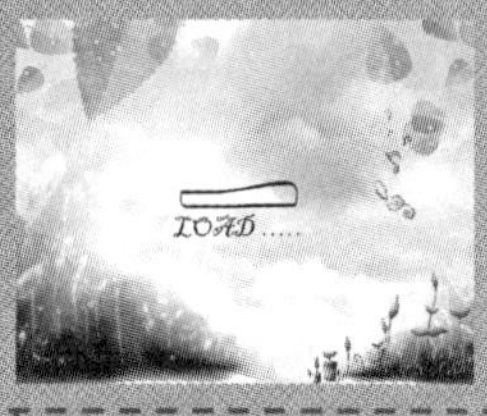

多种文字特效

特殊的TLF文件样式

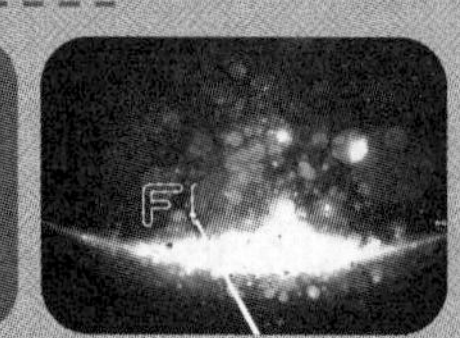

特殊的文字属性

本章导读

在Flash动画中经常需要输入文字，使用普通的方法输入的文字叫做传统文字，这种文字不能制作出一些特殊的效果，如3D效果、色彩效果和动态显示等。为了满足用户日益增长的要求，Flash添加了新的文字引擎TLF，使用这种新引擎创建的文字就能任意地制作出关于文字的效果。

13.1 特殊的 TLF 文本样式

TLF 文本与传统文本相比能得到更多的特殊效果，所以在使用 TLF 文本时需要进行更多的设置。下面就对 TLF 文本进行详细的讲解。

13.1.1 什么是 TLF 文本

传统文本是早期使用的一种文本引擎，只能有简单文本效果。而新的 TLF 文本引擎则可以实现更加丰富的布局功能和对文字属性进行精确设置。

与传统文本相比，TLF 文本能设置更多的字符样式、段落样式。此外，TLF 文本可以在多个文本容器中实现文本串联。TLF 文本能直接使用 3D 效果、色彩效果和混合模式等，而不用将文本先存放在影片剪辑中再进行编辑。

13.1.2 设置字符属性

为文本设置字符属性，可以让文字看起来更加美观。为文本设置字符属性都是通过“属性”面板中的“字符”和“高级字符”选项进行设置的。

实例 13-1 为动画添加并设置字符

参见光盘 光盘\素材\第 13 章\童话书.fla
光盘\效果\第 13 章\童话书.fla

1 打开“童话书.fla”文档，如图 13-1 所示。在“工具”面板中选择“文本工具”T，在舞台右边输入“于是，爱丽把气球绑在自行车上。就这样自行车飞上了天。”，如图 13-2 所示。

图 13-1 打开文档

图 13-2 输入文字

有些字体在 TLF 文字引擎下无法使用，只能在传统文字引擎下使用。

2 选择输入的文字，在“属性”面板的“文字引擎”下拉列表框中选择“TLF 文本”选项。

3 在“属性”面板中设置“系列”、“大小”、“行距”、“颜色”、“加亮显示”分别为“方正卡通简体”、“15.0”、“15.0”、“#6666FF”、“#CCFFFF”，最后单击按钮，如图 13-3 所示。

4 在舞台中间下面单击，输入“123456789”文本。选择输入的文本，在“属性”面板中设置“系列”、“颜色”、“字距调整”分别为“Jokerman”、“黑色”、“500”，然后单击按钮，如图 13-4 所示。

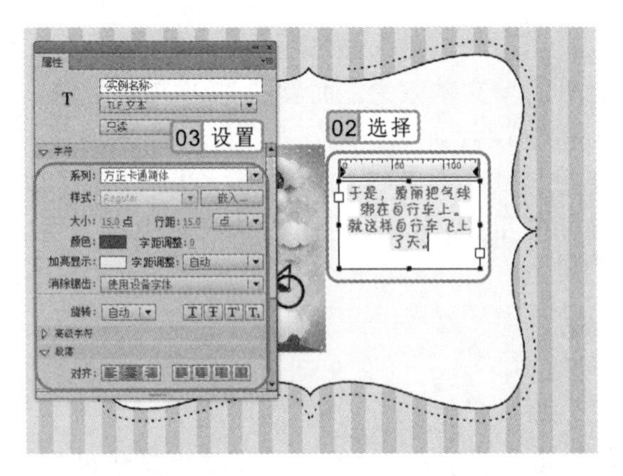

图 13-3　设置字符样式

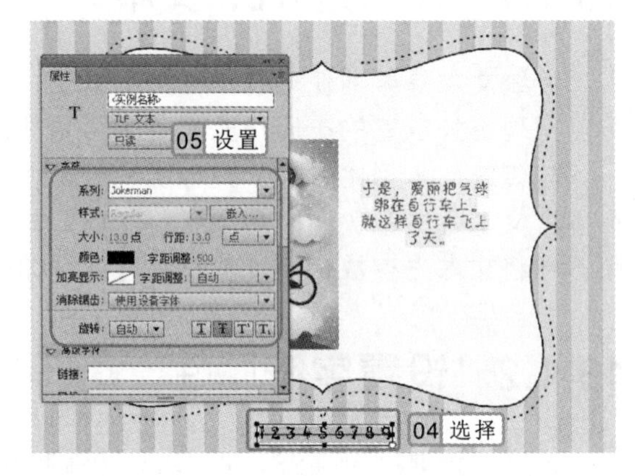

图 13-4　输入文字并设置字符

5 选择输入的“5”文本，在“属性”面板中设置“颜色”、“加亮显示”分别为“#CC33FF”、“#CCFFFF”，再单击按钮取消选项。

13.1.3　容量和流属性

使用 TLF 文本再通过设置容量和流属性，可以在多个文本容器中实现文本串联。这种设置技巧对使用有大量文本的 Flash 动画排版文字很有用。

实例 13-2　为动画编辑文本

参见光盘　光盘\素材\第 13 章\生活的乐趣.fla、短诗.txt
光盘\效果\第 13 章\生活的乐趣.fla

1 打开“生活的乐趣.fla”文档，如图 13-5 所示，然后打开“短诗.exe”文档。

2 新建“图层 2”，在“工具”面板中选择“文本工具”T，在舞台中间单击并拖动鼠标，绘制一个文本框，将“短诗”文档中的内容复制到文本框中，如图 13-6 所示。

3 按“Ctrl+A”快捷键，选择所有的文字。在“属性”面板中设置“字体引擎”、“大小”、“行距”、“颜色”分别为“TLF 文本”、“14.0”、“14.0”、“黑色”，再单击按钮，如图 13-7 所示。

精讲笔录

在设置文字属性前，一定要先选择文字。

图 13-5　打开文档

图 13-6　输入文字

4 选择文本的标题“生活的乐趣”，在“属性”面板中设置“系列”、“大小”、“行距”分别为“汉仪竹体简”、“14.0”、“14.0”，然后在该文本框中再次绘制一个文本框，如图 13-8 所示。

图 13-7　设置字符属性

图 13-8　绘制文本框

5 单击文字所在的区域，再单击文本框右下方的红色十字标志田，如图 13-9 所示。当鼠标指针变为形状时，单击下面的文本框，将文字串联起来。使用鼠标调整文本框边缘，调整其大小，最终效果如图 13-10 所示。

图 13-9　单击红色十字标志

图 13-10　串联文本框

在 Flash 中若文本没有显示完，则在文本框下方将出现红色十字标志田。

13.2 特殊的文本样式

在 Flash 中也可以对文字进行一些较特殊的排版操作，使画面中的文字排版不再千篇一律。如竖排文本、分栏文本以及制作可编辑的输入文字等。下面就将对其设置方法进行详细讲解。

13.2.1 竖排文本样式

在 Flash 中，文字不但能够进行横排，还能进行竖排，竖排文本样式经常在各种 Flash 动画中出现。使用竖排文本的方法为：选择“文本工具”T，在“属性”面板的“改变文本方向”下拉列表框中选择“垂直”选项，如图 13-11 所示，最后在舞台中输入文本，输入的文本将会竖排显示，如图 13-12 所示。

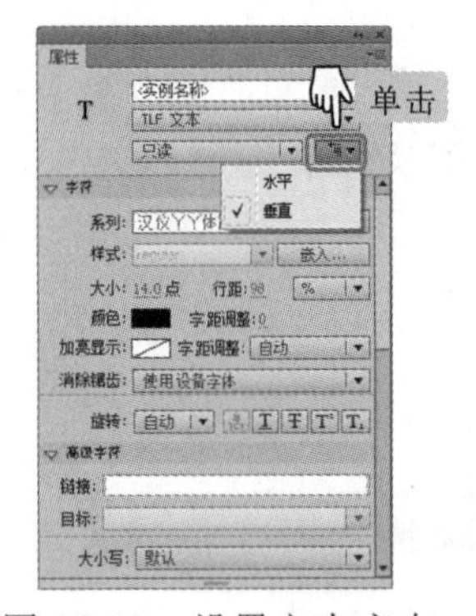

图 13-11 设置文本方向

图 13-12 设置竖排文本效果

13.2.2 分栏文本样式

为了使动画中的文字看起来更富于变化，有时用户可在动画中用到分栏文本。使用分栏文本不但能使文本排列更为有条理，而且能放入更多的文字内容。

实例 13-3 为动画中的文本分栏

下面将在“短文.fla”文档中通过“属性”面板将文本分为双栏。

参见光盘 光盘\素材\第 13 章\短文.fla
光盘\效果\第 13 章\短文.fla

1. 打开“短文.fla”文档，使用“文本工具”T选择所有的文本。
2. 在“属性”面板中设置“文本引擎”为“TLF 文本”。在“容器和流”栏的“列”中设置“列”为“2”、“20.0”，如图 13-13 所示。完成后即可看到舞台中的文本已被分为了双栏，如图 13-14 所示。

精讲笔录

当使用传统文本时，只有使用“静态文本”这种文本类型才能创建竖排文本。

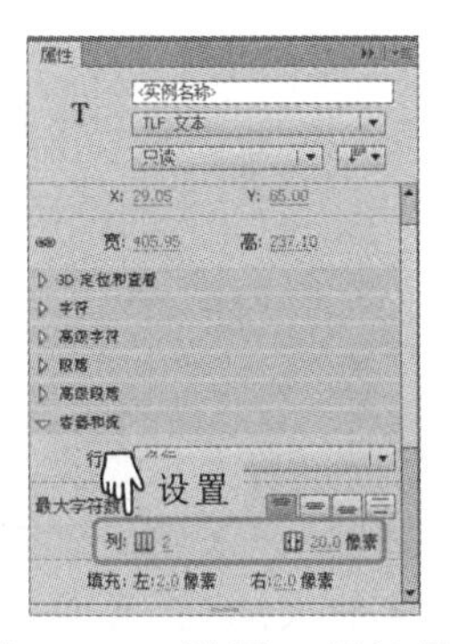

图 13-13　设置双栏效果

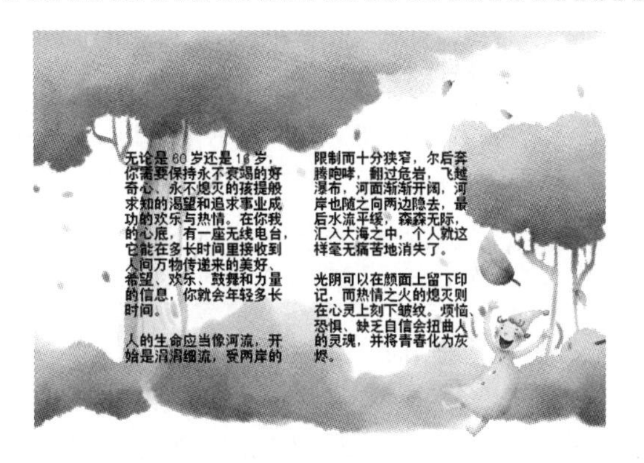

图 13-14　设置后的效果

13.2.3　制作可编辑输入的文字

在制作 Flash 动画的文字效果时，通过“属性”面板还可制作出可编辑输入的文字和具有密码效果的文字。制作可编辑输入的文字的方法是：在“属性”面板中设置“文字引擎”为“TLF 文本”，再设置“文本类型”为“输入文本”或“可编辑”文本类型，选择为“输入文本”时可输入文本。

若是制作输入密码的文本框时，则在“行为”下拉列表框中选择“密码”选项，如图 13-15 所示，然后再在舞台中绘制文本框。当 Flash 文档制作完成并发布后，用户可在所设置的区域中进行文本和密码的输入，如图 13-16 所示。

图 13-15　设置文本行为

图 13-16　可编辑输入的文字效果

13.2.4　分离传统文本

分离传统文本是 Flash 中经常对文本进行的操作之一，传统文本没有 TLF 文本智能，所以若要使用传统文本进行，如擦除、改变形状和填充渐变色等操作时，一定要对其进行分离操作，才能对传统文本进行细致的编辑。

将文本的行为设置为“密码”后，则用户在该文本框中输入任何文本都将以“*”显示。

实例 13-4 制作载入动画

下面将在“载入界面.fla”文档中，通过分离传统文本的操作，制作字母一个个慢慢浮现的载入动画界面。

参见光盘
光盘\素材\第 13 章\载入界面.fla
光盘\效果\第 13 章\载入界面.fla

1. 打开“载入界面.fla”文档，选择【插入】/【插入元件】命令，打开“创建新元件”对话框，设置“名称”、“类型”分别为“Load”、“影片剪辑”，单击 确定 按钮。
2. 选择画笔工具，在“属性”面板中设置“文本引擎”为“传统文本”，再设置“文字类型”、“系列”、“大小”分别为“静态文本”、“Blackadder ITC”、“40.0”，如图 13-17 所示。
3. 在舞台中间单击，并输入“Load……”。使用“选择工具”选择输入的文本，按“Ctrl+B”快捷键分离文本，效果如图 13-18 所示。

图 13-17　设置文本格式

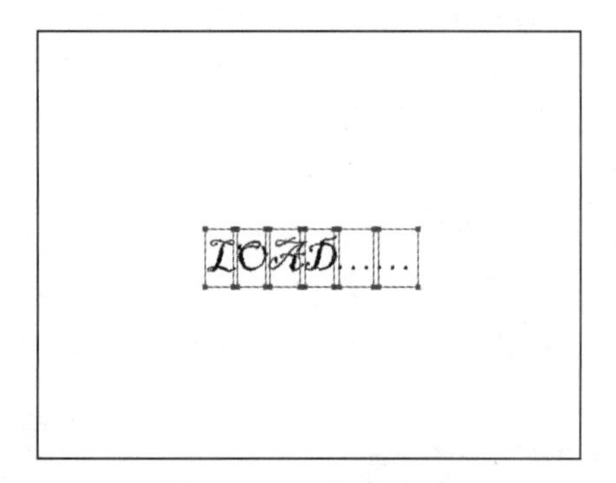

图 13-18　分离文本

4. 选择后面输入的“……”文本，再按“Ctrl+B”快捷键分离文本。最后使用“选择工具”选择输入的“Load……”。
5. 选择【修改】/【时间轴】/【分散到图层】命令，将输入的文本一次分散到各个图层中，如图 13-19 所示。选择“L”图层的第 37 帧，按“F6”键插入关键帧，如图 13-20 所示。

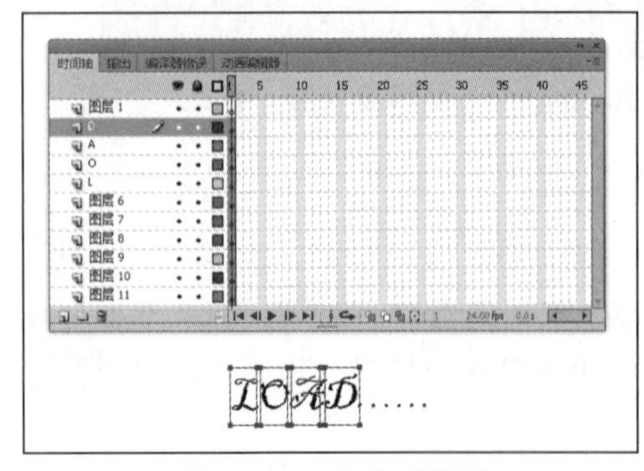

图 13-19　分散到图层

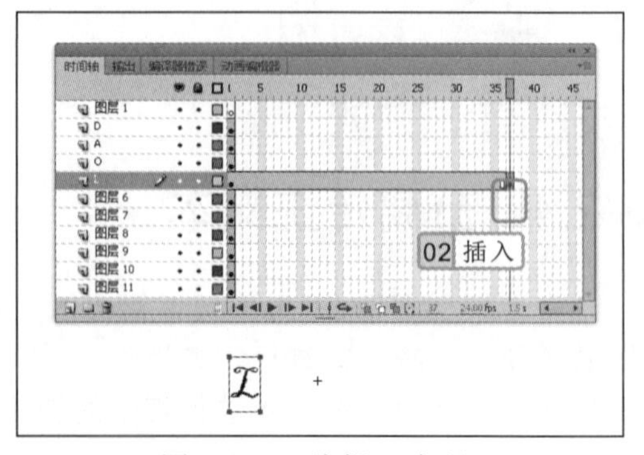

图 13-20　编辑 L 字母

精讲笔录

如果不再次单独对“……”文本执行分离操作，则会使用户在执行“分散到图层”命令时出现程序出错的情况。

6 将“O”图层的第 1 帧移动到第 6 帧的位置，再选择第 37 帧，按“F6”键插入关键帧，如图 13-21 所示。

7 使用相同的方法编辑“A”、“D”图层，再选择“图层 7”的第 1 帧，并将其移动到第 21 帧处。选择第 37 帧，按“F6”键插入关键帧。

8 选择“图层 8”的第 1 帧，并将其移动到第 23 帧处。选择第 37 帧，按“F6”键插入关键帧。使用相同的方法编辑“图层 9”～“图层 11”，效果如图 13-22 所示。

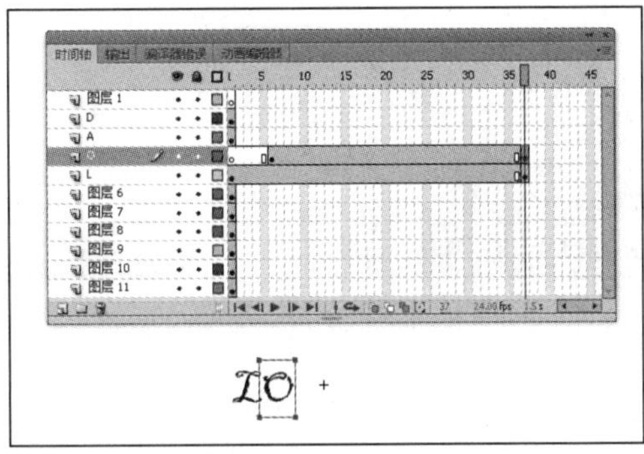

图 13-21 编辑“O”图层

图 13-22 编辑其他图层

9 选择所有图层的第 38 帧，按“F7”键，统一添加空白帧。且选择所有图层的第 41 帧，按“F7”键，继续添加空白帧，效果如图 13-23 所示。

10 单击⇦按钮，返回主场景。选择“图层 1”的第 41 帧，按“F6”键，插入关键帧。

11 新建“图层 2”，在“工具”面板中选择“刷子工具”，在其下方设置“填充颜色”、“刷子大小”、“刷子形状”分别为“黑色”、“第 2 种选项”、“第 2 种选项”，在舞台中间绘制一个矩形，如图 13-24 所示。

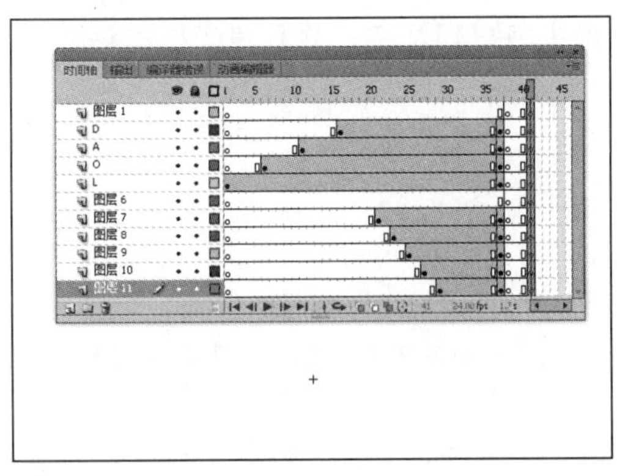

图 13-23 插入空白图层

图 13-24 绘制形状

12 选择“图层 2”的第 41 帧，按“F6”键插入关键帧。新建“图层 3”，并选择第 1 帧。将“Load”元件移动到“图层 3”舞台中的矩形下。选择第 41 帧，按“F6”键插入关键帧。

操作提示

如果想制作文本变形效果，则需要按两次“Ctrl+B”快捷键，将文本完全分离。

13 按“Ctrl+Enter”快捷键测试动画，效果如图 13-25 所示。

图 13-25 测试动画

13.3 多种文字特效

在 Flash CS6 中，不仅可以为图形添加动作效果，还可以为文字添加特殊的动作效果，常用的文字特殊动作效果主要有射灯字、打字效果和风吹字等。下面就将对几种文字效果进行讲解。

13.3.1 射灯字

所谓射灯字就是一道光柱照射到背景上，背景中将出现文字，并且随光柱的移动，文字的显示也不相同。

实例 13-5 制作射灯字效果

参见光盘 光盘\效果\第 13 章\射灯字.fla

1 选择【文件】/【新建】命令，新建一个大小为 500×200 像素，背景色为“黑色（#000000）”的空白文档。

2 选择“椭圆工具”，再选择【窗口】/【颜色】命令，打开“颜色”面板，在该面板中设置“填充颜色”为“黑白渐变”，设置由白色向黑色过渡的渐变色，如图 13-26 所示。

3 将鼠标指针移动到舞台中绘制一个圆形，并将其边线删除，如图 13-27 所示。

4 新建“图层 2”，在“工具”面板中选择“文本工具”，在“属性”面板中设置“系列”、“大小”、“颜色”、“字母间距”分别为“隶书”、“100.0”、“绿色（#00FF66）”、“8.0”。

在编辑遮罩图形时，使用从有色到透明的放射填充，可制作渐变的遮罩效果。

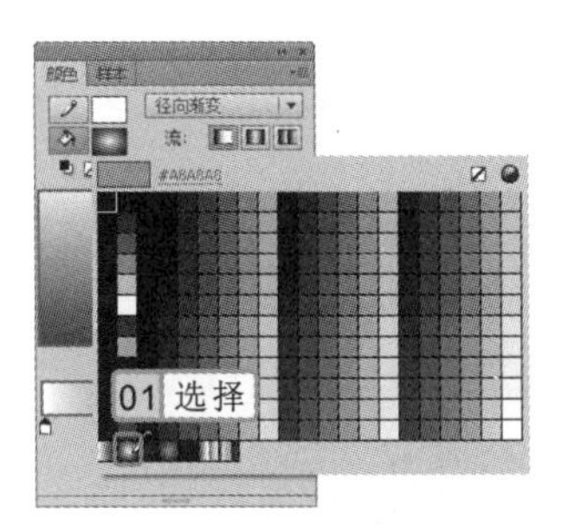

图 13-26 设置渐变颜色

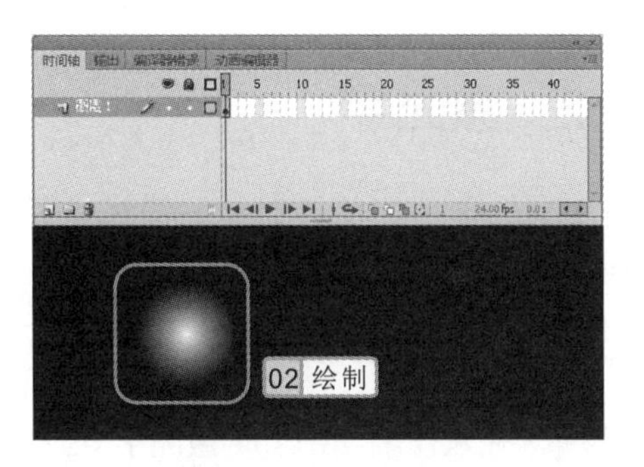

图 13-27 绘制图形

5 在舞台中输入“Flash”，如图 13-28 所示。在“图层 2”的第 20 帧插入帧。

6 在“图层 1”的第 1 帧上右击绘制的圆形渐变，再在弹出的快捷菜单中选择“转换为元件”命令，打开“转换为元件”对话框。在其中设置“名称”、“类型”分别为“射灯”、“影片剪辑”，单击 确定 按钮。在“图层 1”的第 10 帧和第 20 帧中插入关键帧，如图 13-29 所示。

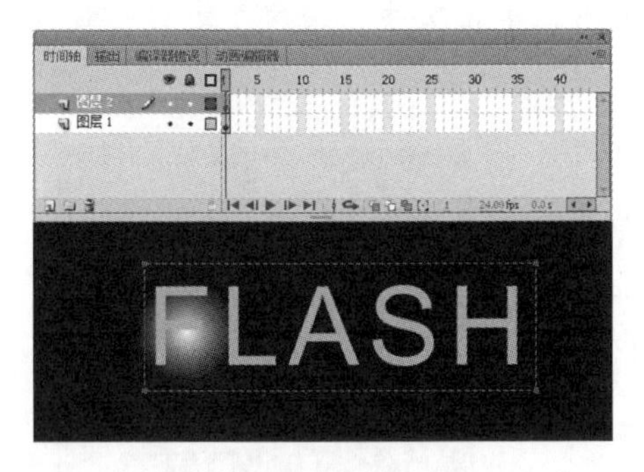

图 13-28 输入文字

图 13-29 插入关键帧

7 选择“图层 1”中的第 10 帧，将帧中的圆形移动到文字的右端，并为“图层 1”中的关键帧创建传统补间动画，如图 13-30 所示。

8 将鼠标指针移动到图层区中，右击“图层 2”，在弹出的快捷菜单中选择“遮罩层”命令，将“图层 2”变为遮罩层，效果如图 13-31 所示。按“Ctrl+Enter”快捷键测试动画效果。

图 13-30 创建补间动画

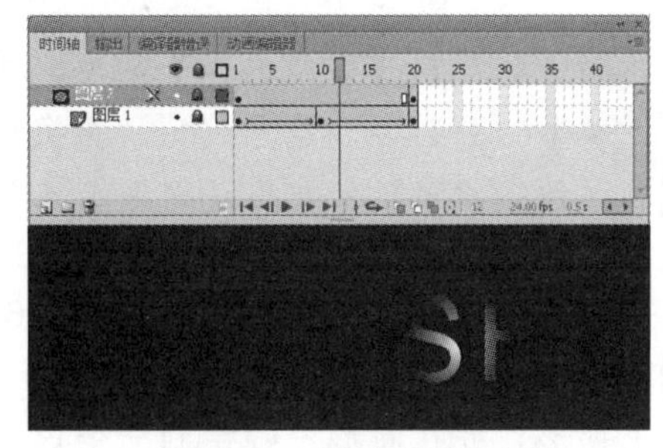

图 13-31 创建遮罩层

想要射灯移动的速度慢一些，可将时间轴延长。

13.3.2　激光字

所谓激光字，就是一束激光打在背景上，随着激光束的不断移动，文字慢慢显现，就像是用一支激光笔在写字。

实例 13-6　制作激光字效果

参见光盘　光盘\素材\第 13 章\激光字.fla
光盘\效果\第 13 章\激光字.fla

1. 打开“激光字.fla”文档，选择“文本工具”，在“属性”面板中设置“系列”、“大小”、“字母间距”、“颜色”分别为“汉仪粗圆简”、“120.0”、“14.0”、“白色”。新建“图层 2”，在舞台中间输入“FLASH”，如图 13-32 所示。
2. 选择文字，按两次“Ctrl+B”快捷键将文字分离成图形，取消选择的文字。
3. 选择“墨水瓶工具”，在“属性”面板中设置“笔触颜色”、“笔触”、“样式”分别为“白色”、“3.00”、“实线”，如图 13-33 所示。单击文字，对文字进行描边并将文字的实心部分删除。

图 13-32　输入文字

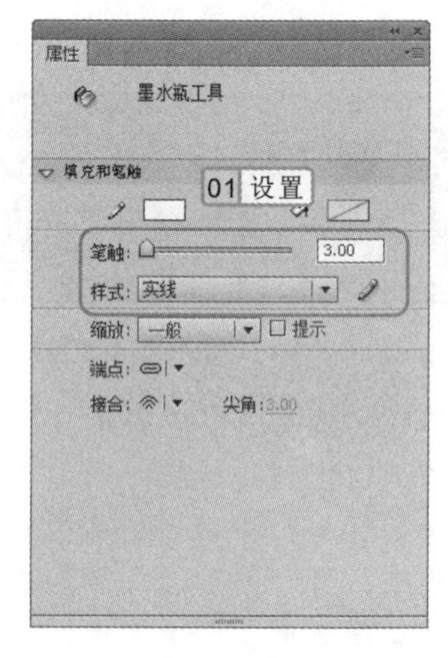

图 13-33　设置墨水瓶工具属性

4. 选择【插入】/【新建元件】命令，打开“创建新元件”对话框，在其中设置“名称”、“类型”分别为“激光线”、“图像”，单击确定按钮。
5. 在元件编辑窗口中使用“钢笔工具”在舞台中绘制一个长矩形，再使用“颜料桶工具”对绘制的长矩形进行填充。选择绘制的长矩形，按“Ctrl+T”快捷键打开“变形”面板，设置其“旋转”为“-26.0°”，效果如图 13-34 所示。
6. 新建“图层 2”，在长方形矩形的上端点绘制一个由白色向黑色过渡的放射性圆形填充图形，并在圆形中心绘制一个白色的小圆作为亮点，如图 13-35 所示。

精讲笔录

在对文字进行特殊效果编辑时，可先将文字做成图形元件，因为只有将文字转换为元件后，才可以对文字创建动画效果。

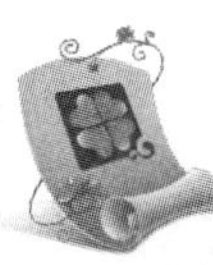

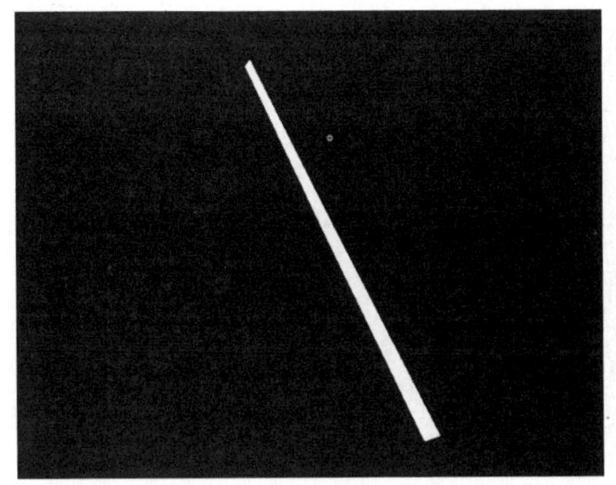

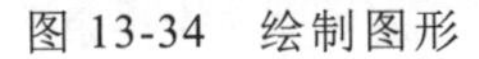

图 13-34 绘制图形

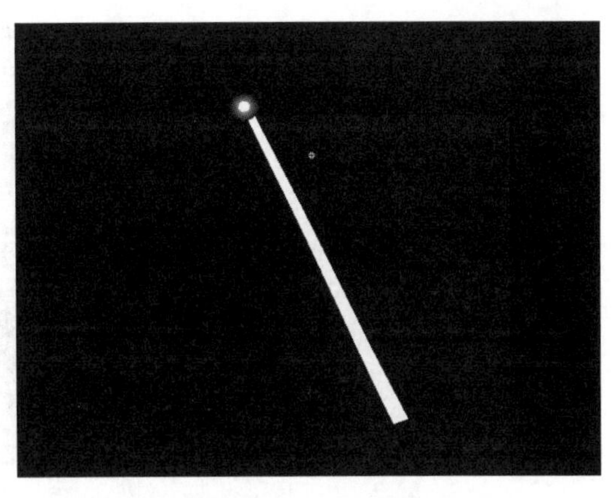

图 13-35 绘制亮点

7 单击⇦按钮，返回主场景。新建“图层 3”，将绘制的元件拖入图层中，并将元件的中心点移动到图形元件的小圆上，如图 13-36 所示。

8 在“图层 3”上右击，在弹出的快捷菜单中选择“添加传统运动引导层”命令，创建引导层。

9 选择“图层 2”的第 1 帧并右击，在弹出的快捷菜单中选择“复制帧”命令。再选择引导层的第 1 帧并右击，在弹出的快捷菜单中选择“粘贴帧”命令，效果如图 13-37 所示。

图 13-36 移动中心点

图 13-37 粘贴帧

10 将“图层 2”移到引导层上方，选择“图层 2”中的第 2 ~ 82 帧，按“F6”键插入关键帧，并在第 90 帧的位置插入关键帧，如图 13-38 所示。

11 将“图层 1”、“图层 3”和引导层隐藏，选择“图层 2”的第 1 帧，在“工具”面板中选择“选择工具”，选择“F”上面的一小部分，按“Delete”键删除选择的文字部分，效果如图 13-39 所示。

12 选择“图层 2”的第 2 帧，在上一帧的基础上保留多一些的文字部分，并将其他部分删除，如图 13-40 所示。

在使用“部分选取工具”调整图形时，可按键盘中的方向键来进行调节。

图 13-38 插入关键帧

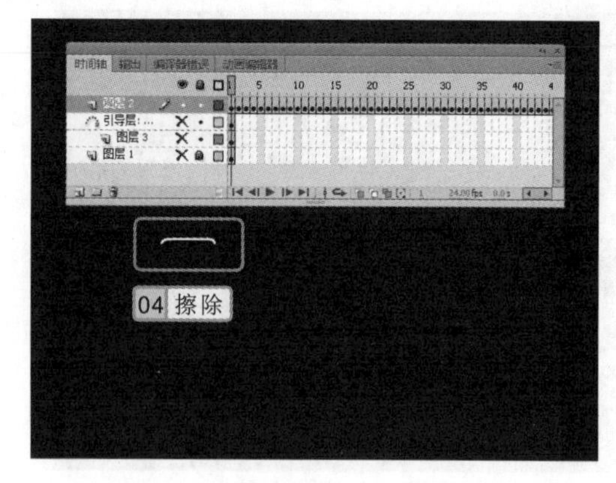

图 13-39 删除文字中多余的部分

13 按照相同的方法让每一帧在前一帧的基础上保留更多的文字部分，并删除其他部分，其中“F”文字完全显示是在第 16 帧，“FL”完全显示是在第 29 帧，“FLA”完全显示是在第 45 帧，“FLAS”完全显示是在第 62 帧，整段文字完全显示是在第 82 帧，在编辑“A”时，可将“A”分为外形部分和三角形部分，外形部分的开始帧是第 30 帧，结束帧是第 40 帧，三角形部分的开始帧是第 41 帧，结束帧是第 45 帧，如图 13-41 所示。

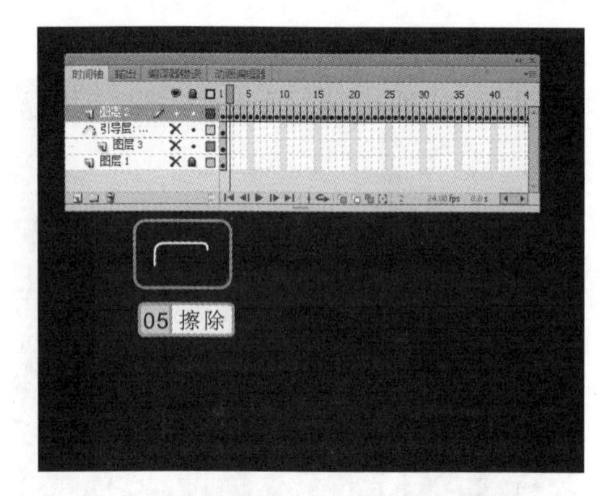

图 13-40 继续删除文字中多余的部分

图 13-41 编辑显示文字

14 隐藏“图层 2”，在引导层中选择第 1 帧。再在“工具”面板中选择“橡皮擦工具”，将显示的 FLASH 文本每个字母右上角都擦出一个小的缺口，用作引导线，如图 13-42 所示。

15 显示引导层，按“F6”键，在引导层的第 16、17、29、30、41、42、45、46、67、68 和 82 帧插入关键帧，如图 13-43 所示。

16 在引导层的第 1～16 帧显示“F”，在第 17～29 帧显示“L”，在第 30～41 帧显示“A”的轮廓，在第 42～45 帧显示“A”中心的三角形，在第 46～67 帧显示“S”，在第 68～82 帧显示“H”。

A 字母中心的三角形右上角也需要擦除一个小缺口。

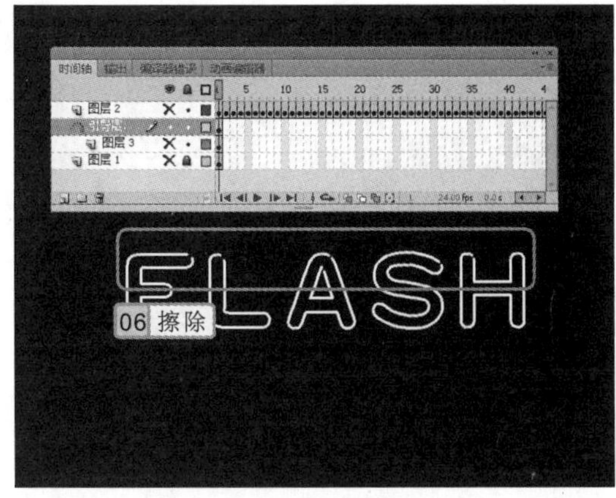

图 13-42 擦出小缺口

图 13-43 添加关键帧

17 在引导层的第 1 帧和第 16 帧中，将“LASH”文本删除，如图 13-44 所示。在第 17 帧和第 29 帧中将“FASH”文本删除。在第 30 帧和第 41 帧中，将“FLSH”文本和“A”字母中心的三角形删除，如图 13-45 所示。

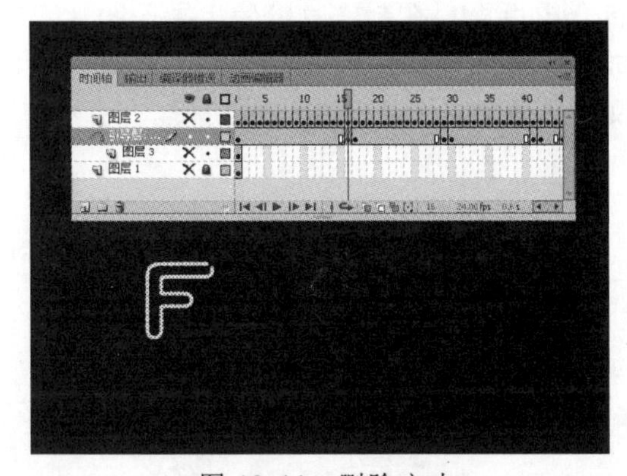

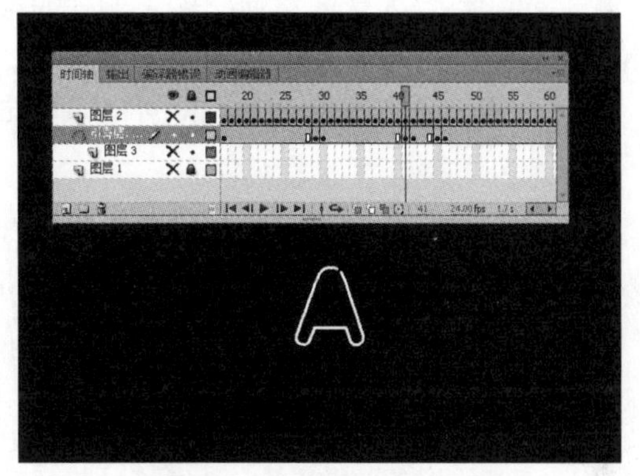

图 13-44 删除文本

图 13-45 编辑“A”字母

18 在引导层的第 42 帧和第 45 帧中，将“FLSH”文本删除。在第 46 帧和第 67 帧中将“FLAH”文本删除。在第 68 帧和第 82 帧中，将“FLAS”文本删除。

19 显示“图层 3”，在“图层 3”的第 16、17、29、30、41、42、45、46、67、68 和 82 帧插入关键帧。

20 选择“图层 3”上第 1 帧和第 16 帧的激光线图形元件，将元件移动到“F”字母的缺口上，为“图层 3”中的图形元件创建引导动画，如图 13-46 所示。使用相同的方法将剩下的帧中的图形元件移动到对应的字母缺口上。

21 选择“图层 3”的第 1~16 帧并右击，在弹出的快捷菜单中选择“创建传统补间”命令。使用相同的方法，对后面的帧进行相同的设置。

22 显示“图层 1”、“图层 2”，在“图层 1”中选择第 90 帧，按“F6”键，插入关键帧。再选择“图层 2”的第 90 帧，按“F9”键。打开“动作”面板，在其中输入“stop();”。

23 按“Ctrl+Enter”快捷键测试动画，效果如图 13-47 所示。

在移动到激光线图形元件时，前面的一帧应该移动到缺口上方，后面一帧应该移动到缺口下方。只有这样激光线才会在播放时移动。

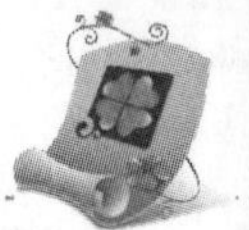

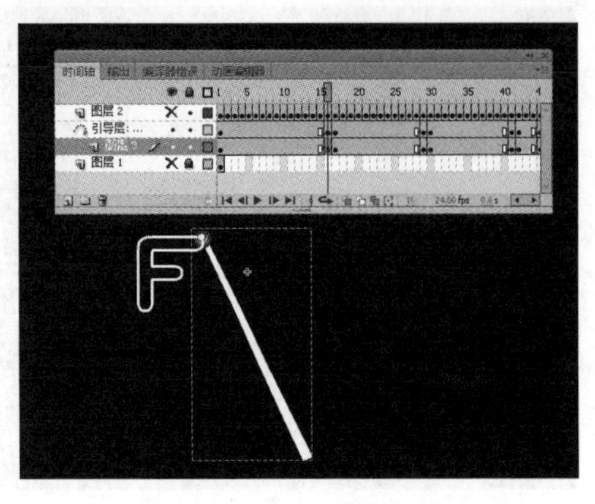

图 13-46　移动元件

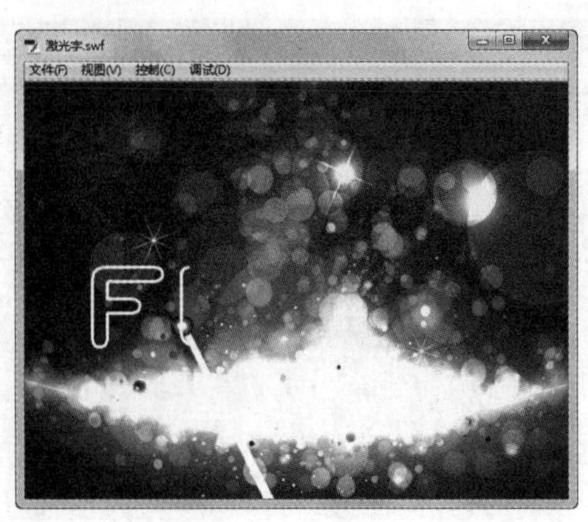

图 13-47　动画效果

13.4　精通实例——制作服装品牌介绍页面

本章的精通实例将制作服装品牌介绍页面，在制作时将使用导入图片、输入文字和编辑文字等知识。完成后用户只需单击动画中的文字并滚动鼠标中间的滚轮，即可以滚动显示文字，最终效果如图 13-48 所示。

图 13-48　服装品牌介绍页面

13.4.1　行业分析

本例制作的“服装品牌介绍页面”属于网页设计中企业文化的一种，很多企业的网站上都会有关于企业自身的文化介绍。在企业网站上添加企业文化介绍不但能丰富、补充企业信息，同时对用户树立品牌形象、建立品牌忠诚度有很大的作用。

不同企业宣传企业文化的侧重点有所不同，下面就将讲解几个不同企业网站企业文化

在编辑显示文字时，每一帧中文字显示的长度最好不要相差太大，不然画面就会显得很跳跃，不流畅。

的侧重点。

- **服装类**：这类网站的企业文化主要以渲染服装品质和亮点为主，可以通过对服装设计师的一些介绍以及作品展示吸引消费者。
- **电子类**：可将企业的发展史、制作的成果以及企业理念进行一次系统的梳理。
- **食品类**：根据自身产品的特点，以新鲜、原生态、口感和种类为主要噱头吸引消费者，并穿插加入企业历史等为辅。

13.4.2 操作思路

为更快地完成本例的制作，并且尽可能运用本章讲解的知识，本例的操作思路如下。

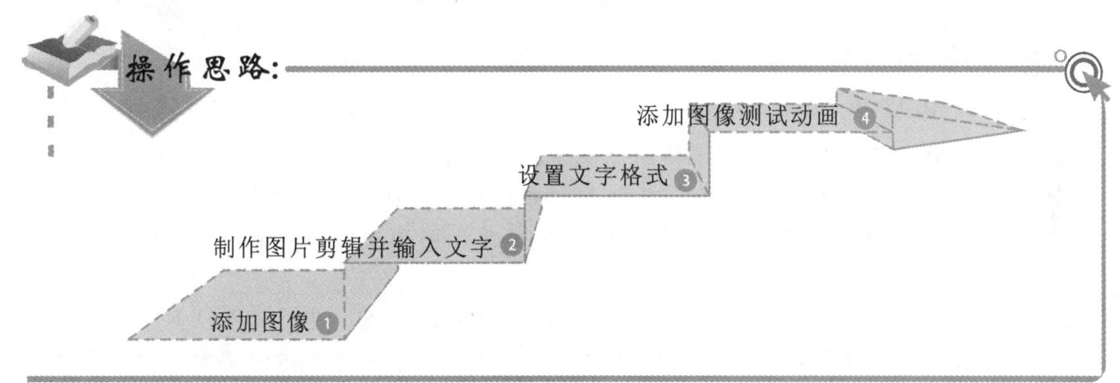

13.4.3 操作步骤

下面将讲解制作服装品牌介绍页面的方法，其操作步骤如下：

光盘\素材\第13章\时装.jpg、头像.jpg、设计师介绍.txt
光盘\效果\第13章\服装品牌介绍页面.fla
光盘\实例演示\第13章\制作服装品牌介绍页面

1. 选择【文件】/【新建】命令，新建一个大小为852×750像素的空白文档。
2. 选择【文件】/【导入】/【导入到舞台】命令，在打开的“导入到库”对话框中选择“时装.jpg”、“头像.jpg”。
3. 从“库”面板中将“时装.jpg”图像移动到舞台中间，单击🔒按钮，将图像固定在舞台中间，如图13-49所示。
4. 新建“图层2”，在“工具”面板中选择“文本工具”T，再在“属性”面板中设置“系列”、“大小”、“颜色”分别为“Arial”、“12.0”、“红色（#FF0000）”，在图像左上方输入“WELCOME”。再在输入的文本下方输入“时尚。联线”文本，选择输入的“时尚。联线”文本，在“属性”面板中设置“系列”、“大小”分别为“方正大黑简体”、“30.0”。选择“时尚”文本，将其颜色设置为“红色（#FF0000）”，选择“联线”文本，将其颜色设置为“黑色”，如图13-50所示。

在插入帧时，先选择需要插入帧的帧，然后再按快捷键或选择命令，可同时插入多个帧。

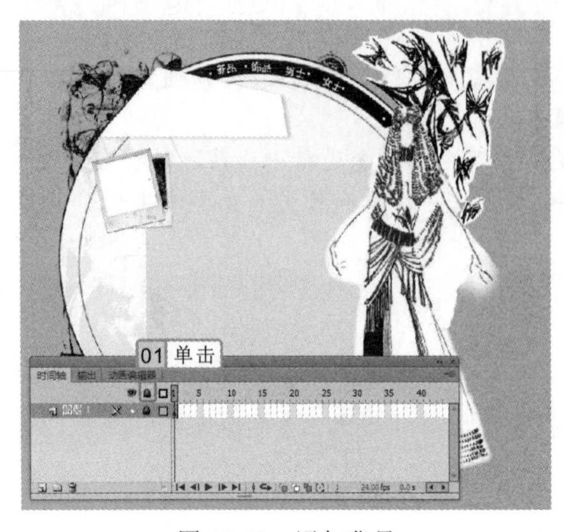

图 13-49 添加背景

图 13-50 输入文字

5 在“时尚。联线”文本下方使用“文本工具”T输入“马丁”，在“属性”面板中设置“系列”、“大小”、“颜色”分别为“方正粗倩简体”、“18.0”、“黑色”。新建“图层 3”，在“库”面板中将“头像.jpg”图像移动到图像左边并缩小、旋转图像，效果如图 13-51 所示。

6 新建“图层 4”，在“工具”面板中选择“文本工具”T，在“属性”面板中设置“文本引擎”、“文本类型”、“系列”、“大小”、“颜色”分别为“传统文本”、“动态文本”、“黑体”、“6.0”、“黑色”，在“段落”栏中设置“行为”为“多行”，如图 13-52 所示。

图 13-51 插入图像

图 13-52 设置文本格式

7 打开“设计师介绍.txt”文本，选择其中的文本并复制到图像中，如图 13-53 所示。

8 按住“Shift”键的同时，双击文本框右下角的空心方形将其转换为可使文本滚动的实心黑色方形。

9 拖动实心黑色方形，调整文本框大小，如图 13-54 所示。按“Ctrl+Enter”快捷键测试

按“Ctrl+T”快捷键，可快速打开“变形”面板，在其中设置旋转值。

动画。单击动画中的文字，再滚动鼠标中间的滚动轮将可以滚动显示没有显示的文字。

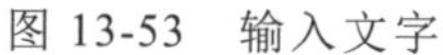
图 13-53　输入文字

图 13-54　调整文本框大小

13.5　精通练习

本章主要讲解了 TLF 文字和传统文字在 Flash 动画中的应用。通过添加文字可以丰富动画元素。此外，使用文字还能制作出很多独特的效果，让动画效果更加传神。

13.5.1　制作变色字效果

本次练习将制作“美味桔子”的变色字 Flash 动画。制作时首先导入素材，再创建影片剪辑元件，最后对影片剪辑元件设置变色效果，最终效果如图 13-55 所示。

图 13-55　变色字

在对动画中主题文字进行编辑时，一定要注意文字的颜色和大小，文字的颜色必须和动画中的其他色彩有对应关系，色彩突出。

参见光盘
光盘\素材\第 13 章\变色字背景.jpg
光盘\效果\第 13 章\变色字.fla
光盘\实例演示\第 13 章\制作变色字

该练习的操作思路与关键提示如下。

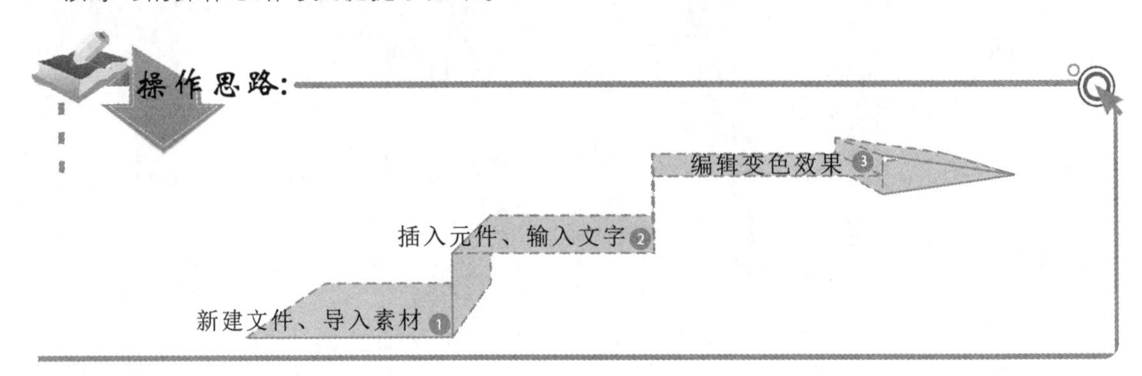

关键提示:

新建一个 772×652 像素，背景为黑色的空白文档。

选择【插入】/【新建元件】命令，创建一个影片剪辑元件，输入“美味桔子”文本，将文本转换为图形元件，分散文字。在第 1、3、5、7、9 帧添加关键帧，并分别在“属性”面板中设置文本颜色为“白色”、“黄色(#FF9900)”、“亮绿色(#00FFFF)”、“白色”、“绿色(#99FF00)”。

13.5.2 制作淡入效果

本次练习将制作一个淡出淡入效果的 Flash 动画。制作时首先导入素材，输入文字将其转换为图形元件，然后在“时间轴”面板中插入关键帧，最后在“属性”面板中设置字体的不透明度。最终效果如图 13-56 所示。

图 13-56 淡入效果

在制作 Flash 动画时，按住“Shift”键的同时，拖动鼠标可以平行移动对象。

参见光盘
光盘\素材\第 13 章\淡入效果.fla
光盘\效果\第 13 章\淡入效果.fla
光盘\实例演示\第 13 章\制作淡入效果

该练习的操作思路与关键提示如下。

操作思路:

打开文件 ①
创建剪辑元件、输入文字 ②
转换为图形元件并设置不透明度 ③

关键提示:

选择【插入】/【新建元件】命令，创建一个影片剪辑元件。在元件编辑区输入“春天的感觉……”，并在第 140 帧处插入帧。

新建“图层 2”，输入“春”字，并将其移动到“图层 1”中“春”的位置。再将该字转换为图形元件，在第 15、25 和 40 帧插入关键帧。再在“属性”面板中设置其透明度为 0%、90%和 48%，在这几个帧之间创建传统补间动画。

使用相同的方法编辑“天”、“的”、“感”、“觉”字。

知识关联　制作字幕

用户在制作一些视频动画时，可能会为了剧情需要而对动画添加字幕，但使用 Flash 添加字幕耗时耗力，效率低下。此时用户不妨使用一些专用为视频添加字幕的软件，如 Subtitle Workshop、Time machine 等。这类软件通常支持大量的影片格式，且软件小、运行速度快，导入动画的速度也快，操作简单，易于学习。

选择输入的文本，在“属性”面板的“滤镜”栏中可设置文字的一些特殊效果。

第14章

制作按钮和导航条

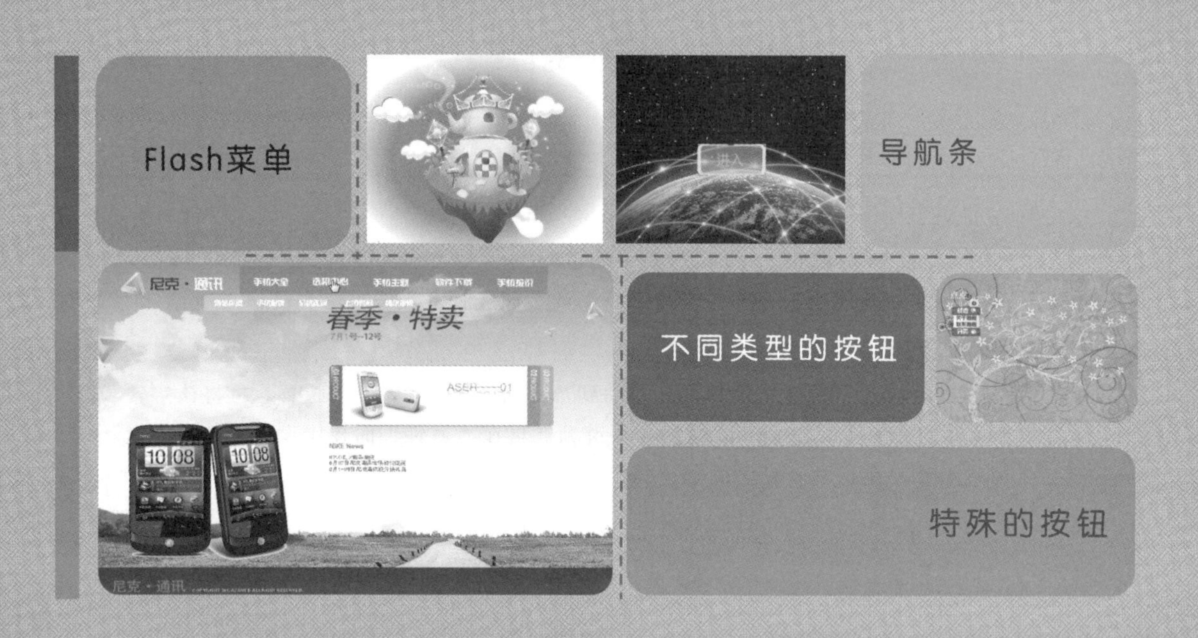

本章导读

不管是使用 Flash 制作动画游戏还是贺卡，经常都会使用到按钮、菜单。为了体现不同风格的 Flash 动画作品的特点，用户需要自行设计按钮或菜单。下面就将讲解几种制作按钮和导航条的方法。

14.1 不同类型的按钮

在 Flash 动画中，按钮并非仅仅充当一个特殊的中转机构，其实对按钮本身也可添加特殊的动画效果，在 Flash 中常用的按钮有动画按钮和图像按钮等，下面将分别介绍。

14.1.1 制作动画按钮

所谓动画按钮，就是在按钮中添加了动画或按钮来与动画相结合，使用动画按钮可制作一些特定的动画效果。下面将制作一个科技类的按钮。

参见光盘 光盘\素材\第 14 章\地球.jpg
光盘\效果\第 14 章\科技.fla

1. 选择【文件】/【新建】命令，新建一个大小为 590×400 像素，背景为黑色的空白文档。在第 1 帧中插入关键帧，再选择【插入】/【新建元件】命令，打开"创建新元件"对话框，设置"名称"、"类型"分别为"元件 1"、"影片剪辑元件"，单击  按钮进入元件编辑窗口。
2. 使用"工具"面板中的绘图工具，在编辑窗口中绘制一个颜色为"浅绿色(#CCFF99)"的图形，如图 14-1 所示。
3. 选择第 15 帧，按"F6"键插入关键帧。在绘制的图像上右击，在弹出的快捷菜单中选择"转换为元件"命令，将绘制的图形转换成图形元件。选择第 15 帧中的图形元件，在"属性"面板中将"不透明度"设置为"25%"，为关键帧创建传统补间动画，如图 14-2 所示。

图 14-1 绘制图形

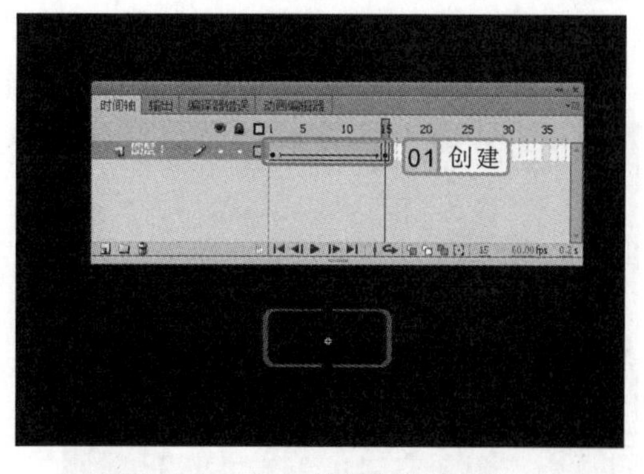

图 14-2 创建传统补间动画

4. 复制"图层 1"第 1 帧中的图形，新建"图层 2"，选择第 1 帧，按"Shift+Ctrl+V"组合键在原位置粘贴图形。
5. 将"图层 1"锁定，在"图层 2"的第 15 帧插入关键帧，选择图形。按"Ctrl+T"快

操作提示

创建文档时应该创建脚本为 ActionScript 3.0 的文档，否则无法运行输入的语句。

捷键打开“变形”面板，在其中设置“缩放宽度”、“缩放高度”均为“120%”。

6 选择“图层 2”第 15 帧中的图形，在“属性”面板中设置“不透明度”为“0%”，并为关键帧创建传统补间动画，如图 14-3 所示。

7 选择“图层 2”的第 15 帧，按“F9”键，打开“动作”面板，输入“gotoAndPlay(1);”语句，当播放到第 15 帧后将自动跳转到第 1 帧中继续播放该动画。

8 选择【插入】/【新建元件】命令，打开“创建新元件”对话框，在该对话框中新建一个按钮元件，单击 确定 按钮进入元件编辑窗口。

9 在元件编辑窗口中，选择点击帧并插入关键帧，用“矩形工具”在编辑窗口中绘制一个大小为 130×60 像素的长方形作为隐形按钮，如图 14-4 所示。

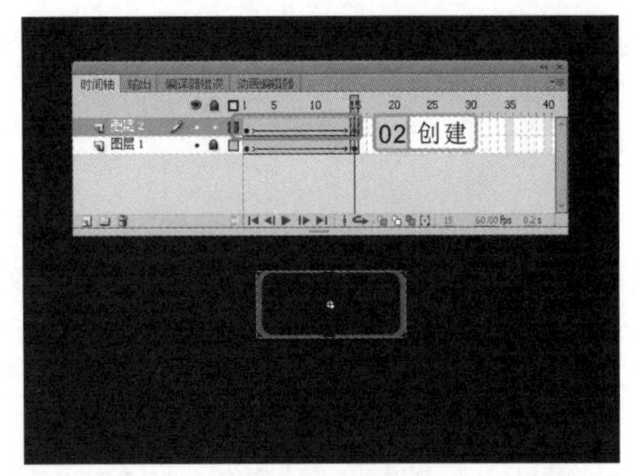

图 14-3 设置不透明度并创建动画

图 14-4 绘制隐形按钮图形

10 选择【插入】/【新建元件】命令，打开“创建新元件”对话框，在该对话框中新建一个影片剪辑元件，单击 确定 按钮进入元件编辑窗口。

11 用绘图工具在元件编辑窗口中绘制按钮图形的外框，如图 14-5 所示，并在第 16 帧的位置插入帧。

12 新建“图层 2”并选择第 1 帧，按“F11”键打开“库”面板，将绘制的按钮元件拖入到绘制的按钮外框上，如图 14-6 所示。选择拖入的按钮元件，在“属性”面板中设置“实例名称”为“btmenu1”。

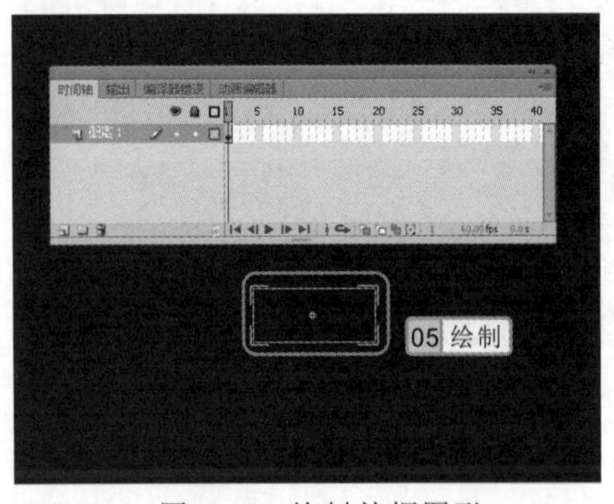

图 14-5 绘制外框图形

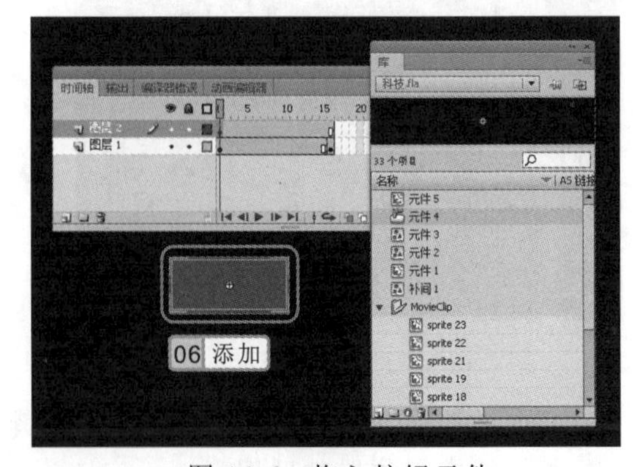

图 14-6 拖入按钮元件

13 新建“图层 3”，在第 2 帧中插入关键帧，使用相同的方法将制作的影片剪辑元件也

精讲笔录

为关键帧添加语句时，只可添加帧动作，而选择帧中的对象后，不仅可以添加帧动作还可以添加鼠标动作。

拖入到按钮外框中，如图 14-7 所示。

14 新建“图层 4”，在第 2 帧中插入关键帧，使用“矩形工具”在按钮外框的左边绘制一个大小为 118×12 像素，颜色为“浅蓝色（#66CCCC）”的无边框长方形，如图 14-8 所示。

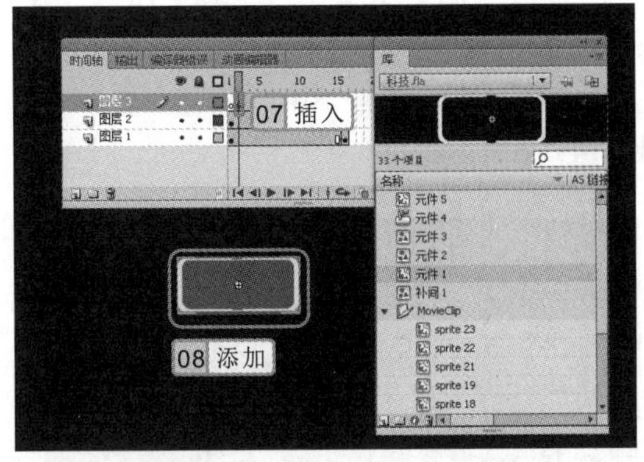

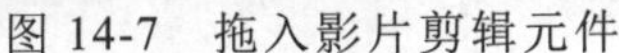

图 14-7　拖入影片剪辑元件

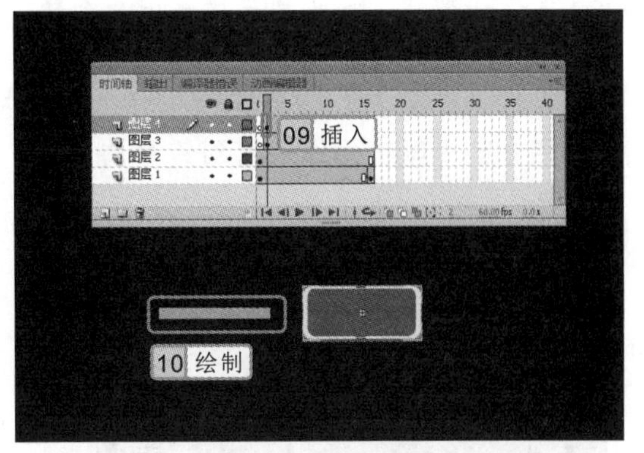

图 14-8　绘制图形

15 在“图层 4”的第 12 帧中插入关键帧，将该帧中刚刚绘制的图形放大到 118×52 像素，将绘制的图形与原件重合。按 4 次“F6”键，插入 4 个关键帧，如图 14-9 所示。将第 13 帧和第 15 帧中绘制的图形删除。

16 在第 14 帧、第 16 帧中，将绘制的图形与原件重合，创建图形闪动的效果。

17 为“图层 4”中第 2～12 帧之间创建传统补间动画。选择第 16 帧，按“F9”键打开“动作”面板，在其中输入“stop();”。

18 新建“图层 5”，使用相同的方法在“图层 5”的第 1 帧上添加“stop();”停止语句，其“时间轴”面板如图 14-10 所示。新建“图层 6”，在其第 1 帧中添加如下语句：

```
function btmenu1_clickHandler(event:MouseEvent):void {
gotoAndPlay(2);
}
btmenu1.addEventListener(MouseEvent.CLICK, btmenu1_clickHandler);
btmenu1.addEventListener(MouseEvent.MOUSE_OVER, btmenu1_clickHandler);
```

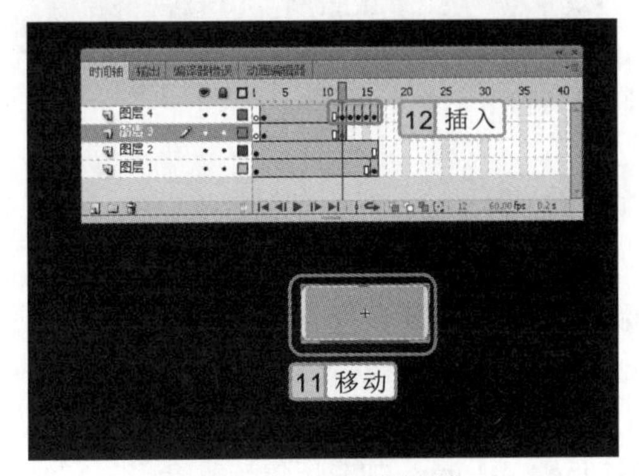

图 14-9　插入关键帧

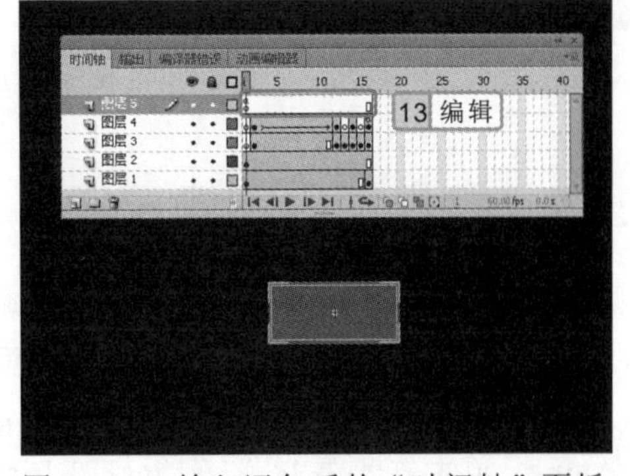

图 14-10　输入语句后的“时间轴”面板

操作提示

在 Flash 中复制对象时，就复制了该动画的所有属性。

19 在“图层 5”的第 12 帧插入关键帧，选择“文本工具”T。在“属性”面板中设置“系列”、“大小”、“颜色”分别为“幼圆”、“26.0”、“灰色#CCCCCC”，然后在图形上输入“进入”文本。按 4 次“F6”键，插入 4 个关键帧，再在第 13 帧、第 15 帧中删除“进入”文本，效果如图 14-11 所示。

20 单击按钮，返回到主场景中。选择“图层 1”的第 1 帧，再选择【文件】/【导入】/【导入到舞台】命令，将“地球.jpg”图像导入到舞台上。

21 新建“图层 2”，在第 1 帧中插入关键帧。按“F11”键，打开“库”面板，将最后制作的影片剪辑元件拖入到舞台的中间，如图 14-12 所示。

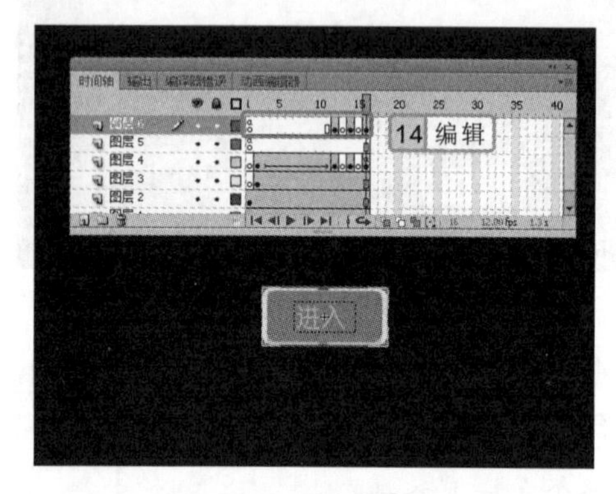

图 14-11 删除文本

图 14-12 将素材导入到舞台

22 按“Ctrl+Enter”快捷键测试动画，效果如图 14-13 所示。

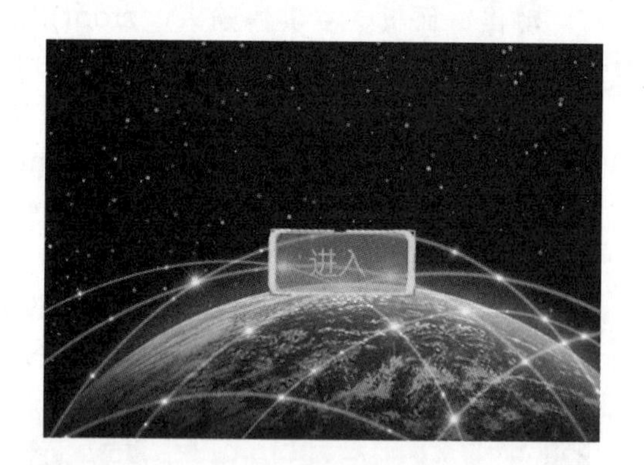

图 14-13 预览动画

14.1.2 制作加载图像按钮

在浏览一些图片网站时，时常会遇到将鼠标移到网页中某一缩小图像中，然后整个窗口中将出现该图像的放大效果的动画。下面将制作加载图像按钮。

参见光盘 光盘\素材\第 14 章\素材包、加载图像按钮代码.txt
光盘\效果\第 14 章\1-1.jpg、2-1.jpg、3-1.jpg、4-1.jpg、加载图像按钮.fla

精讲笔录

在添加语句时，单击“动作”面板中的按钮，在弹出的菜单中可直接添加语句。

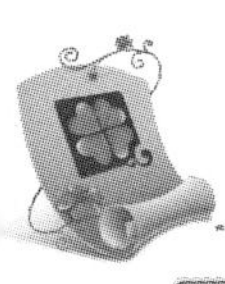

1 选择【文件】/【新建】命令，新建一个大小为 450×550 像素，背景为黑色的空白文档。

2 选择【文件】/【导入】/【导入到库】命令，将“素材包”文件夹中的图像都导入在库中。

3 选择【插入】/【新建元件】命令，在对话框中设置“名称”、“类型”分别为“空”、“影片剪辑”，单击 确定 按钮。

4 选择【插入】/【新建元件】命令，在对话框中设置“名称”、“类型”分别为“动画 1”、“影片剪辑”，单击 确定 按钮。

5 打开元件编辑窗口，在“库”面板中将“1-2”图像移动到舞台中。选择图像并按“Ctrl+B”快捷键，分离文本，然后取消选择图像。在“工具”面板中选择“墨水瓶工具”，在“属性”面板中设置“笔触颜色”、“笔触”分别为“白色”、“7.00”，如图 14-14 所示。

6 在图像上单击，为图像描边，如图 14-15 所示。

7 使用“选择工具”选择图像，在其上右击，在弹出的快捷菜单中选择“转换为元件”命令，在打开的对话框中设置“名称”、“类型”分别为“缩小图 1”、“影片剪辑”，单击 确定 按钮。

8 在“时间轴”面板中的第 10 帧、第 20 帧上插入关键帧，为第 1~9 帧和第 10~20 帧分别创建传统补间动画。

9 选择第 1 帧中的图像，在“属性”面板的“色彩效果”栏中设置“Alpha”为“40%”，如图 14-16 所示。使用相同的方法设置第 20 帧中的图像。

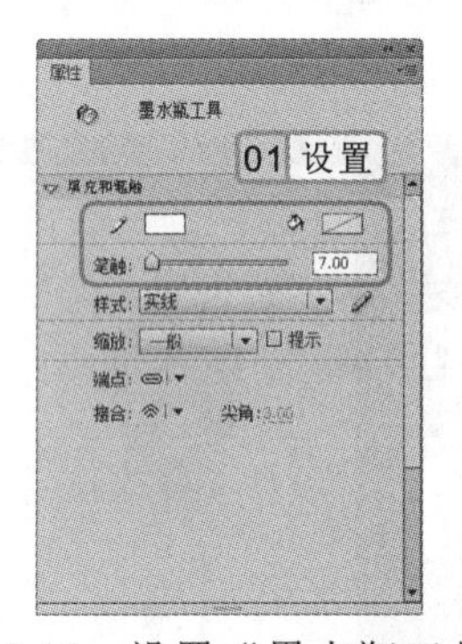

图 14-14　设置“墨水瓶工具”

图 14-15　为图像描边

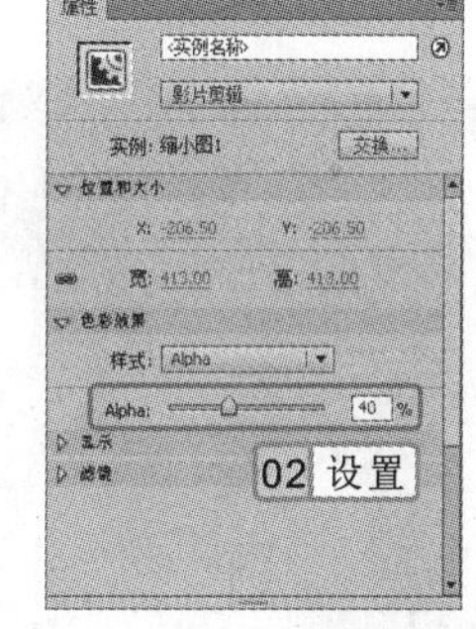

图 14-16　设置图像属性

10 新建“图层 2”，在第 10 帧上按“F7”键，插入空白关键帧。按“F9”键，打开“动作”面板，在其中输入“stop();”语句。再选择第 1 帧，在“动作”面板中继续输入相同的停止语句。

11 单击按钮，返回主场景。使用相同的方法对“2-2”、“3-2”和“4-2”图像进行编辑，其“库”面板效果如图 14-17 所示。

12 在主场景中，从“库”面板中将“无”元件拖动到舞台左上角背景灰色的交界处。在“属性”面板中设置“实例名称”、“x”、“y”分别为“wu”、“141.95”、“27.00”，再新建“图层 2”。

13 选择“图层 2”的第 1 帧，将“动画 1”元件拖动到舞台中。在“属性”面板中设置

用户也可在缩小的图像上添加文字，以增强动画视觉感。

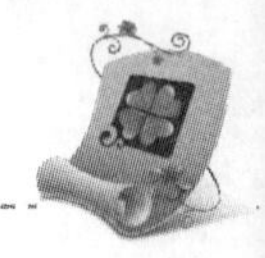

"实例名称"为"a1"，再设置"x"、"y"、"宽"、"高"分别为"63.20"、"69.40"、"76.00"、"76.00"，如图 14-18 所示。

14 将"动画 2"、"动画 3"和"动画 4"元件都移动到舞台中，如图 14-19 所示。在"属性"面板中设置它们的"实例名称"分别为"a2"、"a3"、"a4"。

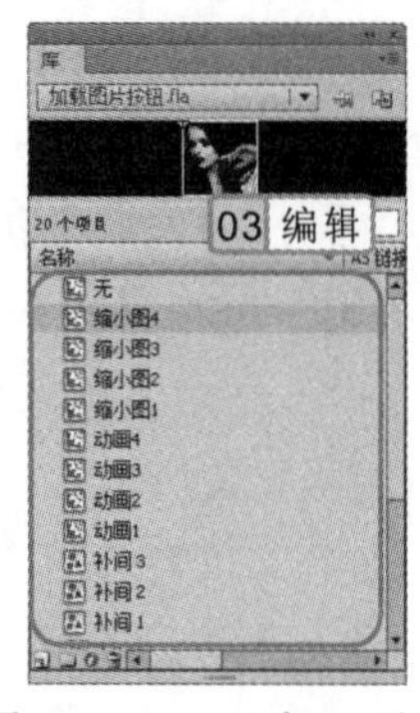

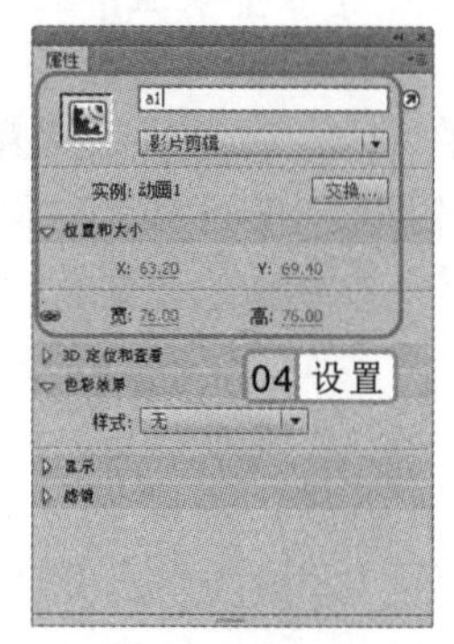

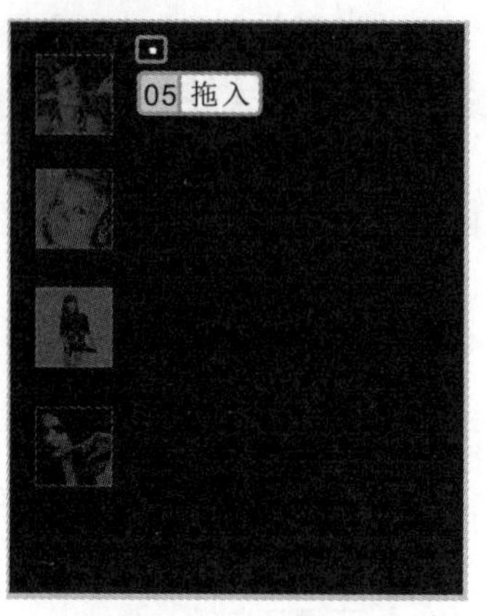

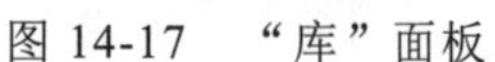

图 14-17 "库"面板　图 14-18 设置图像位置和大小　图 14-19 添加元件

15 打开"加载图像按钮代码.txt"文档，新建"图层 3"，选择第 1 帧。按"F9"键，打开"动作"面板，将"加载图像按钮代码"文档中的内容全部复制到"动作"面板中。

16 将"素材包"文件夹中的"1-1.jpg"、"2-1.jpg"、"3-1.jpg"和"4-1.jpg"图像复制到制作的 Flash 动画保存的文件夹下，按"Ctrl+Enter"快捷键测试动画，如图 14-20 所示。

图 14-20 预览动画

14.2 制作导航条

在网页中添加动态的 Flash 导航菜单，不仅可以美化页面，提高网页的质量，而且还能更大程度地吸引浏览者的目光。网页中的导航菜单虽然样式各异，但总体上可将其分为竖排菜单和横排菜单两大类型。

精讲笔录

若不将"素材包"文件夹中的"1-1.jpg"、"2-1.jpg"、"3-1.jpg"和"4-1.jpg"图像复制到制作的 Flash 动画保存的文件夹下，在测试动画时，在"输出"面板中将出现找不到图像文件的提示。

14.2.1 竖排导航条

所谓竖排菜单就是菜单项呈现竖排显示，竖排菜单的格式简洁大方，在网页中一般用作辅助导航菜单，例如，这里制作一个个人网页的导航菜单，在该菜单中单击菜单项弹出其子菜单，再次单击菜单项收拢子菜单。

参见光盘 光盘\素材\第 14 章\竖排菜单.fla
光盘\效果\第 14 章\竖排菜单.fla

1. 选择【文件】/【打开】命令，打开“竖排导航条”文档。
2. 选择【插入】/【新建元件】命令，打开“创建新元件”对话框，在其中设置“名称”、“类型”分别为“按钮”、“按钮”，单击确定按钮进入元件编辑窗口。
3. 在元件编辑窗口中，选择点击帧并插入关键帧，用工具箱中的绘图工具在编辑窗口中绘制一个大小为 95×25 像素，颜色为“灰色（#CCCCCC）”的无边框长方形图形，如图 14-21 所示。
4. 选择【插入】/【新建元件】命令，打开“创建新元件”对话框，在其中设置“名称”、“类型”分别为“旋转”、“图形”，单击确定按钮进入元件编辑窗口。
5. 用绘图工具在编辑窗口中绘制一个白色的旋转图形，如图 14-22 所示。

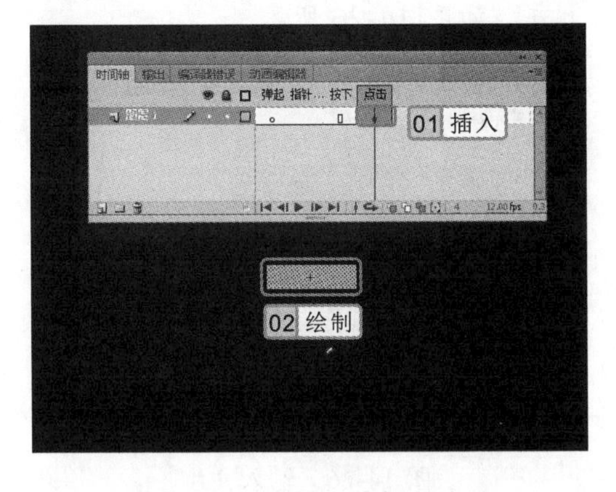

图 14-21 绘制无边框长方形

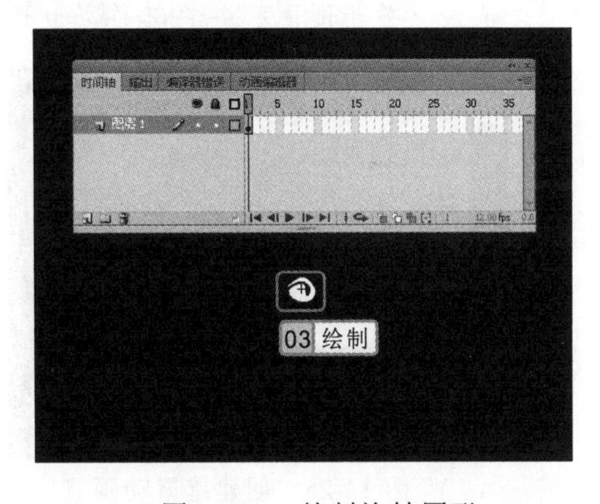

图 14-22 绘制旋转图形

6. 选择【插入】/【新建元件】命令，打开“创建新元件”对话框，在其中设置“名称”、“类型”分别为“CD”、“影片剪辑”，单击确定按钮进入元件编辑窗口。在窗口中绘制一个大小为 250×25 像素的长方形图形，并为其填充由“白色（#FFFFFF）”到“灰色（#CCCCCC）”的渐变色，如图 14-23 所示。
7. 新建“图层 2”，用绘图工具在窗口中绘制一个大小为 100×25 像素的长方形图形并为其填充“绿色（#00FF00）”，然后将其移动到“图层 1”中图形的左端，如图 14-24 所示。

操作提示

在绘制特殊图形时，可先用“铅笔工具”或“钢笔工具”勾画出图形的轮廓，然后再对其进行调节。

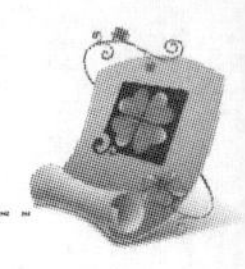

图 14-23　绘制长方形图形

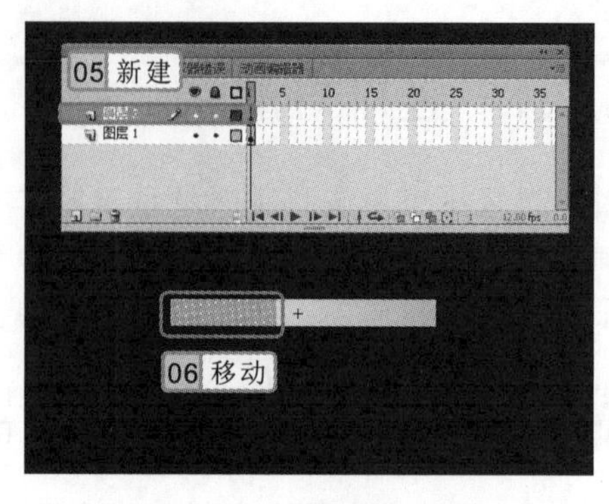

图 14-24　绘制并移动图形

8 在“图层 2”的第 20 帧插入帧，在“图层 1”的第 10 帧和第 20 帧中插入关键帧，选择“图层 1”第 10 帧中的图形，按住“Shift”键将其平行移动，使图形的右端和“图层 2”中的图形的右端对齐。

9 在“图层 1”中选择第 1~20 帧，并为它们创建传统补间动画，在“图层 2”的上方右击，在弹出的快捷菜单中选择“遮罩层”命令，将图层变为遮罩层，如图 14-25 所示。

10 在“图层 2”的上方新建“图层 3”，选择“文本工具”T，在“属性”面板中设置“系列”、“大小”、“颜色”分别为“汉真广标”、“19.0”、“灰色（#333333）”，在窗口中输入“关于圈圈”并将其移动到遮罩图层的上方，如图 14-26 所示。

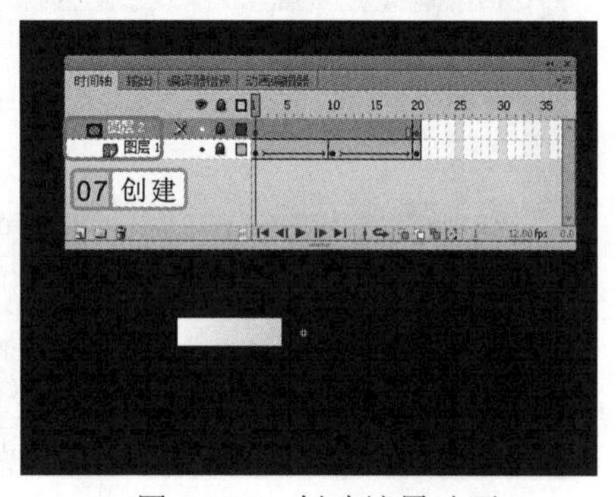

图 14-25　创建遮罩动画

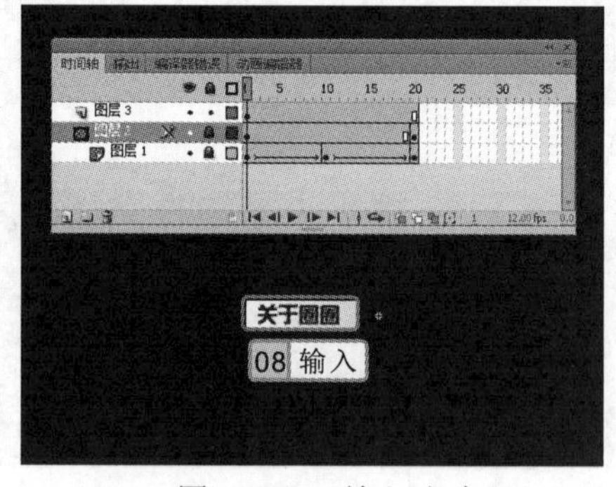

图 14-26　输入文字

11 新建“图层 4”，按“F11”键打开“库”面板，在“库”面板中将“按钮”元件拖入到舞台中，并移动到遮罩图层的上方，如图 14-27 所示。

12 在“图层 1”的第 1 帧、第 10 帧和第 20 帧中添加“stop();”停止语句，控制语句的播放。

13 选择所有帧并右击，在弹出的快捷菜单中选择“复制帧”命令将帧复制，选择【插入】/【新建元件】命令，设置“名称”、“类型”分别为“CD1”、“影片剪辑”。选择“图层 1”的第 1 帧并右击，在弹出的快捷菜单中选择“粘贴帧”命令，对复制的帧进行粘贴。

14 把除文字图层外的所有图层锁定，文字“关于圈圈”修改为“联系圈圈”，如图 14-28

精讲笔录

创建遮罩动画后，在舞台中只会显示遮罩部分的图形，如需要显示遮罩图形，只需将图层解锁。

所示。

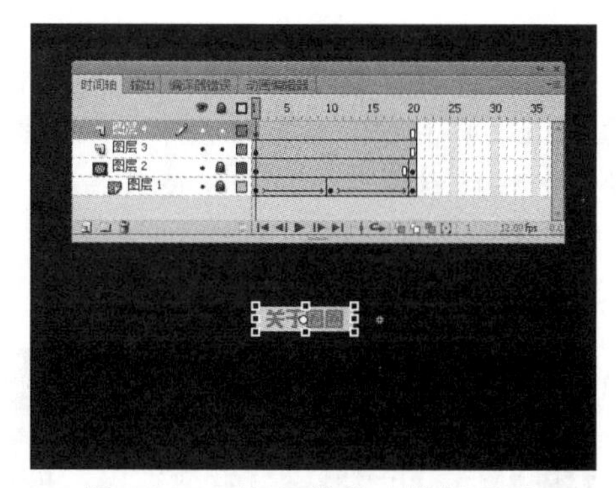

图 14-27　拖入并移动按钮元件

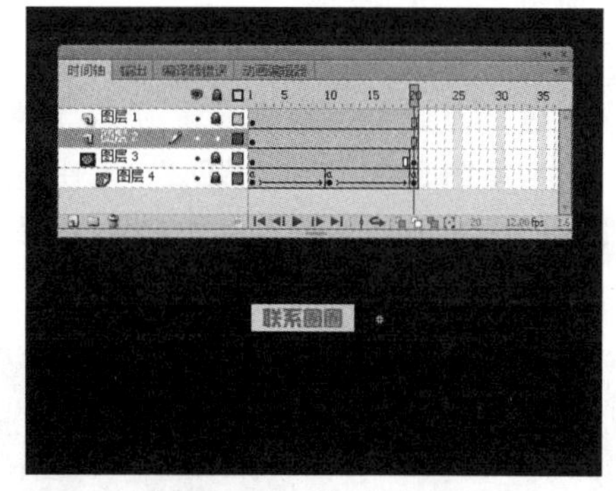

图 14-28　修改显示文字

15 用相同的方法，制作“CD2”、“CD3”和“CD4”，分别将元件中的文字改为“艺术”、“旅游”、“家居”。

16 选择【插入】/【新建元件】命令，设置“名称”、“类型”分别为“zhu”、“影片剪辑”。进入元件编辑窗口后，选择“矩形工具”，在“属性”面板中设置颜色为“灰色（#666666）”，在“矩形选项”栏中将 4 个数值框都设置为“20.00”，如图 14-29 所示。用“矩形工具”在舞台中绘制一个大小为 105×30 像素的圆角长方形。

17 复制一个绘制的图形，为其填充“深灰色（#666666）”，并移动到浅色图形下方。选择“椭圆工具”，在图形四角处绘制 4 个小圆作为装饰，如图 14-30 所示。

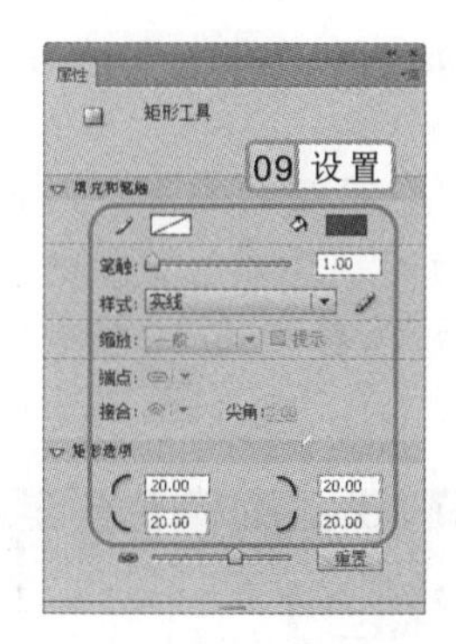

图 14-29　设置矩形工具

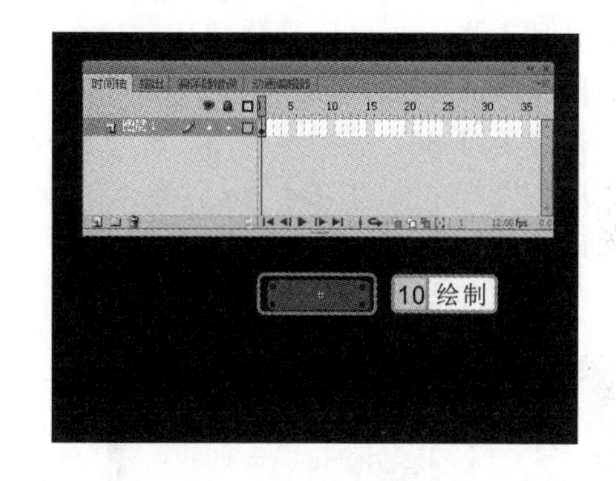

图 14-30　绘制菜单图形

18 新建“图层 2”，选择“文本工具”，在其“属性”面板中设置“系列”、“大小”、“颜色”分别为“汉真广标”、“21.0”、“白色”，使用该工具在舞台中的按钮上输入“分类”。

19 新建“图层 3”，将“旋转”元件拖入到文字右边，并调整其大小。分别在“图层 1”、“图层 2”和“图层 3”的第 10 帧插入帧。

20 为“图层 3”中的关键帧创建传统补间动画，选择“图层 3”的第 10 帧中的旋转图形。打开“变形”面板，在其中设置“旋转”为“180”。

21 新建“图层 4”，在第 1 帧中将“按钮”元件拖入窗口中，并移动到图形的上方。在

操作提示

如果需要创建相似的影片剪辑元件，可复制制作好的元件中的帧，然后将其粘贴到另一元件中，再对其进行必要的修改即可。

"属性"面板中设置"实例名称"、"宽"、"高"分别为"btmenu1"、"107.00"、"32.00"，如图 14-31 所示。

22 新建"图层 5"，在第 10 帧中插入关键帧，并为第 1 帧、第 10 帧添加"stop();"停止语句。新建"图层 6"，并将其移动到"图层 1"的下方，在第 2 帧中插入关键帧，从"库"面板中将"CD2"元件拖入到窗口中，移动到图形的位置，使其隐藏。

23 在"图层 6"的第 5 帧中插入关键帧，为第 2～5 帧创建传统补间动画，移动第 5 帧中的元件，使其处于图形的下方，如图 14-32 所示。

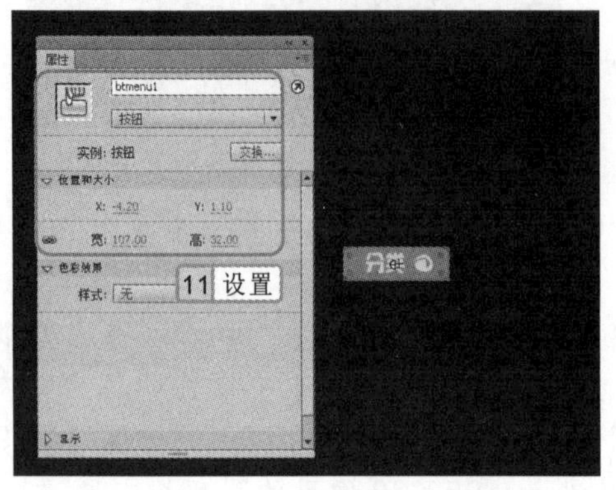

图 14-31　设置"属性"面板

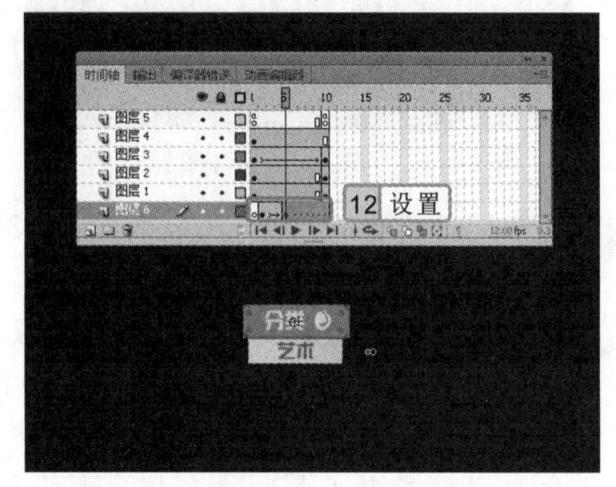

图 14-32　为图层 6 编辑动画

24 新建"图层 7"，将"图层 7"移动到"图层 6"的下方。在第 5 帧中插入关键帧，从"库"面板中将"CD3"元件拖入到窗口中，并将其移动到"CD2"元件的位置，在第 8 帧中插入关键帧，移动帧中的元件到"CD2"元件的下方并为其创建补间动画，如图 14-33 所示。

25 新建"图层 8"，将"图层 8"移动到"图层 7"的下方。在第 8 帧中插入关键帧，从"库"面板中将"CD4"元件拖入到窗口中，并将其移动到"CD2"元件的位置使其隐藏，在第 10 帧中插入关键帧，为第 8～10 帧创建补间动画，移动第 10 帧中的"CD4"元件，使其处于"CD3"元件的下方，如图 14-34 所示。

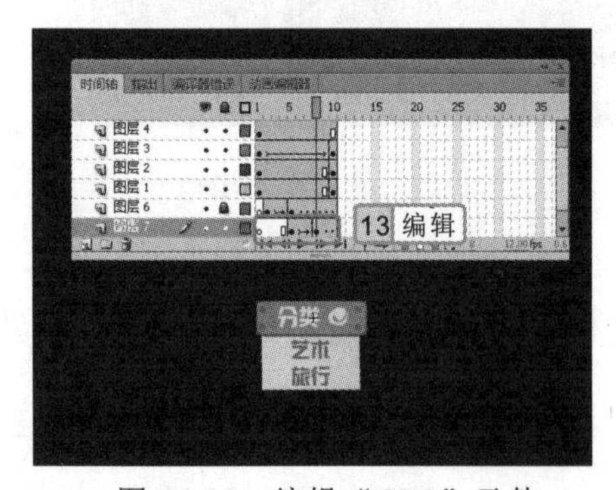

图 14-33　编辑"CD3"元件

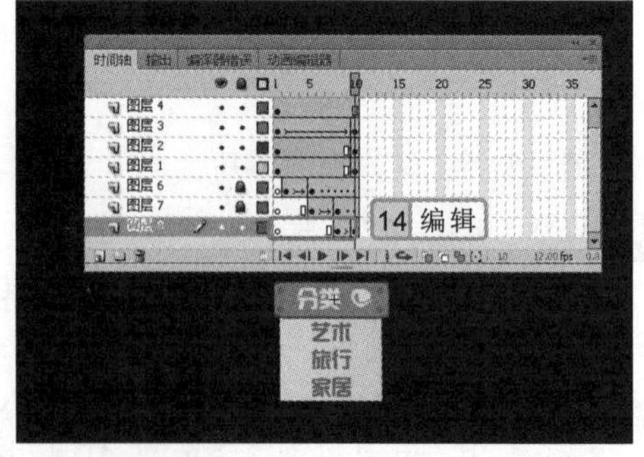

图 14-34　编辑"CD4"元件

26 新建"图层 9"并将其移动到图层的顶层，选择第 1 个关键帧，为其添加如下语句：

```
function btmenu1_clickHandler(event:MouseEvent):void {
```

在编辑弹出菜单时，要注意菜单与菜单之间的衔接。

```
    play();
}
btmenu1.addEventListener(MouseEvent.CLICK, btmenu1_clickHandler);
```

27 用相同的方法创建“zhu1”影片剪辑元件，将元件中拖入按钮的实例名称改为“btmenu2”，其中，“图层 6”和“图层 7”中的元件依次为“CD”、“CD1”，将“zhu”影片剪辑元件中的长方形图形复制到该元件中，效果如图 14-35 所示。

28 新建“图层 9”，将“按钮”元件拖入到“其他”按钮下方。分别选择第 2 帧、第 8 帧，按“F6”键插入关键帧，为第 2～8 帧创建传统补间动画，并将“分类”按钮移至所有选项最下方，如图 14-36 所示。

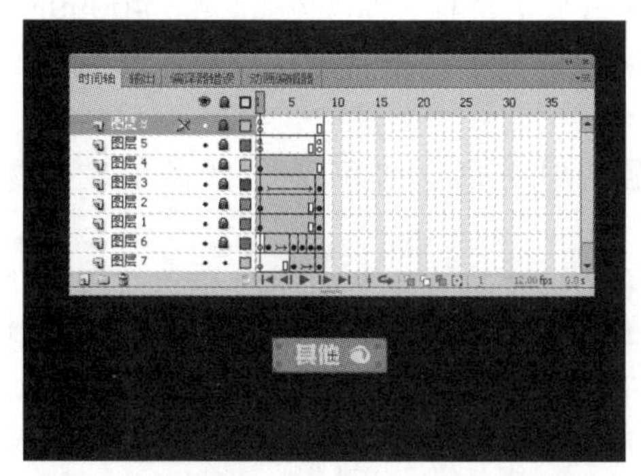

图 14-35　编辑制作“zhu1”影片剪辑

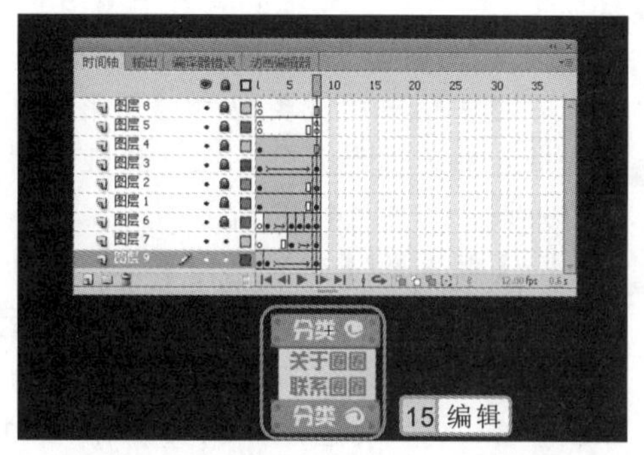

图 14-36　编辑“图层 9”中的对象

29 在所有图层下方新建“图层 10”，在“库”面板中将“菜单.png”拖入到第 1 帧上。在所有图层上方新建“图层 11”，选择“文本工具”T，在其“属性”面板中设置“系列”、“大小”、“颜色”分别为“汉仪秀英体简”、“32.0”、“黄色（#FFFF00）”，并输入“点点”。

30 再使用“文本工具”T输入“博客”，选择输入的“博客”文本，设置“大小”、“颜色”分别为“18.0”、“粉色（#FF9999）”，如图 14-37 所示。

31 返回主场景。新建“图层 2”，打开“库”面板，将“zhu2”元件拖入到舞台的左上角，按“Ctrl+Enter”快捷键浏览动画效果，如图 14-38 所示。

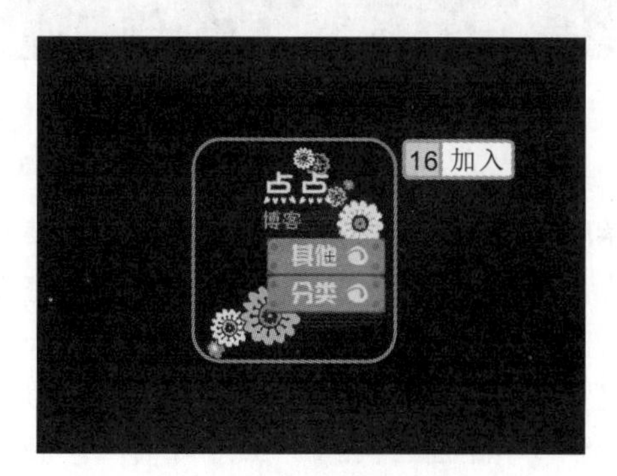

图 14-37　添加文字

图 14-38　浏览效果

在创建“zhu1”影片剪辑元件时，可复制“zhu”影片剪辑元件中的帧，再将其粘贴到“zhu1”中，然后修改其中的对象即可。

14.2.2 横排导航条

所谓横排导航条就是页面中的导航菜单是横向排列在一起的，也是网页中最常用的导航菜单。

光盘\素材\第 14 章\横排菜单.fla
光盘\效果\第 14 章\横排菜单.fla

1 选择【文件】/【打开】命令，打开“横排菜单.fla”文档。

2 新建“图层 2”，用矩形工具在舞台的上部绘制一个无边框，颜色为“蓝色(#0099FF)”的长方形图形。右击绘制的矩形，在弹出的快捷菜单中选择“转换元件”命令。在打开的对话框中设置类型为“图形”。

3 选择绘制的图形元件，在“属性”面板中设置“Alpha”为“50%”，为其创建半透明的效果，如图 14-39 所示。

4 选择【插入】/【新建元件】命令，创建一个名为“手机大全”的图形元件。选择“矩形工具”，在“属性”面板中设置其边角半径为“10”，在元件编辑窗口中绘制一个大小为“350×27”像素，颜色为“白色(#FFFFFF)”的图形，再在“颜色”面板中将“A”设置为“35%”，如图 14-40 所示。

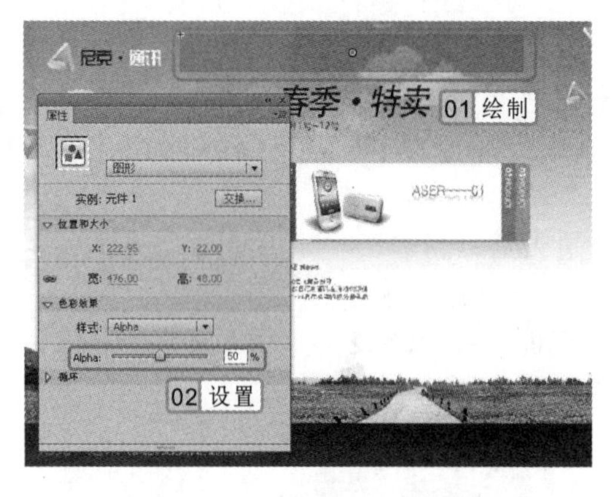

图 14-39 编辑长方形图形

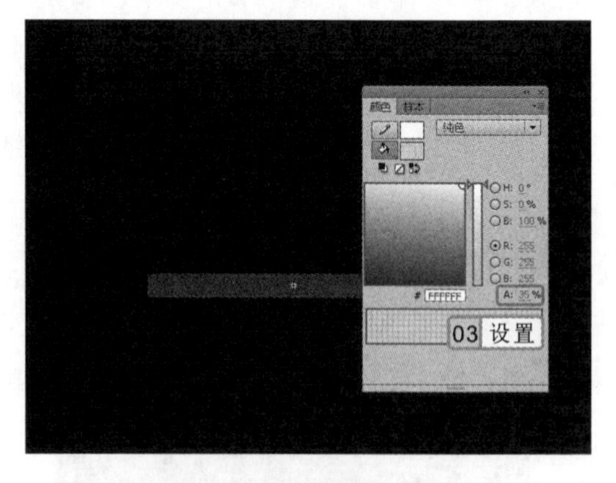

图 14-40 设置透明度

5 新建“图层 2”，选择“文本工具” T，在“属性”面板中设置“系列”、“大小”、“颜色”分别为“汉真广标”、“11.0”、“白色(#FFFFFF)”，在窗口中依次输入“苹果”、“诺基亚”、“HTC”、“摩托罗拉”和“索尼”，并用“对齐”面板将文字排列整齐，如图 14-41 所示。

6 用相同的方法创建“选机中心”、“手机主题”、“软件下载”和“手机报价”，修改“选机中心”中的文字为“网络类型”、“手机品牌”、“价格区间”、“上市时间”、“相机像素”，“手机主题”中的文字为“卡通主题”、“酷图主题”、“美女主题”、“自然主题”，“软件下载”中的文字为“办公软件”、“游戏”、“应用软件”，“手机报价”中的文字

用户也可在“属性”面板中单击“颜色”栏，在弹出的面板左上角的“Alpha”值中设置图像颜色的不透明度。

为“近期报价”、“历史报价”、“实际价格”、“出厂价格”。

7 选择【插入】/【新建元件】命令，在打开的对话框中设置“名称”、“类型”分别为“隐形按钮”、“按钮”，在元件编辑窗口选择点击帧并插入关键帧。使用“矩形工具”在舞台中绘制一个大小为62×25像素的白色长方形图形，作为隐形按钮，如图14-42所示。

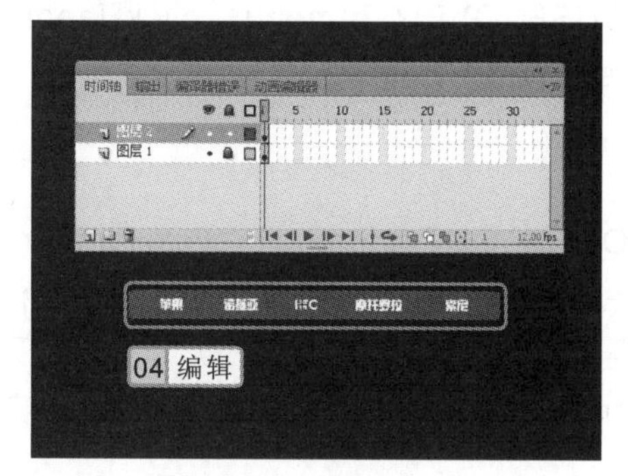

图 14-41 输入文字

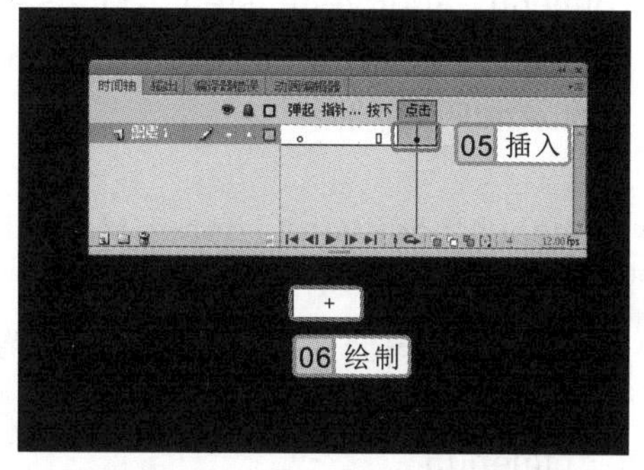

图 14-42 编辑绘制隐形按钮

8 选择【插入】/【新建元件】命令，在打开的对话框中设置“名称”、“类型”分别为“手机大全a”、“影片剪辑”。选择“文本工具” T，在“属性”面板中设置“系列”、“大小”、“白色”分别为“汉真广标”、“14.0”、“白色（#FFFFFF）”，输入“手机大全”。

9 新建“图层2”，按“F11”键打开“库”面板，将“隐藏按钮”按钮拖入舞台中，并放置到文字上方。在“属性”面板中设置“实例名称”为“btmenu1”。

10 在“图层2”的上方新建“图层3”，在第2帧中插入关键帧，按“F11”键打开“库”面板，在该面板中选择“图形1”元件。将其拖到按钮的下方，在“属性”面板中设置按钮图形的位置为“-32，-13”，“手机大全”元件的位置为“-11，33”，并分别在“图层1”~“图层3”的第5帧插入帧，如图14-43所示。

11 选择“图层3”的第2帧中的图形元件，在“属性”面板中设置x为81，如图14-44所示。

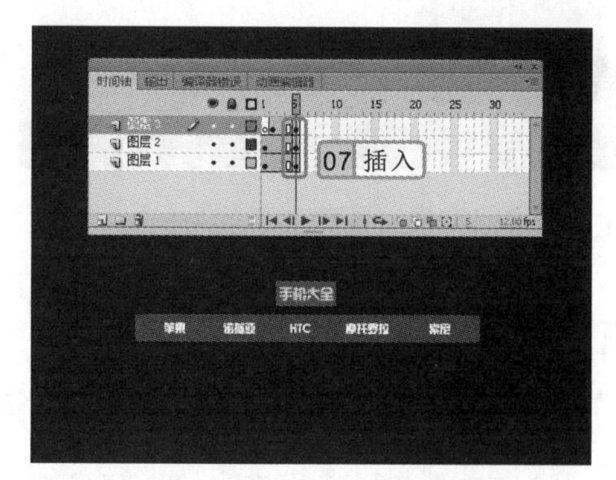

图 14-43 移动元件位置

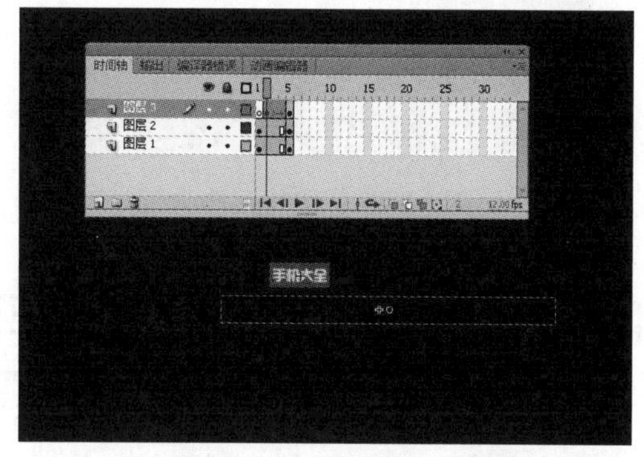

图 14-44 创建补间动画

12 选择“图层2”的第5帧中的按钮元件，使用“任意变形工具”将其放大，直到按钮元件遮盖住整个影片剪辑中的对象。

如果希望舞台中对象的大小相同，可选择需要改变大小的图形，按“Ctrl+K”快捷键，打开“对齐”面板，选择该面板中的“匹配大小”栏下的选项即可。

13 为“图层 1”的第 1 帧和“图层 3”的第 5 帧添加“stop();”语句。

14 新建“图层 4”，在第 1 帧中添加如下语句：

```
function btmenu1_clickHandler(event:MouseEvent):void {
gotoAndPlay(2);
}
btmenu1.addEventListener(MouseEvent.MOUSE_OVER, btmenu1_clickHandler);
function btmenu1_clickHandler2(event:MouseEvent):void {
gotoAndPlay(1);
}
btmenu1.addEventListener(MouseEvent.MOUSE_OUT, btmenu1_clickHandler2);
```

15 使用相同的方法编辑“选机中心 a”、“手机主题 a”、“软件下载 a”和“手机报价 a”几个影片剪辑元件，其对应的弹出菜单分别是“选机中心”、“手机主题”、“软件下载”和“手机报价”，按钮实例名称分别为“btmenu2”、“btmenu3”、“btmenu4”和“btmenu5”。

16 返回到主场景中并新建“图层 3”。按“F11”键打开“库”面板，将该面板中的几个影片剪辑元件拖入舞台中，并移动到舞台的左上角图形的上方。

17 选择“图层 3”中的影片剪辑元件，按“Ctrl+K”快捷键，打开“对齐”面板，将影片剪辑元件排列整齐，如图 14-45 所示。

18 按“Ctrl+Enter”快捷键测试动画，如图 14-46 所示。

图 14-45　对齐元件

图 14-46　预览动画效果

14.3　精通实例——制作网站首页

本章的精通实例将制作网站首页，在制作时将使用新建图像、新建元件、输入语句、创建传统补间动画和绘制图像等知识，通过添加横向导航条和引导动画美化网站首页效果，最终效果如图 14-47 所示。

通过在“颜色”面板中设置颜色的不透明度可以创建荧光等朦胧效果。

图 14-47 制作网站首页

14.3.1 行业分析

本例制作的“网站首页”是使用 Flash 制作网站的一个重要方面，网站首页可以说是直接影响网站点击量和企业形象的因素。

优秀的网站首页设计不但能让浏览者心情愉悦，而且通过网站首页，浏览者还能对拥有网站的公司有一个良好的印象。

网站主题不同，网站首页的风格也有所不同。如商品的购买人群为年轻人，其网站首页则应该以活力动感为主，用色一般较亮、鲜艳。而讲究品质定位的网站，其网站动感较少，多以留白、配色等方法增加设计感。

14.3.2 操作思路

为更快完成本例的制作，并且尽可能运用本章讲解的知识，本例的操作思路如下。

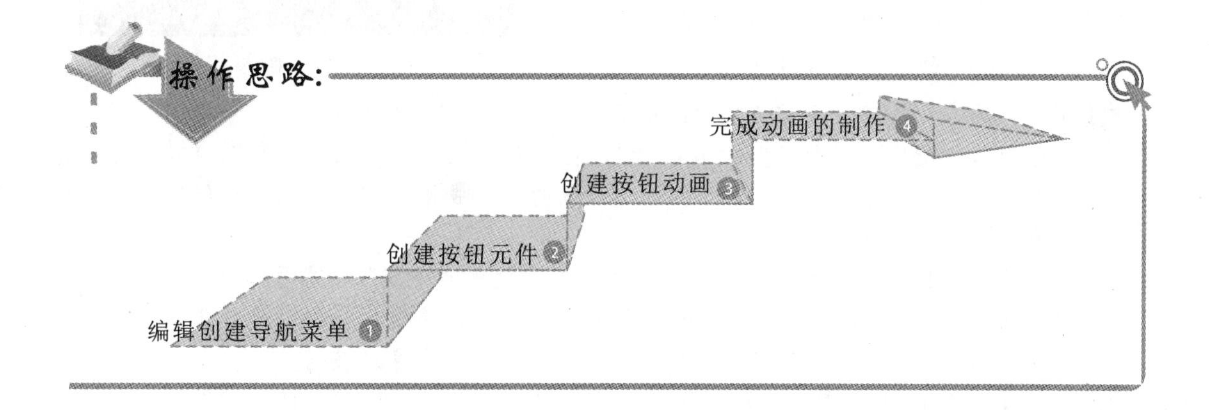

用“任意变形工具”可以对图像进行旋转、扭曲、缩放和倾斜等操作。

14.3.3 操作步骤

下面介绍制作网站首页的方法，其操作步骤如下：

参见光盘
光盘\素材\第 14 章\网站首页.fla
光盘\效果\第 14 章\网站首页.fla
光盘\实例演示\第 14 章\制作网站首页

1. 打开“网页首页.fla”文档，新建“图层 2”，选择“铅笔工具”，在舞台上方绘制一个任意图形作为导航按钮的背景，并用“绿色（#C2EC64）”填充，如图 14-48 所示。
2. 选择【插入】/【新建元件】命令，在其中设置“名称”、“类型”分别为“菜单”、“图形”。选择“矩形工具”，在其“属性”面板中设置角半径为“10”，在元件编辑窗口中绘制一个大小为 250×27 像素，颜色为“白色（#FFFFFF）”的图形，并在“颜色”面板中将其填充色的“不透明度”设置为“45%”。
3. 新建“图层 2”。选择“文本工具”，在“属性”面板中设置“系列”、“大小”、“颜色”分别为“方正粗倩简体”、“12”、“白色（#FFFFFF）”，在舞台中依次输入“巧克力”、“饼干”、“蛋糕”、“面包”和“奶酪”，选择输入的文字，用“对齐”面板将文字排列整齐，如图 14-49 所示。

图 14-48 绘制菜单背景

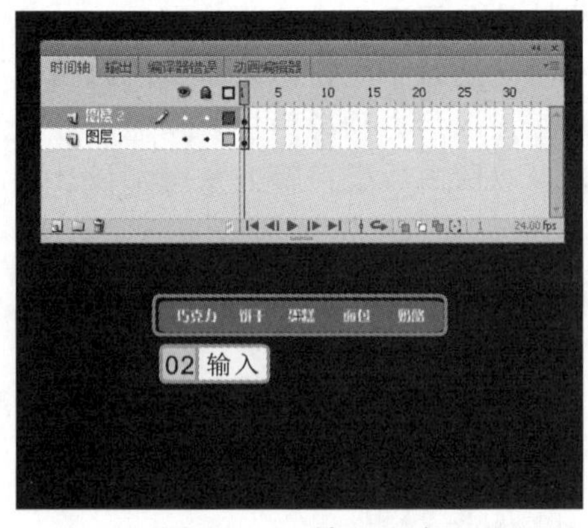

图 14-49 输入文字

4. 用相同的方法创建“菜单 1”、“菜单 2”和“菜单 3”，在“菜单 1”中输入“唇彩”、“眼影”、“腮红”、“眉笔”、“睫毛膏”，在“菜单 2”中输入“壁画”、“花瓶”、“窗帘”、“枕头”、“小饰品”，在“菜单 3”中输入“戒指”、“耳环”、“项链”、“手链”、“胸针”。
5. 选择【插入】/【新建元件】命令，在对话框中设置“名称”、“类型”分别为“按钮”、“按钮”。在元件编辑窗口中，选择点击帧并插入关键帧。使用“矩形工具”在窗口中绘制一个大小为 60×25 像素的长方形图形，作为隐形按钮。
6. 选择【插入】/【新建元件】命令，在打开的对话框中设置“名称”、“类型”分别为“导航”、“影片剪辑”。选择“文本工具”，在“属性”面板中设置“系列”、“大小”、“颜色”分别为“方正胖娃简体”、“14”、“白色（#FFFFFF）”，输入“食品类”。

在制作首页动画时，一定要先罗列出需要制作的导航菜单及一些基本信息，以避免写错或遗漏一些重要信息。

7 新建“图层 2”，按“F11”键打开“库”面板，将制作的按钮元件拖入到舞台中，使按钮元件居于文字上方。在“属性”面板中设置“实例名称”为“btmenu1”。

8 在“图层 2”的上方新建“图层 3”，在第 2 帧插入关键帧。打开“库”面板，选择“菜单”元件，将其拖到按钮的下方。设置按钮图形的位置为“-32，-12”，“菜单”的位置为“-30，28”，并在“图层 1”~“图层 3”的第 5 帧插入帧，如图 14-50 所示。

9 选择“图层 3”第 2 帧中的图形元件，在“属性”面板中设置“X”、“Alpha”分别为“88”、“0%”，如图 14-51 所示。为第 2~5 帧创建传统补间动画。

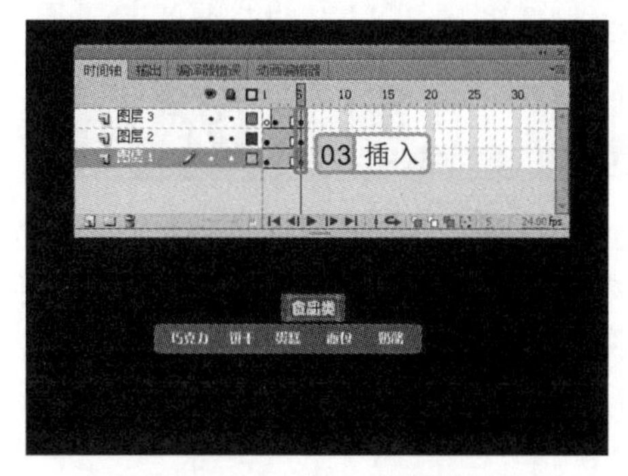

图 14-50 插入关键帧

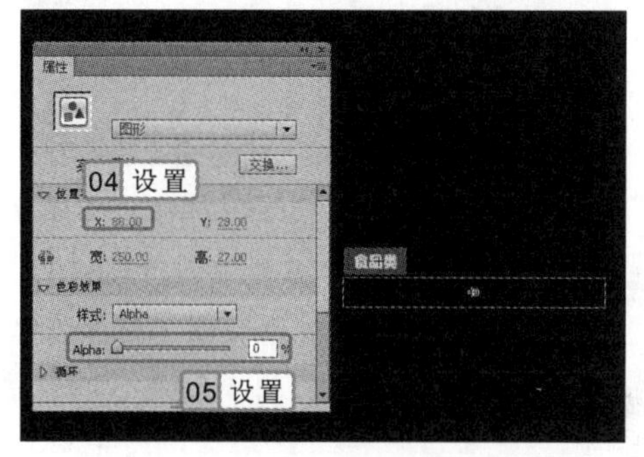

图 14-51 设置图形的不透明度

10 选择“图层 2”的第 5 帧，再选择关键帧中的按钮元件，使用“任意变形工具”将其放大，直到按钮元件遮盖住整个影片剪辑中的对象。

11 在“动作”面板中，分别为“图层 1”的第 1 帧和“图层 3”的第 5 帧添加“stop();”停止语句。

12 新建“图层 4”，在其第 1 帧中添加如下语句：

```
function btmenu1_clickHandler(event:MouseEvent):void {
gotoAndPlay(2);
}
btmenu1.addEventListener(MouseEvent.MOUSE_OVER,
btmenu1_clickHandler);
function btmenu1_clickHandler2(event:MouseEvent):void {
gotoAndPlay(1);
}
btmenu1.addEventListener(MouseEvent.MOUSE_OUT,
btmenu1_clickHandler2);
```

13 使用相同的方法编辑制作“导航 1”、“导航 2”和“导航 3”，其对应的菜单分别是“菜单 1”、“菜单 2”和“菜单 3”，按钮的实例名称依次改为“btmenu2”、“btmenu3”和“btmenu4”。

14 选择【插入】/【新建元件】命令，创建一个名为“图形”的图形元件，选择“椭圆工具”，在舞台中绘制一个无边框，颜色由白色向完全透明过渡的椭圆，如图 14-52 所示。

在设置隐形按钮时，按钮大小应尽量和图形相同。

15 新建“图层 2”，用绘图工具在舞台中绘制一个心形图形，设置其填充模式为放射性，填充色为由白色向完全透明过渡，并将其移动到椭圆图形上方，如图 14-53 所示。

图 14-52　绘制光球

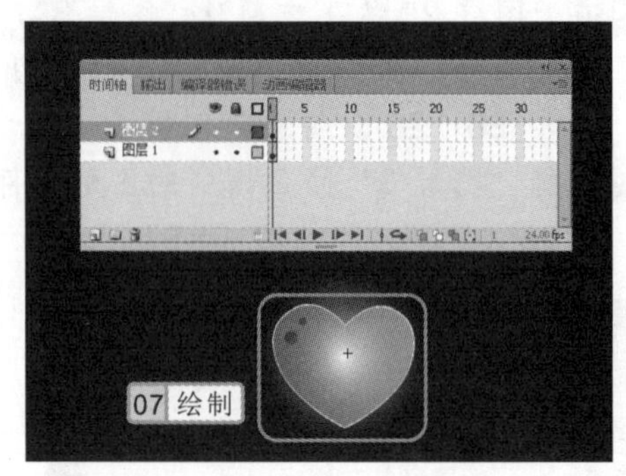

图 14-53　绘制心形

16 选择【插入】/【新建元件】命令，在打开的对话框中设置“名称”、“类型”分别为“按钮动画”、“影片剪辑”。在“库”面板中将绘制的“图形”元件拖入到舞台中。

17 新建“图层 2”，使用“铅笔工具”，在舞台中绘制一条引导线，如图 14-54 所示。在“图层 1”和“图层 2”的第 25 帧插入关键帧。

18 选择“图层 1”第 1 帧中的图形，按住其中心，拖到引导线的下端，使心形图形的中心点吸附到引导线上，用相同的方法使“图层 1”中第 25 帧中的图形吸附到引导线的上端点。选择并右击“图层 1”的第 1~25 帧，在弹出的快捷菜单中选择“创建补间动画”命令。

19 选择“图层 1”的第 1 帧，选择并复制其中的图像。再选择“图层 2”，按“Shift+Ctrl+V”组合键，使补间路径与绘制的路径吻合。

20 选择第 24 帧中的图像，在“变形”面板中设置“缩放宽度”、“缩放高度”均为“20%”，为关键帧创建补间动画，如图 14-55 所示，并在“属性”面板中设置“不透明度”为“0%”，删除“图层 2”。

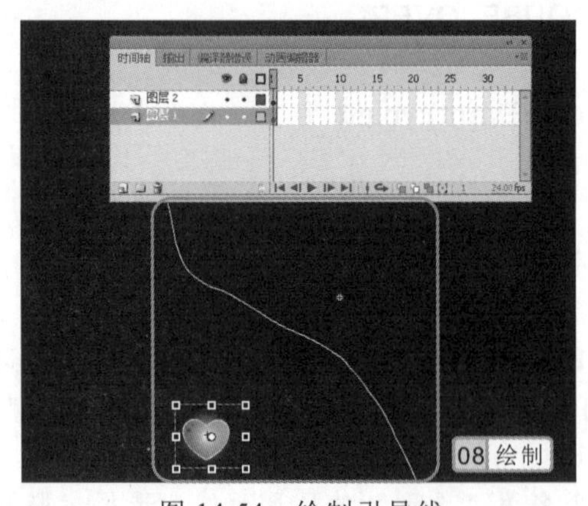

图 14-54　绘制引导线

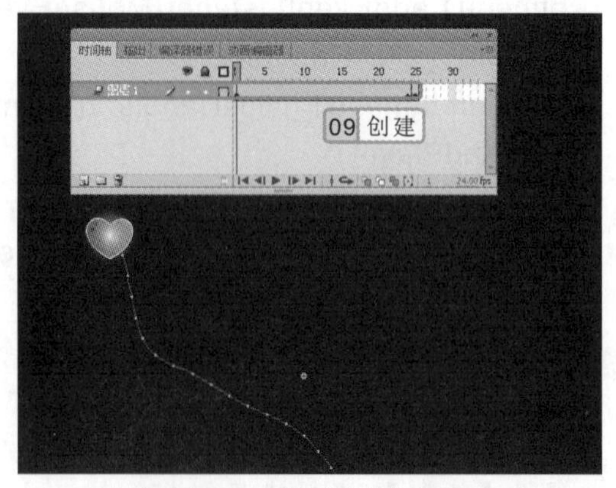

图 14-55　创建补间引导动画

21 新建图层，在第 5 帧中插入关键帧。将“图形”元件复制到关键帧，使用相同的方法在引导动画的左端创建一个引导动画。新建“图层 7”，在第 10 帧中插入关键帧，将

精讲笔录

直接在图形上方绘制白色或其他浅色的图形，可为图形添加高光效果。

“图形”元件复制到关键帧，用相同的方法在引导动画的右端创建一个引导动画，如图 14-56 所示。

22 选择所有的帧，将其向后移动一帧。新建图层，在第 26 帧中插入关键帧，打开“动作”面板，在其中输入“gotoAndPlay(2);”跳转语句，效果如图 14-57 所示。

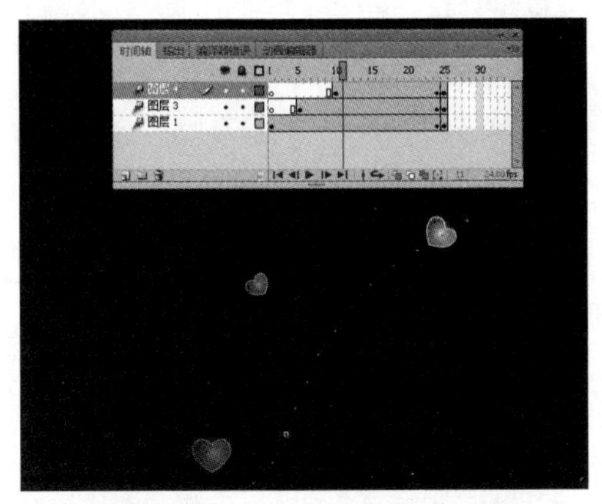

图 14-56　在右边创建引导动画

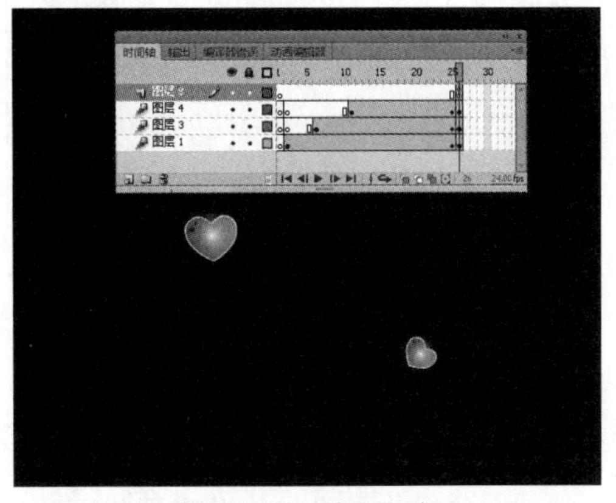

图 14-57　输入语句

23 返回到主场景，新建“图层 3”，将制作的导航菜单和按钮动画拖到相应的位置，如图 14-58 所示。

24 新建“图层 4”，选择“文本工具” T。在“属性”面板中设置“系列”、“大小”、“颜色”分别为“经典圆体简”、“14”、“白色（#FFFFFF）”。输入“地址：重庆.朝天门 网址：www.yyuan.com.cn”，完成动画的制作，如图 14-59 所示。

图 14-58　拖入元件

图 14-59　输入地址

14.4　精通练习——制作按钮动画

本章主要介绍了各种制作按钮以及制作导航条的方法，本次练习将制作一个按钮动画，播放动画时，当鼠标指针经过隐形按钮时，动画中将出现小气泡，该动画主要是让用户熟悉掌握按钮动画的制作方法，如图 14-60 所示。

在制作引导动画时，为了让动画看上去更加真实，一般会为其添加渐渐变小或淡出的效果。

图 14-60　按钮动画

参见光盘
光盘\素材\第 14 章\泡泡按钮.fla
光盘\效果\第 14 章\泡泡按钮.fla
光盘\实例演示\第 14 章\制作按钮动画

该练习的操作思路与关键提示如下。

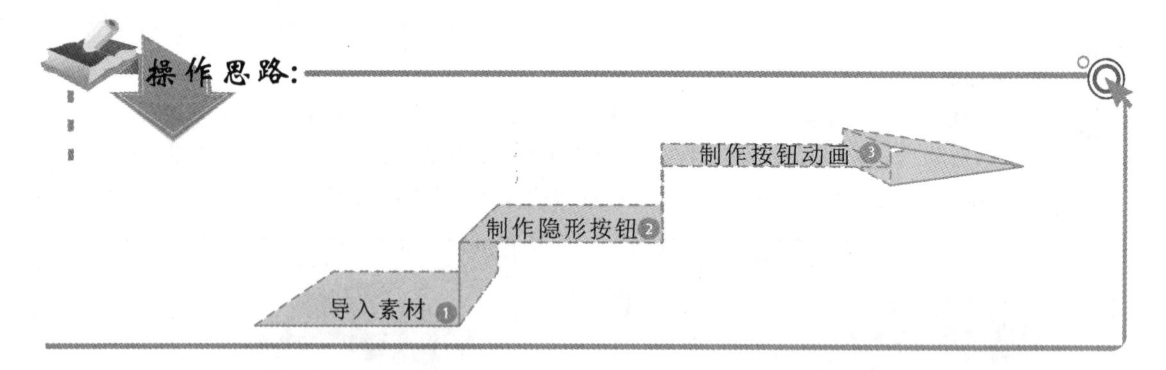

关键提示:

该动画主要涉及一个由隐形按钮触发的影片剪辑动画，在制作该动画时，首先制作一个隐形按钮，然后再制作一个影片剪辑元件，将制作的按钮拖入到影片剪辑中，再为影片剪辑制作动画并添加语句，最后将制作好的影片剪辑元件拖入到舞台中并复制多个，其中在影片剪辑中添加的语句如下：

```
stop();
function btmenu_clickHandler(event:MouseEvent):void {
 gotoAndPlay(2);
}
btmenu.addEventListener(MouseEvent.MOUSE_OVER, btmenu_clickHandler);
```

精讲笔录

在创建引导动画时，可以将引导线分为多个线段，然后分别对其进行编辑。

知识关联 按钮和导航条的色彩搭配

在制作动画的按钮和导航条时，由于动画风格不同，制作的按钮和导航条颜色选取也有所不同。使用不同色调的搭配可以得到不同的效果，常见的色彩搭配方法如下。

- **色调配色**：指具有某种相同性质冷暖调、明度的色彩搭配在一起，且最少需要 3 种以上的颜色，如彩虹色。
- **近似配色**：选择相邻或相近的颜色进行搭配。因为使用的颜色接近，所以颜色看起来稳定，如紫色配橙色，绿色配橙色。
- **渐进配色**：按颜色、明度程度高低依次排列。使用这种配色可以使颜色看起来沉稳，有层次感。
- **对比配色**：用色相、明度的反差进行搭配。使用这种配色方法可以通过颜色的强弱、产生对比感，从而吸引人的眼球。如黄色配紫色，蓝色配橙色。
- **分隔式配色**：如果两种颜色比较接近，容易被混淆。可以加入白色或者米色等中性色到这两种颜色之间，增加强度，使整体颜色和谐。

如果用户觉得配色仍然是一件麻烦、不易的事，可以在网上查找一些配色网站，通过一些固有的配色表对自己的 Flash 动画进行配色。

在编辑动画中的文字时，如果找不到和本章中字体相同的文字，说明该电脑中未安装此种字体，为了让动画中的文字更加美观，用户可在网络中下载需要的字体进行安装。

第15章

制作交互式动画

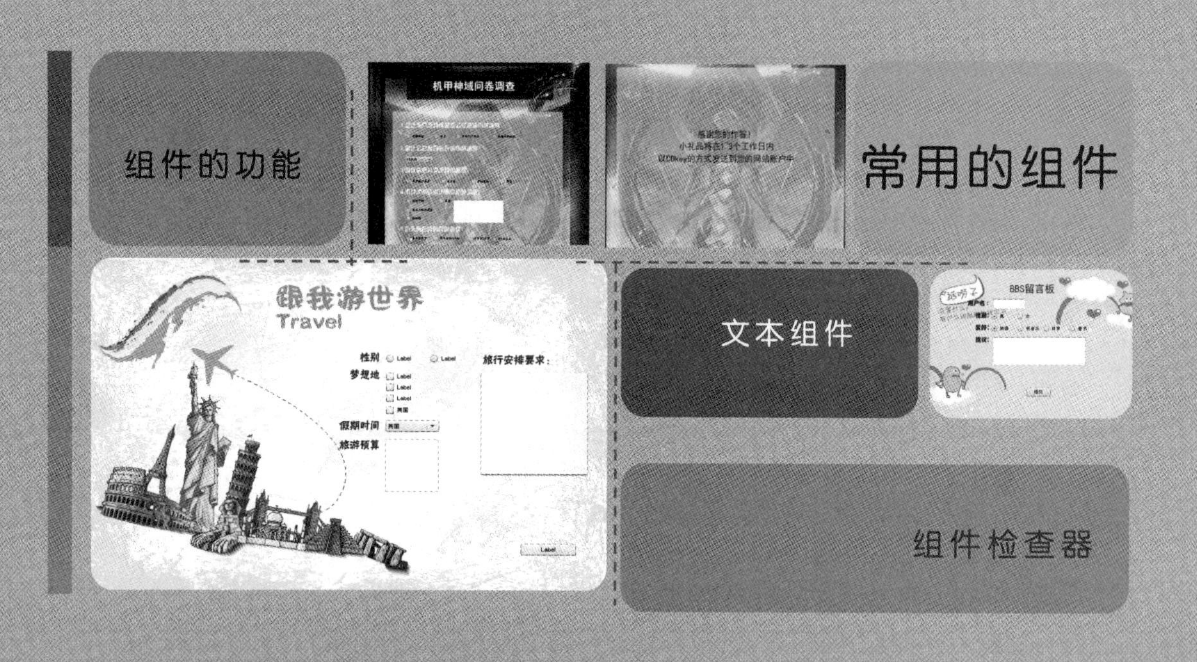

本章导读

在 Flash 中运用交互式功能，可通过 ActionScript 语句来实现，但在制作一些网络调查表单类的交互式动画时，使用 ActionScript 语句不但会耗费大量的时间，且不易得到满意的效果。所以在制作表单时，用户不妨使用 Flash 自带的组件功能进行制作。

15.1 认识“组件”面板

Flash 中的组件为动画添加可反复使用的模板，这些模板中包括图形和代码，使用户不用编辑 ActionScript 语句就能制作单选按钮、对话框和预加载栏等元素。

Flash 中提供了一些用于制作交互式动画的组件。组件是带有参数的影片剪辑元件，通过设置参数可以修改组件的外观和行为，利用这些组件的交互组合，配合相应的 ActionScript 语句，可以制作出具有交互功能的交互式动画。为动画添加组件都是通过“组件”面板进行的，选择【窗口】/【组件】命令即可打开“组件”面板。“组件”面板中包括了多种内置的组件，如图 15-1 所示。

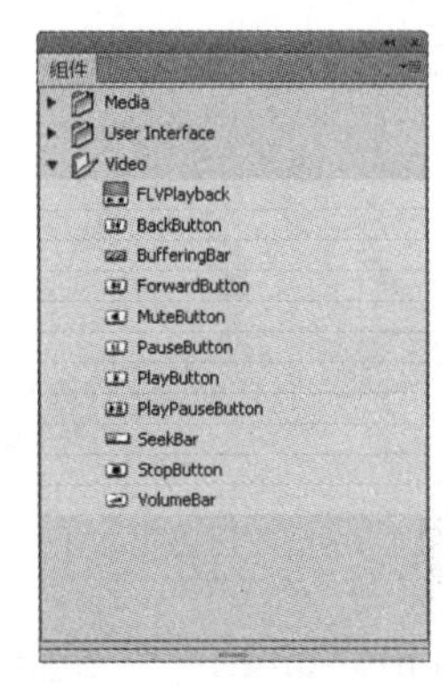

图 15-1 “组件”面板

“组件”面板中共分为 Media 组件、User Interface 组件（即 UI 组件）和 Video 组件 3 类，各类组件的具体功能及含义如下。

- Media 组件：主要用于设置播放器外观。该组件类别下包括 MediaController、MediaDisplay 和 MediaPlayback 等组件。
- User Interface 组件：用于设置用户界面，并通过界面使用户与应用程序进行交互操作。在 Flash 中的大多数交互操作都是通过该组件实现的。在 User Interface 组件中，主要包括 Accordion、Button、CheckBox、ComboBox、Loader、TextArea 以及 ScrollPane 等组件。
- Video 组件：主要用于对播放器中的播放状态和播放进度等属性进行交互操作。在该组件类别下包括 BackButton、PauseButton、PlayButton 以及 VolumeBar 等组件。

15.2 常用组件

在 Flash CS6 的各组件类型中，User Interface 组件是应用最广、最频繁的组件类别之一。User Interface 组件中最常用的组件有 6 种，下面分别对其进行介绍。

15.2.1 单选按钮组件 RadioButton

单选按钮组件 RadioButton 主要用于选择一个唯一的选项。该组件不能单独使用，至少有两个单选按钮组件时才可以制作实例。通常，用户在 Flash 中创建一组单选按钮形成

按“Ctrl+F7”快捷键也可打开或隐藏“组件”面板。将“组件”面板中的组件直接拖动到舞台中或直接双击“组件”面板中的组件皆可将组件添加到舞台中。

的系列选择组中只能选择某一个选项，在选择该组中某一个选项后，将自动取消对该组内其他选项的选择。在“组件”面板下的 User Interface 类中选择单选按钮组件 RadioButton，按住鼠标左键不放将其拖放到舞台上创建单选按钮组件，如图 15-2 所示。选中舞台中的单选按钮，在其“属性”面板的“操作参数”栏中可对单选按钮的参数进行设置，如图 15-3 所示。

图 15-2　添加单选按钮组件

图 15-3　单选按钮组件的参数

RadioButton 组件“操作参数”栏中主要参数的含义如下。

- enabled：默认为 true（即选中状态），表示该组件为可用状态。若改为 false，则将禁用该组件。
- groupName：用于指定当前单选按钮所属的单选按钮组，该参数值相同的单选按钮自动被编为一组，并且在一组单选按钮中只能选中一个单选按钮。
- label：用于设置按钮上的文本值，默认值是 Label。
- labelplacement：用于确定单选按钮旁边标签文本的位置，包括 4 个选项，分别为 left、right、top 和 bottom，默认值为 right。
- selected：用于确定单选按钮的初始状态为被选择状态（true）或未选中状态（false），其默认值为 false。被选中的单选按钮中会显示一个圆点，一个组内只能有一个单选按钮被选中，如果一组内有多个单选按钮被设置为 true，则会选中最后设置的单选按钮。
- value：在该参数中用户可定义与单选按钮相关联的值。

15.2.2　复选框组件 CheckBox

利用复选框组件可以同时选取多个项目。通过 User Interface 组件中的 CheckBox 组件可创建多个复选框，并为其设置相应的参数。在“组件”面板的 User Interface 组件类型中选择复选框组件 CheckBox，按住鼠标左键不放将其拖放到舞台上，完成复选框的创建，如图 15-4 所示。选中添加到舞台中的复选框，在其“属性”面板中的“操作参数”栏中可对复选框的各项参数进行设置，如图 15-5 所示。

在添加 RadioButton 组件时，必须要有两个或两个以上的 RadioButton 组件添加到舞台中才能使其有意义。

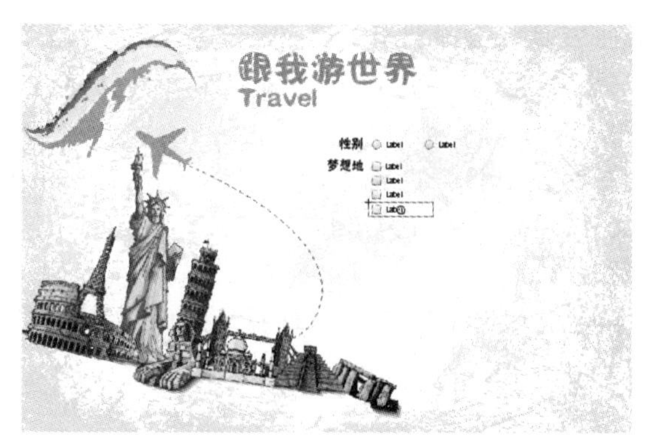

图 15-4　添加复选框组件

图 15-5　复选框组件的参数

CheckBox 组件“操作参数”栏中主要参数的含义如下。

- label：其默认值是 Label，用于确定复选框中显示的文本内容。
- labelPlacement：包括 4 个选项，分别是 left、right、top 和 bottom，默认值是 right，用于确定复选框上标签文本的方向。
- selected：用于确定复选框的初始状态为选中状态（true）或未选中状态（false）。被选中的复选框会显示一个勾标记。一组内复选框中可有多个被选中。

15.2.3　下拉列表框组件 ComboBox

下拉列表框组件用于在弹出的下拉列表中选择需要的选项，在“组件”面板下的 User Interface 类型中选择下拉列表框组件 ComboBox，按住鼠标左键将其拖放到舞台中可创建一个下拉列表框。单击创建好下拉列表框右边的▾按钮可在其下拉列表中选择需要的选项，如图 15-6 所示。选择添加到舞台中的下拉列表框，在其“属性”面板中的“操作参数”栏中可对下拉列表框组件的各项参数进行设置，如图 15-7 所示。

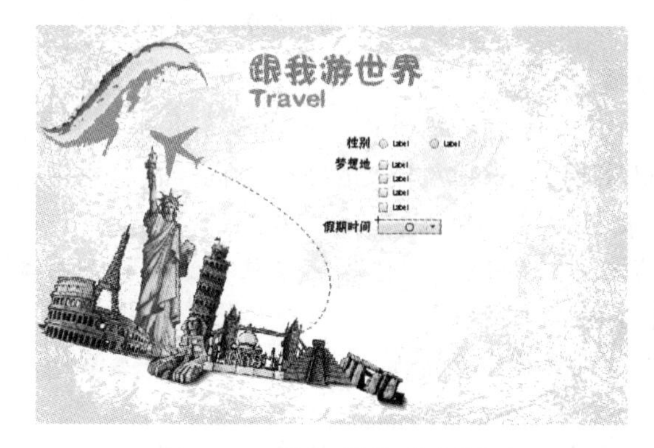

图 15-6　添加下拉列表框

图 15-7　下拉列表框组件的参数

ComboBox 组件“操作参数”栏中主要参数的含义如下。

- dataProvider：单击该参数右边的✎图标，将打开“值”对话框，在其中可设置名

将组件添加到舞台中后，要改变舞台上复选框组件的宽度，可在选中舞台中的复选框组件实例的情况下，选择工具箱中的“任意变形工具”▣改变其宽度，但需要注意的是，复选框组件的高度是不能改变的。

称和值，以此来决定 ComboBox 组件下拉列表中显示的内容。单击左上角的➕按钮，可以为下拉列表框添加一个选项；单击➖按钮，可以删除当前选择的选项。单击⬇或⬆按钮，可以改变选项的顺序。

- editable：该参数用于决定用户是否能在下拉列表框中输入文本，true 表示可以输入文本，false 则表示不可以输入文本，其默认值为 false。
- prompt：设置对 ComboBox 组件的提示。
- rowCount：获取或设置没有滚动条的下拉列表中可显示的最大行数，默认值为 5。

15.2.4　列表框组件 List

列表框组件 List 是一个可滚动的单选或多选列表框，可以显示图形和文本。单击标签或数据参数字段时，将打开“值”对话框，在对话框中可以添加显示在 List 中的项目。在“组件”面板的 User Interface 类型中选择列表框组件 List，按住鼠标左键将其拖放到舞台中，完成创建列表框，如图 15-8 所示。选择舞台中的列表框，在其“属性”面板的“操作参数”栏中可对列表框组件的各项参数进行设置，如图 15-9 所示。

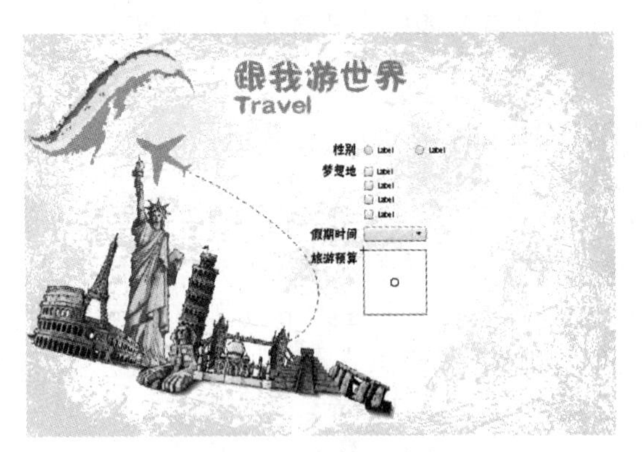

图 15-8　添加列表框

图 15-9　列表框组件的参数

List 组件“操作参数”栏中主要参数的含义如下。

- allowMultipleSelection：获取一个布尔值，指示能否一次选择多个列表项目。
- dataProvider：单击该参数右边的✎图标，将打开“值”对话框，在其中可设置名称和值，以此来决定 List 组件列表框中显示的内容。
- horizontalLineScrollSize：获取或设置一个值，该值描述当单击滚动箭头时要在水平方向上滚动的内容量，默认值为 4。
- horizontalPageScrollSize：获取或设置按滚动条轨道时水平滚动条上滚动滑块要移动的像素数，默认值为 0。
- horizontalScrollPolicy：获取对水平滚动条的引用，默认值为 auto。
- verticalLineScrollSize：获取或设置一个值，该值描述当单击滚动箭头时要在垂直方向上滚动多少像素个数，默认值为 4。

将列表框添加到舞台中后，将“verticalScrollPolicy”和“horizontalScrollPolicy”参数设置为 on，则可以获取对垂直滚动条和水平滚动条的引用。选择 off 选项将不显示水平滚动条，选择“auto”选项将根据内容自动选择是否显示水平滚动条。

- verticalPageScrollSize：获取或设置单击垂直滚动条时滚动滑块要移动的像素数，默认值为 0。
- verticalScrollPolicy：获取对垂直滚动条的引用，默认值为 auto。

15.2.5 滚动条组件 ScrollPane

滚动条组件 ScrollPane 用于在某个大小固定的文本框中显示更多的文本内容。滚动条是动态文本框与输入文本框的组合，在动态文本框和输入文本框中添加水平和竖直滚动条，用户可以通过拖动滚动条来显示更多的内容。在“组件”面板的 User Interface 类型中选择滚动条组件 ScrollPane，按住鼠标左键不放将其拖放到舞台上，完成滚动条的创建，如图 15-10 所示。选中添加到舞台中的滚动条，在其“属性”面板中的“操作参数”栏中可对滚动条组件的各项参数进行设置，如图 15-11 所示。

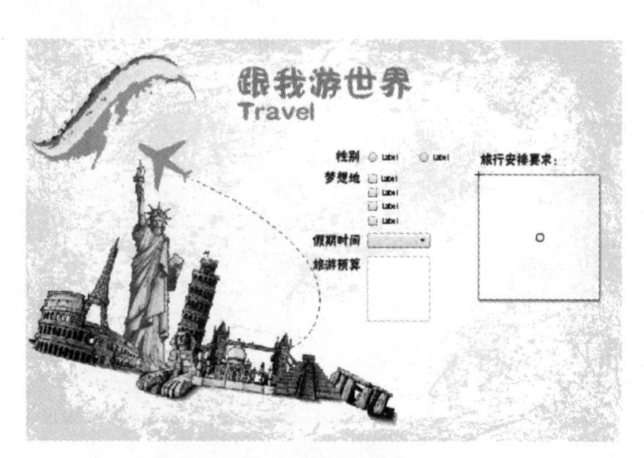

图 15-10 添加滚动条组件

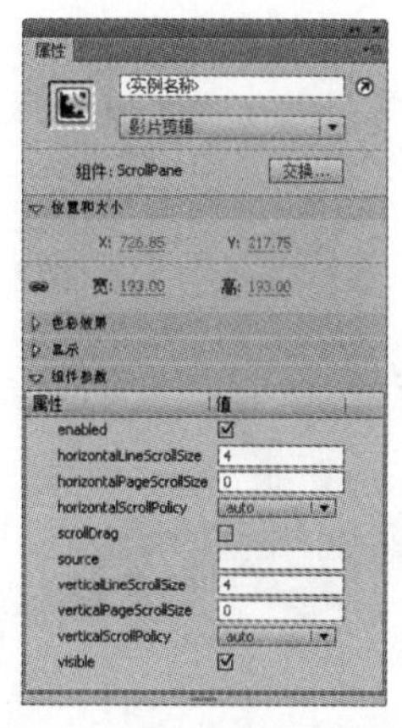

图 15-11 滚动条组件的参数

ScrollPane 组件“操作参数”栏中主要参数的含义如下。

- horizontalLineScrollSize：确定每次单击滚动条两边的箭头按钮时，水平滚动条移动多少个单位，默认值为 4。
- horizontalPageScrollSize：指定每次单击滚动条时，轨道水平移动的距离，默认值为 0。
- horizontalScrollPolicy：确定是否显示水平滚动条。可以选择 on（显示）、off（不显示）或 auto（自动），默认值为 auto。
- scrollDrag：确定是否允许用户在滚动条中滚动内容，选择 true 选项表示允许，选择 false 选项表示不允许，默认值为 false。
- source：获取或设置绝对或相对 URL（该 URL 标识要加载的 SWF 或图像文件的位置）、库中影片剪辑的类名称、对显示对象的引用或者与组件位于同一层上的影片剪辑的实例名称等。
- verticalLineScrollSize：指定每次单击滚动条两边的箭头按钮时，垂直滚动条移动多少个单位，默认值为 4。

ScrollPane 组件中比较重要的参数是“source”，通常都是动态获取所需要的图像、动画和文本等。

- verticalPageScrollSize：指定每次单击轨道时垂直滚动条移动的距离，默认值为 0。
- verticalScrollPolicy：确定是否显示垂直滚动条，可以选择 on（显示）、off（不显示）或 auto（自动），默认值为 auto。

15.2.6　按钮组件 Button

按钮组件 Button 可以执行鼠标和键盘的交互事件，常用于制作“提交”等按钮。通过设置属性可将按钮的行为从按下改为切换，在单击切换按钮后，它将保持按下状态，直到再次单击时才会返回到弹起状态。Flash 中的按钮组件 Button 可以使用自定义的图标。在“组件”面板的 User Interface 类型中选择按钮组件 Button，按住鼠标左键不放将其拖放到舞台中，完成按钮创建，如图 15-12 所示。选中舞台中添加的按钮，在其“属性”面板的“操作参数”栏中可对按钮组件的各项参数进行设置，如图 15-13 所示。

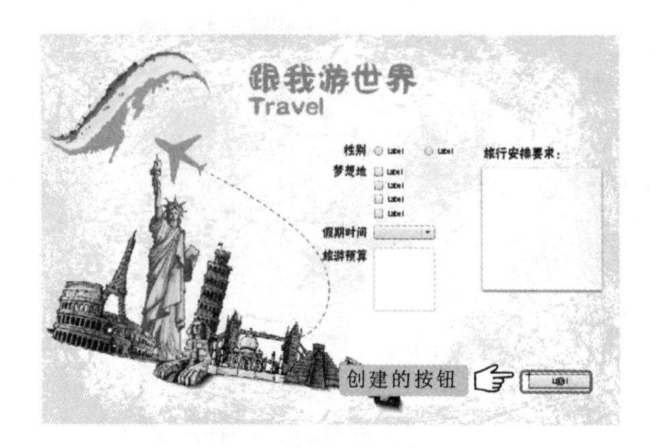

图 15-12　添加按钮组件

图 15-13　按钮组件的参数

Button 组件“组件参数”栏中各项参数的含义如下。

- emphasized：指明按钮是否处于强调状态，如果是，则为 true，否则为 false。强调状态相当于默认的普通按钮外观。
- label：其默认值是 Label，用于显示按钮上的内容。
- labelPlacement：用于确定按钮上的标签文本相对于图标的方向，其中包括 left、right、top 和 bottom 4 个选项，其默认值是 right。
- selected：指定按钮是否处于按下状态。如要将 selected 属性设为选中状态，toggle 必须被选中。如果 toggle 处于取消选中状态，则给 selected 属性赋予值将不起作用。默认值为未选中状态。
- toggle：其默认值为 false，可以确定是否将按钮转变为切换开关。如果想让按钮在单击后立即弹起，可取消选中该复选框；如果想让按钮在单击后保持凹陷状态，在再次单击后才返回到弹起状态，可选中该复选框。

精讲笔录

通常添加按钮组件 Button 后，需要为其添加事件响应，当单击按钮组件时，就会响应相应的 ActionScript 语句。

15.3　文本组件

除了上面介绍的一些常用组件外，文本组件也是经常用到的。下面分别介绍文本组件的作用及其相关参数。

15.3.1　文本标签组件

文本标签组件是指“组件”面板中的 Label 组件，一个 Label 组件就是一行文本，Label 组件没有边框，在“属性”面板的“操作参数”栏中可输入文本。在舞台中添加该组件后，“属性”面板的“操作参数”栏中主要参数的作用如下。

- autoSize：指示如何调整标签的大小并对齐标签适应文本，默认值为 none，参数可以是 none、left、center 和 right 中的一个。
- htmlText：指示标签是否采用 HTML 格式，如果将 HTML 设置为 true，则不能使用样式来设置标签格式，用户可以使用 font 标记将文本格式设置为 HTML。
- text：用于输入标签的内容，默认值为 label。

15.3.2　文本域组件

文本域组件是指“组件”面板中的 TextArea 组件，在需要多行文本字段的任何地方都可以使用 TextArea 组件，当在文本框中输入文本后，文本会自动换行，当超出文本域显示框的范围时，文本域会自动生成滑动条，通过滑动条可以改变文字的显示范围。在舞台中添加该组件后，“属性”面板的“操作参数”栏中主要参数的作用如下。

- displayAsPassword：获取或设置一个布尔值，指定文本字段是否是密码文本字段。
- editable：指示 TextArea 组件是否可编辑，默认为选中。
- horizontalScrollBar：获取对水平滚动条的引用。
- maxChars：指示文本区域最多可容纳的字符数，默认值为 null（表示无限制）。
- restrict：指示用户可以输入文本区域中的字符集，默认值为 undefined。
- text：用于输入 TextArea 组件的内容，默认值为 “""”（空字符串）。

15.4　组件检查器

组件检查器用于显示和设置所选组件的参数和属性等信息。在组件较多的情况下，使用组件检查器，可以快速地对组件的参数和属性信息进行检查，从而提高动画制作的效率。

文本域中的文字无法通过参数设置来设置其字体、字号等显示属性，只能通过 HTML 格式，将 HTML 设置为 true，使用字体标签来设置文本格式。

组件检查器是制作 Flash 表单时经常使用到的工具。通过它不但能快速地对组件的属性进行检查，还能对组件的属性进行修改。其使用方法是：选择【窗口】/【组件检查器】命令，打开“组件检查器”面板。在“组件检查器”面板中有 3 个选项卡，各选项卡的含义如下。

- **“参数”选项卡**：在“参数”选项卡中将显示提示操作信息，如图 15-14 所示。
- **“绑定”选项卡**：查看该组件绑定数据的相关信息，若没有绑定数据，则该选项卡中内容为空，如图 15-15 所示。需要注意的是，在执行绑定操作前，一定要在“属性”面板中为组件实例命名。
- **“架构”选项卡**：用于查看与该组件相关的架构信息，并对相关信息进行修改，如图 15-16 所示。单击面板中的按钮，可为组件添加各种属性。

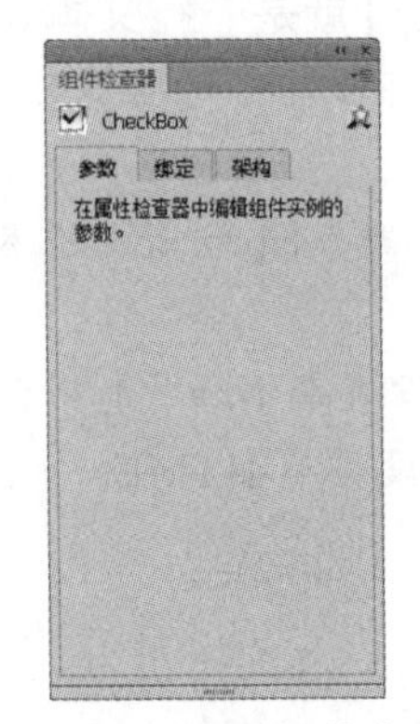

图 15-14　查看组件参数

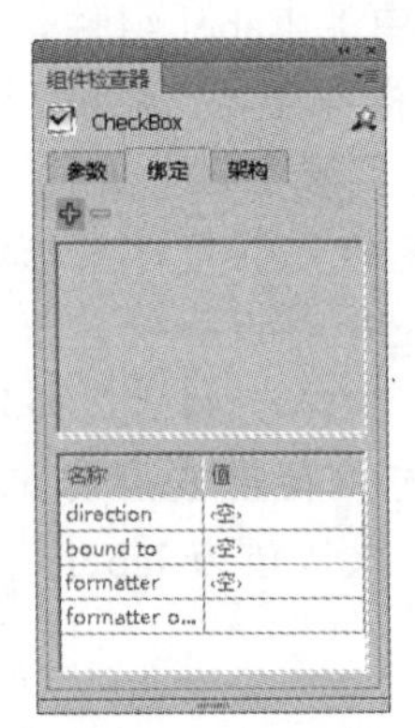

图 15-15　查看绑定信息

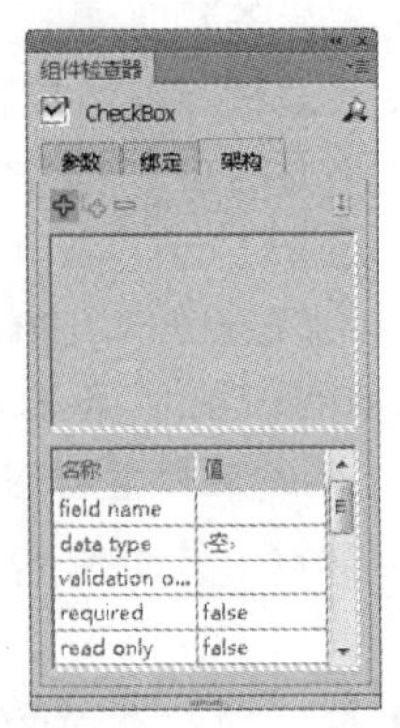

图 15-16　查看组件架构信息

15.5　精通实例——制作游戏调查表单

本章的精通实例将制作游戏调查表单，在制作时将使用新建文档、导入素材、添加组件和编辑组件等知识，并在动画文档中添加游戏中人物的元素、场景来美化调查表单，最终效果如图 15-17 所示。

图 15-17　游戏调查表单效果

“组件检查器”面板只能在 ActionScript 1.0 和 ActionScript 2.0 中使用，不能在 ActionScript 3.0 中使用。

15.5.1 行业分析

本例制作的游戏调查表单是游戏公司为收集各种游戏信息常见的调查问卷，通过问答的方式可以获得有用的游戏相关信息，以达到获得建议改进游戏的目的。

游戏问卷调查的内容按要求不同主要分为两类，一类是游戏正在测试期的调查，另一类是游戏在正常运营时进行的调查。前者在问卷调查的内容上更倾向于调查玩家群的年龄层次、消费情况、修复游戏中的问题以及建议等，而后者则是倾向于询问游戏中应该添加的东西、游戏的优缺点等。

需要注意的是，游戏调查问卷属于游戏策划的一部分。为了得到更多的信息，一般需要在做出一份游戏问卷调查的同时，配套策划一场抽奖活动，以奖品吸引玩家填写游戏问卷。

15.5.2 操作思路

为更快地完成本例的制作，并且尽可能运用本章讲解的知识，本例的操作思路如下。

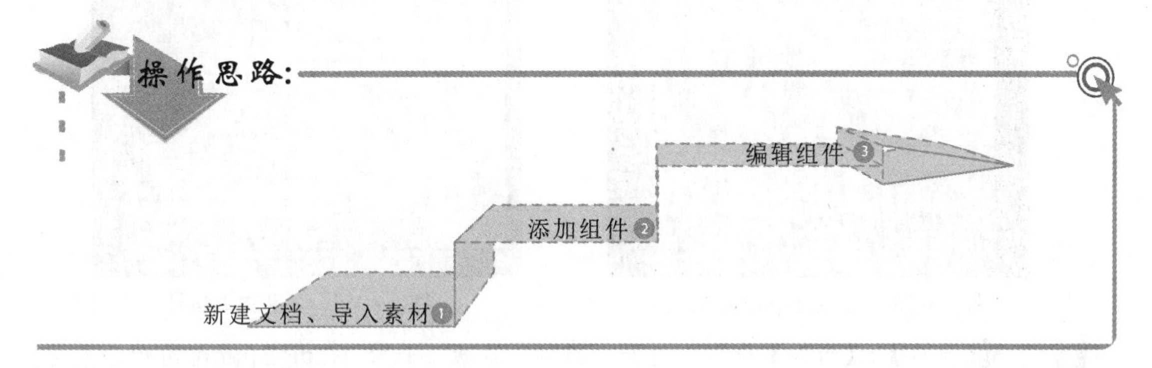

15.5.3 操作步骤

下面介绍制作游戏调查表单的方法，其操作步骤如下：

参见光盘

光盘\素材\第 15 章\游戏问卷背景.jpg
光盘\效果\第 15 章\游戏问卷调查.fla
光盘\实例演示\第 15 章\制作游戏问卷调查表单

1. 选择【文件】/【新建】命令，新建一个大小为 800×1000 像素的空白文档。
2. 选择【文件】/【导入】/【导入到舞台】命令，将“游戏问卷背景.jpg”图像导入舞台中，并使其与舞台重合，在第 2 帧中插入帧。新建“图层 2”，选择第 1 帧。在“工具”面板中选择“文本工具” T，在“属性”面板中将“系列”、“大小”、“颜色”分别设置为“方正大黑简体”、“37.0”、“白色”，在背景图片的上方输入“机甲神域问卷调查”文本。
3. 再次选择“文本工具” T，在“属性”面板中将“文字引擎”、“系列”、“大小”分别

为了使调查表文字看起来清晰，一般在选择背景时应该使用比较清新、颜色较淡的图片。

设置为“TLF 文本”、“方正综艺简体”、“20.0”，在舞台中输入如图 15-18 所示的文本，并分别对其进行对齐操作。

4 新建“图层 3”，选择“工具”面板中的“矩形工具”，并在“属性”面板中设置矩形边角半径为 10，在最后一排文本后绘制一个无边框颜色为“淡黄色（#FFFFCC）”的圆角矩形。

5 使用“文本工具”在淡黄色圆角矩形绘制上一个比矩形稍微小一些的文本框，在“属性”面板中将“文本类型”设置为“输入文本”，设置“实例名称”为“_id”，设置“系列”、“大小”、“颜色”分别为“黑体”、“18.0”、“桃红色（#FF3399）”，如图 15-19 所示。

图 15-18　在舞台中输入文本

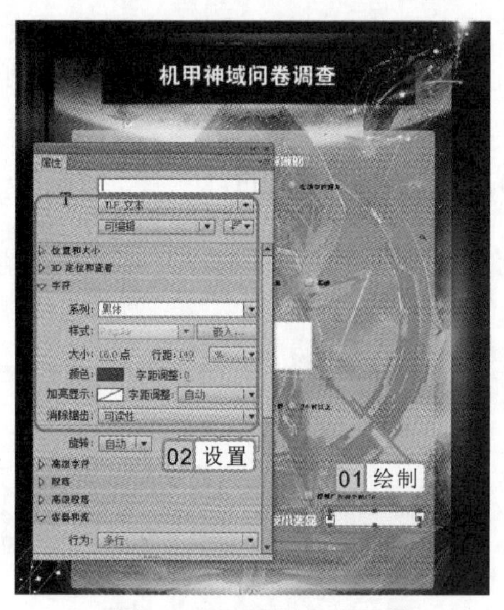

图 15-19　设置文本属性

6 选择【窗口】/【组件】命令，打开“组件”面板。选择 RadioButton 组件，并将其拖放到第 1 个问题下方，在“属性”面板中将组件的“groupName”、“Label”分别设置为“join”、“视频网站”，如图 15-20 所示。使用同样的方法再添加 3 个 RadioButton 组件，将 Label 分别设置为“杂志”、“大型门户网站”、“生活中的好友”，效果如图 15-21 所示。

图 15-20　第一个单选按钮组件的参数

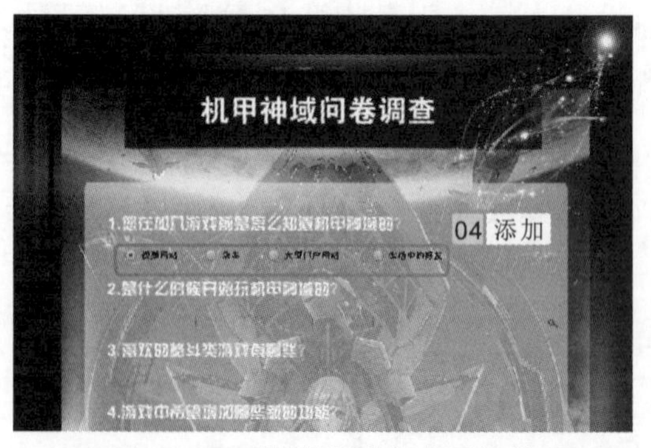

图 15-21　组件设置完成后的效果

精讲笔录

使用文本域和使用动态文本显示文本内容的方法是类似的。

7 在“组件”面板中选择 ComboBox 组件，将其拖放到第 2 个问题下方。在“属性”面板中单击“dateProvider”后的按钮，打开“值”对话框。在其中单击按钮，设置“label”为“1 个月内”。使用相同的方法再添加 3 个值，分别设置它们的值为“半年内”、“半年到 1 年”、“1 年以上”，如图 15-22 所示，单击确定按钮。

8 在“组件”面板中选择 CheckBox 组件，将其拖放到第 3 个问题下方。在“属性”面板中设置“label”为“地下城与勇士”。使用相同的方法再添加 3 个 CheckBox 组件，设置它们的“label”分别为“龙之谷”、“梦幻龙族”、“其他”，效果如图 15-23 所示。

图 15-22　输入值

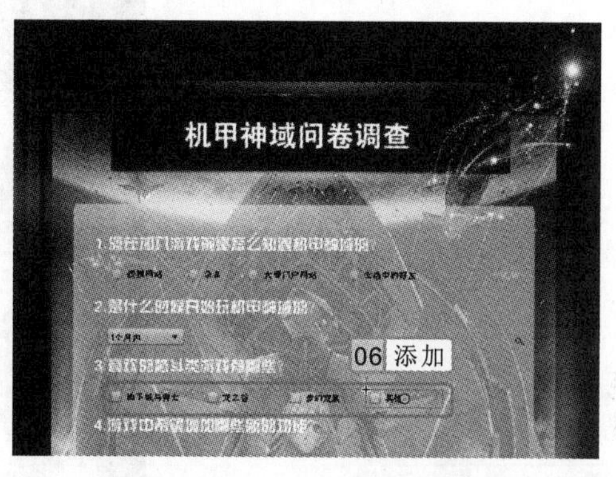

图 15-23　添加复选框

9 在第 4 个问题下，添加 4 个 CheckBox 组件，并在“属性”面板中分别设置“label”为“技能平衡”、“新的人物和武器”、“新地图”、“其他”。选中“新的人物和武器”复选框，在“属性”面板中设置“宽”为“110.00”，如图 15-24 所示。

10 在“组件”面板中选择 TextArea 组件，将其移动到其他复选框后方。在其“属性”面板中设置“宽”、“高”分别为“181.00”、“79.60”，效果如图 15-25 所示。

图 15-24　设置复选框宽度

图 15-25　添加文本框

11 在第 5 个问题下方添加 4 个 RadioButton 组件，在“属性”面板中设置其“groupName”为“online”，再分别设置“label”为“半小时以下”、“半小时到 1 小时”、“1 小时

在步骤 11 中，为了在输入的语句中调用添加的文本框，所以在“属性”面板中分别为其命名，读者也可以自己为其命名，但要注意这里定义的名称必须要和语句中调用它们时的名称一致，否则会产生错误。

到 2 小时”、“2 小时以上”。

12 在第 6 个问题下添加一个 ComboBox 组件，在“属性”面板中单击按钮，打开“值”对话框，在其中添加 5 个值，并设置“label”值分别为“神圣之刃”、“雷诺守备”、“裁决之地”、“钢铁岛”、“钢铁烈阳”，如图 15-26 所示，单击 确定 按钮。

13 在第 7 个问题下添加 4 个 CheckBox 组件，并在“属性”面板中设置“label”为“网站”、“微博”、“论坛”、“视频广告”和“平面广告”，效果如图 15-27 所示。

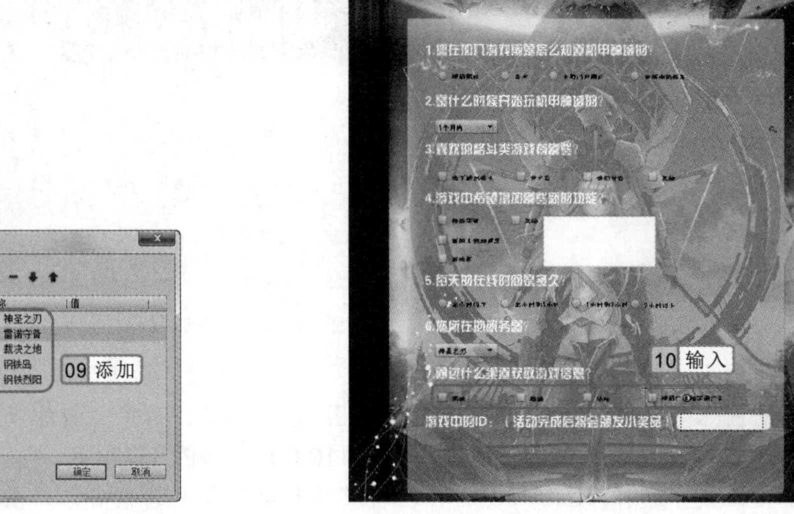

图 15-26　设置值　　　图 15-27　添加 CheckBox 组件

14 在“组件”面板中，将 Button 组件拖到舞台的右下方。在“属性”面板中设置实例名称为“onclick”，将“labels”设置为“提交”。

15 新建“图层 4”，在第 2 帧中插入关键帧，将“图层 2”中的“机甲神域问卷调查”文本复制并原位置粘贴到“图层 4”的第 1 帧上，如图 15-28 所示。

16 选择“图层 1”的第 2 帧，并插入关键帧。选择“文本工具”T，在“属性”面板中设置“文本引擎”、“系列”、“大小”、“颜色”分别为“传统引擎”、“黑体”、“23.0”、“黑色”，并单击按钮，如图 15-29 所示。

17 新建“图层 5”，在第 1 帧中插入关键帧。按“F9”键，在打开的“动作”面板中为其添加如下语句：

```
stop();
function clickHandler(event:MouseEvent):void{
this.gotoAndStop(2);
}
onclick.addEventListener(MouseEvent.CLICK, clickHandler);
```

在为下拉列表框设置值时，如果在“值”对话框中添加了多余的值，可将其选中后单击按钮，即可将其删除。

图 15-28 复制文字

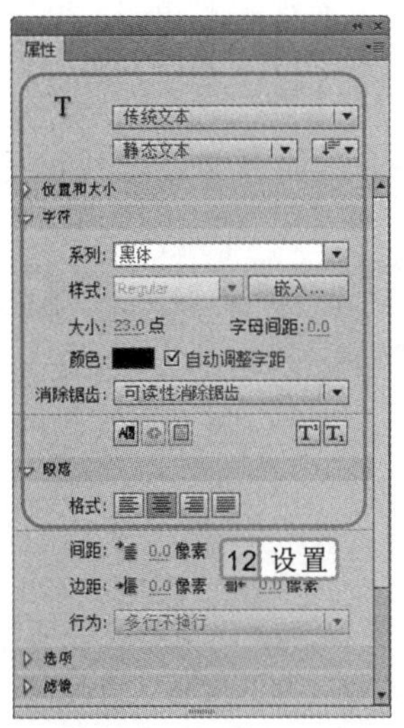

图 15-29 设置文本样式

18 在第 2 帧中插入关键帧，在“动作”面板中输入“stop();”。

19 按“Ctrl+Enter”快捷键测试动画，在第一个页面中填写调查的内容，单击按钮进入感谢页。

15.6 精通练习——制作留言板

本次精通练习将制作“留言板”文档，首先在文档中添加单选按钮组件、文本域组件、按钮组件等，再在“属性”面板的“参数”选项卡下对组件的属性进行设置，效果如图 15-30 所示。

图 15-30 制作留言板

在为“性别”、“爱好”设置单选按钮组件属性时，必须是在“groupName”后面为其设置组名和实例名称，否则在添加语句时无法调用它们。

参见光盘
光盘\素材\第 15 章\留言板背景.jpg
光盘\效果\第 15 章\留言板.fla
光盘\实例演示\第 15 章\制作留言板

该练习的操作思路与关键提示如下。

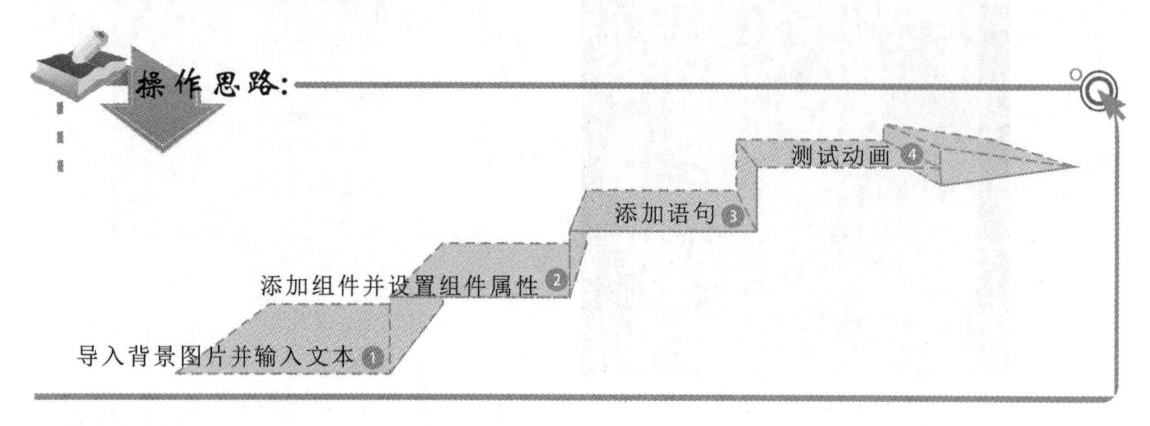

关键提示:

在制作本动画时，需要在第 1 帧中输入的语句如下：

```
stop();
var temp:String="";
var xingbie:String="男";
function _tijiaoclickHandler(event:MouseEvent):void {
//取得当前的数据
temp="姓名： "+_name.text;
temp+="\r 性别:"+xingbie;
temp+="\r 爱好： "+aihao;
temp+="\r 建议： "+jianyi.text;
//跳转
    this.gotoAndStop(2);
}
onclick1.addEventListener(MouseEvent.CLICK, _tijiaoclickHandler);
//性别
function clickHandler1(event:MouseEvent):void {
    xingbie=event.currentTarget.label;
}
_man.addEventListener(MouseEvent.CLICK, clickHandler1);
_girl.addEventListener(MouseEvent.CLICK, clickHandler1);
//爱好
function clickHandler2(event:MouseEvent):void {
```

语句中的“\r”代表换行符，“\r”后面的内容会换行显示。

```
    aihao=event.currentTarget.label;
}
aihao1.addEventListener(MouseEvent.CLICK, clickHandler2);
aihao2.addEventListener(MouseEvent.CLICK, clickHandler2);
aihao3.addEventListener(MouseEvent.CLICK, clickHandler2);
```

在第 2 帧中输入的语句如下：

```
_liouyan.text=temp;
stop();
function _backclickHandler(event:MouseEvent):void {
    gotoAndStop(1);
}
onclick2.addEventListener(MouseEvent.CLICK, _backclickHandler);
```

使用 Dreamweaver 制作表

使用 Flash 可以制作美观的表单，但在实际制作时，通常会通过 Dreamweaver 自带的插入表单控件制作表单。通过 Flash 制作表单，虽然能制作出漂亮的表单效果，但由于其输入数据导入到数据库中有一定难度，所以对于初学者来说一般较少使用 Flash 制作表单，而常使用 Dreamweaver 制作表单。

在 ActionScript 3.0 中必须使用 addEventListener 来侦听鼠标事件。

第16章

制作动画特效

极光效果

无限星空效果

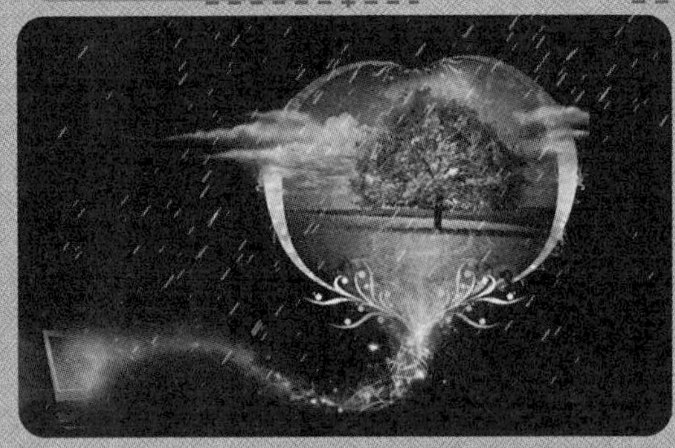

动画载入效果

下雨效果

本章导读

衡量一个动画的好坏，除了可以通过该动画表达的含义是否已经传达到位外，还可以通过动画效果是否漂亮、美观等因素来进行考量。如果一个作品能很清楚地表达动画制作者的制作意图，但画面效果一般，这样的作品仍然不能吸引人。本章将讲解制作几种常用的动画特效的方法，以提高用户制作动画特效的水平。

16.1 制作常用动画效果

好的动画效果往往任何细节都处理得很好，如过渡动画的效果、加载时的等待效果等。下面就来讲解一些常用的动画效果。

16.1.1 动画载入效果

在为网站制作 Flash 动画时，如果制作的 Flash 动画文件比较大，当浏览者进入该网站观看动画时，就可能会出现画面延时或停顿等“卡机”现象，为了能让动画正常播放，在制作完动画效果后，一般都会为该动画添加载入动画。载入动画就是当浏览者进入某个带 Flash 动画的网站时，会弹出一个下载进度条，当进度条显示为 100%时，也就是动画下载完成后，再播放动画。

参见光盘 光盘\素材\第 16 章\动画载入效果.fla、加载效果.jpg
光盘\效果\第 16 章\动画载入效果.fla

1. 打开“动画载入效果.fla”文档，选中所有帧，按住鼠标左键不放将其移动到第 2 帧，如图 16-1 所示。
2. 选择“图层 1”的第 1 帧，再选择【文件】/【导入】/【导入到舞台】命令，将“加载效果.jpg”图像导入到舞台中，如图 16-2 所示。

图 16-1 移动帧

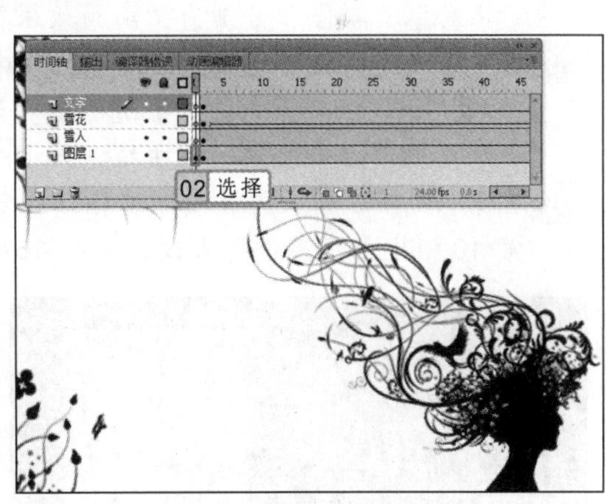

图 16-2 导入图像

3. 打开“载入效果代码.txt”文档，复制所有文本。新建“图层 2”，选中新建图层的第 1 帧。按“F9”键，打开“动作”面板，将“载入效果代码.txt”文档中的文本复制到面板中。
4. 在第 66 帧中插入关键帧，在“动作”面板中输入“gotoAndPlay(2);”。
5. 按“Ctrl+Enter”快捷键测试动画。在动画测试窗口中选择【视图】/【模拟下载】命

操作提示

如果在动画测试窗口中不选择【视图】/【模拟下载】命令，将无法查看到加载条效果。

令，稍等片刻后即可看到如图 16-3 所示的效果。

图 16-3 动画效果

16.1.2 极光效果

在很多使用 Flash 制作的科技类动画的过渡页面中经常出现极光效果。这种效果不但能更好地衬托主体，还能使观赏者对未知事物产生联想。

参见光盘 光盘\效果\第 16 章\极光效果.fla

1. 新建一个大小为 800×400 像素、背景颜色为“黑色（#000000）”的空白文档。
2. 选择【插入】/【新建元件】命令，打开“创建新元件”对话框，在该对话框中设置“名称”、“类型”分别为“动画效果”、“影片剪辑”，进入元件编辑窗口。
3. 在“工具”面板中选择“铅笔工具”，在“工具”面板下方设置笔触颜色为“蓝色（#0099CC）”，颜色的“不透明度”为“60%”，铅笔模式设置为“平滑”。将鼠标指针移动到舞台中绘制一条曲线，如图 16-4 所示。
4. 在第 10 帧中插入关键帧，选择“部分选取工具”，将鼠标指针移动到舞台中，对第 10 帧中的线条进行修改，如图 16-5 所示。

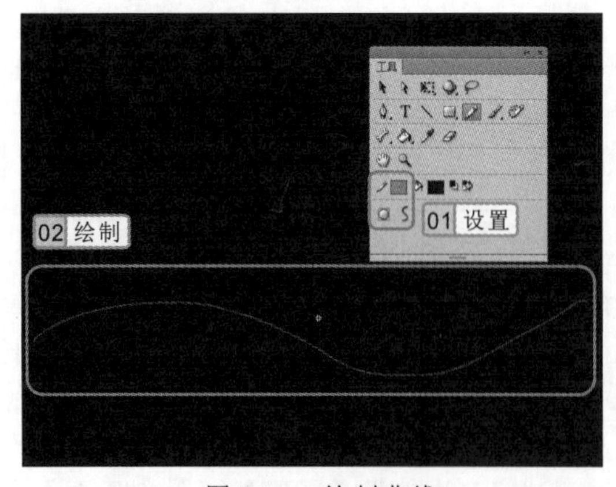

图 16-4 绘制曲线

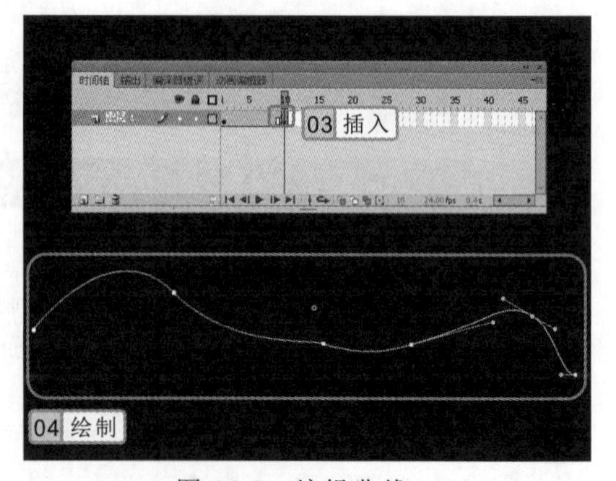

图 16-5 编辑曲线

精讲笔录

创建文档时，设置脚本为 ActionScript 3.0，FPS 为 8.00。

5 选中修改后的线条，在其“属性”面板中单击“笔触颜色”按钮右侧的色块，在弹出的颜色列表中选择“深绿色（#006600）”选项，并将“不透明度”设置为“60%”。

6 在第 20 帧中插入关键帧，使用“部分选取工具”，对第 20 帧中的线条进行修改。

7 选中修改后的线条，在“属性”面板中单击“笔触颜色”按钮，在弹出的颜色列表中选择“玫瑰红（#FF00FF）”选项，并将其颜色的“不透明度”设置为“60%”，效果如图 16-6 所示。

8 在第 30 帧中插入关键帧，使用“部分选取工具”，对第 30 帧中的线条进行修改。

9 选中修改后的线条，在“属性”面板中单击“笔触颜色”按钮右侧的色块，在弹出的颜色列表中选择“鹅黄色（#FFFF33）”选项，并将其颜色的“不透明度”设置为“60%”，效果如图 16-7 所示。

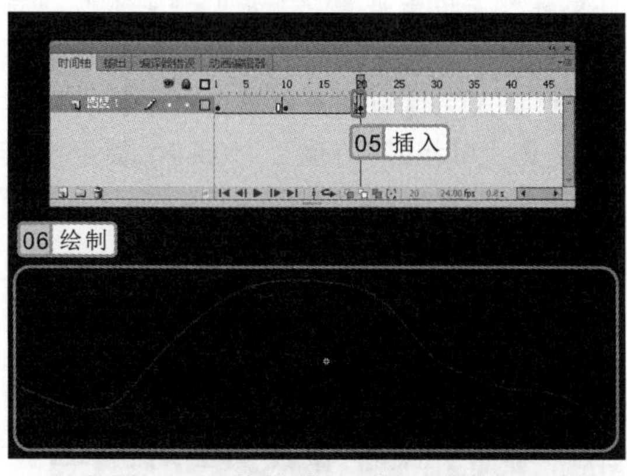

图 16-6　编辑第 20 帧中的线条

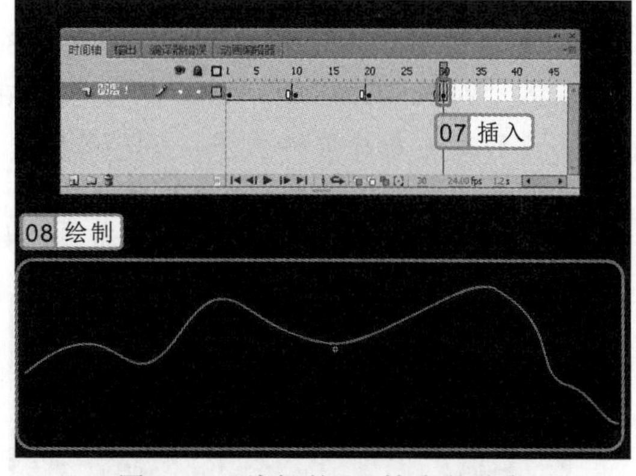

图 16-7　编辑第 30 帧中的线条

10 在第 40 帧中插入空白关键帧，将第 1 帧中的线条原位置粘贴到第 40 帧中，选中并右击第 1~40 帧，在弹出的快捷菜单中选择“创建补间形状”命令。

11 返回到主场景中，将制作的“动画效果”元件拖入到舞台的中上方，在“属性”面板中将“实例名称”修改为“m”。

12 在“库”面板中选择“动画效果”元件并右击，在弹出的快捷菜单中选择“属性”命令，在打开的“元件属性”对话框中显示“高级”栏，选中“为 ActionScript 导出(X)”复选框，在“类”文本框中输入“bian”。

13 新建“图层 2”，按两次“F6”键，插入关键帧。选择“图层 2”中的第 1 帧，为其添加如下语句：

```
var i:uint = 1;
var max:uint = 50;
m.visible=false;
m.alpha=0;
```

14 选择“图层 2”中的第 2 帧，为其添加如下语句：

```
var tempm;
tempm = new bian();
tempm.y=tempm.y+i/10;
```

操作提示

修改动画中的线条摆动幅度将直接影响到动画的播放节奏，线条的起伏大，动画的节奏将变快；线条的起伏小，动画的节奏将变慢。

```
tempm.alpha=tempm.alpha-Math.random();
tempm.scaleX=tempm.scaleX+4;
addChildAt(tempm,i);
i = i+1;
```

15 选择“图层 2”中的第 3 帧，为其添加如下语句：

```
if (i<=max) {
    gotoAndPlay(2);
} else {
    stop();
}
```

16 新建“图层 3”，选择“文本工具”T。在“属性”面板中设置“系列”、“大小”、“颜色”分别为“Copperplate Gothic Bold”、“40”、“白色（#FFFFFF）”，在舞台中输入“WELCOME TO YAMA”文本。在第 3 帧中插入关键帧。选中第 3 帧中的文字将其转换为影片剪辑元件。在“属性”面板中设置“Alpha”的值为“0%”。最后为第 1~3 帧创建传统补间动画。

17 按“Ctrl+Enter”快捷键测试动画，如图 16-8 所示。

图 16-8 测试动画效果

16.2 制作自然现象效果

在制作动画时，时常会需要用户制作自然现象。虽然自然现象有很多，但有些效果的制作方法比较接近。下面就将讲解几种经常用到的自然现象效果。

16.2.1 无限星空效果

无限星空动画效果，就是在播放动画时出现逼真的星空移动效果。这种效果在制作动

制作的极光效果往往会被作为网站进入页面使用。

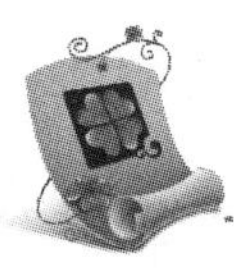

画 MTV、游戏时经常会使用到。

光盘\效果\第 16 章\无限星空.fla

1. 新建一个大小为 600×500 像素、背景颜色为“黑色（#000000）”的空白文档。
2. 选择【插入】/【新建元件】命令，打开“创建新元件”对话框，在该对话框中设置“名称”、“类型”分别为“宇宙”、“图形”，进入元件编辑窗口。
3. 选择“刷子工具”，在“工具”面板下方设置笔触颜色为“无”，填充色为“白色（#FFFFFF）”。
4. 将鼠标指针移动到舞台中，在窗口中绘制很多大小不一的白色小点，并将小点视为宇宙中的星球，如图 16-9 所示。
5. 选择【插入】/【新建元件】命令，打开“创建新元件”对话框，在该对话框中设置“名称”、“类型”分别为“星空”、“影片剪辑”，进入元件编辑窗口。
6. 将“宇宙”图形元件拖入到编辑窗口的中心位置，在第 30 帧中插入关键帧，并为关键帧创建传统补间动画，如图 16-10 所示。

图 16-9 绘制图形

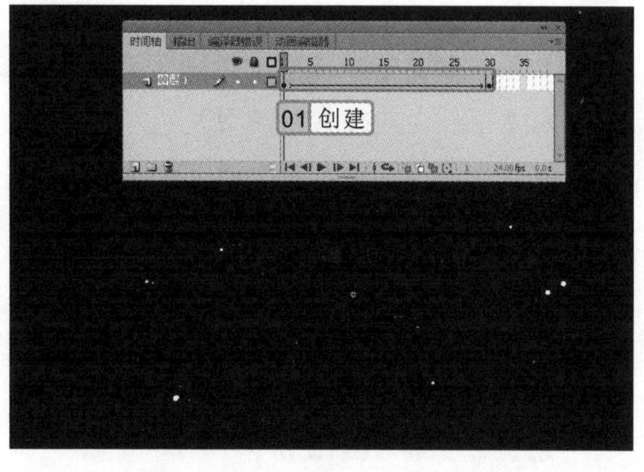

图 16-10 创建传统补间动画

7. 选择动画效果中的第 1 帧将其图形大小设置为 65×45 像素，将第 30 帧中的图形大小设置为 750×600 像素。
8. 选择【插入】/【新建元件】命令，打开“创建新元件”对话框，在该对话框中设置“名称”、“类型”分别为“旋转星空”、“影片剪辑”，进入元件编辑窗口。
9. 将“星空”影片剪辑元件拖入到舞台中，并用“对齐”面板将其居中对齐，如图 16-11 所示。
10. 新建“图层 2”，在第 6 帧中插入关键帧。将“图层 1”中的“星空”影片剪辑元件复制并粘贴到“图层 2”的第 6 帧中。
11. 选择“图层 2”中的元件，按“Ctrl+T”快捷键打开“变形”面板。在“旋转”文本框中输入“10”，如图 16-12 所示。

在绘制白色小点时，可先将舞台放大，然后再绘制小点，如果要绘制较大的小点，可按住鼠标左键不放，在舞台的同一位置多次涂抹。

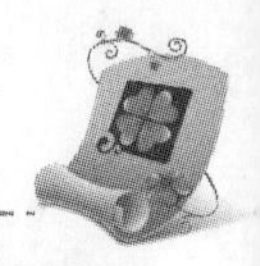

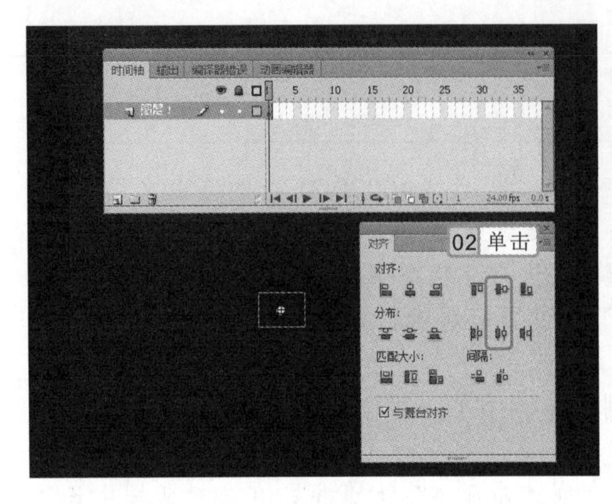

图 16-11　拖入并居中对齐元件

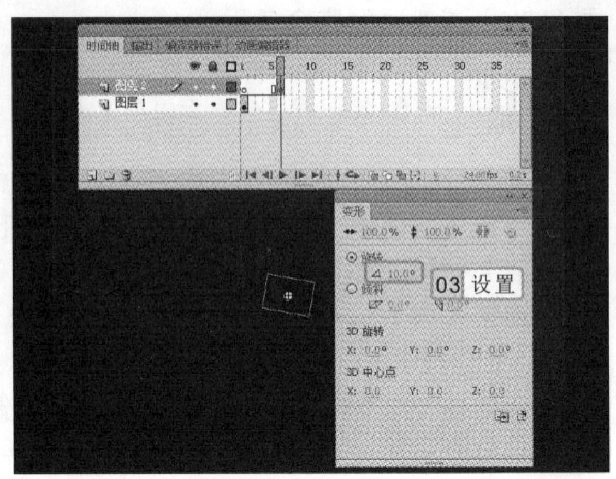

图 16-12　旋转元件

12 新建“图层 3”，在第 12 帧中插入关键帧，用相同的方法将“星空”元件粘贴到“图层 3”中，并将其旋转 25°。

13 新建“图层 4”，在第 18 帧中插入关键帧，用相同的方法将“星空”元件粘贴到“图层 4”中，并将其旋转 45°。

14 新建“图层 5”，在第 24 帧中插入关键帧，用相同的方法将“星空”元件粘贴到“图层 5”中，并将其旋转 90°。

15 在“图层 1”～“图层 4”的第 30 帧中插入帧。在“图层 5”的第 30 帧中插入关键帧，打开“动作”面板，并为其添加“gotoAndStop(20);”语句。

16 返回到主场景中，选择“文本工具”T。在“属性”面板中设置“系列”、“大小”、“颜色”分别为“汉真广标”、“37”、“白色（#FFFFFF）”，并设置颜色“不透明度”为“50%”。使用该工具在舞台中间输入“无尽星空”文本。

17 将“旋转星空”影片剪辑元件拖入到舞台的中心位置，按“Ctrl+Enter”快捷键测试动画，如图 16-13 所示。

图 16-13　测试动画效果

在制作该动画时，还可在动画中添加飞行物体使动画的运动感更强。

16.2.2 下雨效果

在 Flash 中用户可以制作许多和现实效果非常相似的动画特效。如下雨效果，该效果在制作 MTV、贺卡等 Flash 动画中经常会使用到。

参见光盘 光盘\素材\第 16 章\下雨背景.jpg、雨声.mp3
光盘\效果\第 16 章\下雨效果.fla

1. 选择【文件】/【新建】命令，新建一个大小为 550×413 像素、“背景颜色”和“FPS”分别为“黑色（#000000）”和“12”的空白文档。
2. 选择【文件】/【导入】/【导入到库】命令，将“下雨背景.jpg”和“雨声.mp3”导入到“库”中。
3. 选择【插入】/【新建元件】命令，打开“创建新元件”对话框，在该对话框中设置“名称”、“类型”分别为“雨点”、“影片剪辑”，进入元件编辑窗口。
4. 选择“铅笔工具”，在“工具”面板下方设置其填充颜色为“白色（#FFFFFF）”，填充颜色的“不透明度”为“70%”，将指针移动到舞台中，绘制一条直线。
5. 将线条移动到中心点的右上方，打开“变形”面板。设置“旋转”为“-55°”，并将其移动到舞台右上角，如图 16-14 所示。
6. 在第 10 帧中插入关键帧，将第 10 帧中的对象移动到舞台中间，并为第 1~10 帧创建传统补间动画。选择第 10 帧中的对象，在“属性”面板中设置“笔触颜色”的“不透明度”为 0%，效果如图 16-15 所示。

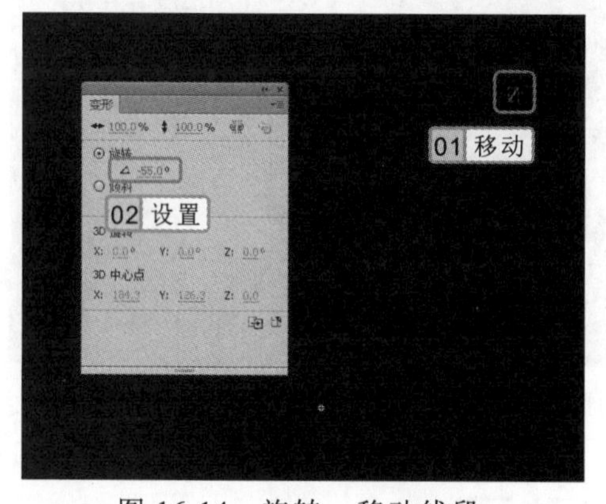

图 16-14 旋转、移动线段

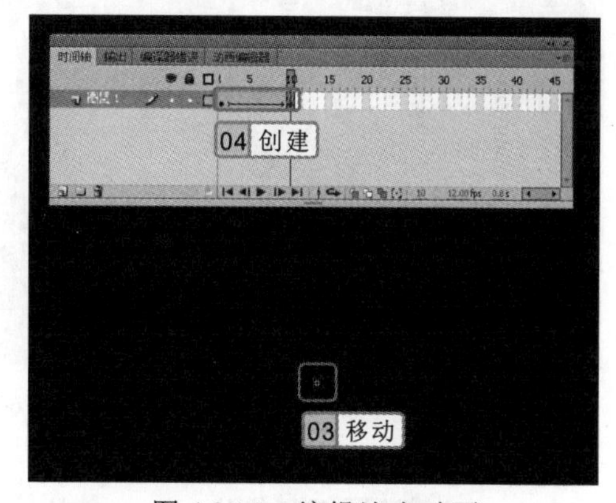

图 16-15 编辑淡出动画

7. 返回到主场景中，将“库”面板中的“下雨背景.jpg”图像拖入到舞台中，并用“对齐”面板将其与舞台重合。
8. 新建“图层 2”，选择第 1 帧，打开“动作”面板，在其语句编辑窗口中输入如下语句：

```
var MAX_rains:uint =int(Math.random()*15);
var i:uint;
```

操作提示

在编辑雨点时，可用“矩形工具”绘制一个无边框的图形，再对该图形进行编辑，这样制作的雨点将更加逼真。

```
for (i = 0; i < MAX_rains; i++) {
var tempRain = new rain ();
tempRain.scaleX = Math.random();
tempRain.scaleY = tempRain.scaleX;
tempRain.x = Math.round(Math.random() * (this.stage.stageWidth - tempRain.width));
tempRain.y = Math.round(Math.random() * (this.stage.stageHeight - tempRain.height));
addChild(tempRain);
}
```

9. 分别在“图层 1”、“图层 2”的第 2 帧中插入帧，在“图层 2”的第 2 帧中输入跳转语句“gotoAndPlay(1);”。
10. 新建“图层 3”，将“库”面板中的“雨声.mp3”拖入到舞台中，并在其“属性”面板中设置“同步”、“声音循环”分别为“开始、循环”。
11. 在“库”面板中，右击已制作的“雨点”元件，在弹出的快捷菜单中选择“属性”命令。
12. 在打开的“元件属性”对话框中展开“高级”栏，选中☑为 ActionScript 导出(X)复选框，在“类”文本框中输入“rain”，单击确定按钮。在打开的提示对话框中单击确定按钮。
13. 按“Ctrl+Enter”快捷键测试动画，效果如图 16-16 所示。

图 16-16　测试动画效果

16.3　精通实例——制作炉火动画

本章的精通实例将制作一个炉火燃烧的动画效果，在制作时将进行新建元件、绘制图像、添加语句、编辑元件属性和输入文字等操作，在图像中增加炉火燃烧的效果，使动画呈现一种温暖的感觉，效果如图 16-17 所示。

精讲笔录

在设置声音文件的属性时，在其“属性”面板的效果下拉列表框中可对声音效果进行设置，如果列表中的选择不符合制作的要求，再单击“效果”下拉列表框后面的✎按钮，在弹出的对话框中可对声音文件进行精确调节。

图 16-17　炉火动画效果

16.3.1　行业分析

本例制作的炉火动画可以用于制作电子贺卡。电子贺卡是一些电子邮箱或者网络公司提供的一种业务服务，目的是让用户更加方便、快捷地与他人联系。

电子贺卡按内容来分可分为重要节日用，如春节、情人节；个人日常用，如生日、祝身体早日康复。按风格来分可分为流行、温馨和喜庆等。为了满足用户需求，服务商一般会推出大量的电子贺卡模板。

如果部分电子贺卡效果很好，服务商还会将制作精美的电子贺卡设置为增值服务，借以增加付费用户特权。

16.3.2　操作思路

为更快完成本例的制作，并且尽可能运用本章讲解的知识，本例的操作思路如下。

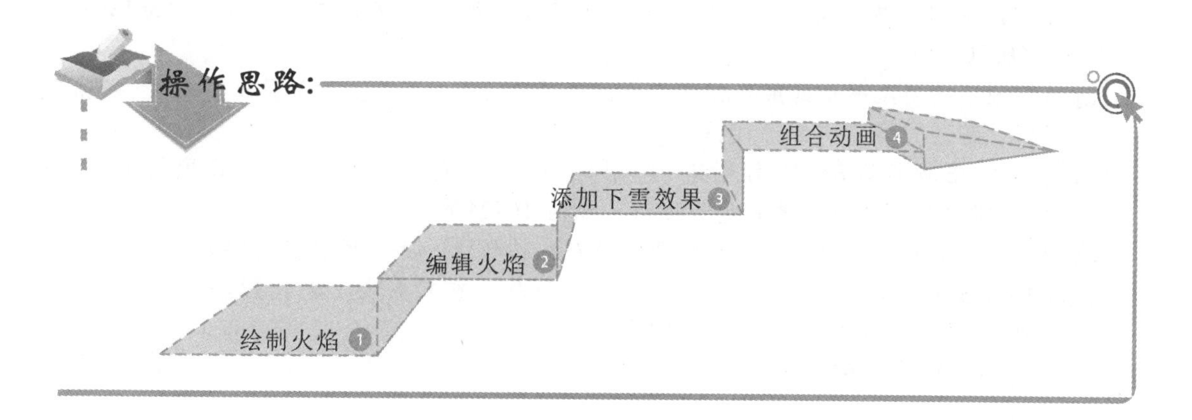

在制作动画时，如果发现其他动画中有自己需要的元件，可打开其“库”面板调用相应元件。

16.3.3　操作步骤

下面介绍制作炉火动画效果的方法，其操作步骤如下：

光盘\素材\第 16 章\炉火.fla
光盘\效果\第 16 章\炉火.fla
光盘\实例演示\第 16 章\制作炉火动画

1 打开“炉火.fla”文档，选择【插入】/【新建元件】命令，打开“创建新元件”对话框，在该对话框中设置“名称”、“类型”分别为“火苗”、“影片剪辑”，进入元件编辑窗口。

2 使用绘图工具在舞台中绘制一个橙黄色（#FDD124）的火苗图形，并用“部分选取工具”对图形进行修改，使图形更加圆润，如图 16-18 所示。

3 分别为“图层 1”的第 3、4、8 和 13 帧插入关键帧。

4 选择第 8 帧，单击“时间轴”面板下方的“绘图纸外观”按钮，弹出纸外观控制区，将“开始绘图纸外观”控制柄向左移动到第 4 帧的位置，如图 16-19 所示。

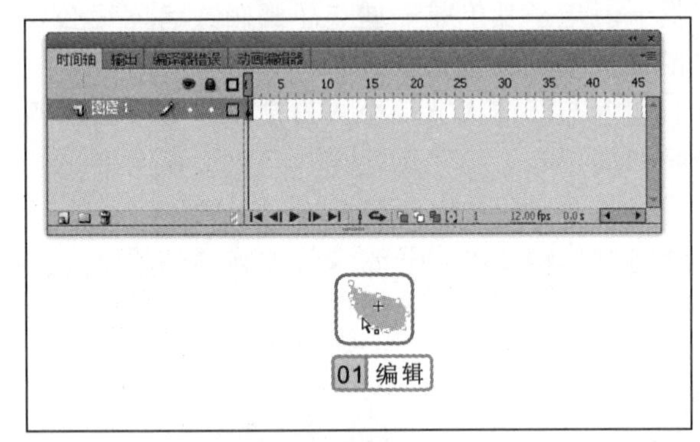

图 16-18　绘制火苗图形

图 16-19　编辑显示绘图纸外观

5 在第 8 帧中插入关键帧。选择第 8 帧中的对象，将其向左上方移动。按“Ctrl+T”快捷键，在打开的“变形”面板中设置“缩放高度”、“缩放宽度”均为“80%”，如图 16-20 所示。

6 将该帧中的对象移动到第 8 帧中图形对象的左上方，在“变形”面板中设置“缩放高度”、“缩放宽度”均为“10%”。

7 为第 4～8 帧和第 8～13 帧创建形状补间动画，并在“颜色”面板中设置第 1、3、4 和 13 帧中图形对象的填充色为透明，如图 16-21 所示。

8 单击“时间轴”面板下方的“绘图纸外观”按钮，关闭绘图纸外观功能。

9 选择第 3 帧，按“F9”键，打开“动作”面板，在其中输入如下语句：

```
if(int(int(Math.random()*10) == 1)){
    gotoAndPlay(4);
}else{
    gotoAndPlay(2);
}
```

在 Flash 中，保持动画中的图形不变，只修改其控制语句，可以制作很多其他特殊效果。

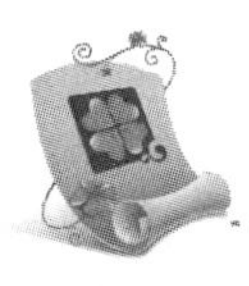

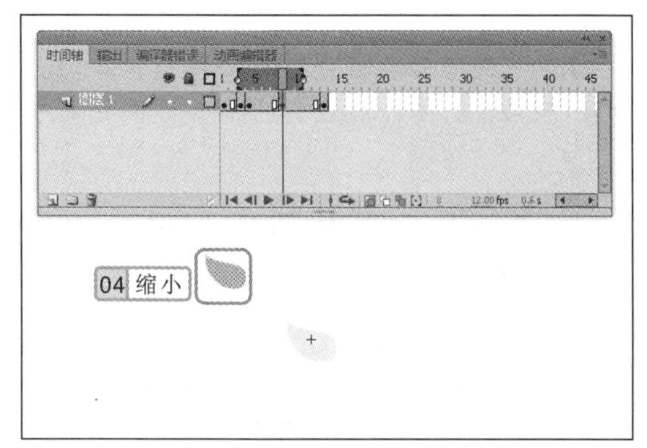

图 16-20 修改图形大小

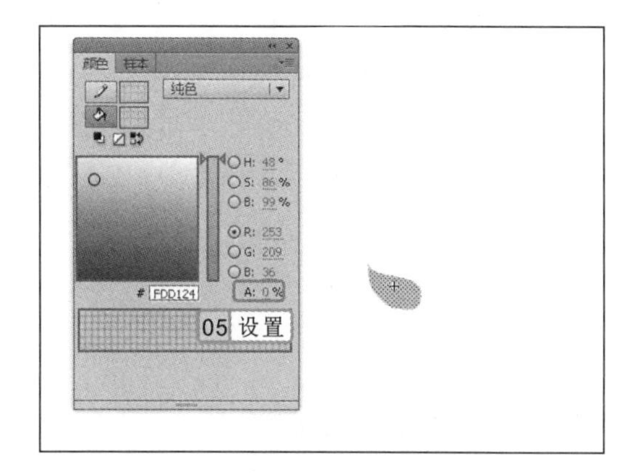

图 16-21 修改图形不透明度

10 选择【插入】/【新建元件】命令，打开“创建新元件”对话框，在该对话框中设置“名称”、“类型”分别为“火焰”、“影片剪辑”，进入元件编辑窗口。

11 在“库”面板中，将“火.jpg”图像拖入舞台中。锁定“图层 1”，新建“图层 2”，再双击“图层 2”后方的“显示图层轮廓”图标■，在打开的“图层属性”对话框中设置“轮廓颜色”为“绿色（#33FF00）”，并选中☑将图层视为轮廓(V)复选框，单击 确定 按钮，将该图层中的对象以绿色的边框显示。

12 将“火苗”影片剪辑元件拖入到舞台中，打开“变形”面板。设置“收缩宽度”、“收缩高度”、“旋转”分别为“50%”、“50%”、“45°”，如图 16-22 所示。

13 将“火苗”元件移动到图形上方，并将“火苗”元件复制多个，按图形中火的燃烧状态进行排列，如图 16-23 所示。

图 16-22 修改“火苗”元件的属性

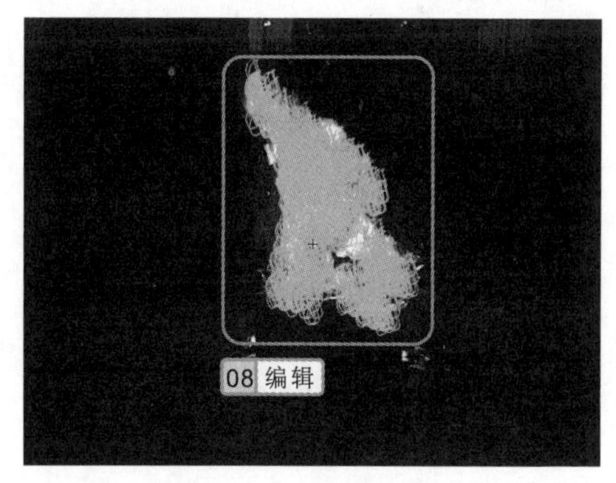

图 16-23 编辑火焰

14 将“图层 1”删除，返回到主场景。新建“图层 2”，单击“图层 2”后面的“显示图层轮廓”图标■，使图层以轮廓显示。

15 将“火苗”元件拖入到舞台中，移动其位置使其处于图形中火焰的上方。在“属性”面板的“显示”栏中设置“混合”为“增加”，单击“滤镜”栏下方的◻按钮，在弹出的菜单中选择“模糊”命令，并设置“模糊 X”、“模糊 Y”分别为“15”、“15”，如图 16-24 所示。

为绘制的图形设置透明后，选择图形时，图形将以其填充的颜色显示，当取消选择时图形将不可见。

16 按“F11”键，打开“库”面板，右击“xue”影片剪辑元件，在弹出的快捷菜单中选择“属性”命令，在打开的“元件属性”对话框中选中☑为 ActionScript 导出(X)复选框，在“类”文本框中输入“xue”，单击 确定 按钮，如图 16-25 所示，再在弹出的提示对话框中单击 确定 按钮。

图 16-24　修改元件属性

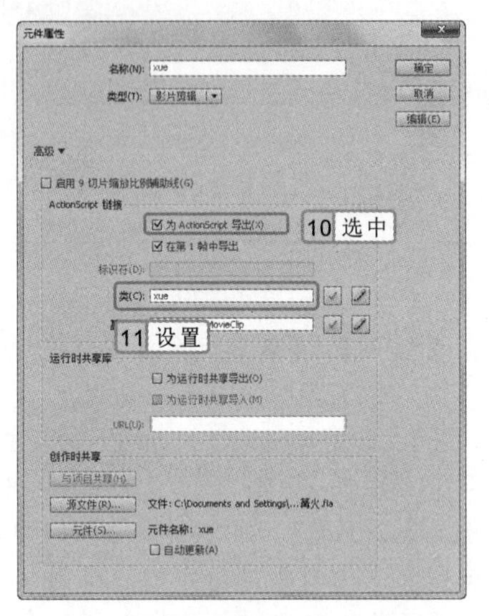

图 16-25　设置元件高级属性

17 新建“图层 3”，选择第 1 帧，打开“动作”面板，在其中添加如下语句：

```
this.addEventListener(Event.ENTER_FRAME,enterframe);
var i=0;
var b=new Array();
function enterframe(event:Event) {
b[i]=new xue();
addChild(b[i]);
b[i].x=Math.random()*450;
b[i].y=-Math.random()*100;
b[i].scaleX=Math.random()*2-Math.random()*3;
b[i].scaleY=b[i].scaleX;
if (i>100) {
i=0;
}
}
```

18 新建“图层 4”，选择“文本工具” T，在“属性”面板中设置“改变字体方向”、“系列”、“大小”、“颜色”分别为“垂直”、“汉仪雪君体简”、“21”、“白色（#FFFFFF）”。在舞台左边输入“愿我像冬日里的烈火，驱走你身上的寒意…”文本。

19 至此完成炉火动画的制作，按“Ctrl+Enter”快捷键测试动画。

在制作动画的过程中，如果拖入的影片剪辑元件是透明的，可将影片剪辑元件所在图层设置为轮廓显示，这样即可查看拖入的影片剪辑元件。

16.4 精通练习——制作火球动画

本章主要介绍了几种制作动画特效的方法，这些动画效果都是在编辑动画时经常会使用到的。

本次练习将制作一个名为“火球”的动画特效，播放动画时窗口中将出现一个熊熊燃烧的火球，效果如图 16-26 所示。

图 16-26 火球动画效果

参见光盘

光盘\素材\第 16 章\男巫.jpg
光盘\效果\第 16 章\火球.fla
光盘\实例演示\第 16 章\制作火球动画

该练习的操作思路如下。

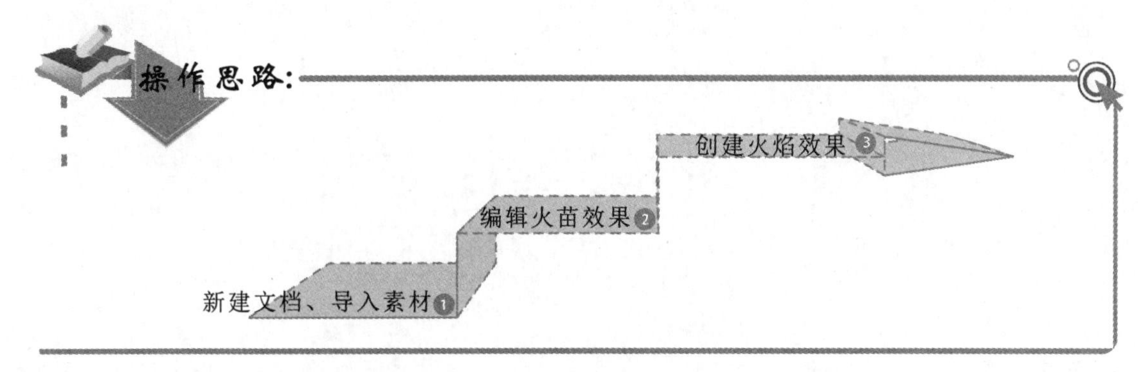

知识关联 Flash 素材的使用

为了制作出一些更好的效果，用户可以寻找一些音频素材或是矢量素材。使用这些素材不但能快速地完成 Flash 制作，而且能制作出理想的效果。比较出名的 Flash 素材网有闪吧（http://www.flash8.net）等。

操作提示

在制作动画时，为动画添加了新的效果后，需要浏览动画查看添加效果的位置或其他要素是否符合要求。

实战篇

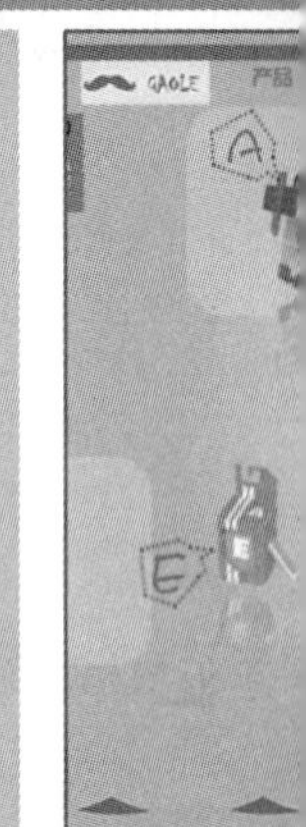

Flash在网页、游戏和广告中的广泛应用丰富着人们的生活，同时又拓展了设计师的思维领域。本篇将通过实例综合运用本书所学知识介绍使用Flash制作网页、游戏和广告的具体方法，并通过练习使用户更快地掌握如何制作符合各种需求的动画。

<<< PRACTICALITY

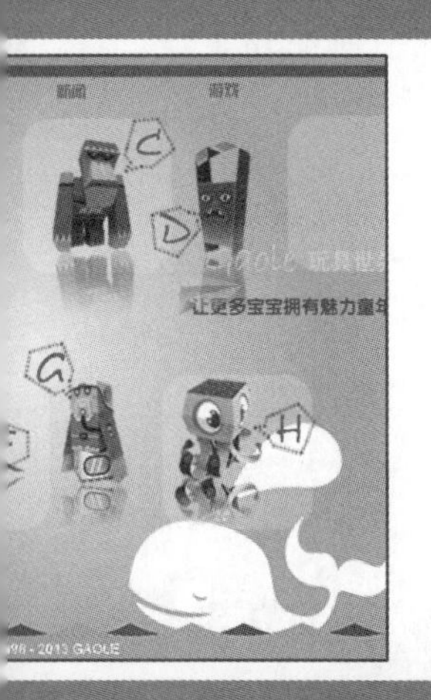

实战篇

第17章　制作Flash游戏..............................334

第18章　制作Flash导航动画 346

第19章　制作宣传广告 360

第17章

制作 Flash 游戏

本章导读

本章将制作一款简单的 Flash 游戏，通过单击游戏中的小青蛙，让小青蛙们都到荷叶对面而通关。在制作和编辑的过程中，用户需结合已学知识，加以合理利用，以制作出该 Flash 游戏。下面就来学习 Flash 游戏的制作方法，包括制作元件、布局场景和添加语句等操作。

17.1 实例说明

本例主要介绍 Flash 游戏的制作方法，在制作该实例的过程中，用户进一步练习 Flash 游戏的制作和编辑方法，如场景的布置、元件的创建，以及语句的编辑等。

该游戏是通过单击来移动屏幕中左右两边的青蛙，让左方的小青蛙与右方的小青蛙位置互换。其中青蛙包括两个动画效果，一个是跳，另一个是跃，它们都是通过逐帧动画实现的。而要使两边的青蛙互换，则是通过 ActionScript 3.0 语句控制。在试玩动画的过程中，当用户确认不能完成游戏时，可单击动画中的 重新开始 按钮，动画将回到开始播放时的状态，当用户顺利完成动画时，将提示用户已经过关，并让用户确定是否重玩，如图 17-1 所示为“小青蛙”游戏的效果图。

图 17-1　“小青蛙”游戏的最终效果

17.2 行业分析

Flash 游戏是游戏大家庭中的一份子，通过 Flash 也能制作出复杂、视觉效果绝佳的游戏。Flash 游戏也是很多休闲网站中主要的休闲方式之一。

Flash 游戏不单单能吸引玩家进行娱乐。现在的一些产品推广营销中都会使用到一些简单的 Flash 游戏，通过这些 Flash 游戏能更好地吸引消费者的注意力，并通过很简单的闯关方式使消费者得到获得奖品的机会，借此吸引消费者更加认真地阅读广告，发掘游戏的一些通关方式。

好的 Flash 游戏并不一定界面美观，重要的是游戏耐玩度以及合理性。如果游戏的耐玩度不高，玩家玩了一会儿就没有兴趣，那么游戏制作的效果再好也不会有太高的人气。此外，游戏的合理性也是制作 Flash 游戏的一个重点。如果在游戏中没有合理地设置一些功能，如重新开始、小提示等，很可能会使玩家失去耐心而不继续玩该款游戏。

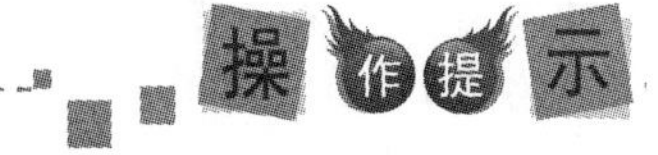

在制作 Flash 游戏时，为动画添加活泼可爱的对象在一定程度上可以使动画更具吸引力。

17.3 操作思路

制作本例的方法与前面几章的制作方法基本类似，不同的是该实例将运用较多的字幕文件，并通过嵌套序列的方法来完成节目预告的制作。本例的操作步骤较多，用户可根据下面的操作思路来制作。

为更快完成本例的制作，并且尽可能运用本书所讲解的知识，本例的操作思路如下。

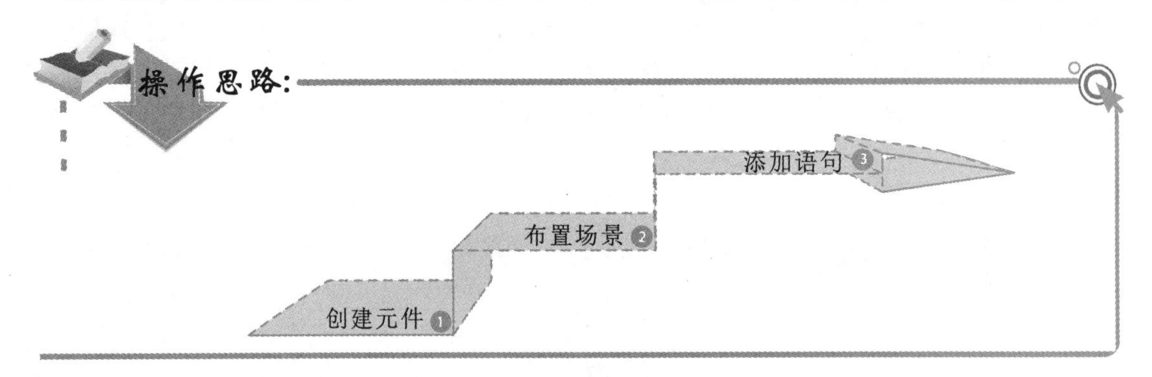

17.4 操作步骤

在明确操作思路之后，接下来就可以进行Flash游戏制作了。下面将详细介绍制作本实例的具体方法，主要可分为合建元件、布置场景和添加语句等。

17.4.1 制作元件

打开素材文件以后，就可以进行元件的制作了，其操作步骤如下：

参见光盘
光盘\素材\第17章\游戏.fla
光盘\效果\第17章\青蛙跳游戏
光盘\实例演示\第17章\制作元件

1. 选择【文件】/【打开】命令，打开“游戏.fla”文档。选择【插入】/【新建元件】命令，打开“创建新元件”对话框。在其中设置“名称”、“类型”分别为“复位”、“按钮”，进入元件编辑窗口。
2. 选择“矩形工具”，在“工具”面板下方设置“笔触颜色”、“填充颜色”分别为“无”、“浅蓝（#66CCFF）”。打开“属性”面板设置矩形的边角半径为“20”，将鼠标指针移动到舞台中绘制大小为110×23像素的圆角矩形，如图17-2所示。
3. 选择“文本工具”T，在“属性”面板中设置“系列”、“大小”、“颜色”分别为“微

应用点睛

在制作动画时，为了让操作界面更大，可将“属性”面板及其他面板隐藏，当需要使用时，再将其打开。

软雅黑”、“15”、“白色（#FFFFFF）”，在绘制的图形上方输入“重新开始”文本，如图 17-3 所示。

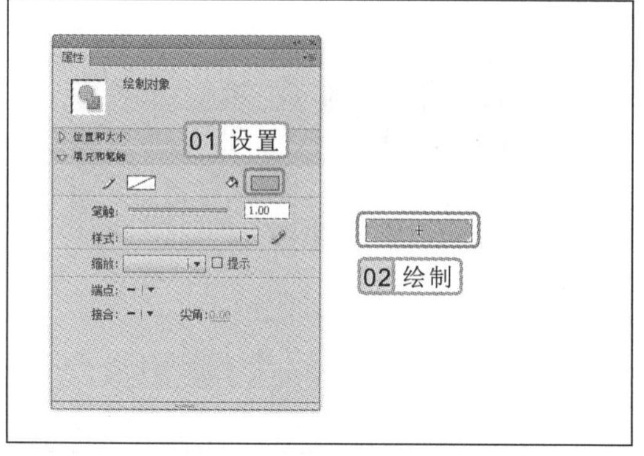

图 17-2 绘制圆角矩形

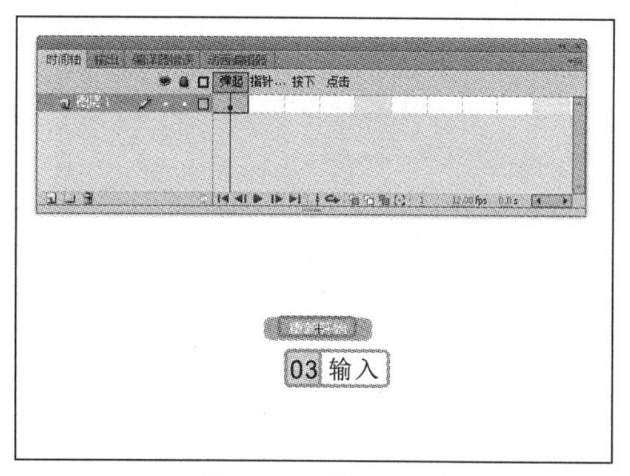

图 17-3 输入文字

4 选择【插入】/【新建元件】命令，打开“创建新元件”对话框。在其中设置“名称”、“类型”分别为“过关”、“影片剪辑”。进入元件编辑窗口，从“库”面板中将“复位”元件拖入到舞台的中心位置。在“属性”面板中设置“实例名称”为“replay”。

5 新建“图层 2”，在“属性”面板中将动画的背景颜色设置为“黑色（#000000）”。选择“文本工具”T，在“属性”面板中设置“系列”、“大小”、“颜色”分别为“微软雅黑”、“27”、“白色（#FFFFFF）”，在绘制的图形上方输入“过关了！”，如图 17-4 所示。

6 重新将动画的背景颜色设置为白色。选择【插入】/【新建元件】命令，打开“创建新元件”对话框。在其中设置“名称”、“类型”分别为“青蛙”、“影片剪辑”。进入元件编辑窗口。

7 将“qw”图形元件拖入到编辑窗口中，按“F7”键在图层的第 3 帧和第 5 帧中插入关键帧，如图 17-5 所示。

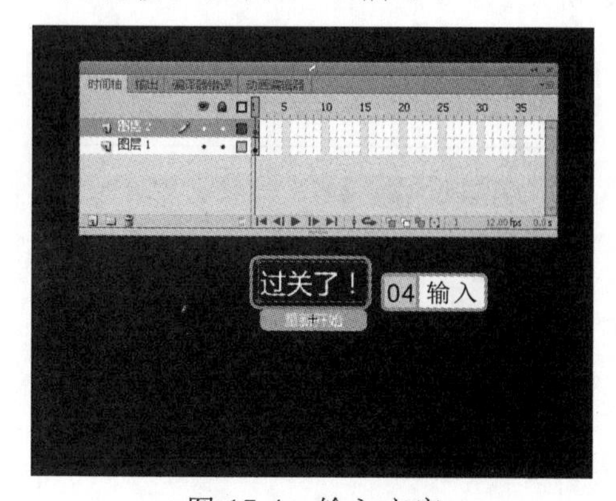

图 17-4 输入文字

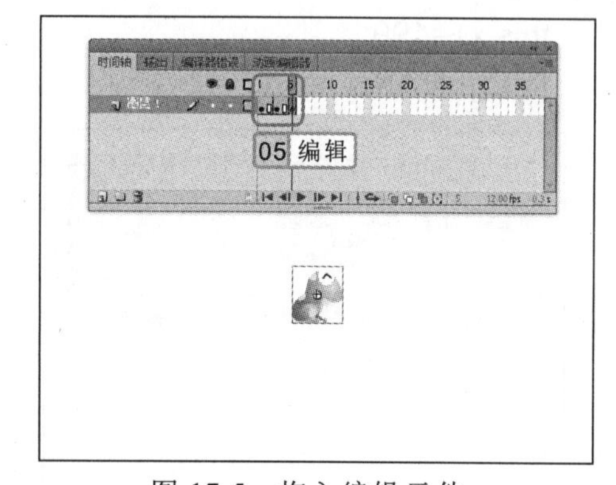

图 17-5 拖入编辑元件

8 选择第 3 帧，将“qw2”图形元件拖入到关键帧中，并调整其位置，然后将第 3 帧中的“qw”图形删除，如图 17-6 所示。

9 选择第 5 帧，单击“时间轴”面板下方的“绘图纸外观”按钮，并拖动绘制纸外观

选择需要移动的图形，在键盘中按下方向键也可移动图形。

中的控制柄，将其移动到第 1 帧的位置。此时第 1 帧和第 3 帧中的图形将呈半透明显示，移动第 5 帧中的图形，使其和前两帧中的图形呈一个跳动的过程，如图 17-7 所示。

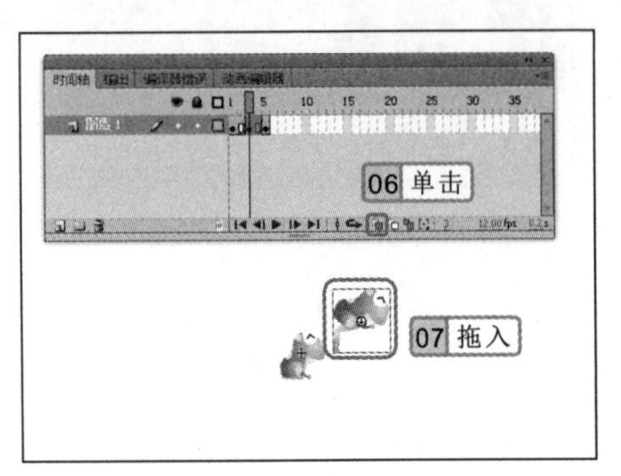

图 17-6　编辑第 3 帧

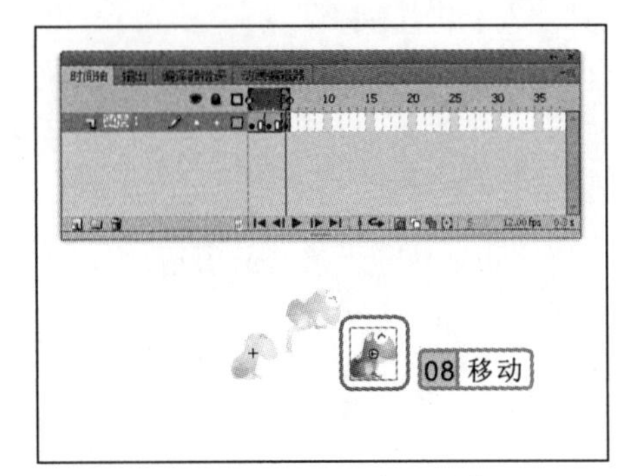

图 17-7　移动图形元件

10 新建“图层 2”，在第 6 帧中插入关键帧，选择“图层 1”中第 1 个关键帧中的图形元件，按“Ctrl+C”快捷键将其复制，回到“图层 2”的第 6 帧中，按“Shift+Ctrl+V”组合键将复制的图形原位置粘贴。

11 在“图层 2”的第 8 帧、第 10 帧和第 12 帧中插入关键帧，用相同的方法分别将第 8 帧和第 10 帧中的图形元件换为“qw1”、“qw2”，并移动关键帧中图形的位置，使第 6～12 帧中的图形呈一个大的跳跃，如图 17-8 所示。选择“图层 1”的第 12 帧，插入关键帧。

12 新建“图层 3”，打开“动作”面板，在第 1 帧中输入“stop();”语句。

13 在第 5 帧中输入如下语句：

```
this.x+=99.5;
this.gotoAndPlay(1);
```

14 在第 12 帧中输入如下语句，效果如图 17-9 所示。

```
this.x+=199;
this.gotoAndPlay(1);
```

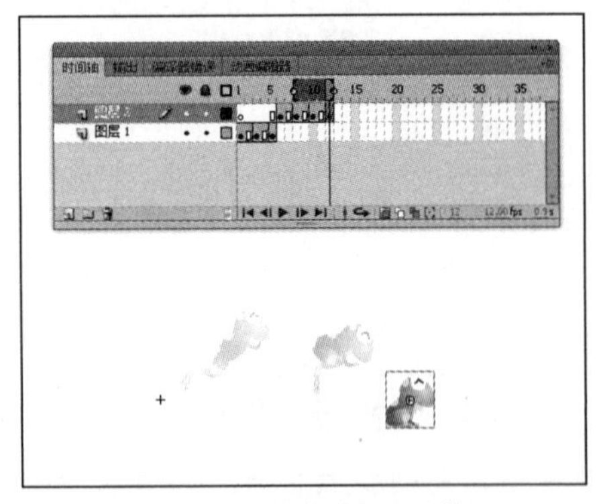

图 17-8　编辑图形元件

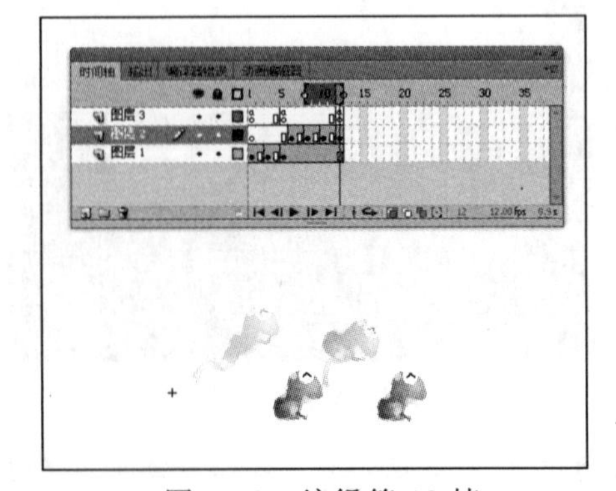

图 17-9　编辑第 12 帧

15 在“库”面板中右击“青蛙”元件，在弹出的快捷菜单中选择“直接复制”命令，在

在“青蛙 1”元件中，修改第 5 帧的语句为“this.x-=99.5; this.gotoAndPlay(1);”，修改第 12 帧的语句为“this.x-=199; this.gotoAndPlay(1);”。

打开的“直接复制元件”对话框中修改元件的名称为“青蛙 1”，单击 确定 按钮。

16 选择【插入】/【新建元件】命令，打开“创建新元件”对话框。在对话框中设置“名称”、“类型”分别为“台阶”、“影片剪辑”，进入元件编辑窗口。在“库”面板中将“树叶.png”图形拖入到舞台中。返回到主场景中，将“图层 1”锁定并新建“图层 2”。

17.4.2 布局场景

将整个动画中要使用的元件都创建好以后，就需要对场景进行进一步的布局设置，并拖动场景中的元件设置实例名称以方便语句的调用，其操作步骤如下：

参见光盘　光盘\实例演示\第 17 章\布局场景

1. 选择【插入】/【新建元件】命令，打开“创建新元件”对话框。在对话框中设置“名称”、“类型”分别为“台阶”、“影片剪辑”，进入元件编辑窗口。在“库”面板中将“树叶.png”图像拖入到舞台中，并缩小图像。返回到主场景中，将“图层 1”锁定并新建“图层 2”。
2. 将“台阶”影片剪辑元件拖入到“图层 2”并将其复制 6 个，然后缩放大小并旋转，如图 17-10 所示。
3. 将图层的名称改为“台阶”，在“属性”面板中将复制的影片剪辑元件以从左到右的顺序依次改名为“p1”、“p2”、“p3”、“p4”、“p5”、“p6”和“p7”。
4. 新建“图层 3”，并将其图层名称改为“青蛙”，将“青蛙”元件拖入到图层中，并将其复制 2 个，移动影片剪辑的位置使其分别处于“p1”、“p2”和“p3”上方，如图 17-11 所示。

图 17-10　复制台阶元件

图 17-11　复制并排列青蛙元件

5. 从“库”面板中将“青蛙 1”元件拖入到场景中，并将其水平翻转，然后用相同的方法复制并排列元件，如图 17-12 所示。
6. 新建一个图层并将其命名为“复位”，将“复位”元件拖入到场景中并将其移动到舞台的正下方，如图 17-13 所示。

在编辑制作动画时，如果某一对象必须和另一对象处于相同位置时，可直接在“属性”面板的“X”、“Y”文本框中输入其精确坐标。

图 17-12 复制并排列“青蛙 1”元件

图 17-13 拖入“复位”按钮

7 将“过关”元件拖入到场景中并将其移动到舞台的中上位置。

8 在“属性”面板中分别修改“复位”按钮和“过关”影片剪辑元件的实例名称为“reset”和“success”。

17.4.3 添加语句

当完成对动画元件和动画的布局后，可以为动画添加控制语句，其操作步骤如下：

参见光盘 光盘\实例演示\第 17 章\添加语句

1 新建图层，将其重命名为“AS”，在“动作”面板中添加如下语句：

```
stop();
success.replay.addEventListener(MouseEvent.CLICK,resetit);
reset.addEventListener(MouseEvent.CLICK, resetit);
function resetit(evt:MouseEvent){
init();
}
function init(){
p1.sta=1;
p2.sta=1;
p3.sta=1;
p4.sta=0;
p5.sta=2;
p6.sta=2;
p7.sta=2;

m1.mp=1;
m2.mp=2;
m3.mp=3;
```

应用点睛

在 Flash 中如果需要翻转图形，可使用工具箱中的“任意变形工具”选择需要翻转的图形，直接拖动其控制点即可。

```
m4.mp=5;
m5.mp=6;
m6.mp=7;

m1.x=86.8;
m2.x=186.3;
m3.x=285.8;
m4.x=459.4;
m5.x=553.5;
m6.x=653.8;

reset.visible=true;
success.visible=false;
}
init();
m1.addEventListener(MouseEvent.CLICK, clickHandler1);
function clickHandler1(event:MouseEvent){
howto(1);
}
m2.addEventListener(MouseEvent.CLICK, clickHandler2);
function clickHandler2(event:MouseEvent){
howto(2);
}
m3.addEventListener(MouseEvent.CLICK, clickHandler3);
function clickHandler3(event:MouseEvent){
    howto(3);
}
m4.addEventListener(MouseEvent.CLICK, clickHandler4);
function clickHandler4(event:MouseEvent){
    howto2(4);
}
m5.addEventListener(MouseEvent.CLICK, clickHandler5);
function clickHandler5(event:MouseEvent){
    howto2(5);
}
m6.addEventListener(MouseEvent.CLICK, clickHandler6);
function clickHandler6(event:MouseEvent){
    howto2(6);
```

制作 Flash 动画其实并不需要有很高的语句知识，如果用户需要特定的语句时，可在网络中下载或调用其他动画中的语句再对其进行修改。

```
}
function howto(i:int){
    var nowpos=(getChildByName("m"+i) as MovieClip).getMp()
    if(nowpos+1<8 && !(getChildByName("p"+(nowpos+1)) as MovieClip).getSta()){
(getChildByName("m"+i) as MovieClip).moveit();
(getChildByName("m"+i) as MovieClip).mp+=1;
(getChildByName("p"+(nowpos+1)) as MovieClip).sta=1;
(getChildByName("p"+nowpos) as MovieClip).sta=0;
iscomplete();
} else if(nowpos+2<8 && !(getChildByName("p"+(nowpos+2)) as MovieClip). getSta()){
(getChildByName("m"+i) as MovieClip).jumpit();
(getChildByName("m"+i) as MovieClip).mp+=2;
(getChildByName("p"+(nowpos+2)) as MovieClip).sta=1;
(getChildByName("p"+nowpos) as MovieClip).sta=0;
iscomplete();
} else {
trace("不能");
}
}
function howto2(i:int){
var nowpos=(getChildByName("m"+i) as MovieClip).getMp()
if(nowpos-1>0 && !(getChildByName("p"+(nowpos-1)) as MovieClip).getSta()){
(getChildByName("m"+i) as MovieClip).moveit();
(getChildByName("m"+i) as MovieClip).mp-=1;
(getChildByName("p"+(nowpos-1)) as MovieClip).sta=2;
(getChildByName("p"+nowpos) as MovieClip).sta=0;
iscomplete();
} else if(nowpos-2>0 && !(getChildByName("p"+(nowpos-2)) as MovieClip).getSta()){
(getChildByName("m"+i) as MovieClip).jumpit();
(getChildByName("m"+i) as MovieClip).mp-=2;
(getChildByName("p"+(nowpos-2)) as MovieClip).sta=2;
(getChildByName("p"+nowpos) as MovieClip).sta=0;
iscomplete();
} else {
trace("不能");
}
}
function iscomplete(){
```

在添加语句时，为了制作方便可对“动作”面板进行拖移。

```
if(p1.sta==2)
if(p2.sta==2)
if(p3.sta==2)
if(p4.sta==0)
if(p5.sta==1)
if(p6.sta==1)
if(p7.sta==1)
{reset.visible=false;
success.visible=true;
}
}
```

2 按“Ctrl+N”快捷键，打开“新建文档”对话框，在“类型”选项栏中选择“ActionScript 文件”选项，单击确定按钮，新建一个名为“frog”的 ActionScript 文件并在其中添加如下语句：

```
package{
import flash.display.MovieClip;
import flash.display.Sprite;
import flash.events.MouseEvent;
public class frog extends MovieClip{
public function frog():void{
this.buttonMode=true;
}
public function moveit(){
this.gotoAndPlay(1);
}
public function jumpit(){
this.gotoAndPlay(11);
}
public var mp:int;
public function getMp(){
return mp;
}
}
}
```

3 按“Ctrl+N”快捷键，打开“新建文档”对话框，在其中选择“ActionScript 文件”选项，单击确定按钮，新建一个名为“frog1”的 ActionScript 文件并添加如下语句：

```
package{
import flash.display.MovieClip;
```

对于编写元件类的知识，对于初学者来讲比较难，可按“F1”键，打开帮助文件进行深入学习。

```
import flash.display.Sprite;
import flash.events.MouseEvent;
public class frog1 extends MovieClip{
public function frog1():void{
this.buttonMode=true;
}
public function moveit(){
this.gotoAndPlay(1);
}
public function jumpit(){
this.gotoAndPlay(11);
}
public var mp:int;
public function getMp(){
return mp;
}
}
}
```

4 按“Ctrl+N”快捷键，打开“新建文档”对话框，在其中选择“ActionScript 文件”选项，单击 确定 按钮，新建一个名为“pos”的 ActionScript 文件并在其中添加如下语句：

```
package{
import flash.display.MovieClip;
import flash.display.Sprite;
public class pos extends MovieClip{
public var sta:int;
public function pos():void{
}
public function getSta(){
return sta;
}
}
}
```

5 返回到“小青蛙”动画中，在其“库”面板中选择“青蛙”元件并右击，在弹出的快捷菜单中选择“属性”命令。打开“元件属性”对话框，展开“高级”栏，选中 ☑为 ActionScript 导出(X) 复选框，在“类”文本框中输入“frog”，单击 确定 按钮。

6 用相同的方法将“青蛙 1”元件与“frog1”文件链接起来，将“台阶”元件与“pos”文件链接起来。

单击“动作”面板中的“帮助”按钮，在打开的对话框中可查找语句的具体含义。

17.5 拓展练习——制作“打老虎”游戏

下面将综合运用本章所学知识，制作一个“打老虎”游戏，使用户掌握制作“打老虎”游戏的方法，以巩固本章所学知识。

本练习将制作“打老虎”游戏，首先制作各种元件以及按钮，并为元件实例设置元件名称，再布置舞台背景放置元件，并输入文字、文本框，最后输入代码。最终效果如图 17-14 所示。

图 17-14 “打老虎”游戏效果

光盘\素材\第 17 章\打老虎.fla
光盘\效果\第 17 章\打老虎
光盘\实例演示\第 17 章\制作“打老虎”游戏

该练习的操作思路与关键提示如下。

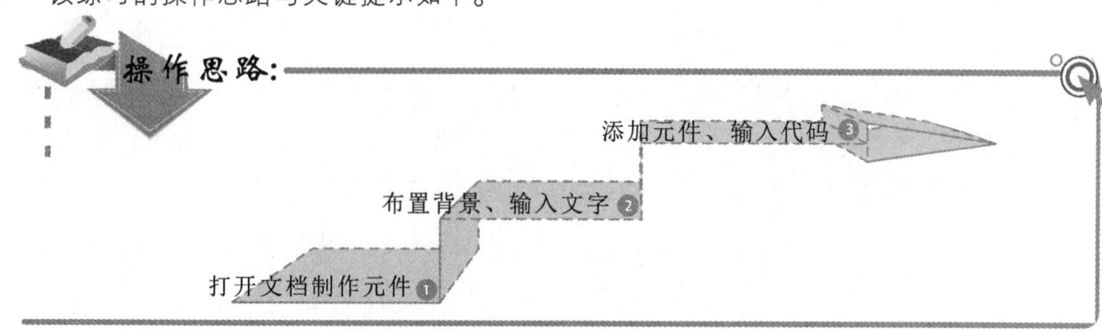

关键提示:

在制作补间动画时，为了能成功创建，一定要先将图像转换为影片剪辑。而要创建文字放大效果的形状补间动画效果时，必须将文本分离后才能进行创建。此外，在制作“老虎动画”元件时，必须先制作“GOOD”元件以及“透明按钮”元件。

在操作界面中将原有元件替换为需要的元件可改变动画的效果。

第18章

制作 Flash 导航动画

汽车动画部分的制作

文字部分的制作

导航条部分的制作

载入动画部分的制作

本章导读

本章将使用 Flash 制作一个网站的进入导航动画，通过该动画可进入到网站中。在制作和编辑该动画的过程中，用户需结合已学知识，加以合理利用，以制作出符合网站整体风格的进入导航动画效果。下面就来学习进入导航动画的制作方法，包括汽车动画部分的制作、载入动画部分的制作、导航条部分的制作和文字部分的制作等操作。

18.1 实例说明

本例主要介绍 Flash 导航动画的制作方法，在制作该实例的过程中，主要使用户掌握 Flash 导航动画的制作和编辑方法，如文字的制作、导航条的制作和载入动画的制作等。

Flash 动画可观性很强且文件短小精干，非常便于在网络中传播。在网络科技越来越发达的今天，很多网站为了吸引浏览者的目光，都在自己的页面中添加了 Flash 动画，甚至整个网站都采用 Flash 动画制作而成。下面将制作一个名为“汽车网站”的 Flash 导航动画，让读者了解网站动画的制作方法，其最终效果如图 18-1 所示。

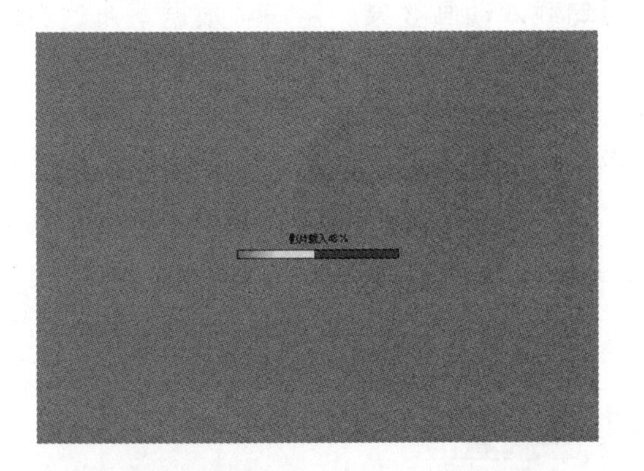

图 18-1　汽车网站导航动画的最终效果

18.2 行业分析

Flash 导航动画是很多个人网站、企业网站和部分门户网站都会使用的进入动画。这种动画往往有一定的主题，通过动画主题衬托出网站的主题，还有很多网站会在一段时间后更换导航动画。

在制作大型动画时，按动画要素分步制作动画，可有条理地完成动画的制作。

Flash 导航动画并不只是使用户进入网站的过程更加轻松，在实际操作时，Flash 导航动画也起到宣传作用。通过 Flash 导航动画，网站制作者可以更好地叙述网站主题。

Flash 导航动画一般分为视频导航动画以及图像导航动画两种。其中，视频导航动画是在加载网站的其他信息前将加载一段影片视频，这种方法可以带出一些有突破性的信息，更加有冲击力，但这种方法由于文件较大不利于导航动画的加载；图像导航动画是最常使用的一种导航动画制作方式，这种动画中通过导入矢量图像和位图图像来进行制作。和视频导航动画相比，Flash 导航动画文件更小，更加便于网络传递、下载。

18.3 操作思路

制作本例的 Flash 导航动画时，将首先制作进入动画，为动画添加导航条并添加文字，最后为动画嵌入语句载入动画效果。用户可根据下面的操作思路进行制作。

为更快完成本例的制作，并且尽可能运用本书所讲解的知识，本例的操作思路如下。

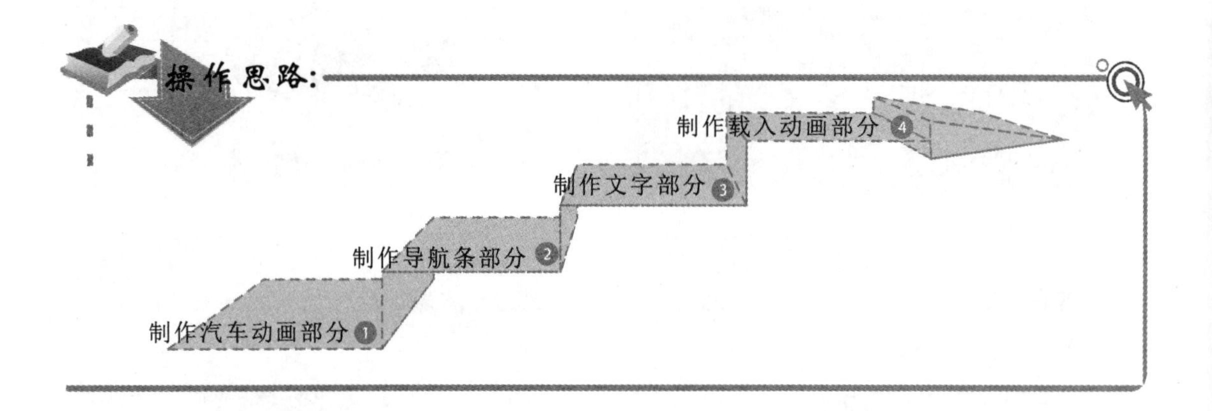

18.4 操作步骤

在明确操作思路之后，接下来就可以进行 Flash 导航动画的制作了。下面将详细介绍制作本实例的具体方法，主要可分为动画元件的制作、导航条的制作、文字的编辑制作和载入动画的制作。

18.4.1 制作汽车动画部分

汽车动画部分是该动画中的主要部分，集中了该动画中的大部分动态效果，其操作步骤如下：

在制作网站动画时，在色彩的应用上一定要做到色彩冲击力强且画面干净。

参见光盘

光盘\素材\第 18 章\汽车动画、汽车导航动画代码.txt
光盘\效果\第 18 章\汽车导航动画.fla
光盘\实例演示\第 18 章\制作汽车动画部分

1. 新建一个大小为 700×500 像素的空白文档。
2. 选择【文件】/【导入】/【导入到舞台】命令，在打开的对话框中将“汽车动画”文件夹中所有的图片导入到“库”面板中。
3. 用工具箱中的绘图工具在舞台中绘制动画的背景图形，如图 18-2 所示。选择舞台，在“属性”面板中设置舞台为“黄色（#FFCC33）”。
4. 分别为绘制的图形填充颜色，为左边图形填充“玫瑰红 (#E11A8C)”，为中间位置的图形填充“蓝色（#0BAAD9）”，为右边图形填充“绿色（#98EC66）”，并将图形的边框线删除，移动图形到舞台的上方，如图 18-3 所示。

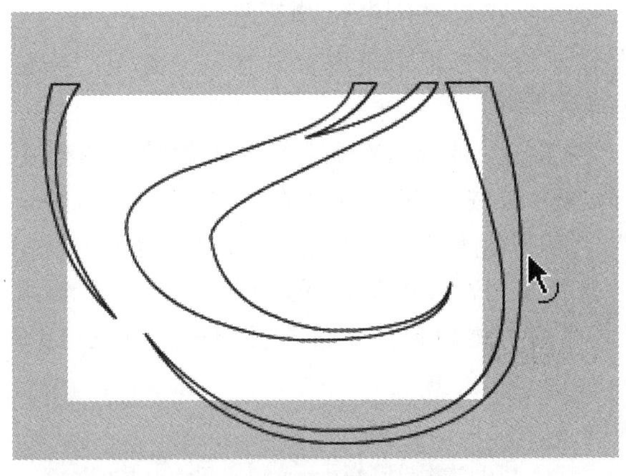

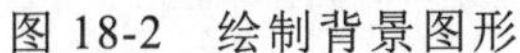

图 18-2　绘制背景图形

图 18-3　填充背景色和图形颜色

5. 选择【插入】/【新建元件】命令，打开“创建新元件”对话框，在其中设置“名称”、“类型”分别为“汽车”、“影片剪辑”，进入元件编辑窗口。
6. 打开“库”面板，将“汽车.png”图片拖入到舞台中，在“属性”面板中设置“宽”为“700”，并使用“对齐”面板将其居中对齐。
7. 选择“汽车.png”图像，按“F8”键，在打开的“转换为元件”对话框中设置“名称”、“类型”分别为“汽车元件”、“图形”，单击确定按钮。
8. 在第 17 帧中插入关键帧，在第 200 帧中插入帧，选择第 1 帧中的图形元件，在其“属性”面板中设置“Alpha”为“0%”。选择第 1～16 帧，为其创建传统补间动画，如图 18-4 所示。
9. 新建“图层 2”，将“图层 2”移动到“图层 1”的下方，在“图层 2”的第 17 帧插入关键帧，从“库”面板中将“底图.png”拖入到舞台中，在“属性”面板中设置“宽”为“650”。将底图移动到汽车图形元件的下方，如图 18-5 所示。

操作提示

在设置图形渐显的动画效果中，也可用“任意变形工具”将图形最小化。

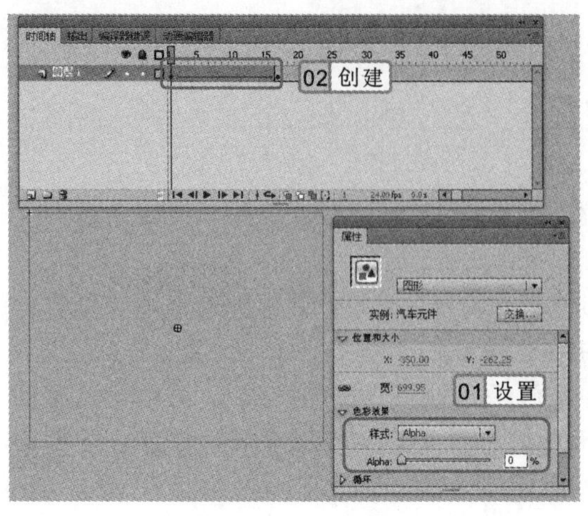

图 18-4 创建动画

图 18-5 编辑底图

10 选择“底图.png”图像，按“F8”键，在打开的对话框中设置“名称”、“类型”分别为“底图 1”、“图形”，单击 确定 按钮。

11 在“图层 2”的上方新建“图层 3”，在“图层 3”的第 17 帧中插入关键帧，用绘图工具在舞台中绘制一个图形。选择绘制的图形，按“F8”键，在打开的对话框中设置“名称”、“类型”分别为“遮罩图形”、“图形元件”，效果如图 18-6 所示。

12 在“图层 3”的第 70 帧中插入关键帧，选择第 17 帧中的图形，打开“变形”面板将图形缩小到 1.5%，并为第 17～70 帧之间的关键帧创建传统补间动画，如图 18-7 所示。

图 18-6 创建用作遮罩的动画

图 18-7 修改编辑动画

13 右击“图层 3”，在弹出的快捷菜单中选择“遮罩层”命令，将“图层 3”变为遮罩层。

14 在“图层 1”的上方新建“图层 4”，在“图层 4”的第 70 帧中插入关键帧。打开“库”面板，将“蓝色.png”图像拖入到汽车图形的左边，如图 18-8 所示，并将其转换为名为“蓝色”的图形元件。

15 在“图层 4”的第 75 帧中插入关键帧，为第 70～75 帧之间的帧创建传统补间动画，选择第 75 帧中的图形元件，在“变形”面板中将其扩大到 200%，如图 18-9 所示。

在制作水痕或墨水渗透效果时，也可以使用图形渐显的效果。

图 18-8 编辑显示图形

图 18-9 修改显示效果

16 在“图层 4”的上方新建“图层 5”，在“图层 5”的第 72 帧插入关键帧，从“库”面板中将“蓝色”元件拖入到汽车图形的下方，在第 77 帧中插入关键帧，选择第 72 帧中的图形元件，在“变形”面板中将其缩小到 10%，并为第 72～77 帧之间的帧创建传统补间动画，如图 18-10 所示。

17 在“图层 5”的上方新建“图层 6”，在“图层 6”的第 74 帧中插入关键帧，从“库”面板中将“深红.png”图像拖入到汽车图形的右边，并将其转换为名为“深红”元件，在第 79 帧中插入关键帧，为第 74～79 帧之间的帧创建传统补间动画，选择第 74 帧中的图形元件，在“变形”面板中将其缩小到 10%，效果如图 18-11 所示。

图 18-10 重复编辑图形

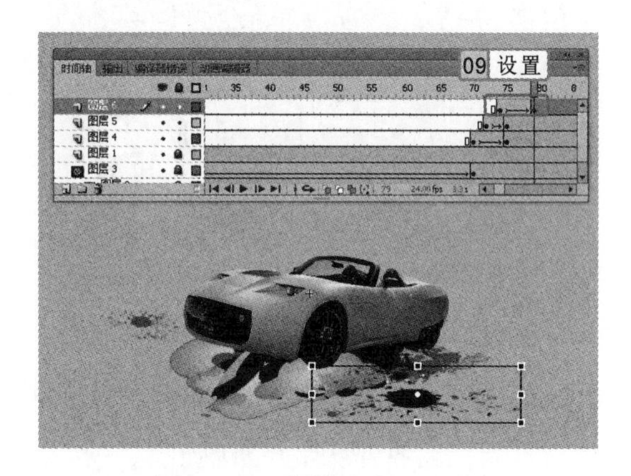

图 18-11 编辑多个显示效果

18 用相同的方法为“库”面板中其他颜色图形创建至少两个显示效果，在创建动画效果时每新建一个图层，其第 1 个关键帧必须在上一图层第 1 个关键帧的基础上后移 2 帧，且动画的显示过程都由 5 个帧表示，在创建动画时用户可根据需求调节颜色图形的大小，使显示出来的效果更具有层次，如图 18-12 所示。

在设置图形不透明度时，在“颜色”下拉列表中选择“色调”命令，可以设置图形的不同色彩倾向。

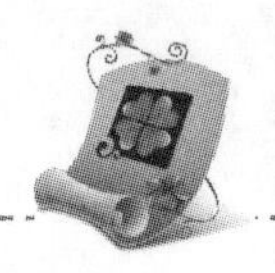

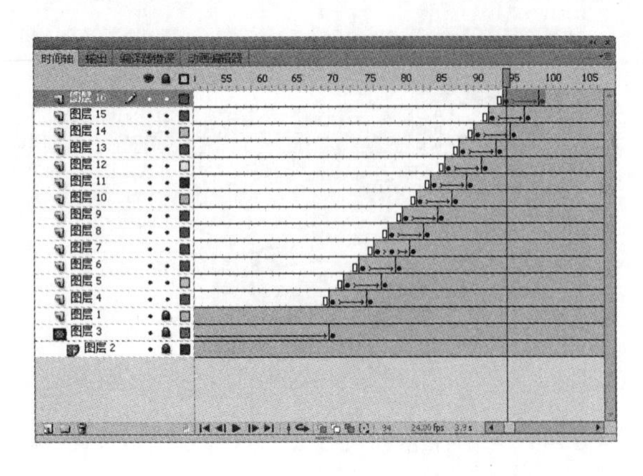

图 18-12　编辑多个图形显示效果

19 在“图层 16”的上方新建“图层 17”，在“图层 17”的第 100 帧中插入关键帧，从“库”面板中将“女性.png”图像拖入到汽车图形的右边，在“属性”面板中设置“宽”为“300”。将“女性.png”图像转换为名为“女性”的图形元件，如图 18-13 所示。

20 在“图层 17”的第 103 帧中插入关键帧，将帧中的美女图形平移到汽车图形的旁边，然后分别在第 120、121、122、123、124、125 和 126 帧中插入关键帧。为第 100～102 帧以及第 103～119 帧创建传统补间动画，如图 18-14 所示。

图 18-13　编辑图片

图 18-14　制作人物动画

21 分别设置第 100、103、121、123 和 125 帧中图形的“不透明度”为“0%”、“40%”、“10%”、“40%”和“60%”，完成汽车动画部分的制作。

18.4.2　制作导航条部分

导航条是每个网站中必备的元素，在导航条中罗列了整个网站的主要内容，下面将制作一个横排的导航条，其操作步骤如下：

在 Flash 动画中，为对象添加简单适当的动画效果，往往能使整个动画更加美观和谐。

光盘\实例演示\第18章\制作导航条部分

1 返回主场景，选择【插入】/【新建元件】命令，在打开的对话框中设置“名称”、“类型”分别为“菜单”、“图形”，进入元件编辑窗口。选择“矩形工具”，设置其矩形边角半径为“10”，在元件编辑窗口中绘制一个大小为350×27像素，颜色为“灰色（#CCCCCC）”的无边框图形，如图18-15所示。

2 新建“图层2”。选择“文本工具”，在“属性”面板中设置“系列”、“大小”、“颜色”分别为“华文琥珀”、“11”、“白色（#FFFFFF）”，在矩形上依次输入“酷车点评”、“新车预告”、“车友聚焦”、“各抒己见”和“互助中心”文本，并用“对齐”面板将文字居中对齐，如图18-16所示。

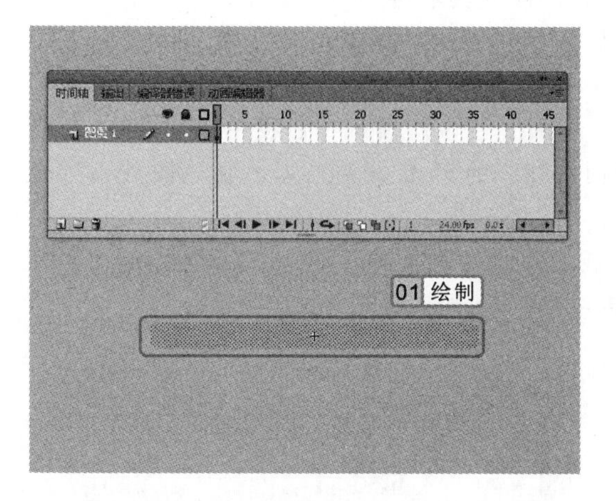

图18-15 绘制圆角长方形

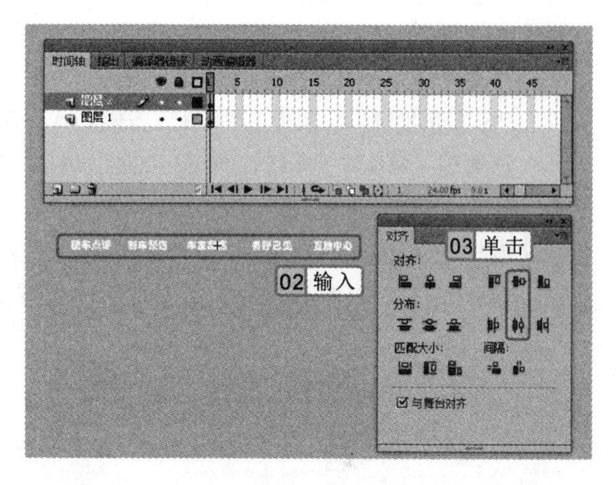

图18-16 输入文字

3 用相同的方法创建“菜单1”、“菜单2”和“菜单3”图形元件，修改“菜单1”中的文字为“标志”、“大众”、“丰田”、“别克”、“福特”，“菜单2”中的文字为“经济型轿车”、“中级型轿车”、“中高级轿车”、“高级轿车”、“其他车型”，“菜单3”中的文字为“车模靓照”、“名车风采”、“汽车广告”、“车模招聘”，并修改调整图形元件中的图形长度和文字间的间距。

4 选择【插入】/【新建元件】命令，在打开的对话框中设置“名称”、“类型”分别为“按钮”、“按钮”，打开元件编辑窗口。在点击帧中插入关键帧，用“矩形工具”在舞台中绘制一个大小为62×25像素的“红色（#FF0000）”长方形图形，作为隐形按钮，如图18-17所示。

5 选择【插入】/【新建元件】命令，在打开的对话框中设置“名称”、“类型”分别为“主菜单”、“影片剪辑”。选择“文本工具”，在“属性”面板中设置“系列”、“大小”、“颜色”分别为“汉真广标”、“14”、“白色（#FFFFFF）”，在舞台中间输入“车迷俱乐部”文本，如图18-18所示。

在设置图形和文字的具体位置或间隔时，也可在显示网格或辅助线的情况下操作。

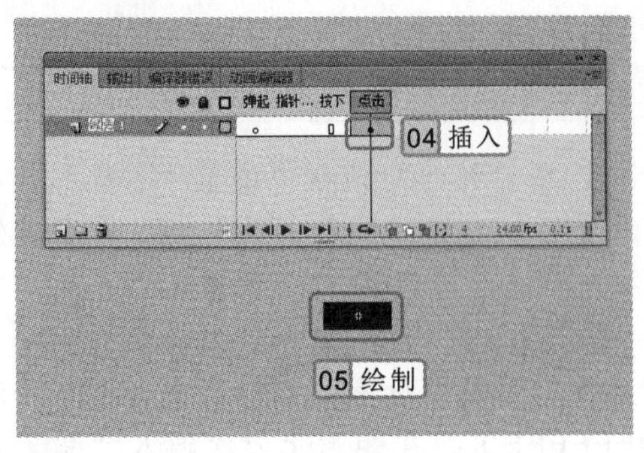

图 18-17　编辑绘制隐形按钮

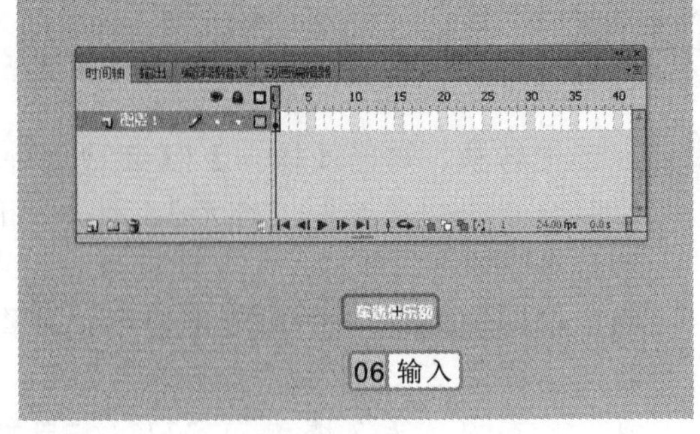

图 18-18　输入文字

6 新建“图层 2”，打开“库”面板，从该面板中将制作的“按钮”元件拖入到窗口中，调整并移动其位置，使按钮元件遮罩住文字并修改其名称为“btmenu1”。

7 在“图层 2”的上方新建“图层 3”，在第 2 帧中插入关键帧，在“库”面板中选择“菜单”元件，将其拖到按钮的下方。选中按钮图形，在其“属性”面板中设置“x”、“y”分别为“-32”，“-13”，选择“菜单”元件，在其“属性”面板中设置“x”、“y”分别为“70”、“44”，并在“图层 1”、“图层 2”的第 5 帧插入帧，在“图层 3”的第 5 帧插入关键帧，如图 18-19 所示。

8 选择“图层 3”的第 2 帧中的图形元件，在“属性”面板中设置“x”、“Alpha”分别为“110”、“0%”，并为第 2 ~ 5 帧创建传统补间动画，如图 18-20 所示。

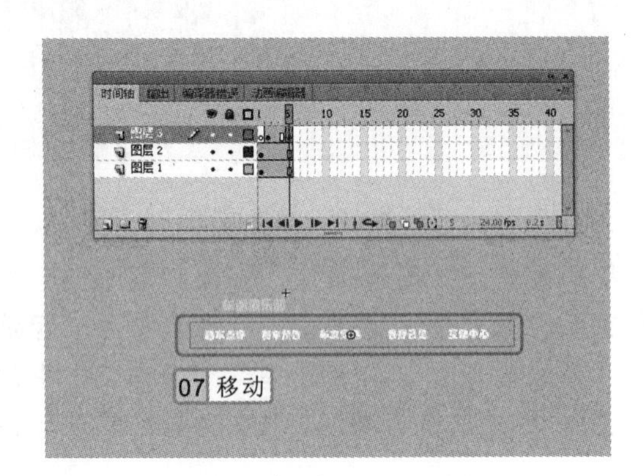

图 18-19　移动元件位置

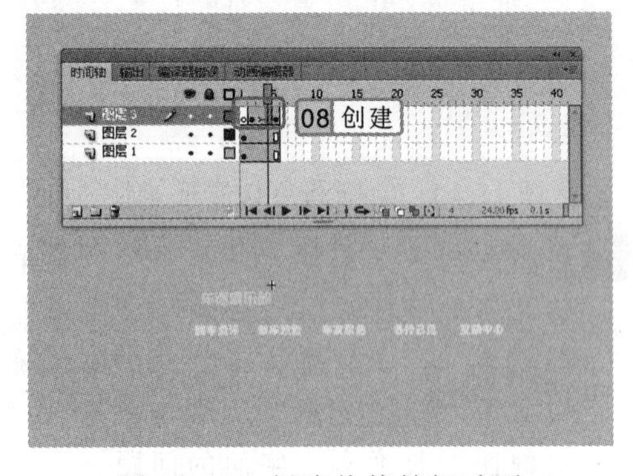

图 18-20　创建传统补间动画

9 选择“图层 3”的第 5 帧，打开“动作”面板，在面板中输入“stop();”语句。

10 在“图层 2”的第 5 帧中插入关键帧，选择关键帧中的按钮元件，用任意变形工具将其拉大，直到按钮元件遮盖住整个影片剪辑中的对象。

11 新建“图层 4”，打开“动作”面板，为第 1 帧中添加如下语句：

```
this.stop();
function btmenu1_clickHandler(event:MouseEvent):void {
gotoAndPlay(2);
}
btmenu1.addEventListener(MouseEvent.MOUSE_OVER,
```

在制作隐形按钮时，设置按钮图形的颜色无重大意义，因为按钮图形在播放动画时并不显示出来。

```
btmenu1_clickHandler);
function btmenu1_clickHandler2(event:MouseEvent):void {
gotoAndStop(1);
}
btmenu1.addEventListener(MouseEvent.MOUSE_OUT,
btmenu1_clickHandler2);
```

12 使用相同的方法编辑“主菜单 1”、“主菜单 2”和“主菜单 3”，其对应的弹出菜单分别为“菜单 1”、“菜单 2”和“菜单 3”。

13 选择【插入】/【新建元件】命令，在打开的对话框中设置“名称”、“类型”分别为“导航菜单”、“影片剪辑”，在“图层 1”的第 130 帧中插入一个关键帧，选择“矩形工具”，绘制一个大小为 700×25 像素，颜色为“灰色（#CCCCCC）”的无边框长方形，如图 18-21 所示。

14 在“图层 1”的第 141、142、143、144 和 145 帧插入关键帧，在第 150 帧中插入帧，选择第 130 帧中的图形，在“变形”面板中设置“缩放高度”为“10%”，并为第 130～140 帧之间的帧创建形状补间动画，如图 18-22 所示。

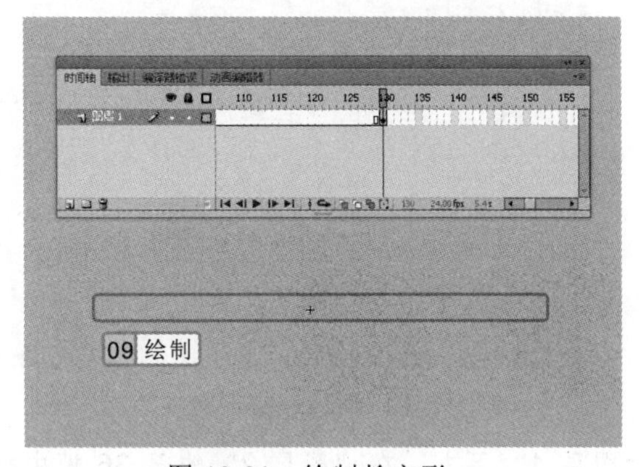

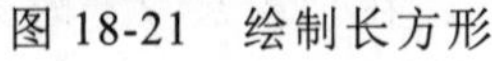
图 18-21　绘制长方形

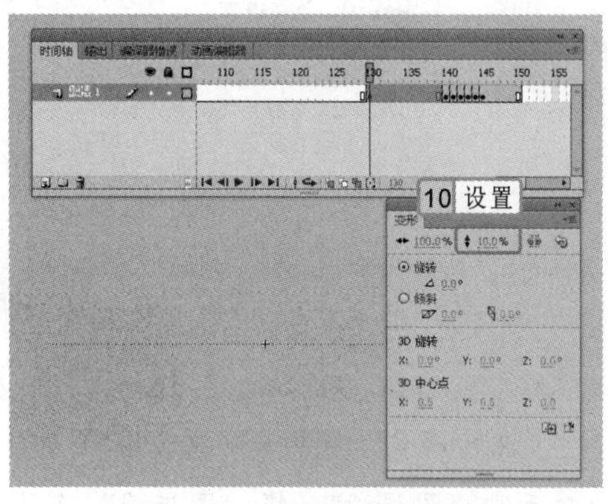

图 18-22　编辑图形效果

15 设置第 130 帧中图形的“不透明度”为“0%”，第 141 帧中图形的“不透明度”为“80%”，第 143 帧中图形的“不透明度”为“60%”，第 145 帧中图形的“不透明度”为“85%”。

16 新建“图层 2”，在第 150 帧中插入关键帧，打开“库”面板，从该面板中将制作的几个主菜单拖入到舞台中，并移动拖入窗口中的主菜单到绘制图形的左端。用“对齐”面板将几个主菜单排列整齐，完成菜单部分的制作。按“F9”键，打开“动作”面板，在其中输入“stop();”语句。返回主场景，完成导航条的制作。

18.4.3　制作文字部分

为了使导航动画的信息量充足，还需要为导航动画制作文字效果，制作完成后再将其置入到网站动画中，其操作步骤如下：

在制作文字效果时，用户也可以在使用一些软件制作文字效果后，将效果导入到 Flash 动画中。

光盘\实例演示\第 18 章\制作文字部分

1. 选择【插入】/【新建元件】命令，在打开的对话框中设置“名称”、“类型”分别为“文字遮盖”、“影片剪辑”，进入元件编辑窗口。
2. 按 6 次“F6”键，插入 6 个空白关键帧。再选择第 1 帧，从“库”面板中将“文字 1”图像移动到舞台中。用“对齐”面板使图像与舞台中间对齐。使用相同的方法分别将“文字 2”~“文字 7”图像移动到第 2~7 帧中，如图 18-23 所示。
3. 选择【插入】/【新建元件】命令，在打开的对话框中设置“名称”、“类型”分别为“文字”、“影片剪辑”，进入元件编辑窗口。
4. 选择“文本工具” T，在“属性”面板中设置“系列”、“大小”、“颜色”分别为“汉仪竹节体简”、“53”、“灰黑色（#333333）”，在舞台中间输入“车友之家”文本。在第 35 帧插入关键帧，如图 18-24 所示。

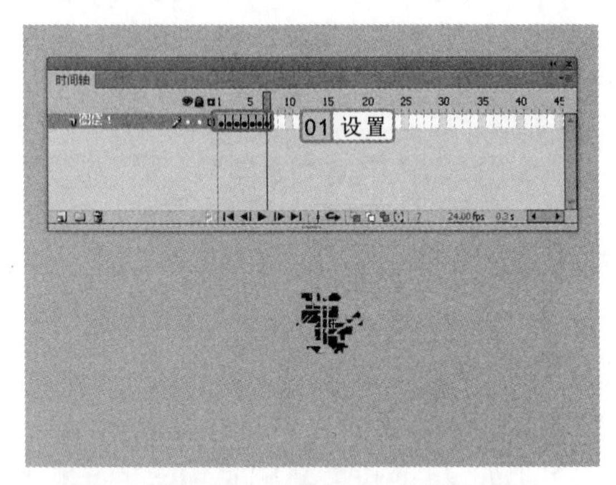

图 18-23　编辑文字遮盖元件

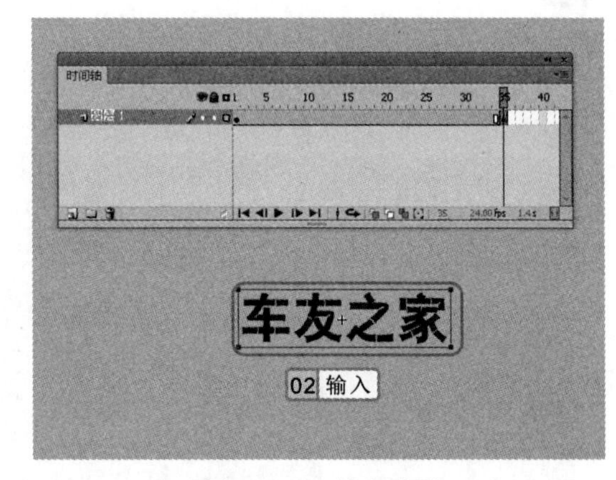

图 18-24　输入文字

5. 新建“图层 2”，将“图层 2”移动到“图层 1”下方。在“图层 2”的第 36 帧中插入关键帧。使用“文本工具” T在舞台中继续输入“车友之家”文本，在“属性”面板中设置“大小”为“85”。在第 55 帧中插入关键帧，并选中舞台中的文本，在“属性”面板中设置“颜色”为“白色（#FFFFFF）”，再在第 70 帧中插入帧，效果如图 18-25 所示。
6. 在所有图层上方新建图层。从“库”面板中，将“文字”元件移动到“车友之家”文本左边。在第 15 帧中插入关键帧，将“文字”元件移动到文字中间，在“变形”面板中设置“缩放宽度”为“200%”，如图 18-26 所示。
7. 在第 1~15 帧之间创建传统补间动画。在第 29 帧插入关键帧，在“变形”面板中设置“缩放宽度”为“100%”，将“文字”元件移动到“车友之家”文本右边。在第 32 帧和第 39 帧中插入关键帧，将“文字”元件移动到文字右边，在第 32~39 帧之间创建传统补间动画。

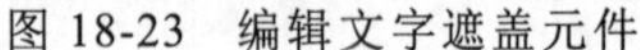

用户也可先将文字转换为元件再进行后期制作。

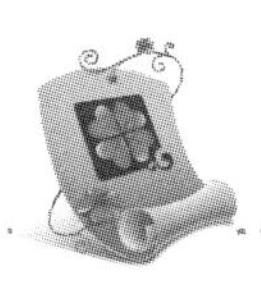

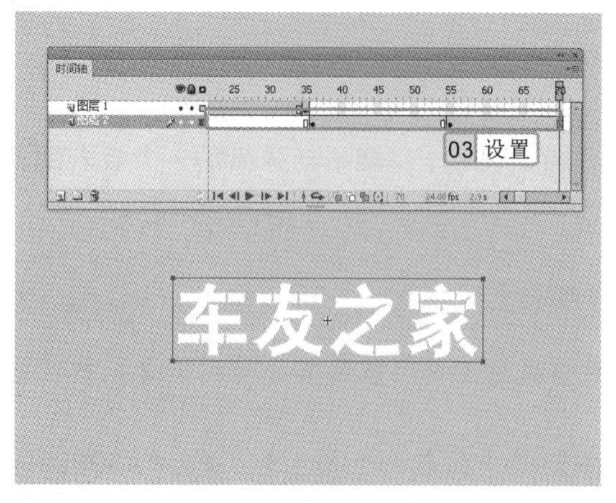

图 18-25　编辑“图层 2”

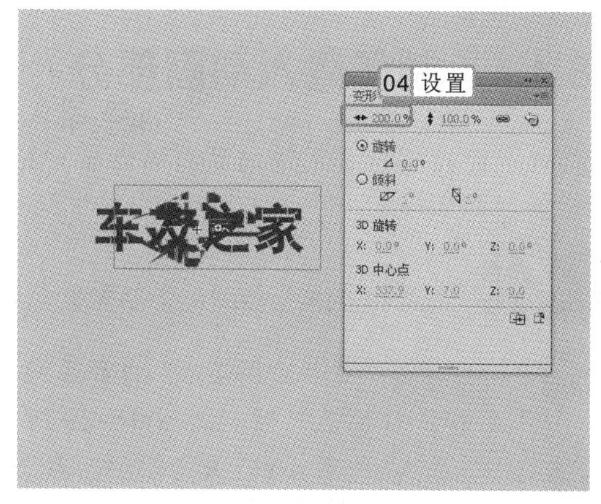

图 18-26　编辑元件宽度

8 在第 43 帧、第 48 帧中插入关键帧。在第 48 帧中将图像移动到文字中间，在“变形”面板中设置“缩放宽度”为“250%”。在第 43～48 帧之间创建传统补间动画，在第 55 帧中插入关键帧，在“变形”面板中设置“缩放宽度”为“100%”，再将元件移动到文字左边。在第 48～55 帧之间创建传统补间动画。

9 在第 57 帧插入关键帧，选中其中的元件，在“变形”面板中设置“缩放宽度”为“50%”。在第 70 帧中将元件移动到文字的右边。在第 57～70 帧之间创建传统补间动画，如图 18-27 所示。

10 在所有图层上方新建图层，在第 57 帧中插入关键帧。选择“矩形工具”，在文本左边绘制一个大小为 7×81 像素的无边黑色矩形。

11 在第 70 帧插入关键帧，选中绘制的矩形。使用“任意变形工具”将矩形右边拖动到文本右边，设置矩形的颜色为“黄色（#FFCC33）”，并在第 57～70 帧之间创建形状补间动画，效果如图 18-28 所示。

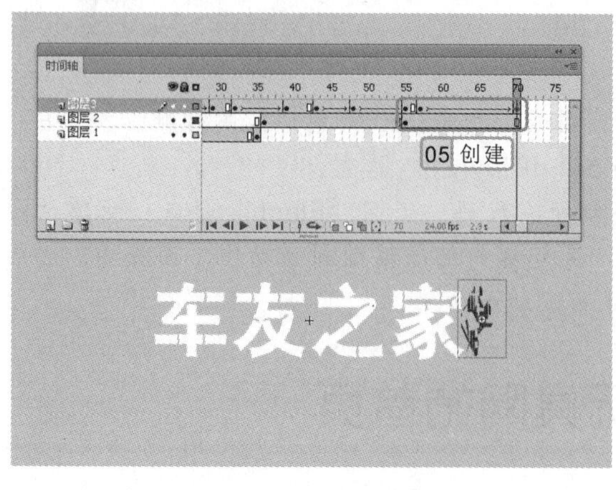

图 18-27　编辑元件

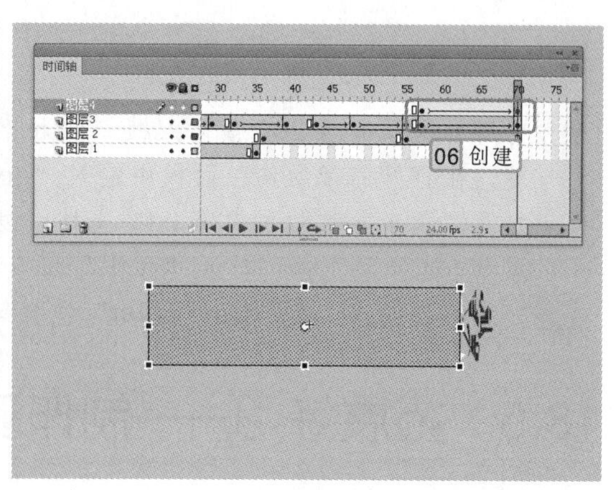

图 18-28　创建补间动画

在“变形”面板中，单击缩放比率后的按钮，可单独对“缩放宽度”和“缩放高度”进行设置。

18.4.4　制作载入动画部分

为了能让浏览者正常地观看该动画，在制作好动画后，需要给动画添加一个载入动画，其操作步骤如下：

光盘\实例演示\第 18 章\制作载入动画部分

1. 返回主场景，选择“图层 1”的第 1 帧，按住鼠标左键不放将其移动到第 2 帧的位置，并在第 210 帧插入帧，如图 18-29 所示。
2. 在“图层 1”的第 1 帧，用“矩形工具”在场景中绘制一个颜色为“灰色（#999999）”的矩形将舞台遮盖。
3. 新建“图层 2”，在第 2 帧中插入空白关键帧。打开“库”面板，将“汽车”元件拖入到舞台的中心靠上的位置，并将元件缩小。
4. 新建“图层 3”，在第 2 帧中插入关键帧，将“文字”元件拖入到舞台的左上角，并将元件缩小。新建“图层 4”，在第 2 帧中插入关键帧，用相同的方法将“导航菜单”元件拖入到舞台的顶端中间，如图 18-30 所示。

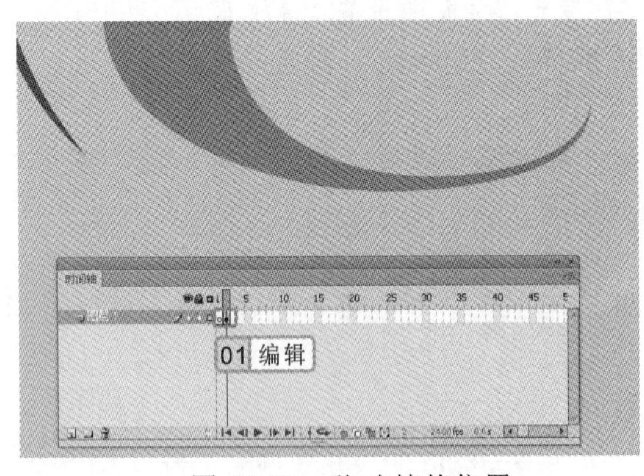

图 18-29　移动帧的位置

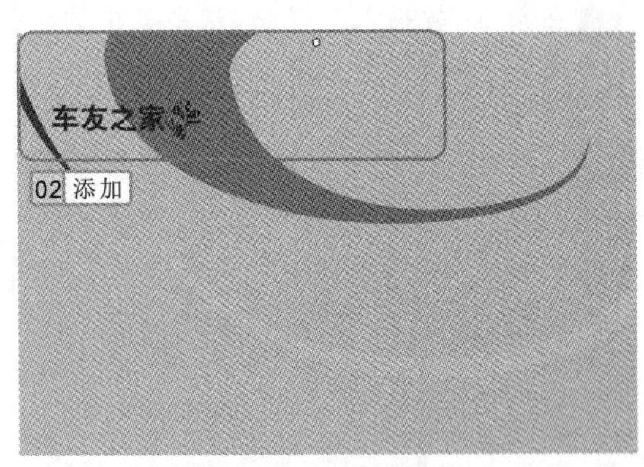

图 18-30　添加元件

5. 为所有图层的第 200 帧插入帧，再为“图层 2”的第 200 帧中插入关键帧。按“F9”键，在打开的“动作”面板中输入“gotoAndPlay(2);”语句。
6. 打开“汽车导航动画代码.txt”文档，复制所有代码。返回“Flash”窗口，新建“图层 5”选择第 1 帧，打开“动作”面板，将复制的代码粘贴到“动作”面板中。
7. 完成动画制作，按“Ctrl+Enter”快捷键测试动画效果。

18.5　拓展练习——制作玩具网站首页

下面将综合运用本章实例的操作方法，并结合本书所学知识，再制作一个玩具网站首页，使用户掌握玩具网站首页的一般制作方法。

如果用户想对进度条进行修改，可根据语句中的提示文字修改其参数。

本练习将制作玩具网站首页。首先，新建一个大小为 1024×768 像素、颜色为“灰色（#999999）”的文档，再制作飞机动画元件、导航条以及弹出菜单，编辑一个文字动画，最后返回主场景将各元件移动在舞台中合成动画效果，其最终效果如图 18-31 所示。

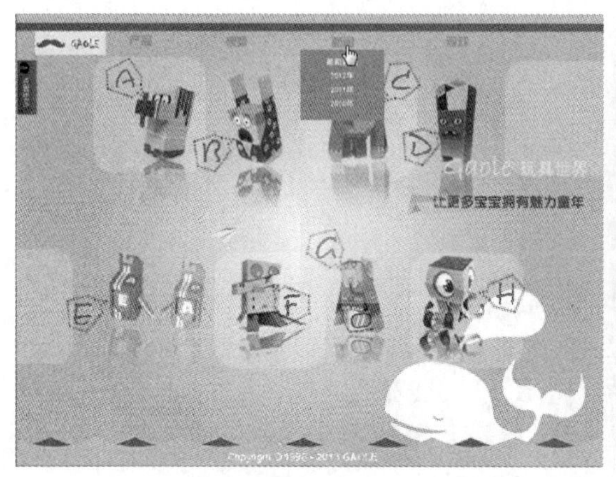

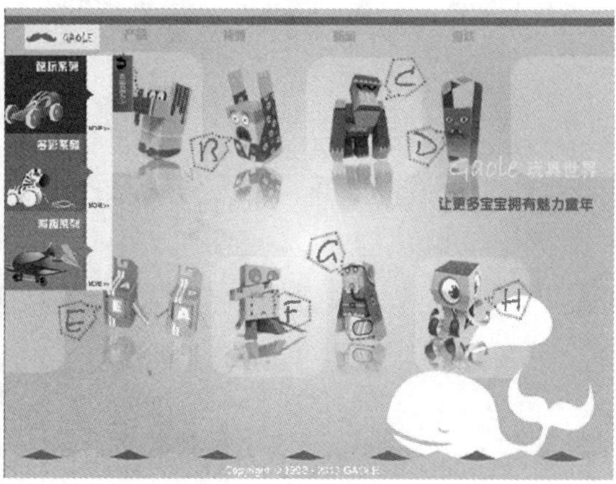

图 18-31　玩具网站首页效果

参见光盘

光盘\素材\第 18 章\玩具网站
光盘\效果\第 18 章\玩具网站首页.fla
光盘\实例演示\第 18 章\制作玩具网站首页

该练习的操作思路与关键提示如下。

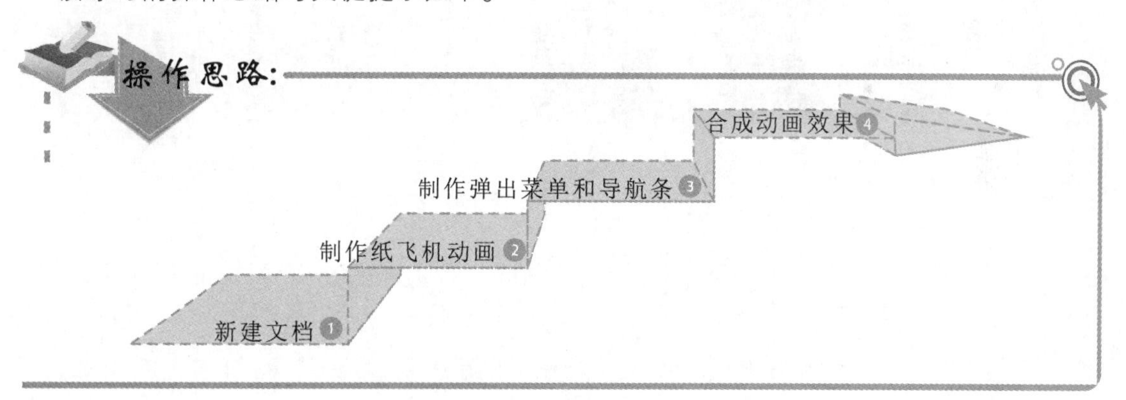

关键提示:

本练习的制作方法与前面所讲述的方法基本类似，不同的是，用户需要新建一个“飞机动画”元件。在制作该元件时，要注意设置飞机元件的大小以及不透明度，最后根据飞行轨迹，多插入几个关键帧，并调整其大小和位置，最后为关键帧创建传统补间动画。

在制作此类动画时，一定要保证动画的主题够鲜明、文件够小。

第19章

制作宣传广告

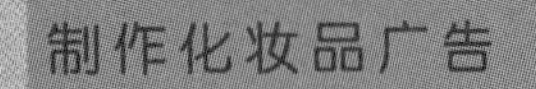

创建、编辑文字元件

创建、编辑图形元件

合成动画效果

本章导读

本章将制作宣传广告，通过该宣传广告，可像观看电视广告一样了解宣传商品。在制作和编辑的过程中，用户需结合已学知识，加以合理利用，以制作出符合宣传产品的最佳效果。下面就来学习宣传广告的制作方法，包括元件的创建、时间轴的编辑、遮罩层的编辑和形状补间动画的制作等。

19.1 实例说明

本例主要介绍宣传广告的制作方法，在制作该实例的过程中，主要使用户掌握使用 Flash 制作广告的方法，如文字的处理、物体的闪现和显示顺序等。

下面将制作一款平板电脑宣传广告，在制作该动画时，需要创建图形元件，创建形状动画时使用遮盖层，以控制图像的显示方式。当动画播放到一定程度时，将会显示广告语，并通过商品中出现的闪光效果，增强商品的存在感，其最终效果如图 19-1 所示。

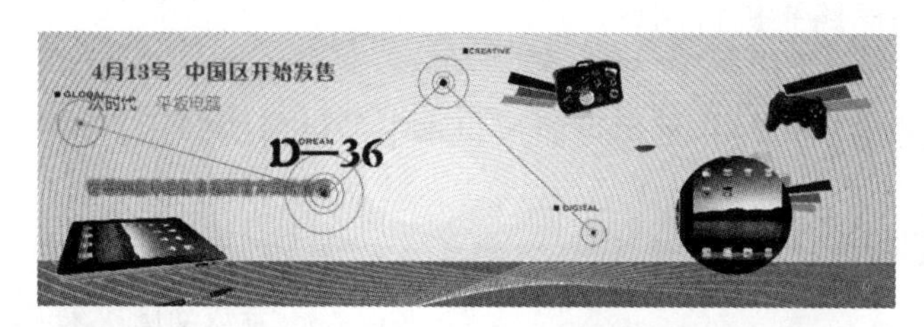

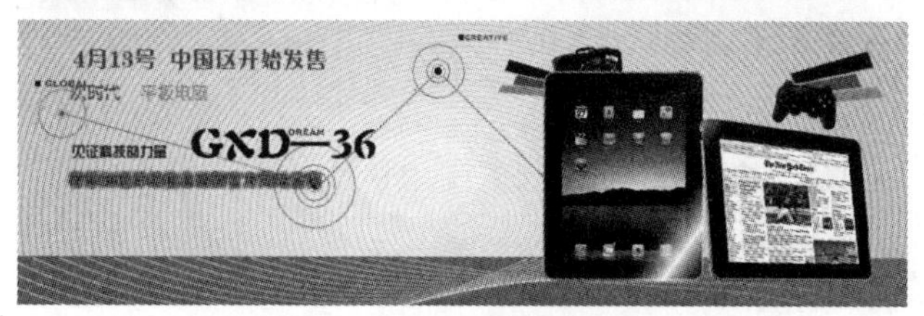

图 19-1　平板电脑宣传广告

19.2 行业分析

宣传广告是广告营销中很重要的一个环节，通过它消费者能对商品有一定的认知。

在网页中为了使网站盈利，不同的门户网站，包括游戏类、音乐类和购物类网站中都设立了广告位，再通过将广告置入到广告位中来赚取广告费。

网站中设置的广告位，一般都设置在网站页面顶端以及网页左右两边的位置上。为了使广告在网站中效果更加理想，用户在制作动画时，一定要注意设置动画的尺寸。常见的网页广告尺寸和作用如下：

- 120×120 像素主要适用于产品或新闻照片展示。
- 120×60 像素主要适用于做 Logo 使用。
- 120×90 像素主要适用于产品展示或大型 Logo。
- 125×125 像素主要适用于表现照片效果类的图像广告。

有些网页广告格式必须为静态图，有些则必须为动态图。大部分网页广告文件格式为 GIF 格式，但部分文件格式需要使用 FLA 格式。

- 234×60 像素主要适用于左右形式主页的广告链接。
- 392×72 像素主要用于包含较多图片的广告条，可用于页眉或页脚。
- 468×60 像素是使用最广泛的广告条尺寸，常用于页眉或页脚。
- 88×31 像素主要用于放置网页链接或网站链接 Logo。

19.3 操作思路

本例的制作方法简单，且基本不需要使用 ActionScript 代码。在制作该动画效果时，只需考虑如何安排图像、文字的闪现效果。用户可根据下面的操作思路来进行制作。

为更快完成本例的制作，并且尽可能运用本书所讲解的知识，本例的操作思路如下。

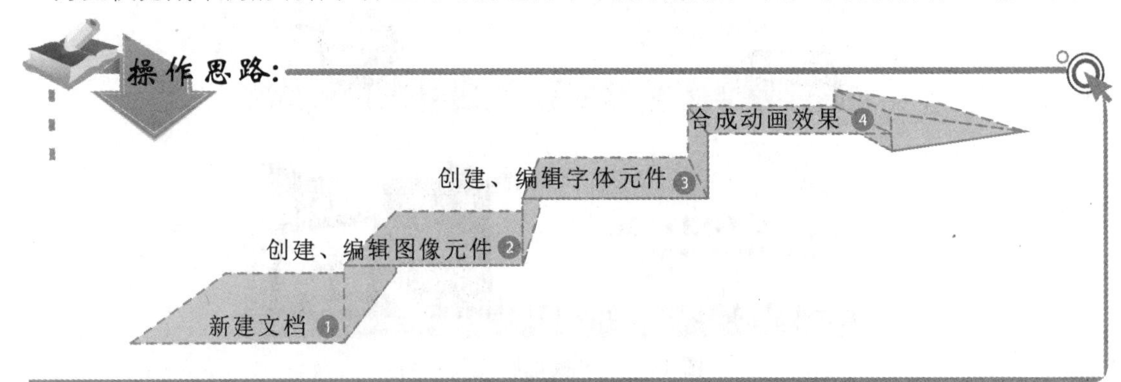

19.4 操作步骤

在明确操作思路之后，接下来就可以进行宣传动画的制作了。下面将详细介绍制作本实例的具体方法，主要可分为创建、编辑图像元件，创建、编辑文字元件和合成动画效果 3 部分进行制作。

19.4.1 创建、编辑图形元件

下面将新建“平板电脑”文档，并将光盘中的素材导入到库中，其操作步骤如下：

光盘\素材\第 19 章\平板电脑
光盘\效果\第 19 章\平板电脑宣传广告.fla
光盘\实例演示\第 19 章\制作平板电脑宣传广告

1. 新建一个大小为 790×249 像素的空白文档。选择【文件】/【导入】/【导入到库】命令，将“平板电脑”文件夹中的所有图片导入到“库”面板中。
2. 在“库”面板中，将“平面电脑背景.jpg”图片移动到舞台中间。选择【插入】/【新

在为文字创建补间动画后，系统自动将文字变为图形元件，如果需要将文字制作为破碎字或其他效果，就必须对文本本身进行分离编辑。

建元件】命令，打开“创建新元件”对话框，在其中设置“名称”、“类型”分别为“平板电脑 2”、“图像”，进入元件编辑窗口。

3 从“库”面板中将“平面电脑 2”图片移动到舞台中间。打开“变形”对话框，在其中设置“缩放宽度”、“缩放高度”均为“70%”。

4 选择【插入】/【新建元件】命令，在打开的对话框中设置“名称”、“类型”分别为“平板电脑移动”、“影片剪辑”，进入元件编辑窗口。将“平板电脑 2”元件移动到舞台中，在“属性”面板中设置“Alpha”为“0%”，如图 19-2 所示。

5 在第 10 帧插入关键帧，选中舞台中的对象，将其向右移动。在“属性”面板中设置“Alpha”为“80%”，在第 1 ~ 10 帧之间创建传统补间动画。

6 按 9 次“F6”键，插入 9 个关键帧。在第 13 帧、第 16 帧和第 19 帧中设置其中的对象的“不透明度”为“0%”。

7 新建“图层 2”，在第 19 帧中插入关键帧。打开“动作”面板，在打开的面板中输入“stop();”语句，效果如图 19-3 所示。

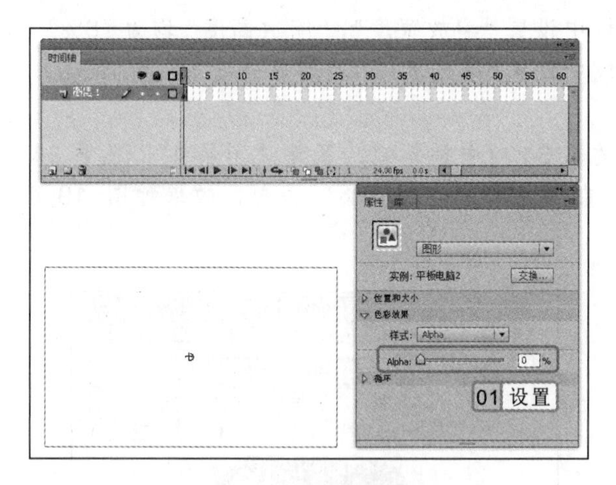

图 19-2 设置 Alpha 值

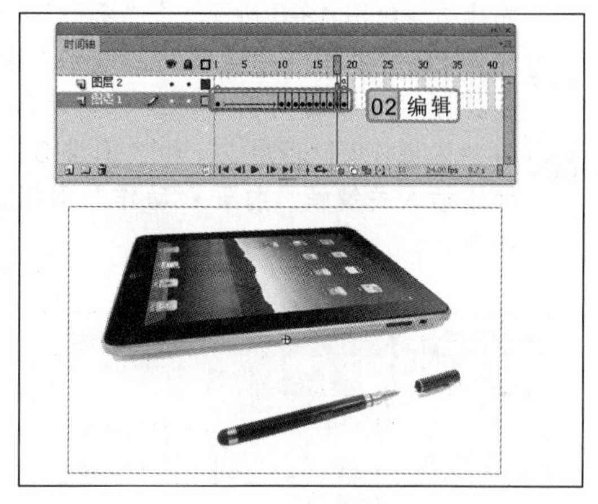

图 19-3 编辑帧

8 选择【插入】/【新建元件】命令，在打开的对话框中设置“名称”、“类型”分别为“遮罩图像”、“图像”，进入元件编辑窗口。选择“椭圆工具”，使用该工具在舞台中间绘制一个圆形，如图 19-4 所示。

9 选择【插入】/【新建元件】命令，在打开的对话框中设置“名称”、“类型”分别为“遮罩动画”、“影片剪辑”，进入元件编辑窗口。从“库”面板中将“遮罩图像”元件移动到舞台中间。

10 在第 15 帧中插入关键帧，选中第 1 帧中的对象，打开“变形”面板，在其中设置“缩放宽度”、“缩放高度”均为“0%”。在第 1 ~ 15 帧之间创建传统补间动画。

11 锁定“图层 1”，新建“图层 2”，在第 8 帧中插入关键帧。选中帧中的对象，在“变形”面板中设置“缩放宽度”、“缩放高度”均为“0%”，并将对象移动到“图层 1”中图像的右上角处，如图 19-5 所示。

在编辑制作动画效果时，拖动帧区的红色帧，可及时查看制作的动画效果。

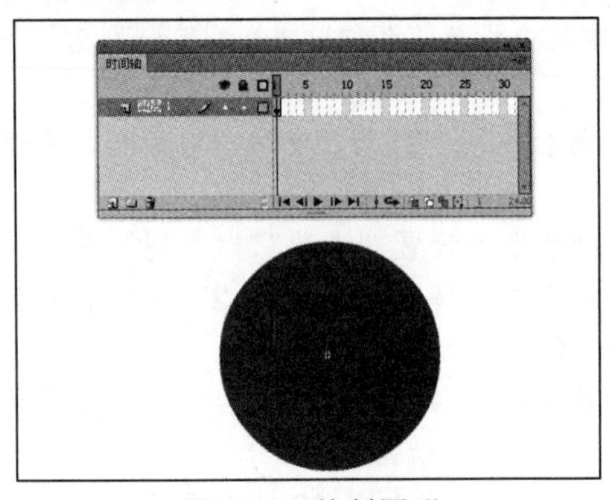

图 19-4　绘制圆形

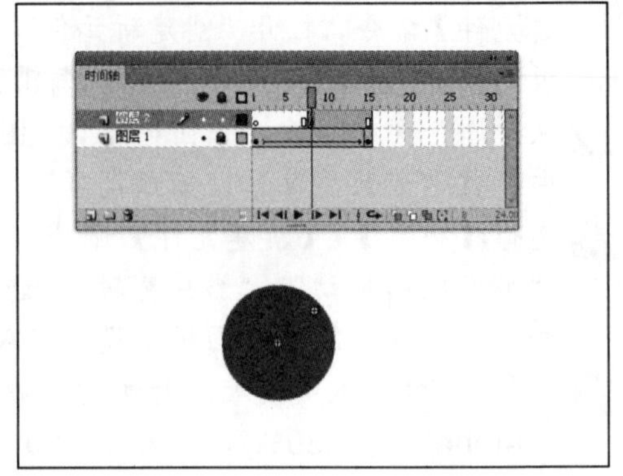

图 19-5　编辑"图层 2"

12 在第 19 帧中插入关键帧，再在"变形"面板中设置"缩放宽度"、"缩放高度"均为"60%"。在第 8～19 帧之间创建传统补间动画。

13 新建"图层 3"，在第 5 帧插入关键帧。将"遮罩图像"移动到"图层 1"中图像的左上方，如图 19-6 所示。在"变形"面板中设置"缩放宽度"、"缩放高度"均为"8%"。

14 在第 29 帧中插入关键帧，在"变形"面板中设置"缩放宽度"、"缩放高度"均为"40%"。在第 4～29 帧之间创建传统补间动画。

15 为"图层 1"、"图层 2"和"图层 3"的第 34 帧中插入帧。新建"图层 4"，在第 34 帧中插入关键帧。打开"动作"面板，在其中输入"stop();"语句，效果如图 19-7 所示。

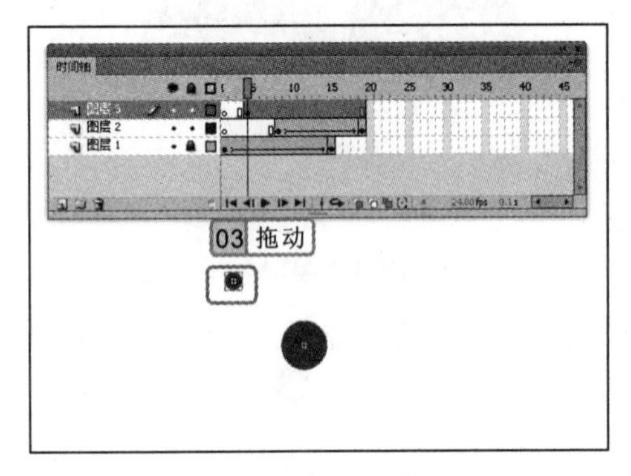

图 19-6　编辑"图层 3"

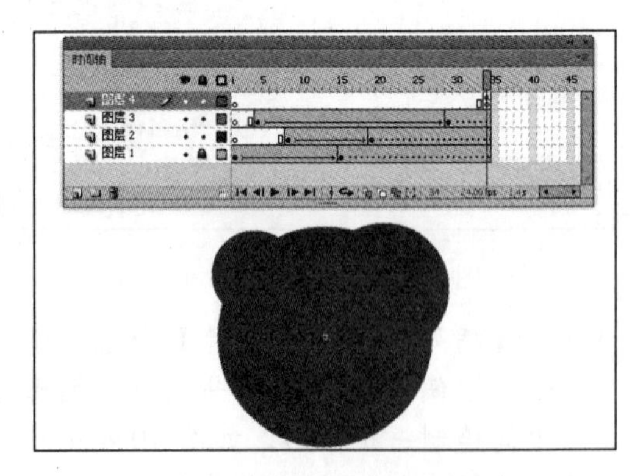

图 19-7　添加语句

16 选择【插入】/【新建元件】命令，在打开的对话框中设置"名称"、"类型"分别为"平板电脑 1"、"图像"，进入元件编辑窗口。从"库"面板中将"平面电脑 1"元件移动到舞台中间。在"变形"面板中设置"缩放宽度"、"缩放高度"均为"70%"。

17 选择【插入】/【新建元件】命令，在打开的对话框中设置"名称"、"类型"分别为"平板电脑商品"、"影片剪辑"，进入元件编辑窗口。从"库"面板中将"平面电脑 3"元件移动到舞台中间。在"变形"面板中设置"缩放宽度"、"缩放高度"均为"70%"。在第 60 帧中插入帧。

18 新建"图层 2"，在"工具"面板中选择"矩形工具"，打开"颜色"面板，在其

遮罩效果在 Flash 动画中使用得非常频繁，用遮罩效果可以创建各式各样的显示特效。

中设置“颜色类型”为“线性渐变”，并设置渐变预览条为如图19-8所示的效果。

19 在“属性”面板中将“舞台”设置为“灰色（#999999）”，选择“图层2”的第1帧，使用“矩形工具”绘制一个无框的矩形，再使用“任意变形工具”对其进行旋转，如图19-9所示。

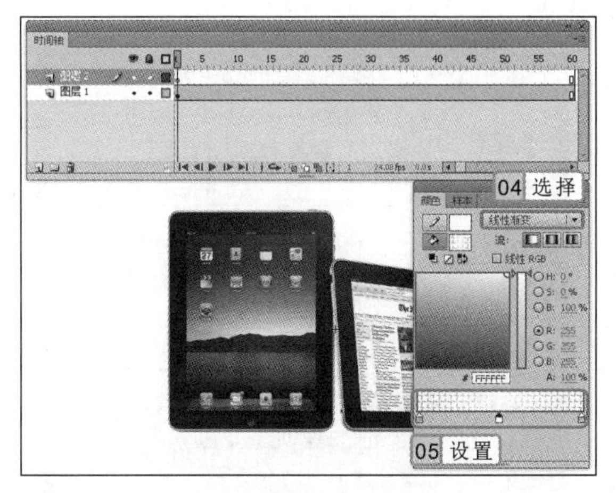

图19-8 设置渐变颜色

图19-9 旋转矩形

20 在第16帧中插入关键帧，移动图像位置，如图19-10所示。在第1～15帧之间创建形状补间动画。

21 新建“图层3”，使用“矩形工具”绘制一个黑色的无框矩形，将左边的平板电脑覆盖，如图19-11所示。右击“图层3”，在弹出的快捷菜单中选择“遮罩层”命令，将“图层3”转换为遮罩层。

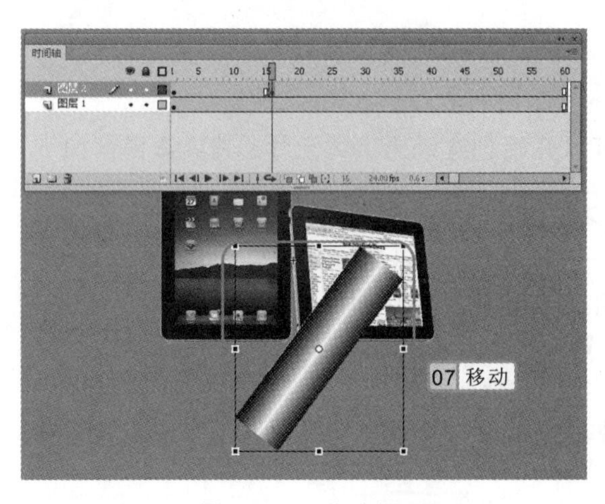

图19-10 移动矩形

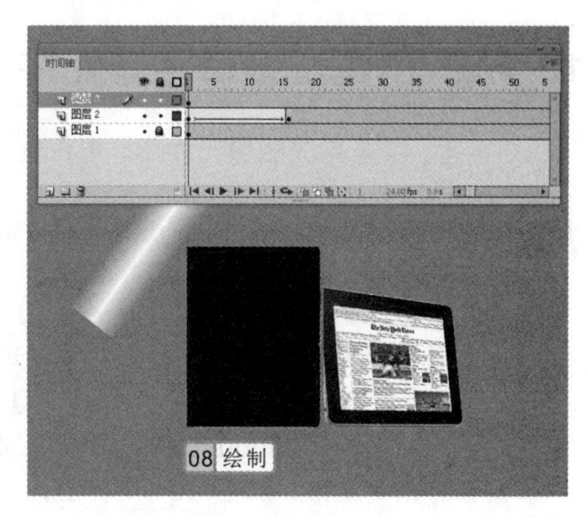

图19-11 绘制矩形

22 新建“图层4”，在第12帧中绘制一个关键帧。新建“图层5”，使用相同的方法为右边的平板电脑制作相同的动画效果，效果如图19-12所示。

23 新建“图层6”，在第26帧中插入关键帧。复制“图层1”的第1帧中的对象，再选

操作提示

在制作一些经济类的产品时，设置渐变颜色中间的部分为金色，这样制作出来的效果将泛着金光。

择"图层 5"的第 26 帧，将复制的对象粘贴到原位置。按"F8"键，打开"创建新元件"对话框，在其中设置"名称"、"类型"分别为"平板电脑 3"、"图像"，单击 确定 按钮，将粘贴的图像转换为元件。

24 选中舞台中的图像，在"变形"面板中设置"缩放宽度"、"缩放高度"均为"110%"。打开"属性"面板，设置"Alpha"为"20%"，效果如图 19-13 所示。

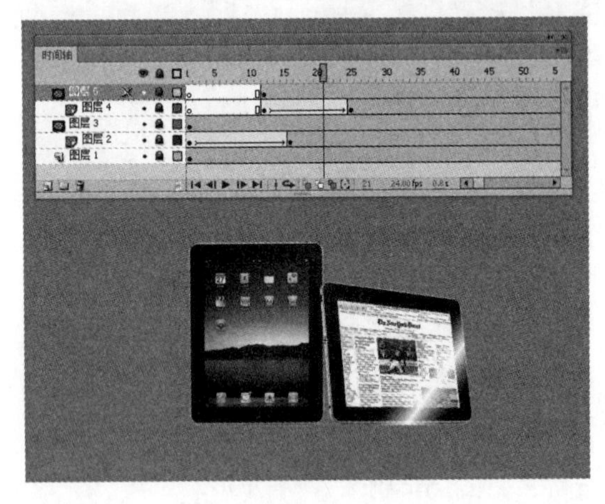

图 19-12 编辑右边的平板电脑

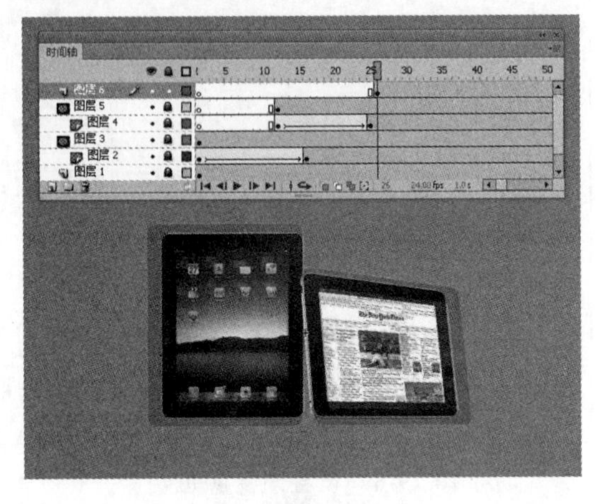

图 19-13 编辑"图层 6"

25 在第 28 帧中插入关键帧，在"变形"面板中设置"缩放宽度"、"缩放高度"均为"115%"。打开"属性"面板，设置"Alpha"为"40%"。

26 重复第 24 步和第 25 步，使用相同的方法，对后面的关键帧进行编辑，完成图形元件的制作。

19.4.2 创建、编辑字体元件

在创建、编辑完成图像元件后，用户就可以开始创建编辑字体元件，其具体操作如下：

参见光盘 光盘\实例演示\第 19 章\创建、编辑字体元件

1 选择【插入】/【新建元件】命令，打开"创建新元件"对话框。在打开的对话框中设置"名称"、"类型"分别为"文字遮罩"、"影片剪辑"，进入元件编辑窗口。

2 在"工具"面板中选择"矩形工具"，在"属性"面板中设置"填充颜色"、"Alpha"分别为"黑色（#000000）"、"0%"，使用该工具在舞台中间绘制一个大小为 10×23 像素的无边矩形，如图 19-14 所示。

3 在第 15 帧中插入关键帧，在"属性"面板中设置"不透明度"为"100%"，使用"任意变形工具"将绘制的矩形拖长，并在第 1 ~ 15 帧之间创建形状补间动画效果，如图 19-15 所示。

在重复第 24 步和第 25 步时，需要重复到"图层 6"的第 60 帧处。

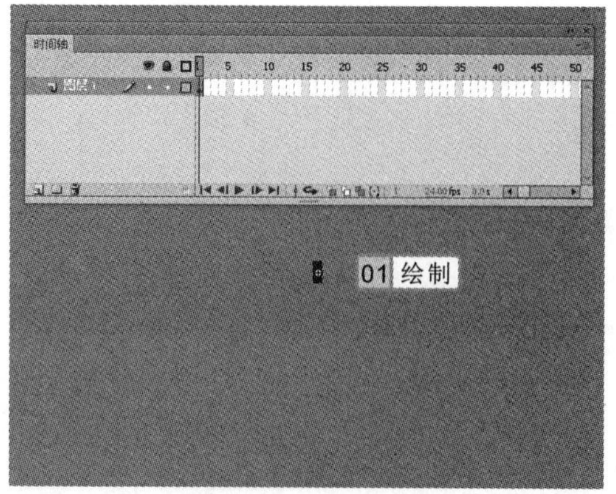

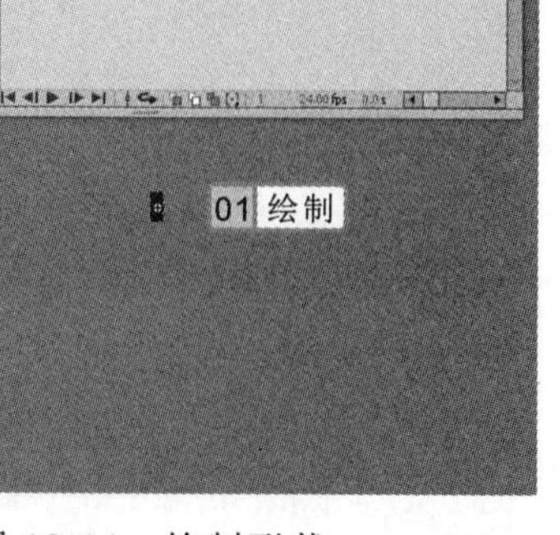

图 19-14　绘制形状

图 19-15　编辑形状

4 新建“图层 2”、“图层 3”和“图层 4”，使用相同的方法，创建几个出现方向不同且长度大小不同的矩形，并为它们创建形状补间动画，如图 19-16 所示。在“图层 1”、“图层 2”、“图层 3”和“图层 4”的第 65 帧中都插入帧。

5 新建“图层 5”，在第 65 帧插入关键帧。打开“动作”面板，在其中输入“stop();”语句。

6 选择【插入】/【新建元件】命令，在打开的对话框中设置“名称”、“类型”分别为“文字”、“影片剪辑”，进入元件编辑窗口。

7 选择“文本工具” T，在其“属性”面板中设置“系列”、“大小”、“颜色”分别为“汉仪超粗黑简”、“14”、“蓝色（#00CCCC）”。使用该工具在舞台中输入“若想知道详细信息请到官方网站查询”文本，如图 19-17 所示。

图 19-16　创建其他补间形状动画

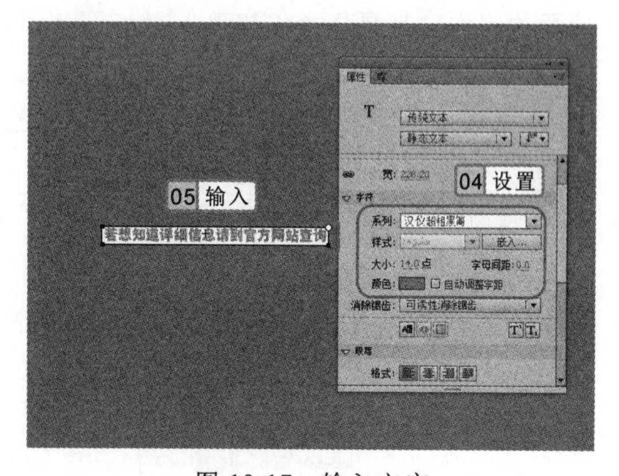

图 19-17　输入文字

8 返回主场景，新建“图层 2”。选择“文本工具” T，在“属性”面板中设置“系列”、“大小”、“颜色”分别为“方正粗活意简体”、“20”、“土黄色（#CB6600）”，输入“4 月 13 号 中国区开始发售”文本。在“属性”面板中设置“系列”、“大小”、“颜色”为“方正水黑简体”、“15”、“蓝色（#0099CC）”，输入“次时代　平板电脑”文本。再将“平板电脑”文本的“颜色”设置为“绿色（#99CC00）”。

在拉伸图形时，若要按指定方向任意拉伸图形，就必须要按住“Alt”键才可将元件按指定方向拉伸。

9 在“属性”面板中设置“系列”、“大小”、“颜色”分别为“方正综艺简体”、“12”、“玫红色（#993366）”，输入“见证科技的力量”文本。在“属性”面板中设置“系列”、“大小”、“颜色”分别为“方正水黑简体”、“35”、“灰色（#333333）”，输入“GXD—36”文本，如图 19-18 所示。

10 新建“图层 3”，在“库”面板中将“文字遮罩”元件移动到“4 月 13 号”文本前，如图 19-19 所示。

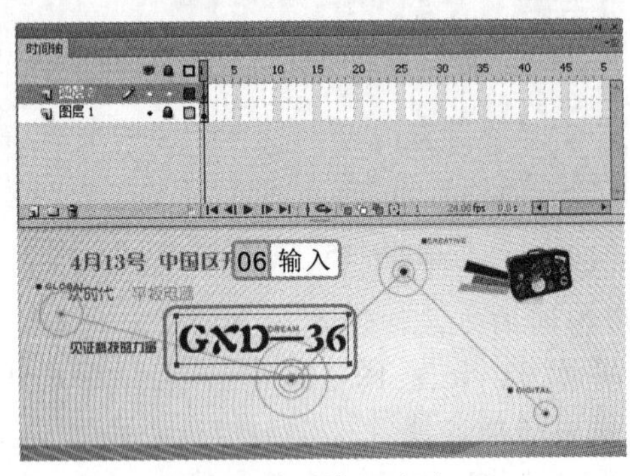

图 19-18 输入文本

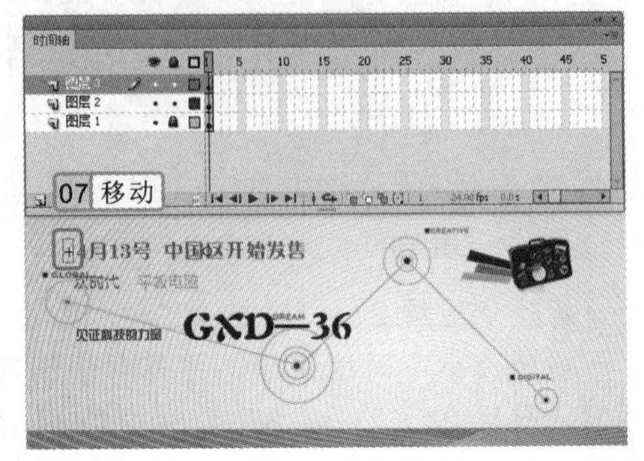

图 19-19 移动元件

11 右击“图层 3”，在弹出的快捷菜单中选择“遮罩层”命令，将“图层 3”转换为遮罩层，完成本例的制作。

19.4.3 合成动画效果

制作完所有的图像元件以及文字元件后，将所有元件都放在主时间轴上即可完成宣传动画的制作，其具体操作如下：

光盘\实例演示\第 19 章\合成动画效果

1 为“图层 1”、“图层 2”和“图层 3”插入帧。新建“图层 4”，在第 15 帧中插入关键帧。在“属性”面板中单击“滤镜”栏下的按钮。在弹出的列表中选择“发光”选项，在“滤镜”栏中设置“颜色”为“紫色（#330099）”，如图 19-20 所示。

2 在“属性”面板的“色彩效果”栏中设置“Alpha”为“0%”，如图 19-21 所示。

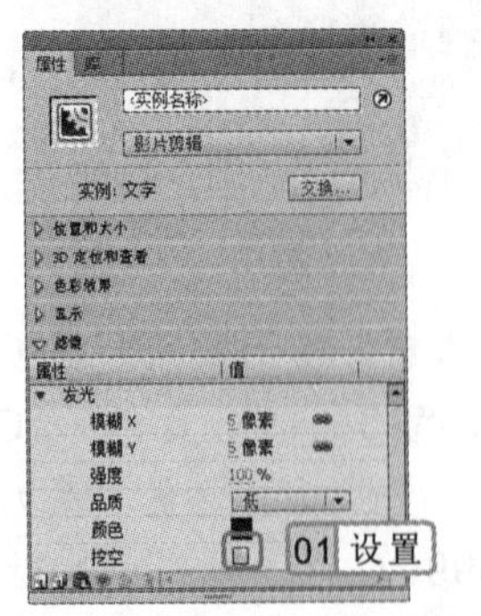

图 19-20 设置元件发光颜色

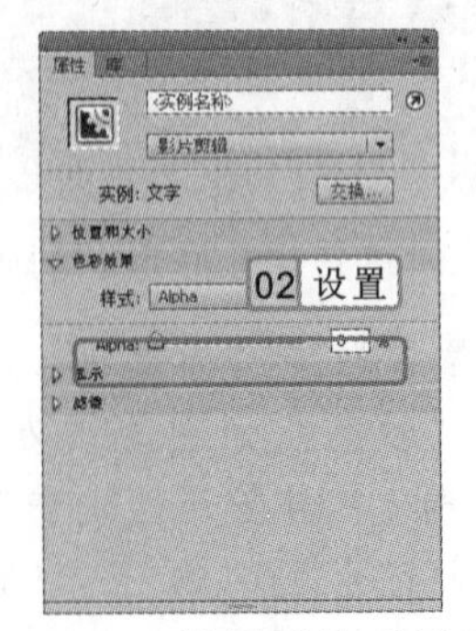

图 19-21 设置元件不透明度

在制作动画的过程中，为了能及时发现并解决动画中的错误，在制作好一个动画效果后，应及时浏览其动画效果。

3 在第 30 帧中插入关键帧，选中其中的图像。在“属性”面板中设置“Alpha”为“100%”，在第 15～30 帧之间创建传统补间动画。

4 新建“图层 5”，在第 15 帧中插入关键帧。在“库”面板中将“平板电脑移动”元件移动到舞台的左下角，再在第 40 帧中插入空白关键帧，如图 19-22 所示。

5 新建“图层 6”，在第 20 帧中插入关键帧。将“平板电脑 1”元件移动到舞台左下角。打开“变形”面板，设置“缩放宽度”、“缩放高度”均为“60%”。

6 新建“图层 7”，在第 20 帧中插入关键帧。将“遮盖动画”元件移动到“平板电脑 1”元件中间的位置，如图 19-23 所示。右击“图层 7”，在弹出的快捷菜单中选择“遮罩层”命令，将“图层 7”转换为遮罩层。

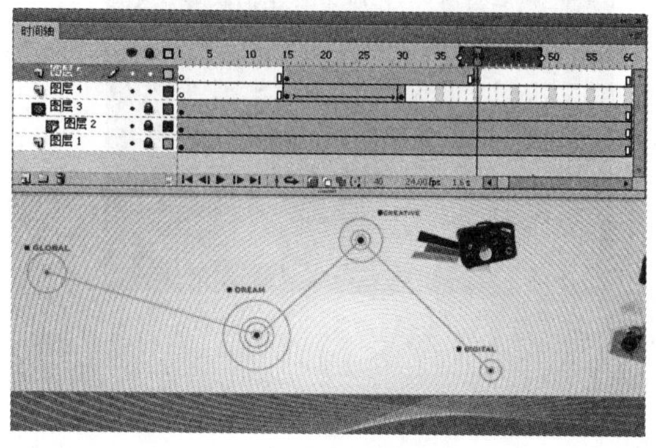

图 19-22 编辑“图层 5”

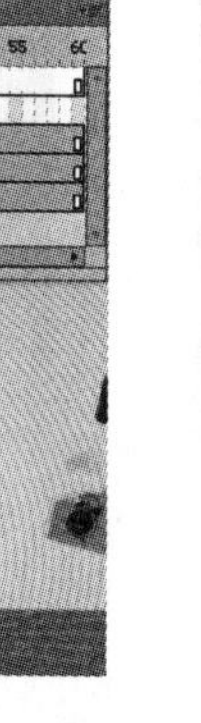

图 19-23 编辑“图层 7”

7 在“图层 6”和“图层 7”的第 43 帧中插入空白关键帧。新建“图层 8”，在第 43 帧中插入关键帧。从“库”面板中将“平板电脑商品”元件移动到舞台右边。在“变形”面板中，设置“缩放宽度”、“缩放高度”均为“70%”。

8 新建“图层 9”，在第 60 帧中插入关键帧。打开“动作”面板，在其中输入“stop();”语句。按“Ctrl+Enter”快捷键测试动画效果。

19.5 拓展练习——制作化妆品广告

下面将综合运用本章实例的操作方法，并结合本书所学知识，制作一款化妆品广告，使用户掌握宣传广告的一般制作方法以巩固本章所学知识。

本练习将制作化妆品广告。在本例中将首先新建文档，分别创建图像元件，并在元件中输入相关广告语并设置不同的字体、颜色和大小，使文字在动画中看起来有区别。再创建并编辑一个化妆品遮罩动画。最后返回主场景使广告语一个个从不同方位浮现显示，其最终效果如图 19-24 所示。

拖入元件后，如果未能发现元件的位置，可单击拖入关键帧选择元件，即可查看元件位置。

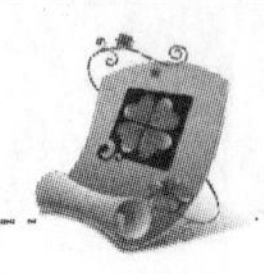

图 19-24 化妆品广告

参见光盘

光盘\素材\第 19 章\化妆品
光盘\效果\第 19 章\化妆品广告.fla
光盘\实例演示\第 19 章\制作化妆品广告

该练习的操作思路与关键提示如下。

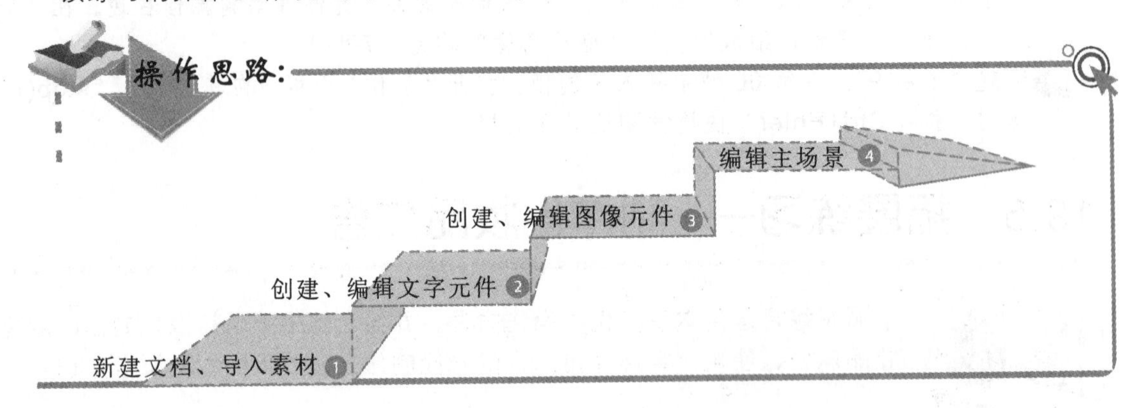

关键提示:

为了使文字能浮现显示，一定要先将文字转换为元件。只有将文字转换为元件后，用户才能在“属性”面板中设置 Alpha 值。

创建遮罩动画后，遮罩层和被遮罩层将被锁定，为了方便操作，可单击图层中的图标，将图层解锁。